AF590658

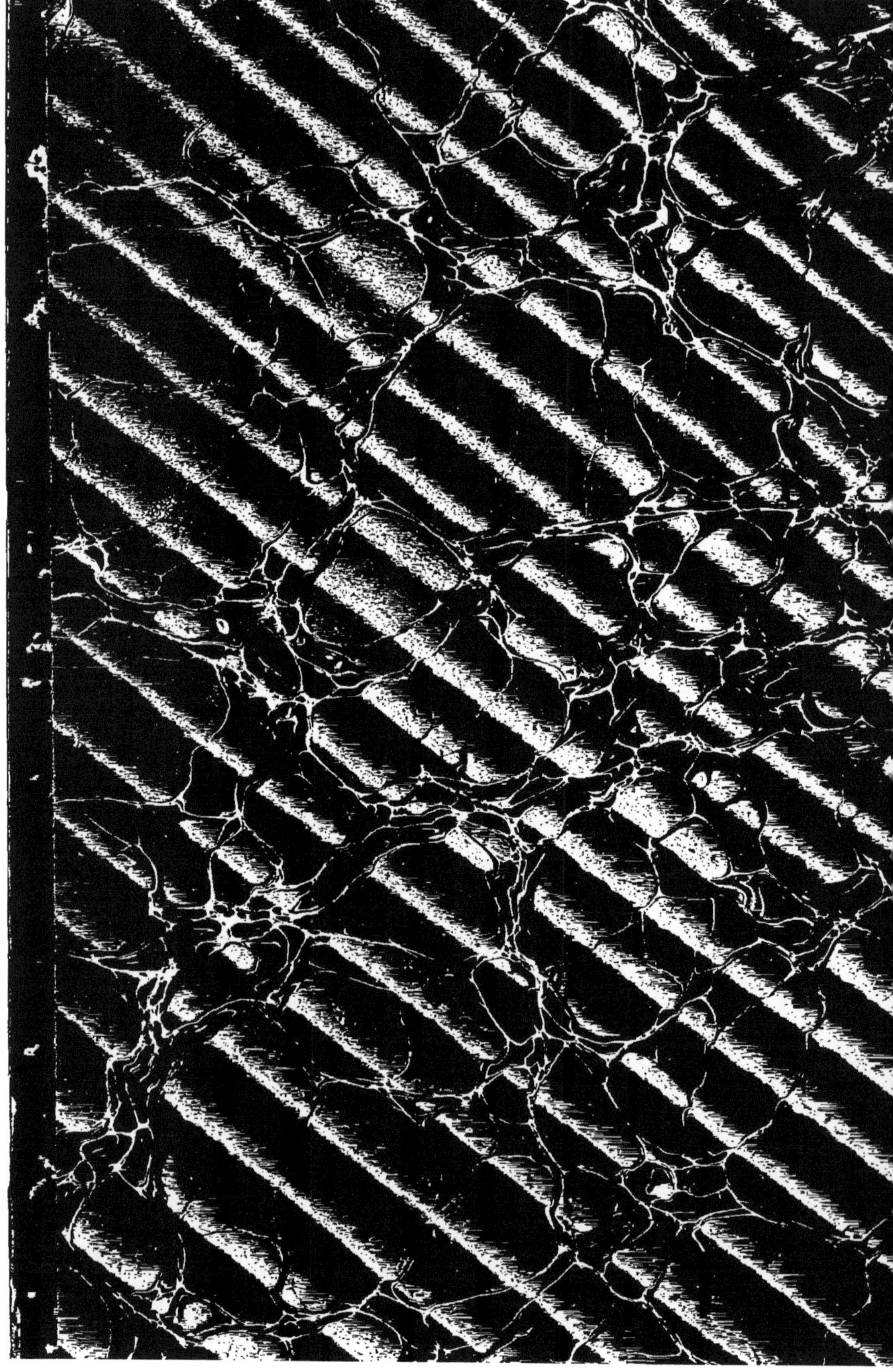

TRAITÉ ÉLÉMENTAIRE

DE

CALCUL DIFFÉRENTIEL

ET DE

CALCUL INTÉGRAL.

PARIS. — IMPRIMERIE DE GAUTHIER-VILLARS,
RUE DE SEINE-SAINT-GERMAIN, 10, PRÈS L'INSTITUT.

TRAITÉ ÉLÉMENTAIRE

DE

CALCUL DIFFÉRENTIEL

ET DE

CALCUL INTÉGRAL,

PAR S.-F. LACROIX.

SEPTIÈME ÉDITION,

REVUE ET AUGMENTÉE DE NOTES

Par MM. HERMITE et J.-A. SERRET,

MEMBRES DE L'INSTITUT.

TOME SECOND.

PARIS,

GAUTHIER-VILLARS, IMPRIMEUR-LIBRAIRE.

DE L'ÉCOLE IMPÉRIALE POLYTECHNIQUE, DU BUREAU DES LONGITUDES

Quai des Augustins, 55.

1867

TABLE DES MATIÈRES.

APPENDICE AU TRAITÉ ÉLÉMENTAIRE

DE CALCUL DIFFÉRENTIEL ET DE CALCUL INTÉGRAL.

Des différences et des séries.

NOTES DE M. J.-A. SERRET.

NOTE DE M. HERMITE.

FIN DE LA TABLE DES MATIÈRES DU SECOND VOLUME.

TRAITÉ ÉLÉMENTAIRE

DE

CALCUL DIFFÉRENTIEL

ET DE

CALCUL INTÉGRAL.

APPENDICE

AU

TRAITÉ ÉLÉMENTAIRE

DE

CALCUL DIFFÉRENTIEL ET DE CALCUL INTÉGRAL.

Des différences et des séries.

Du calcul direct des différences.

373. Dans le Calcul différentiel, on n'a fait varier les fonctions que pour considérer la forme des termes de leur développement, ou les limites des rapports de leurs accroissements à ceux des variables dont elles dépendent, mais sans avoir aucun égard aux valeurs de ces accroissements. Cette recherche ne portait que sur de nouvelles fonctions dérivées de la première, et non pas sur les valeurs numériques de ses accroissements; mais l'examen de ces valeurs a montré que, dans un grand nombre de cas, elles suivent des lois plus simples que celle de la fonction elle-même, ou au moins qu'elles forment souvent des suites décroissantes qui se prêtent plus aisément

aux approximations, et auxquelles par conséquent il peut être utile de ramener les quantités primitives. C'est sous ce point de vue qu'on s'est d'abord occupé du *Calcul aux différences* proprement dit.

On lui a donné le nom de *Calcul aux différences finies,* pour le distinguer du *Calcul aux différences infiniment petites;* mais la dénomination de *Calcul différentiel,* exclusivement affectée à ce dernier, et motivée comme on l'a vu (5), prévenant toute équivoque, il n'est pas nécessaire d'ajouter l'épithète *finies* aux *différences,* qui ne sauraient être confondues avec les *différentielles.*

Le but du Calcul direct aux différences est donc de déterminer les accroissements en eux-mêmes, en les déduisant, non-seulement de l'expression analytique des fonctions, mais aussi de leurs valeurs numériques ou particulières, lorsque l'expression analytique manque ou serait trop compliquée.

374. En examinant la marche des séries formées par les carrés et les cubes des termes de la suite naturelle des nombres, on tombe déjà sur des propriétés remarquables et utiles des différences, ainsi que le montrera l'explication des tableaux ci-dessous.

CARRÉS.	DIFFÉRENCE 1re.	DIFFÉRENCE 2e.
1		
4	3	
9	5	2
16	7	2
25	9	2
36	11	2
49	13	2
etc.	etc.	etc.

CUBES.	DIFFÉRENCE 1re.	DIFFÉRENCE 2e.	DIFFÉRENCE 3e.
1			
8	7		
27	19	12	
64	37	18	6
125	61	24	6
216	91	30	6
343	127	36	6
etc.	etc.	etc.	etc.

Je n'ai point fait entrer dans ces tableaux la suite naturelle des nombres 1, 2, 3, 4, etc., parce que la différence de l'un à l'autre est toujours égale à l'unité.

A côté des carrés, le premier tableau contient, dans une seconde colonne, la différence entre chacun de ceux-ci et celui qui le précède; puis dans une troisième colonne, la différence entre chacun des nombres de la seconde et celui qui le précède. Ces dernières sont nommées *différences secondes*, comme étant les différences des *différences premières*.

Celles-ci, formant une progression par différences, présentent déjà une loi plus simple que les nombres de la première colonne; et les autres, étant constantes, offrent encore une nouvelle simplification. Une conséquence assez importante de l'enchaînement de ces différences, c'est qu'on peut, au moyen des seuls nombres 1, 3, 2, placés respectivement à la tête des trois colonnes du tableau, former, par de simples additions, la colonne des carrés; car en ajoutant 2 à 3, on aura 5, puis 2 à 5, on aura 7, et l'on formera ainsi la seconde colonne; ajoutant ensuite 3 avec 1, on aura 4; 5 avec 4, on aura 9, et ainsi des autres carrés.

La première colonne du second tableau contient les cubes; la deuxième, leurs différences premières; la troisième, leurs différences secondes, qui ne forment plus qu'une progression

1.

par différences; et enfin, dans la quatrième colonne, les différences des différences secondes, ou les *différences troisièmes*, qui sont constantes.

Ici, au moyen des quatre nombres 1, 7, 12 et 6 placés respectivement en tête des diverses colonnes du tableau, *on pourra former toutes ces colonnes, en commençant par celle de la droite, et en ajoutant chacun des nombres d'une même colonne avec celui qui se trouve sur une ligne plus haut, dans la colonne à gauche.*

Cette règle, qui n'est encore établie que sur une simple induction, et pour deux séries de nombres seulement, sera bientôt démontrée et étendue à un nombre infini de fonctions, pour lesquelles on obtient ainsi des déterminations rigoureuses.

D'un autre côté, que dans une table de logarithmes on prenne les différences premières entre ceux des nombres consécutifs, elles auront une marche fort inégale, si l'on opère dans le commencement de la table, où la fonction varie beaucoup; mais en passant aux différences secondes, troisièmes, etc., on en trouvera qui deviendront fort petites, et finiront par rester les mêmes dans un intervalle plus ou moins grand. Les logarithmes suivront donc sensiblement, pendant cet intervalle, une loi analogue à celle que nous avons fait remarquer ci-dessus, par rapport aux carrés et aux cubes, et dont on peut faire usage pour simplifier la construction de cette table.

375. Quand on a vu le parti qu'on peut tirer de la considération des différences successives, poussées jusqu'à l'ordre où elles sont constantes, soit rigoureusement, soit à très-peu près, il paraît tout simple de chercher l'expression générale de leurs relations. Pour cela, soit

$$u, \quad u_1, \quad u_2, \quad u_3, \ldots, \quad u_n$$

une série de valeurs consécutives que reçoit une quantité, en vertu des variations qu'elle éprouve par elle-même, ou par l'effet de celles qui arrivent à une autre dont elle dépend; les chiffres inférieurs sont ici des *indices* qui font connaître le rang qu'occupe chaque valeur dans la série, en marquant le nombre de celles qui la précèdent, en sorte que la première, u, est censée répondre à l'indice o. On fait ensuite

$$(1)\quad \begin{cases} u_1 - u = \Delta u, \\ u_2 - u_1 = \Delta u_1, \\ u_3 - u_2 = \Delta u_2, \\ \dots\dots\dots\dots\dots \\ u_n - u_{n-1} = \Delta u_{n-1}, \end{cases}$$

en se servant de la caractéristique Δ, pour indiquer l'opération de prendre la différence entre deux valeurs consécutives d'une même quantité.

Lorsque cette quantité varie par des degrés égaux, les différences Δu, Δu_1, Δu_2, etc., sont toutes égales; mais si le contraire a lieu, on fait, par analogie,

$$(2)\quad \begin{cases} \Delta u_1 - \Delta u = \Delta\Delta u = \Delta^2 u, \\ \Delta u_2 - \Delta u_1 = \Delta\Delta u_1 = \Delta^2 u_1, \\ \dots\dots\dots\dots\dots\dots\dots\dots \\ \Delta u_n - \Delta u_{n-1} = \Delta\Delta u_{n-1} = \Delta^2 u_{n-1}, \end{cases}$$

$$(3)\quad \begin{cases} \Delta^2 u_1 - \Delta^2 u = \Delta\Delta^2 u = \Delta^3 u, \\ \Delta^2 u_2 - \Delta^2 u_1 = \Delta\Delta^2 u_1 = \Delta^3 u_1, \\ \dots\dots\dots\dots\dots\dots\dots\dots \\ \Delta^2 u_n - \Delta^2 u_{n-1} = \Delta\Delta^2 u_{n-1} = \Delta^3 u_{n-1}. \end{cases}$$

En poursuivant de cette manière, on tire des valeurs u, u_1, $u_2, \ldots, u_n$, une suite de différences dont le nombre des ordres est au plus égal à celui de ces valeurs, diminué de l'unité.

376. Il est visible que, suivant la notation ci-dessus, la différence d'une expression quelconque s'indiquera en plaçant devant chacun de ses termes la caractéristique Δ, en sorte que

$$\Delta(u + v - w) = u_1 + v_1 - w_1 - (u + v - w) = \Delta u + \Delta v - \Delta w,$$

de même que

$$d(u + v - w) = du + dv - dw \quad (10).$$

On a aussi

$$\Delta(au) \quad \text{ou} \quad \Delta . au = a(u_1 - u) = a\Delta u,$$

de même que $d.au = a du$ (11); et les constantes isolées des variables disparaissent quand on prend la différence d'une fonction (7).

377. Au moyen de ces règles et des équations (1), on obtient pour les valeurs u_1, u_2, $u_3, \ldots, u_n$, des expressions qui ne dépendent que de la valeur primordiale u et de ses différences Δu, $\Delta^2 u$, etc.; car, puisque

$$\Delta u_1 = \Delta(u + \Delta u) = \Delta u + \Delta^2 u,$$

il en résulte

$$u_2 = u_1 + \Delta u_1 = u + \Delta u + \Delta(u + \Delta u) = u + 2\Delta u + \Delta^2 u,$$

et de même

$$\begin{aligned} u_3 &= u_2 + \Delta u_2 \\ &= u + 2\Delta u + \Delta^2 u + \Delta(u + 2\Delta u + \Delta^2 u) \\ &= u + 3\Delta u + 3\Delta^2 u + \Delta^3 u. \end{aligned}$$

La forme de ces expressions, dont les coefficients numériques sont les mêmes que ceux du carré et du cube du binôme, conduit par analogie à

$$u_n = u + \frac{n}{1}\Delta u + \frac{n(n-1)}{1.2}\Delta^2 u + \frac{n(n-1)(n-2)}{1.2.3}\Delta^3 u + \text{etc.};$$

ce qu'on peut vérifier aisément au moyen de l'équation

$$u_{n+1} = u_n + \Delta u_n,$$

dont le développement montre que la loi ayant lieu pour l'ordre n, a nécessairement lieu pour l'ordre $n+1$.

378. On peut aussi exprimer immédiatement la différence d'un ordre quelconque par les termes de la série primitive, qui ont concouru à former cette différence.

Ayant d'abord

$$\Delta u = u_1 - u \quad \text{et} \quad \Delta^2 u = \Delta u_1 - \Delta u,$$

on observera que Δu_1 doit être composé avec u_1 et u_2, comme

Δu l'est avec u et u_1, c'est-à-dire qu'il suffit d'augmenter de l'unité les indices, pour passer à $\Delta u_1 = u_2 - u_1$, et l'on obtiendra

$$\begin{aligned}\Delta^2 u &= u_2 - u_1 - (u_1 - u) \\ &= u_2 - 2u_1 + u;\end{aligned}$$

puis augmentant de l'unité les indices, dans ce dernier résultat, pour former $\Delta^2 u_1$, il viendra

$$\begin{aligned}\Delta^3 u = \Delta^2 u_1 - \Delta^2 u &= u_3 - 2u_2 + u_1 - (u_2 - 2u_1 + u) \\ &= u_3 - 3u_2 + 3u_1 - u,\end{aligned}$$

et par analogie

$$\Delta^n u = u_n - \frac{n}{1} u_{n-1} + \frac{n(n-1)}{1.2} u_{n-2} - \frac{n(n-1)(n-2)}{1.2.3} u_{n-3} + \text{etc.},$$

loi qui se vérifierait par le développement de l'équation

$$\Delta^{n+1} u = \Delta^n u_1 - \Delta^n u.$$

Ce résultat et le précédent reviennent à

$$u_n = (1 + \Delta u)^n, \quad \Delta^n u = (u - 1)^n,$$

pourvu que l'on change dans le développement de l'un, les exposants des puissances de Δu en exposants de la caractéristique Δ, et dans celui de l'autre, les exposants de u en indices; on peut même poser tout de suite

$$u_n = (1 + \Delta)^n u,$$

et il n'y aura rien à changer dans le développement,

Pour tirer de $(1 + \Delta u)^n$ le développement que cette expression représente, il faut considérer que, dans l'ordre des puissances $1 = \Delta u^0$, et en passant l'exposant 0 à la caractéristique Δ, on aura $\Delta^0 u = u$.

379. Lorsqu'une fonction est donnée, rien n'est plus facile que d'en obtenir les différences successives; je prendrai pour exemple la fonction x^m. En faisant $u = x^m$, et supposant que x

augmente de la quantité h, on aura $u_1=(x+h)^m$, et par conséquent

$$\Delta u=(x+h)^m-x^m=mx^{m-1}h+\frac{m(m-1)}{1.2}x^{m-2}h^2$$
$$+\frac{m(m-1)(m-2)}{1.2.3}x^{m-3}h^3+\text{etc.}$$

Pour passer aux différences ultérieures $\Delta^2 u$, $\Delta^3 u$, etc., il faut faire varier x de nouveau, ce qui présente deux hypothèses. L'une consiste à supposer que la quantité x prenne toujours des accroissements égaux, et l'autre que ces accroissements soient eux-mêmes variables : je ne m'occuperai ici que de la première. En substituant $x+h$ au lieu de x dans Δu, on aura

$$\Delta u_1=m(x+h)^{m-1}h+\frac{m(m-1)}{1.2}(x+h)^{m-2}h^2+\text{etc.}$$

Il est visible que si l'on développe l'expression de Δu_1, et que l'on en retranche celle de Δu, le résultat ordonné par rapport aux puissances de h sera de la forme

$$\Delta^2 u=m(m-1)x^{m-2}h^2+\text{M}_3x^{m-3}h^3+\text{M}_4x^{m-4}h^4+\text{etc.},$$

M_3, M_4, etc., désignant des coefficients dépendants de l'exposant m.

Par une nouvelle substitution de $x+h$ dans cette dernière équation, on parviendrait à $\Delta^2 u_1$, et en observant que $\Delta^3 u=\Delta^2 u_1-\Delta^2 u$, on obtiendrait

$$\Delta^3 u=m(m-1)(m-2)x^{m-3}h^3+\text{M}'_4x^{m-4}h^4+\text{etc.}$$

La loi des premiers termes de chacun de ces développements est évidente, et l'on voit que l'expression de $\Delta^n u$ doit commencer par

$$m(m-1)(m-2)\ldots.(m-n+1)x^{m-n}h^n.$$

On voit aussi que, quand l'exposant m est entier et positif, le nombre des termes du développement de $\Delta^n u$, ordonné suivant les puissances de x, diminue de l'unité lorsque n augmente de cette quantité, et que quand $n = m$, il vient

$$\Delta^m u = m(m-1)(m-2)\ldots 1 \cdot h^m.$$

Cette différence étant constante, il s'ensuit que celles des ordres supérieurs sont nulles.

On parvient facilement au terme général de $\Delta^n u$ en formant l'expression de cette différence par le moyen des valeurs de u, u_1, u_2, u_3, etc., sans passer par celles de Δu, $\Delta^2 u$, $\Delta^3 u$, etc. (378). Il est évident que dans l'hypothèse présente les valeurs

$$u_1, \quad u_2, \quad u_3, \ldots, \quad u_n$$

répondent à

$$x + h, \quad x + 2h, \quad x + 3h, \ldots, \quad x + nh,$$

et l'on a par conséquent

$$u_1 = (x + h)^m, \quad u_2 = (x + 2h)^m, \ldots, \quad u_n = (x + nh)^m;$$

on tirera de là

$$\begin{aligned} \Delta^n u = (x + nh)^m &- \frac{n}{1}[x + (n-1)h]^m \\ &+ \frac{n(n-1)}{1 \cdot 2}[x + (n-2)h]^m \\ &- \frac{n(n-1)(n-2)}{1 \cdot 2 \cdot 3}[x + (n-3)h]^m + \text{etc.} \end{aligned}$$

Si l'on désigne par i l'exposant de h dans le terme général du développement de l'équation ci-dessus, l'expression de ce terme sera

$$\begin{aligned} &\frac{m(m-1)(m-2)\ldots(m-i+1)}{1 \cdot 2 \cdot 3 \ldots i} x^{m-i} h^i \\ &\times \left[n^i - \frac{n}{1}(n-1)^i + \frac{n(n-1)}{1 \cdot 2}(n-2)^i - \text{etc.} \right]; \end{aligned}$$

mais comme on vient de voir que le développement de $\Delta^n u$ ne pouvait contenir des puissances de h dont l'exposant fût moindre que n, il s'ensuit que la fonction

$$n^i - \frac{n}{1}(n-1)^i + \frac{n(n-1)}{1 \cdot 2}(n-2)^i - \text{etc.},$$

composée de $n + 1$ termes, est nulle tant que $i < n$. D'un autre côté, le coefficient

$$\frac{m(m-1)(m-2)\ldots(m-i+1)}{1.2.3\ldots i}$$

s'évanouissant lorsque $i=m+1$, il en résulte que la plus haute puissance de h, dans le développement de $\Delta^n u$, ne peut être que h^m.

380. D'après la propriété du monôme x^m, toute fonction rationnelle et entière de x a toujours des différences constantes, savoir, celles dont l'ordre est marqué par l'exposant de la plus haute puissance de x, qui soit dans la fonction proposée. En effet, cette fonction étant de la forme $Ax^\alpha + Bx^6 + Cx^\gamma + \text{etc.}$, on aura

$$\begin{aligned}&\Delta^n(Ax^\alpha + Bx^6 + Cx^\gamma + \text{etc.})\\ &= A\Delta^n.x^\alpha + B\Delta^n.x^6 + C\Delta^n.x^\gamma + \text{etc.}\ (*)\ (376);\end{aligned}$$

et si α désigne le plus haut exposant de x, il viendra, pour le cas où $n=\alpha$,

$$\Delta^\alpha.x^\alpha = 1.2\ldots\alpha h^\alpha,\quad \Delta^\alpha.x^6=0,\quad \Delta^\alpha.x^\gamma=0,\ \text{etc.},$$

en sorte que

$$\Delta^\alpha(Ax^\alpha + Bx^6 + Cx^\gamma + \text{etc.}) = 1.2.3\ldots\alpha Ah^\alpha.$$

381. C'est surtout par rapport aux fonctions transcendantes, dont le calcul approximatif est laborieux, que l'on gagne beaucoup à se servir des différences, ainsi que le fera voir l'exemple suivant, tiré des logarithmes.

Soit $u=lx$; on aura

$$\begin{aligned}u_1 &= l(x+h) = lx + l\left(1+\frac{h}{x}\right)\\ &= lx + M\left(\frac{h}{x} - \frac{h^2}{2x^2} + \frac{h^3}{3x^3} - \text{etc.}\right)\ (29),\end{aligned}$$

d'où l'on tirera u_2, u_3, etc., en mettant $2h$, $3h$, etc., au lieu

(*) Il ne faut pas confondre $\Delta^n.x^\alpha$ avec $\Delta^n x^\alpha$; car la première de ces expressions est la différence de l'ordre n de la fonction x^α, tandis que

$$\Delta^n x^\alpha = (\Delta^n x)^\alpha.$$

de h, et les formules du n° 378 donneront

$$\Delta u = \quad M\left(\frac{h}{x} - \frac{1}{2}\frac{h^2}{x^2} + \frac{1}{3}\frac{h^3}{x^3} - \text{etc.}\right),$$

$$\Delta^2 u = -M\left(\frac{h^2}{x^2} - \frac{2h^3}{x^3} + \text{etc.}\right),$$

$$\Delta^3 u = \quad M\left(\frac{2h^3}{x^3} - \text{etc.}\right),$$

etc.

On poussera ces suites, suivant la grandeur du nombre x, jusqu'à ce que la dernière différence soit assez petite pour être négligée sans erreur sensible.

Si l'on avait, par exemple, $x = 10000$, et $h = 1$, on trouverait pour les logarithmes ordinaires,

$$\begin{aligned} \Delta u &= \quad 0{,}00004\ 34272\ 76863, \\ \Delta^2 u &= -\ 0{,}00000\ 00043\ 42076, \\ \Delta^3 u &= \quad 0{,}00000\ 00000\ 00868; \end{aligned}$$

et il est évident que si l'on ne voulait avoir les derniers résultats qu'avec dix chiffres seulement, on pourrait, sans craindre d'erreur sensible, négliger longtemps les différences du quatrième ordre ; car il faudrait qu'elles fussent répétées un grand nombre de fois, pour influer sur la différence troisième : on formerait donc successivement, suivant la règle du n° 374, les colonnes des différences troisièmes, secondes, premières, et enfin les logarithmes des nombres

10001, 10002, 10003, etc.,

en partant de celui de 10000, qui est égal à

4,00000 00000 00000.

Il faudrait faire le calcul avec 15 décimales, afin de reconnaître quand l'accumulation des quantités négligées pourrait commencer à influer sur le dernier chiffre qu'on se propose de conserver, ce dont on s'assure au moyen de quelques logarithmes calculés rigoureusement à des intervalles éloignés; car lorsque, par la suite des additions successives, on parvient à ces logarithmes, il faut que la méthode des différences les donne tels qu'ils ont été déduits *à priori*, au moins dans les dix premiers chiffres, si c'est à ce nombre que l'on veut s'arrêter. Lorsque le dernier de ces chiffres cesserait d'être exact, ce qui n'aurait pas encore lieu pour le nombre 10050, on calculerait de nouveau *à priori* les différences Δu, $\Delta^2 u$, $\Delta^3 u$, et l'on se servirait des nouvelles valeurs comme des précédentes, pour obtenir les logarithmes des nombres entiers qui suivent celui auquel on a dû s'arrêter.

Application du calcul des différences à l'interpolation des suites.

382. L'un des principaux usages du calcul des différences a pour objet l'*interpolation des suites*, opération qui consiste à insérer entre les termes d'une suite, de nouveaux termes assujettis à la même loi que les premiers. Pour cela on regarde les différents termes de cette suite comme des valeurs particulières que reçoit la fonction qui exprime le terme général, lorsqu'on assigne également des valeurs particulières à la variable d'où dépend ce terme, et qui dépend elle-même du rang qu'il occupe dans la suite proposée. Quand l'expression de ce terme est donnée, on en tire autant de valeurs qu'on veut; mais il n'en est pas ainsi lorsqu'on ne connaît qu'un certain nombre des premiers termes de la suite, ce qui est le cas ordinaire auquel on applique l'interpolation.

Il faudrait alors déduire l'expression analytique d'une fonction, de celle d'un nombre limité de valeurs numériques, ce qui ne se peut quand la forme de la fonction est inconnue ; car on doit observer que ce problème revient à former l'équation d'une courbe passant par les points dont les valeurs de la variable indépendante représentent les abscisses, et celles de la fonction, les ordonnées, et qu'en quelque nombre que soient ces points, ils ne sauraient particulariser la courbe, si elle n'est pas donnée d'espèce. (*Trig.*, 168.) Mais comme on ne cherche à interpoler une suite que dans des espaces très-resserrés, on conçoit que l'expression de son terme général est développée suivant les puissances ascendantes de sa variable, et qu'il est permis de se borner à un petit nombre des premières puissances de cette variable; par ce moyen, la forme de la fonction, qui est alors rationnelle, se trouve déterminée.

Ainsi, sachant qu'aux valeurs

$$x,\quad x_1,\quad x_2,\quad x_3,\quad \text{etc.},$$

d'une variable quelconque x', répondent les valeurs

$$u,\quad u_1,\quad u_2,\quad u_3,\quad \text{etc.},$$

d'une fonction u' de cette variable, on suppose que l'on ait en général

$$u' = \alpha + \beta x' + \gamma x'^2 + \delta x'^3 + \text{etc.},$$

et l'on détermine les coefficients α, β, γ, etc., par la condition que u' devienne successivement u, u_1, u_2, etc., lorsqu'on change x' en x, x_1, x_2, etc.

Cette détermination présente deux cas : le premier, dans lequel les valeurs x, x_1, x_2, x_3, etc. sont *équidifférentes*, se résout immédiatement par l'expression de u_n du n° 377.

En effet, soient $m+1$ nombres donnés, et qu'on en prenne les différences relatives au premier terme, la formule rappelée deviendra

$$u_n = u + \frac{n}{1}\Delta u + \frac{n(n-1)}{1.2}\Delta^2 u \ldots + \frac{n(n-1)\ldots(n-m+1)}{1.2\ldots m}\Delta^m u;$$

et si l'on y fait successivement

$$n=0,\quad n=1,\quad n=2,\ldots,\quad n=m,$$

elle donnera les nombres

$$u,\quad u_1,\quad u_2,\ldots,\quad u_m:$$

on peut donc la regarder comme une équation qui lie ces nombres avec l'indice du rang qu'ils occupent, n désignant alors une variable indéterminée.

Il est visible de plus que le second membre, étant développé et ordonné suivant les puissances de n, prendra la forme

$$\alpha + \beta n + \gamma n^2 + \ldots + \mu n^m,$$

où α, β, γ, ..., μ sont des nombres donnés, et semblable à celle qui a été posée ci-dessus en x'.

Faisons maintenant

$$u = f(x), \quad u_1 = f(x+h), \ldots, \quad u_n = f(x+nh),$$

puis $x + nh = x'$, et $nh = x' - x = h'$; et il en résultera

$$n = \frac{h'}{h}$$

et

$$u_n = u' = u + \frac{h'}{h}\Delta u + \frac{h'(h'-h)}{h.2h}\Delta^2 u + \frac{h'(h'-h)(h'-2h)}{h.2h.3h}\Delta^3 u + \text{etc.}$$

Enfin, si l'on représente $u' - u$ par $\Delta' u$, il viendra

$$\Delta' u = \frac{h'}{h}\Delta u + \frac{h'(h'-h)}{h.2h}\Delta^2 u + \frac{h'(h'-h)(h'-2h)}{h.2h.3h}\Delta^3 u + \text{etc.}$$

383. Je passe maintenant aux applications.

Soit d'abord la suite

$$3, \quad 7, \quad 19, \quad 39, \quad 67,$$

correspondante aux indices

$$0, \quad 1, \quad 2, \quad 3, \quad 4;$$

on a pour ce cas,

$$u = 3, \quad \Delta u = 4, \quad \Delta^2 u = 8, \quad \Delta^3 u = 0, \quad h = 1;$$

l'expression de $\Delta' u$ se réduit à ses deux premiers termes, et l'on obtient par son moyen

$$\Delta' u = 4h' + 4h'(h'-1) = 4h'^2:$$

ainsi pour l'indice h', il viendra $u' = 3 + 4h'^2$. En prenant $h' = \frac{5}{2}$, par exemple, on trouverait que le terme correspondant à cet indice est 28.

Soit encore la suite

$$1, \quad 4, \quad 2, \quad 3, \quad 9, \quad 16;$$

en prenant les indices comme à l'ordinaire, savoir,

$$0, \quad 1, \quad 2, \quad 3, \quad 4, \quad 5, \quad \text{etc.},$$

et formant les différences, on trouvera

$$u=1,\qquad \Delta u=3,\quad \Delta^2 u=-5,\quad \Delta^3 u=8,$$
$$\Delta^4 u=-6,\quad \Delta^5 u=0,\qquad h=1,$$

d'où l'on tirera

$$u'=1+3\frac{h'}{1}-5\frac{h'(h'-1)}{1.2}+8\frac{h'(h'-1)(h'-2)}{1.2.3}-6\frac{h'(h'-1)(h'-2)(h'-3)}{1.2.3.4}.$$

En réduisant cette expression, et l'ordonnant par rapport aux puissances de h', on aura

$$u'=\frac{12+116h'-111h'^2+34h'^3-3h'^4}{12}.$$

Il faut remarquer que cet exemple et le précédent n'offrent qu'un nombre limité d'ordres de différences. Sur ce pied, l'expression de u', qui est aussi limitée, représente exactement le terme général des séries proposées, et peut servir à les prolonger autant qu'on le voudra. Tous les nombres qu'on en déduira suivront, par rapport à leurs différences, la même loi que les premiers termes desquels on est parti, et les séries dériveront ainsi d'une fonction algébrique rationnelle et entière.

384. Lorsqu'il s'agit de fonctions fractionnaires, irrationnelles ou transcendantes, la suite des différences Δu, $\Delta^2 u$, $\Delta^3 u$, etc. ne se termine plus rigoureusement, mais quand elle est décroissante, elle rend convergente l'expression

$$\Delta' u=\frac{h'}{h}\Delta u+\frac{h'(h'-h)}{h.2h}\Delta^2 u+\frac{h'(h'-h)(h'-2h)}{h.2h.3h}\Delta^3 u+\text{etc.},$$

et permet de la réduire à un petit nombre de termes, au moins pour un intervalle peu considérable. En voici un exemple tiré des tables de logarithmes. Je suppose que, par le moyen d'une table contenant les logarithmes depuis 1 jusqu'à 1000, avec dix décimales, on veuille avoir le logarithme de 3,1415926536, nombre très-approchant du rapport de la circonférence au diamètre; on regardera alors les logarithmes contenus dans la table comme des valeurs particulières de la fonction u, les nombres comme les indices auxquels répondent ces valeurs, et l'on formera le tableau suivant :

$u = 0{,}4969296481$				
$u_1 = 0{,}4983105538$	13809057			
$u_2 = 0{,}4996870826$	13765288	-43769		
$u_3 = 0{,}5010592622$	13721796	-43492	$+277$	
$u_4 = 0{,}5024271200$	13678578	-43218	$+274$	-3

dont la première colonne renferme les logarithmes de

$$3{,}14, \quad 3{,}15, \quad 3{,}16, \quad 3{,}17, \quad 3{,}18,$$

la seconde leurs différences premières, la troisième leurs différences secondes, la quatrième leurs différences troisièmes, et la cinquième leurs différences quatrièmes, qui se réduisent à 3 unités du dernier ordre. On aura par ce moyen

$$\Delta u = +\,0{,}0013809057, \quad \Delta^2 u = -\,0{,}0000043769,$$
$$\Delta^3 u = +\,0{,}0000000277, \quad \Delta^4 u = -\,0{,}0000000003,$$

et comme $h = 0{,}01, \quad h' = 0{,}0015926536,$

on obtiendra

$$\frac{h'}{h} = 0{,}15926536, \quad \frac{h'-h}{2h} = \frac{h'}{2h} - \frac{1}{2} = -\,0{,}42036732,$$
$$\frac{h'-2h}{3h} = \frac{h'}{3h} - \frac{2}{3} = -\,0{,}61357821,$$
$$\frac{h'-3h}{4h} = \frac{h'}{4h} - \frac{3}{4} = -\,0{,}71018366:$$

avec ces valeurs il sera très-facile de mettre en nombres la formule

$$u' = u + \frac{h'}{h}\Delta u + \frac{h'(h'-h)}{h.2h}\Delta^2 u + \frac{h'(h'-h)(h'-2h)}{h.2h.3h}\Delta^3 u$$
$$+ \frac{h'(h'-h)(h'-2h)(h'-3h)}{h.2h.3h.4h}\Delta^4 u,$$

qui donnera $u' = 0{,}4971498726$.

Il existe des moyens plus faciles pour obtenir les logarithmes des nombres exprimés par beaucoup de chiffres, mais le précédent est très-propre à servir d'exemple pour la méthode d'interpolation. On doit reconnaître déjà que cette méthode s'étend à beaucoup d'autres cas; elle est surtout d'un très-grand usage dans les calculs astronomiques.

385. Lorsque les valeurs x, x_1, x_2, x_3, etc. ne sont pas équidifférentes, on emploie immédiatement la formule

$$u' = \alpha + \beta x' + \gamma x'^2 + \delta x'^3 + \text{etc.},$$

dans laquelle la substitution des valeurs particulières x, x_1, x_2, x_3, etc., fournit les équations

$$\begin{aligned} u &= \alpha + \beta x + \gamma x^2 + \delta x^3 + \text{etc.},\\ u_1 &= \alpha + \beta x_1 + \gamma x_1^2 + \delta x_1^3 + \text{etc.},\\ u_2 &= \alpha + \beta x_2 + \gamma x_2^2 + \delta x_2^3 + \text{etc.},\\ u_3 &= \alpha + \beta x_3 + \gamma x_3^2 + \delta x_3^3 + \text{etc.},\\ &\text{etc.,} \end{aligned}$$

dont le nombre doit être égal à celui des coefficients indéterminés α, β, γ, etc.; et voici comment on obtient l'expression de ces coefficients.

En retranchant successivement la première équation de la seconde, celle-ci de la troisième, etc., on parvient à des résultats respectivement divisibles par $x_1 - x$, $x_2 - x_1$, $x_3 - x_2$, etc., et d'où l'on tire

$$\begin{aligned} \frac{u_1 - u}{x_1 - x} &= \beta + \gamma(x_1 - x) + \delta(x_1^2 + x_1 x + x^2) + \text{etc.},\\ \frac{u_2 - u_1}{x_2 - x_1} &= \beta + \gamma(x_2 + x_1) + \delta(x_2^2 + x_2 x_1 + x_1) + \text{etc.},\\ \frac{u_3 - u_2}{x_3 - x_2} &= \beta + \gamma(x_3 + x_2) + \delta(x_3^2 + x_3 x_2 + x_2^2) + \text{etc.},\\ &\text{etc.} \end{aligned}$$

Posant, pour abréger,

$$\frac{u_1 - u}{x_1 - x} = \mathrm{U}, \quad \frac{u_2 - u_1}{x_2 - x_1} = \mathrm{U}_1, \quad \frac{u_3 - u_2}{x_3 - x_2} = \mathrm{U}_2, \text{ etc.},$$

on aura les équations

$$\begin{aligned}
U &= \beta + \gamma(x_1 + x) + \delta(x_1^2 + x_1 x + x^2) + \text{etc.},\\
U_1 &= \beta + \gamma(x_2 + x_1) + \delta(x_2^2 + x_2 x_1 + x_1^2) + \text{etc.},\\
U_2 &= \beta + \gamma(x_3 + x_2) + \delta(x_3^2 + x_3 x_2 + x_2^2) + \text{etc.},\\
&\text{etc.};
\end{aligned}$$

retranchant encore U de U_1, U_1 de U_2, et ainsi de suite, et désignant par U', U'_1, etc., les quantités

$$\frac{U_1 - U}{x_2 - x}, \quad \frac{U_2 - U_1}{x_3 - x_1}, \quad \text{etc.},$$

on trouvera

$$\begin{aligned}
U' &= \gamma + \delta(x_2 + x_1 + x) + \text{etc.},\\
U'_1 &= \gamma + \delta(x_3 + x_2 + x_1) + \text{etc.},
\end{aligned}$$

d'où l'on tirera

$$U'_1 - U' = \delta(x_3 - x) + \text{etc.}$$

Maintenant si l'on fait

$$\frac{U'_1 - U'}{x_3 - x} = U'',$$

on aura $U'' = \delta + \text{etc.}$, et si, pour fixer les idées, on ne suppose que quatre termes à l'expression de u', l'opération finit à l'équation ci-dessus. Prenant la valeur qu'elle donne pour δ, et remontant à celles de γ, β, α, par le moyen des quantités U', U et u, il viendra

$$\begin{aligned}
\delta &= U'',\\
\gamma &= U' - U''(x_2 + x_1 + x),\\
\beta &= U - U'(x_1 + x) + U''(x_2 x_1 + x_2 x + x_1 x),\\
\alpha &= u - Ux + U' x_1 x - U'' x_2 x_1 x.
\end{aligned}$$

Substituant ces valeurs dans l'expression de u', on aura

$$\begin{aligned}
u' = u &+ U(x' - x) + U'[x'^2 - (x_1 + x)x' + x_1 x]\\
&+ U''[x'^3 - (x_2 + x_1 + x)x'^2 + (x_2 x_1 + x_2 x + x_1 x)x' - x_2 x_1 x].
\end{aligned}$$

Il est facile de voir que les coefficients de U, U' et U'' sont décomposables en facteurs simples, et que l'on peut mettre u' sous la forme

$$u' = u + \mathrm{U}(x' - x) + \mathrm{U}'(x' - x)(x' - x_1) + \mathrm{U}''(x' - x)(x' - x_1)(x' - x_2).$$

En poursuivant d'après cette méthode, on obtiendrait une formule analogue à la précédente; et quel que fût le nombre des valeurs $x, x_1, x_2, \ldots$ de l'abscisse x', on aurait en général

$$\begin{aligned} u' = u &+ \mathrm{U}(x' - x) + \mathrm{U}'(x' - x)(x' - x_1) \\ &+ \mathrm{U}''(x' - x)(x' - x_1)(x' - x_2) \\ &+ \mathrm{U}'''(x' - x)(x' - x_1)(x' - x_2)(x' - x_3) + \text{etc.}, \end{aligned}$$

en faisant

$$\frac{u_1 - u}{x_1 - x} = \mathrm{U},\quad \frac{u_2 - u_1}{x_2 - x_1} = \mathrm{U}_1,\ \frac{u_3 - u_2}{x_3 - x_2} = \mathrm{U}_2,\ \frac{u_4 - u_3}{x_4 - x_3} = \mathrm{U}_3, \text{ etc.},$$

$$\frac{\mathrm{U}_1 - \mathrm{U}}{x_2 - x} = \mathrm{U}',\ \frac{\mathrm{U}_2 - \mathrm{U}_1}{x_3 - x_1} = \mathrm{U}'_1,\ \frac{\mathrm{U}_3 - \mathrm{U}_2}{x_4 - x_2} = \mathrm{U}'_2, \text{ etc.},$$

$$\frac{\mathrm{U}'_1 - \mathrm{U}'}{x_3 - x} = \mathrm{U}'',\ \frac{\mathrm{U}'_2 - \mathrm{U}'_1}{x_4 - x_1} = \mathrm{U}''_1 \text{ etc.},$$

$$\frac{\mathrm{U}''_1 - \mathrm{U}''}{x_4 - x} = \mathrm{U}''',\quad \text{etc.},$$

etc.

Quand les valeurs x, x_1, x_2, x_3, etc., sont équidifférentes, on a

$$x_1 = x + h,\quad x_2 = x + 2h,\quad x_3 = x + 3h, \text{ etc.},$$

d'où l'on déduit

$$\mathrm{U} = \frac{\Delta u}{h},\qquad \mathrm{U}_1 = \frac{\Delta u_1}{h},\qquad \mathrm{U}_2 = \frac{\Delta u_2}{h},\quad \mathrm{U}_3 = \frac{\Delta u_3}{h},\quad \text{etc.},$$

$$\mathrm{U}' = \frac{\Delta^2 u}{1.2h^2},\qquad \mathrm{U}'_1 = \frac{\Delta^2 u_1}{1.2h^2},\qquad \mathrm{U}'_2 = \frac{\Delta^2 u_2}{1.2h^2},\quad \text{etc.},$$

$$\mathrm{U}'' = \frac{\Delta^3 u}{1.2.3h^3},\quad \mathrm{U}''_1 = \frac{\Delta^3 u_1}{1.2.3h^3},\quad \text{etc.},$$

$$\mathrm{U}''' = \frac{\Delta^4 u}{1.2.3.4h^4},\ \text{etc.},$$

etc.;

faisant ensuite $x' = x + h'$, il en résulte

$$x' - x = h', \quad x' - x_1 = h' - h, \quad x' - x_2 = h' - 2h,$$
$$x' - x_3 = h' - 3h, \quad \text{etc.},$$

et l'on voit ainsi que l'expression précédente de u', qui devient alors

$$u' = u + \frac{h'}{h}\Delta u + \frac{h'(h'-h)}{h.2h}\Delta^2 u + \frac{h'(h'-h)(h'-2h)}{h.2h.3h}\Delta^3 u + \text{etc.},$$

rentre dans celle du n° 382, obtenue par une voie différente.

386. Lagrange a présenté l'expression de u' sous une forme nouvelle, en observant que puisque les équations

$$u = \alpha + \beta x + \gamma x^2 + \delta x^3 + \text{etc.},$$
$$u_1 = \alpha + \beta x_1 + \gamma x_1^2 + \delta x_1^3 + \text{etc.},$$
$$u_2 = \alpha + \beta x_2 + \gamma x_2^2 + \delta x_2^3 + \text{etc.},$$
$$\text{etc.},$$

sont du premier degré seulement, par rapport à chacune des quantités α, β, γ, etc., u, u_1, u_2, etc., et que u' doit être exprimé en x', de manière qu'en y faisant successivement $x' = x$, $x' = x_1$, $x' = x_2$, etc., il vienne $u' = u$, $u' = u_1$, $u' = u_2$, etc., on peut écrire

$$u' = Xu + X_1 u_1 + X_2 u_2 + \text{etc.},$$

pourvu que X, X_1, X_2, etc., soient des fonctions de x' telles, que par la supposition de $x' = x$ on ait en même temps

$$X = 1, \quad X_1 = 0, \quad X_2 = 0, \quad \text{etc.},$$

que par celle de $x' = x_1$ on ait

$$X = 0, \quad X_1 = 1, \quad X_2 = 0, \quad \text{etc.},$$

que par celle de $x' = x_2$ on ait

$$X = 0, \quad X_1 = 0, \quad X_2 = 1, \quad \text{etc.},$$

et ainsi de suite, conditions qui seront remplies si l'on prend

$$X = \frac{(x' - x_1)(x' - x_2)(x' - x_3)\ldots}{(x - x_1)(x - x_2)(x - x_3)\ldots}$$
$$X_1 = \frac{(x' - x)(x' - x_2)(x' - x_3)\ldots}{(x_1 - x)(x_1 - x_2)(x_1 - x_3)\ldots}$$
$$X_2 = \frac{(x' - x)(x' - x_1)(x' - x_3)\ldots}{(x_2 - x)(x_2 - x_1)(x_2 - x_3)\ldots}$$
etc.

La loi qu'il faut observer dans la formation de ces quantités est on ne peut pas plus simple; leur numérateur contient, ainsi que leur dénominateur, autant de facteurs qu'il y a de quantités x, x_1, x_2, x_3, etc., moins une; et si l'on y fait les hypothèses indiquées ci-dessus, non-seulement on se convaincra qu'elles satisfont à la question proposée, mais on verra de plus comment il a été possible de prévoir qu'elles y satisferaient : on a donc cette nouvelle formule d'interpolation :

$$\begin{aligned} u' = & \frac{(x'-x_1)(x'-x_2)(x'-x_3)\ldots}{(x-x_1)(x-x_2)(x-x_3)\ldots}u \\ & + \frac{(x'-x)(x'-x_2)(x'-x_3)\ldots}{(x_1-x)(x_1-x_2)(x_1-x_3)\ldots}u_1 \\ & + \frac{(x'-x)(x'-x_1)(x'-x_3)\ldots}{(x_2-x)(x_2-x_1)(x_2-x_3)\ldots}u_2 \\ & + \text{etc.} \end{aligned}$$

très-commode dans la pratique, parce qu'on en peut calculer chaque terme par le moyen des logarithmes. Il ne serait pas difficile de la ramener à celle du numéro précédent, et même à celle du n° 382; c'est pourquoi je ne m'y arrêterai pas.

387. Ici il est aisé de voir, d'une manière évidente, que le problème de l'interpolation est indéterminé, quand des considérations particulières ne fixent pas la forme de la fonction qui doit représenter le terme général des nombres donnés.

En effet, les seules conditions auxquelles soient assujetties les inconnues X, X_1, X_2, etc., peuvent être remplies par des fonctions bien différentes de celles que Lagrange a choisies.

On trouve d'abord l'expression très-simple

$$\sin m(x'-x_1)\sin n(x'-x_2)\sin p(x'-x_3)\text{ etc.},$$

qui jouit de la propriété de s'évanouir, lorsque

$$x'=x_1,\quad x'=x_2,\quad x'=x_3,\text{ etc.},$$

quels que soient les nombres m, n, p, etc.: on pourra donc poser l'équation

$$X=\frac{\sin m(x'-x_1)\sin n(x'-x_2)\sin p(x'-x_3)\text{ etc.}}{\sin m(x-x_1)\sin n(x-x_2)\sin p(x-x_3)\text{ etc.}},$$

dont le second membre se réduit à l'unité lorsque $x'=x$; et sur ce modèle on formera aisément les valeurs de X_1, X_2, etc., dans chacune desquelles on pourra prendre pour les coefficients m, n, p, etc., tels nombres qu'on voudra.

Si de pareilles expressions s'accordent avec celles du numéro précédent pour les valeurs de x' comprises dans la série x, x_1, x_2, etc., elles en diffèrent beaucoup dans les intervalles, dès que les arcs ne sont plus assez petits pour être sensiblement proportionnels à leurs sinus : on peut d'ailleurs substituer les tangentes aux sinus, et les conditions précédentes seront encore remplies.

388. Les formules d'interpolation s'appliquent d'une manière très-utile dans la détermination approchée de l'intégrale $\int X\,dx$, ou de la quadrature des courbes. La première idée qui s'est présentée sur ce sujet, a été de substituer à la courbe proposée une courbe parabolique, assujettie à passer par un nombre donné de points de la première ; il est évident que plus ces points seront multipliés et resserrés, plus l'exactitude croîtra.

En prenant d'abord la formule

$$u' = \alpha + \beta x' + \gamma x'^2 + \text{etc.},$$

pour représenter l'ordonnée de la courbe parabolique, l'aire de cette courbe sera exprimée par

$$\int u'\,dx' = \frac{\alpha x'}{1} + \frac{\beta x'^2}{2} + \frac{\gamma x'^3}{3} + \text{etc.} + const.;$$

quant aux coefficients α, β, γ, etc., ils se concluront sans peine du développement de l'expression employée pour u'.

Si l'on prend celle du n° 382, qu'on y fasse $\frac{h'}{h} = x'$, elle deviendra

$$u' = u + \frac{x'\Delta u}{1} + \frac{x'(x'-1)\Delta^2 u}{1.2} + \frac{x'(x'-1)(x'-2)\Delta^3 u}{1.2.3} + \text{etc.},$$

et il faudra la pousser jusqu'au même nombre de termes que la précédente, c'est-à-dire celui des points par lesquels doit être déterminée la courbe parabolique.

Supposons que ce nombre soit 3 ; on ne prendra que les

trois premiers termes de la formule ci-dessus ; en l'ordonnant suivant les puissances de x', il viendra

$$\alpha = u, \quad \beta = \Delta u - \frac{1}{2}\Delta^2 u, \quad \gamma = \frac{1}{2}\Delta^2 u,$$

quantités qui ne dépendent que des trois ordonnées consécutives u, u_1, u_2, répondant aux valeurs

$$h' = 0, \quad h' = h, \quad h' = 2h, \quad \text{ou} \quad x' = 0, \quad x' = 1, \quad x' = 2;$$

et si l'on assigne 0 et 2 pour les limites de $\int u' dx'$, sa valeur sera

$$2u + 2\left(\Delta u - \frac{1}{2}\Delta^2 u\right) + \frac{4}{3}\Delta^2 u = 2\left(u + \Delta u + \frac{1}{6}\Delta^2 u\right).$$

Dans ce cas, u' serait l'ordonnée d'une parabole QR, *fig.* 64, passant par trois points de la courbe proposée DE, et $\int u' dx'$ l'aire du segment de cette parabole, compris entre la première ordonnée PM et la troisième P_2M_2.

En général, cette parabole QR sera alternativement intérieure et extérieure à la proposée, ou *vice versâ;* en sorte que l'aire de son segment différera, dans une partie par défaut et dans l'autre par excès, de l'aire du segment correspondant de la courbe proposée DE; et alors il pourra s'opérer dans le résultat total une compensation plus ou moins approchée entre ces différences.

La formule précédente devient plus symétrique quand on remplace les différences Δu et $\Delta^2 u$ par leurs valeurs

$$u_1 - u \quad \text{et} \quad u_2 - 2u_1 + u \quad (378);$$

on obtient, après les réductions,

$$\frac{1}{3}(u + 4u_1 + u_2).$$

Si l'on conçoit de même qu'il passe une nouvelle parabole par les points M_2, M_3, M_4, et ainsi de suite, et que l'on réunisse les aires de chacun de leurs segments, on pourra embrasser une portion aussi grande que l'on voudra de la courbe proposée; et si la dernière ordonnée est représentée par u_n,

m étant un nombre pair, on aura

$$\frac{1}{3}(u+4u_1+u_2)+\frac{1}{3}(u_2+4u_3+u_4)\ldots\ldots$$
$$\ldots\ldots\ldots\ldots\ldots+\frac{1}{3}(u_{m-2}+4u_{m-1}+u_m)$$
$$=\frac{1}{3}(u+u_m)+\frac{2}{3}(u_2+u_4\ldots+u_{m-2})$$
$$+\frac{4}{3}(u_1+u_3\ldots+u_{m-1}).$$

Ce résultat, d'une forme assez élégante, ne comprenant que des lignes qu'on peut mesurer sur la figure, peut servir à évaluer des aires renfermées par des courbes dont on n'a pas l'équation, avantage que n'offre point la méthode du n° 233. Au reste, dans l'une et l'autre méthode, il faut calculer à part les portions comprises entre deux points singuliers, et multiplier davantage les ordonnées dans celles où la variation de courbure est le plus considérable. Nous reviendrons sur ce sujet au n° 405.

De l'analogie des différences avec les puissances.

389. Le calcul différentiel et celui des différences, quoique étant bien distincts, comme on le verra dans la suite, ont néanmoins de grands rapports entre eux, et peuvent s'appliquer l'un à l'autre. Lorsque l'on considère le premier sous le point de vue où l'a présenté Leibnitz, ou par la théorie des limites, il devient un cas particulier du second : on a dû le remarquer au commencement de cet ouvrage, et pour le confirmer encore, je déduirai la série de Taylor, de l'équation

$$u_n=u+\frac{n}{1}\Delta u+\frac{n(n-1)}{1.2}\Delta^2 u$$
$$+\frac{n(n-1)(n-2)}{1.2.3}\Delta^3 u+\text{etc.}\quad(377).$$

Soit $u=\mathrm{f}(x)$, et que la variable x reçoive successivement un nombre n d'accroissements égaux, représentés par α ; la valeur u_n sera celle que prend u quand x devient $x+n\alpha$; faisant ensuite $n\alpha = h$, on aura $n = \frac{h}{\alpha}$ et

$$u_n = u + \frac{h}{\alpha}\Delta u + \frac{h(h-\alpha)}{1.2\alpha^2}\Delta^2 u + \frac{h(h-\alpha)(h-2\alpha)}{1.2.3\alpha^3}\Delta^3 u + \text{etc.},$$

ce qui peut s'écrire ainsi :

$$f(x+h) = u + \frac{h}{1}\frac{\Delta u}{\alpha} + \frac{h(h-\alpha)}{1.2}\frac{\Delta^2 u}{\alpha^2} + \frac{h(h-\alpha)(h-2\alpha)}{1.2.3}\frac{\Delta^3 u}{\alpha^3} + \text{etc.}$$

Maintenant, si l'on conçoit que, h demeurant constante, α décroisse indéfiniment, ce qui revient à supposer le nombre n de plus en plus grand, le second membre de l'équation ci-dessus tendra vers une limite qui s'obtiendra en faisant $\alpha = 0$, et en observant que les rapports

$$\frac{\Delta u}{\alpha}, \quad \frac{\Delta^2 u}{\alpha^2}, \quad \frac{\Delta^3 u}{\alpha^3}, \text{ etc.},$$

ont alors pour limites les coefficients différentiels

$$\frac{du}{dx}, \quad \frac{d^2 u}{dx^2}, \quad \frac{d^3 u}{dx^3}, \text{ etc.} \quad (375) :$$

on aura donc encore

$$u + \frac{du}{dx}\frac{h}{1} + \frac{d^2 u}{dx^2}\frac{h^2}{1.2} + \frac{d^3 u}{dx^3}\frac{h^3}{1.2.3} \text{ etc.},$$

pour le développement de la fonction u, quand x est devenue $x+h$. C'est à peu près ainsi que Taylor est arrivé au théorème ci-dessus, qui porte son nom.

Lorsqu'une fois on y est parvenu, la théorie analytique du Calcul différentiel n'offre plus aucune difficulté ; ainsi ce qui précède suffit pour montrer comment il résulte du Calcul des différences.

390. A l'aide du théorème de Taylor, le développement des différences d'un ordre quelconque pour une fonction quelcon-

que s'obtient sans difficulté. On a premièrement

$$\Delta u = \frac{du}{dx}\frac{h}{1} + \frac{d^2u}{dx^2}\frac{h^2}{1.2} + \frac{d^3u}{dx^3}\frac{h^3}{1.2.3} + \text{etc.};$$

et si, dans cette équation, on met successivement Δu, $\Delta^2 u$, $\Delta^3 u$, etc., au lieu de u, on formera les expressions

$$\Delta^2 u = \frac{d\Delta u}{dx}\frac{h}{1} + \frac{d^2\Delta u}{dx^2}\frac{h^2}{1.2} + \frac{d^3\Delta u}{dx^3}\frac{h^3}{1.2.3} + \text{etc.},$$

$$\Delta^3 u = \frac{d\Delta^2 u}{dx}\frac{h}{1} + \frac{d^2\Delta^2 u}{dx^2}\frac{h^2}{1.2} + \text{etc.},$$

$$\Delta^4 u = \frac{d\Delta^3 u}{dx}\frac{h}{1} + \text{etc.},$$

etc.,

au moyen desquelles le développement de chaque différence se déduit de celui de la précédente. On obtiendra d'abord

$$\Delta^2 u = \frac{d^2u}{dx^2}\frac{h^2}{1} + \frac{d^3u}{dx^3}\frac{h^3}{2} + \frac{d^4u}{dx^4}\frac{h^4}{2.3} + \text{etc.}$$
$$+ \frac{d^3u}{dx^3}\frac{h^3}{2} + \frac{d^4u}{dx^4}\frac{h^4}{2.2} + \text{etc.}$$
$$+ \frac{d^4u}{dx^4}\frac{h^4}{2.3} + \text{etc.}$$

Il serait facile de trouver la loi que suivent les termes de cette expression; mais on y parvient d'une manière plus générale, au moyen de l'analogie qui existe entre la différentiation des quantités et leur élévation aux puissances, analogie dont le nº 378 renferme les premières traces.

391. On a vu (27) que

$$e^x = 1 + \frac{x}{1} + \frac{x^2}{1.2} + \frac{x^3}{1.2.3} + \text{etc.},$$

et il suit de cette formule que

$$e^{\frac{du}{dx}h} = 1 + \frac{du}{dx}\frac{h}{1} + \frac{du^2}{dx^2}\frac{h^2}{1.2} + \frac{du^3}{dx^3}\frac{h^3}{1.2.3} + \text{etc.},$$

$$e^{\frac{du}{dx}h} - 1 = \frac{du}{dx}\frac{h}{1} + \frac{du^2}{dx^2}\frac{h^2}{1.2} + \frac{du^3}{dx^3}\frac{h^3}{1.2.3} + \text{etc.}$$

Si maintenant on transporte les exposants des puissances de du à la caractéristique d, le second membre de l'équation précédente deviendra

$$\frac{\mathrm{d}u}{\mathrm{d}x}\frac{h}{1}+\frac{\mathrm{d}^2u}{\mathrm{d}x^2}\frac{h^2}{1.2}+\frac{\mathrm{d}^3u}{\mathrm{d}x^3}\frac{h^3}{1.2.3}+\text{etc.},$$

et sera la même chose que Δu : on aura donc

$$\Delta u = e^{\frac{\mathrm{d}u}{\mathrm{d}x}h} - 1,$$

pourvu que dans le développement du second membre, on transporte à la caractéristique d les exposants des puissances de du.

D'après ce résultat, Lagrange a remarqué le premier qu'on avait en général

$$\Delta^n u = \left(e^{\frac{\mathrm{d}u}{\mathrm{d}x}h} - 1\right)^n,$$

en observant toujours de transporter à la caractéristique d les exposants des puissances de du.

Depuis, on a simplifié cette manière d'écrire, en posant

$$\Delta u = \left(e^{\frac{\mathrm{d}}{\mathrm{d}x}h} - 1\right)u, \quad \Delta^n u = \left(e^{\frac{\mathrm{d}}{\mathrm{d}x}h} - 1\right)^n u;$$

car il n'y a plus rien à changer dans le développement; mais il faut bien se rappeler que la lettre d exprimant une caractéristique et non pas une quantité, les équations ci-dessus ne deviennent effectives que par le développement de leur second membre. Voici comment Laplace a démontré ce beau résultat.

Il est évident, par ce qui a été dit dans le numéro précédent, que, quelle que soit l'expression de $\Delta^n u$, on doit avoir

$$\Delta^n u = \frac{\mathrm{d}^n u}{\mathrm{d}x^n}h^n + \mathrm{A}'\frac{\mathrm{d}^{n+1}u}{\mathrm{d}x^{n+1}}h^{n+1} + \mathrm{A}''\frac{\mathrm{d}^{n+2}u}{\mathrm{d}x^{n+2}}h^{n+2} + \text{etc.},$$

A′, A″, etc. désignant des coefficients qui ne dépendent que de n. Cette équation devant subsister pour toutes les formes que peut prendre la fonction u, conviendra nécessairement au cas où $u=e^x$; mais alors

$$\frac{\mathrm{d}u}{\mathrm{d}x}=\frac{\mathrm{d}^2 u}{\mathrm{d}x^2}=\frac{\mathrm{d}^3 u}{\mathrm{d}x^3}=\text{etc.}=e^x,$$

$$\Delta u=e^{x+h}-e^x=e^x(e^h-1),\quad \Delta^2 u=(e^{x+h}-e^x)(e^h-1)=e^x(e^h-1)^2,$$

$$\Delta^3 u=e^x(e^h-1)^3,\ldots\ldots\ldots\ \Delta^n u=e^x(e^h-1)^n.$$

Substituant cette valeur de $\Delta^n u$ dans le premier membre de l'équation posée plus haut, et celles de $\frac{\mathrm{d}u}{\mathrm{d}x}$, $\frac{\mathrm{d}^2 u}{\mathrm{d}x^2}$, etc., dans le second, il viendra

$$(e^h-1)^n=h^n+\mathrm{A}'h^{n+1}+\mathrm{A}''h^{n+2}+\text{etc.},$$

d'où il suit que les coefficients A$'$, A$''$, etc. doivent être les mêmes que ceux du développement de $(e^h-1)^n$, puisque l'accroissement h doit demeurer indéterminé. Il ne peut d'ailleurs exister aucune difficulté à l'égard des coefficients différentiels de u, qui se déduisent tous des puissances de $\mathrm{d}u$ par le changement indiqué dans les exposants.

La même relation entre les puissances et les différences se retrouve dans les fonctions d'un nombre quelconque de variables, et se prouve d'une manière analogue.

392. De $\Delta u=e^{\frac{\mathrm{d}u}{\mathrm{d}x}h}-1$ on tire $e^{\frac{\mathrm{d}u}{\mathrm{d}x}h}=1+\Delta u$; et si l'on prend les logarithmes de part et d'autre, il viendra

$$\frac{\mathrm{d}u}{\mathrm{d}x}h=\mathrm{l}(1+\Delta u).$$

Lagrange a encore reconnu que cette équation serait vraie, si dans le développement de $\mathrm{l}(1+\Delta u)$ on transportait à la caractéristique Δ les exposants des puissances de Δu; on aurait par ce moyen

$$\frac{\mathrm{d}u}{\mathrm{d}x}h=\Delta u-\frac{1}{2}\Delta^2 u+\frac{1}{3}\Delta^3 u-\frac{1}{4}\Delta^4 u+\text{etc.}\quad(29).$$

Au lieu de m'arrêter à démontrer ce cas particulier, je vais prouver qu'en général

$$\frac{\mathrm{d}^n u}{\mathrm{d}x^n}h^n=[\mathrm{l}(1+\Delta u)]^n,$$

en changeant Δu^2, Δu^3, etc. en $\Delta^2 u$, $\Delta^3 u$, etc., ou bien

$$\frac{d^n u}{dx^n} h^n = [\,l(1+\Delta)\,]^n u,$$

sans rien changer dans le développement.

Il est visible que la question revient à déterminer les coefficients différentiels $\frac{du}{dx}$, $\frac{d^2 u}{dx^2}$, etc., en fonction des différences successives de u, et que pour cela on a des équations de la forme

$$\Delta^n u = \frac{d^n u}{dx^n} h^n + A' \frac{d^{n+1} u}{dx^{n+1}} h^{n+1} + A'' \frac{d^{n+2} u}{dx^{n+2}} h^{n+2} + \text{etc.},$$

$$\Delta^{n+1} u = \frac{d^{n+1} u}{dx^{n+1}} h^{n+1} + A'_1 \frac{d^{n+2} u}{dx^{n+2}} h^{n+2} + \text{etc.},$$

$$\Delta^{n+2} u = \frac{d^{n+2} u}{dx^{n+2}} h^{n+2} + \text{etc.},$$

etc.,

dans lesquelles les coefficients différentiels ne montent qu'au premier degré : on peut donc faire

$$\frac{d^n u}{dx^n} h^n = \Delta^n u + B' \Delta^{n+1} u + B'' \Delta^{n+2} u + B''' \Delta^{n+3} u + \text{etc.}$$

On obtiendrait facilement la valeur des coefficients inconnus B′, B″, B‴, etc., par l'élimination successive de

$$\frac{d^{n+1} u}{dx^{n+1}} h^{n+1}, \quad \frac{d^{n+2} u}{dx^{n+2}} h^{n+2}, \text{ etc.};$$

mais puisque l'équation hypothétique doit avoir lieu, quel que soit u, elle subsistera encore lorsqu'on y fera $u = e^x$, ce qui donnera

$$\frac{d^i u}{dx^i} = e^x, \quad \text{et} \quad \Delta^i u = e^x (e^h - 1)^i,$$

quelque valeur qu'ait le nombre entier i, et l'on trouvera par conséquent

$$h^n = (e^h - 1)^n + B'(e^h - 1)^{n+1} + B''(e^h - 1)^{n+2} + \text{etc.}$$

Pour mettre en évidence l'identité des deux membres de

cette équation, il suffit d'observer que

$$h^n = [\,l\,(1 + e^h - 1)\,]^n,$$

parce que le développement de $l\,(1 + e^h - 1)$, ordonné suivant les puissances de $e^h - 1$, qui est

$$e^h - 1 - \frac{1}{2}(e^h - 1)^2 + \frac{1}{3}(e^h - 1)^3 - \frac{1}{4}(e^h - 1)^4 + \text{etc.},$$

étant élevé à la puissance n, deviendra comparable à la série

$$(e^h - 1)^n + B'(e^h - 1)^{n+1} + B''(e^h - 1)^{n+2} + \text{etc.},$$

dont les coefficients numériques B', B'', etc. seront par conséquent déterminés. Si l'on écrit Δu à la place de $e^h - 1$, et $\frac{d^n u}{dx^n} h^n$ à celle de h^n, on aura l'équation $\frac{d^n u}{dx^n} h^n = [\,l(1 + \Delta\,]^n u$, posée précédemment.

En faisant, pour abréger, $e^h - 1 = \alpha$, et développant

$$\left(\alpha - \frac{1}{2}\alpha^2 + \frac{1}{3}\alpha^3 - \frac{1}{4}\alpha^4 + \text{etc.}\right)^n,$$

suivant les puissances de α, par la méthode du n° 55, on obtiendra les valeurs de B', B'', etc.

393. La formule du n° 382 se déduit aussi du théorème de Taylor, qui devient une formule d'interpolation, lorsqu'on y remplace les coefficients différentiels par leur expression en différences, tirée du numéro précédent.

En effet l'équation

$$\frac{d^i u}{dx^i} h^i = \Delta^i u + A'\Delta^{i+1} u + A''\Delta^{i+2} u + A'''\Delta^{i+3} u + \text{etc.},$$

donne

$$\frac{d^i u}{dx^i} = \frac{1}{h^i}(\Delta^i u + A^i\Delta^{i+1} u + A''\Delta^{i+2} u + \text{etc.}).$$

Si l'on tirait successivement de cette équation les valeurs de $\frac{du}{dx}$, $\frac{d^2 u}{dx^2}$, $\frac{d^3 u}{dx^3}$, etc., pour les substituer dans la série

$$u + \frac{du}{dx}\frac{h'}{1} + \frac{d^2 u}{dx^2}\frac{h'^2}{1.2} + \frac{d^3 u}{dx^3}\frac{h'^3}{1.2.3} + \text{etc.},$$

qui exprime ce que devient u lorsque x devient $x+h'$, on aurait un résultat de la forme

$$u+\frac{h'}{h}\Delta u+\left(B'\frac{h'}{h}+B''\frac{h'^2}{h^2}\right)\Delta^2 u$$
$$+\left(B'_1\frac{h'}{h}+B''_1\frac{h'^2}{h^2}+B'''_1\frac{h'^3}{h^3}\right)\Delta^3 u+\text{etc.},$$

$B', B'', B'_1, B''_1, B'''_1$, etc. étant, ainsi que A', A'', etc., des coefficients numériques indépendants de h ; et désignant par $\Delta' u$ l'accroissement que reçoit la fonction u, dans le passage de x à $x+h'$, il viendrait

$$u+\Delta' u=u+\frac{h'}{h}\Delta u+\left(B'\frac{h'}{h}+B''\frac{h'^2}{h^2}\right)\Delta^2 u+\text{etc.}$$

Cette équation devant avoir lieu, quel que soit u, subsiste encore dans le cas où $u=e^x$, et se change alors en

$$e^{h'}=1+\frac{h'}{h}(e^h-1)+\left(B'\frac{h'}{h}+B''\frac{h'^2}{h^2}\right)(e^h-1)^2+\text{etc.}$$

dont on ramène, par le développement, le premier membre à la même forme que le second, en observant que $e^{h'}=[1+(e^h-1)]^{\frac{h'}{h}}$; et comme en remettant dans le second, u, Δu, $\Delta' u$, etc., à la place des quantités 1, (e^h-1), $(e^h-1)^2$, etc., on retombe sur le développement de $u+\Delta' u$, on doit en conclure que

$$u+\Delta' u=(1+\Delta)^{\frac{h'}{h}}u.$$

Ce résultat, aussi simple qu'élégant, a été présenté par Lagrange, comme une conséquence de l'analogie que les différences ont avec les puissances. En effet, il suit de l'équation $e^{\frac{du}{dx}h}=1+\Delta u$ (392) que $e^{\frac{du}{dx}h'}=(1+\Delta u)^{\frac{h'}{h}}$; mais on a aussi $e^{\frac{du}{dx}h'}=1+\Delta' u$: donc $1+\Delta' u=(1+\Delta u)^{\frac{h'}{h}}$.

En développant le second membre de cette dernière équation, et transportant à la caractéristique Δ, les exposants des puissances de Δu, on trouvera, comme ci-dessus,

$$\Delta' u = \frac{h'}{h}\Delta u + \frac{h'(h'-h)}{h.2h}\Delta^2 u + \frac{h'(h'-h)(h'-2h)}{h.2h.3h}\Delta^3 u + \text{etc.}\ (*).$$

Du Calcul inverse des différences, par rapport aux fonctions explicites d'une seule variable.

394. Le Calcul inverse des différences est, à l'égard du Calcul direct, ce qu'est le Calcul intégral, par rapport au Calcul différentiel : il a pour objet de remonter des différences aux fonctions primitives. Je m'occuperai d'abord des différences qui sont exprimées immédiatement par la variable indépendante, c'est-à-dire où l'on a pour déterminer u_x, une équation de la forme

$$\Delta^r u_x = \mathrm{f}(x),$$

l'accroissement de x étant constant et donné : je le représenterai à l'ordinaire par h.

Soit premièrement $r = 1$, d'où $\Delta u_x = \mathrm{f}(x)$; pour indiquer l'opération qui doit faire revenir de Δu_x à u_x, on emploie la caractéristique Σ, et l'on écrit en conséquence

$$\Sigma\Delta u_x = u_x = \Sigma\,\mathrm{f}(x),$$

les caractéristiques Δ et Σ indiquant des opérations contraires, qui se détruisent lorsqu'on les effectue l'une après l'autre sur la même fonction.

L'opération indiquée par le signe Σ s'appelle aussi *intégration* ; car $\Sigma\,\mathrm{f}(x)$ désigne une véritable somme. En effet, si l'on ajoute les équations (1) du n° 375, il viendra

$$u_n = u + \Delta u + \Delta u_1 + \Delta u_2 \ldots + \Delta u_{n-1};$$

et si l'on représente par a la première valeur de x, et par u

(*) Ces curieuses analogies des puissances avec les différences et les différentielles sont développées avec beaucoup d'étendue dans le 3e volume du Traité in-4°. J'y ai indiqué plusieurs Mémoires insérés sur ce sujet, dans les *Transactions philosophiques*, et quelques remarques de M. Herschel, dans l'Appendice qu'il a mis à la traduction qu'il a bien voulu faire, conjointement avec MM. Babbage et Peacock, de la 2e édition du présent Traité élémentaire.

celle de u_x, qui s'y rapporte, on aura, pour une valeur quelconque $x = a + nh$,

$$\Sigma f(x) = u + f(a) + f(a+h) + f(a+2h) \ldots + f[a+(n-1)h].$$

Cette expression, qui augmenterait de $f(a+nh)$ ou de $f(x)$, si l'on ajoutait h à la dernière valeur attribuée à x, et qui a par conséquent pour différence $f(x)$, se compose ainsi de la somme de toutes les valeurs que prend $f(x)$ depuis $x = a$ inclusivement jusqu'à $x = a + (n-1)h$, plus de la première valeur de u qui est indéterminée, et qui tient ici la place de la constante arbitraire que le passage de u_x à Δu_x a pu faire disparaître.

Pour revenir de $\Delta^r u_x = f(x)$ à u_x, il est évident qu'il faut effectuer autant d'intégrations qu'il y a eu de différentiations, ce qu'on indiquerait ainsi :

$$\Sigma^r \Delta^r u_x - u_x = \Sigma^r f(x).$$

A chacune de ces opérations, il faudrait ajouter une nouvelle constante, ce qu'on peut voir aussi en observant que l'équation $\Delta^r u_x = f(x)$, ne donnant les différences de la fonction qu'à commencer de l'ordre r, laisse indéterminées les r quantités

$$u, \quad \Delta u, \quad \Delta^2 u, \ldots, \quad \Delta^{r-1} u,$$

et par conséquent les r premiers termes de l'expression

$$u_n = u + \frac{n}{1} \Delta u + \frac{n(n-1)}{1 \cdot 2} \Delta^2 u + \text{etc.} \quad (377),$$

au moyen de laquelle on passe de la valeur u relative à $x = a$, à celle qui se rapporte à $x = a + nh$.

395. On voit donc qu'ici, comme pour les différentielles, l'intégration introduit un nombre de constantes arbitraires égal à l'exposant de l'ordre; mais il y a cette différence, que les quantités qui disparaissent quand on passe aux différentielles, sont absolument constantes, au lieu que, pour se détruire quand on prend les différences, il suffit qu'une quantité demeure la même lorsqu'on passe de x à $x + h$: et il en existe

de telles; car il est visible que l'expression

$$\varphi\left(\sin\frac{2\pi x}{h},\ \cos\frac{2\pi x}{h}\right),$$

qui devient alors

$$\varphi\left[\sin\left(\frac{2\pi x}{h}+2\pi\right),\ \cos\left(\frac{2\pi x}{h}+2\pi\right)\right],$$

jouit de cette propriété, quelle que soit la forme de la fonction φ.

On fait entrer en même temps le sinus et le cosinus dans la fonction, afin qu'elle ne redevienne la même que par le changement de x en $x \pm h$, ce qui n'aurait pas lieu pour une fonction qui ne contiendrait que l'un ou l'autre, puisque

$$\sin\left(\frac{1}{2}\pi-\frac{2\pi x}{h}\right)=\sin\left(\frac{1}{2}\pi+\frac{2\pi x}{h}\right),$$

$$\cos\left(\pi-\frac{2\pi x}{h}\right)=\cos\left(\pi+\frac{2\pi x}{h}\right);$$

nous donnerons dans la suite la construction géométrique de ces fonctions.

396. Il est à propos de remarquer qu'en prenant l'intégrale de chaque membre de l'équation

$$\Delta u+\Delta v-\Delta w=\Delta(u+v-w) \quad (376),$$

il vient

$$\Sigma(\Delta u+\Delta v-\Delta w)=u+v-w=\Sigma\Delta u+\Sigma\Delta v-\Sigma\Delta w,$$

ce qui ramène l'intégration des différences polynômes à celle des différences monômes.

De même l'équation

$$a\Delta u=\Delta.au$$

donne

$$\Sigma.a\Delta u=au=a\Sigma\Delta u,$$

par où l'on voit que les facteurs constants passent, comme on veut, sous le signe Σ ou hors de ce signe.

397. Lorsque $f(x)$ est rationnelle et entière, l'expression

de u_n, en se terminant, en donne l'intégrale exacte. En effet, si m désigne l'ordre auquel les différences de cette fonction sont constantes (380), comme de $\Delta^r u_x = \mathrm{f}(x)$, il suit $\Delta^m \mathrm{f}(x) = \Delta^{r+m} u_x$, et que cette dernière différence est constante, on a sur-le-champ

$$u_n = u + \frac{n}{1}\Delta u + \frac{n(n-1)}{1.2}\Delta^2 u \ldots$$
$$\ldots + \frac{n(n-1)\ldots(n-r-m+1)}{1.2.3\ldots(r+m)}\Delta^{r+m} u,$$

u, Δu, $\Delta^2 u$, etc. répondant à $x = a$; et si l'on fait $a + nh = x$, u_n se changera en u_x.

En posant, pour abréger, $\mathrm{f}(x) = v_x$, il viendra

$$\Delta^r u = v, \quad \Delta^{r+1} u = \Delta v, \ldots, \quad \Delta^{r+m} u = \Delta^m v;$$

u et ses différences jusqu'à l'ordre $r-1$ inclusivement demeurent arbitraires, ainsi qu'on l'a déjà vu.

Soit pour exemple

$$\Delta u_x = x^3 - 5x^2 + 6x - 1,$$

l'accroissement de x étant 1 ; on aura $r = 1$, $m = 3$, $h = 1$, et si l'on suppose $a = 0$, on trouvera

$$v = -1, \quad \Delta v = 2, \quad \Delta^2 v = -4,$$
$$\Delta^3 v = 6, \quad \Delta^4 v = 0 \quad (380),$$

d'où

$$\Sigma(x^3 - 5x^2 + 6x - 1) = u_x$$
$$= u - 1.\frac{x}{1} + 2.\frac{x(x-1)}{1.2} - 4.\frac{x(x-1)(x-2)}{1.2.3}$$
$$+ 6.\frac{x(x-1)(x-2)(x-3)}{1.2.3.4}$$
$$= \frac{3x^4 - 26x^3 + 69x^2 - 58x}{12} + const.$$

La formule générale de cet article comprend le cas dans lequel la valeur donnée pour Δu_x serait constante : on aurait alors $\Delta^2 u$ ou $\Delta v = 0$.

On voit immédiatement aussi que

$$a = \frac{ax + ah - ax}{h} = \frac{\Delta . ax}{h}$$

donne, en intégrant le premier et le dernier membre,

$$\Sigma a = \frac{ax}{h} + const.,$$

d'où

$$\Sigma 1 = \Sigma x^0 = \frac{x}{h}.$$

398. Quoique la formule précédente suffise pour toutes les fonctions rationnelles et entières, il est à propos de faire connaître quelques autres expressions qui ont aussi des avantages qui leur sont propres ; et pour commencer par celles qui sont les plus simples, je m'occuperai d'abord des produits composés de facteurs équidifférents.

Soit

$$u = x(x+h)(x+2h)\ldots[x+(m-1)h];$$

si l'on en prend la différence, on obtiendra

$$\begin{aligned}\Delta u &= (x+h)(x+2h)(x+3h)\ldots(x+mh)\\ &\quad - x(x+h)(x+2h)\ldots[x+(m-1)h]\\ &= (x+h)(x+2h)\ldots[x+(m-1)h]\,mh;\end{aligned}$$

et comme $\Sigma \frac{\Delta u}{mh} = \frac{\Sigma\Delta u}{mh} = \frac{u}{mh}$, on aura

$$\begin{aligned}&\Sigma (x+h)(x+2h)\ldots[x+(m-1)h]\\ &= \frac{x(x+h)(x+2h)\ldots[x+(m-1)h]}{mh} + const.\end{aligned}$$

Si, pour ramener à m le nombre des facteurs affectés du signe Σ, on écrit maintenant $x-h$ au lieu de x, et $m+1$ au lieu de m, il viendra

$$\begin{aligned}&\Sigma x(x+h)(x+2h\ldots[x+(m-1)h]\\ &= \frac{(x-h)x(x+h)(x+2h)\ldots[x+(m-1)h]}{(m+1)h}.\end{aligned}$$

On voit ici que dans l'intégrale, le nombre des facteurs surpasse de l'unité celui des facteurs de la différence, et que le diviseur est $m+1$, ce qui est bien analogue à la formule

$$\int x^m dx = \frac{x^{m+1}}{m+1} \quad (167).$$

On intègre aussi la fraction

$$u = \frac{1}{x(x+h)(x+2h)\ldots[x+(m-1)h]},$$

parce qu'en prenant la différence, on trouve

$$\begin{aligned}\Delta u &= \frac{1}{(x+h)(x+2h)(x+3h)\ldots(x+mh)} \\ &- \frac{1}{x(x+h)(x+2h)\ldots[x+(m-1)h]} \\ &= \frac{-mh}{x(x+h)(x+2h)\ldots(x+mh)};\end{aligned}$$

repassant aux intégrales et mettant pour u sa valeur, il vient

$$\begin{aligned}\Sigma \frac{-1}{x(x+h)(x+2h)\ldots(x+mh)} &= \frac{u}{mh} \\ &= \frac{1}{mhx(x+h)(x+2h)\ldots[x+(m-1)h]};\end{aligned}$$

et si l'on écrit $m-1$ au lieu de m, on obtiendra

$$\begin{aligned}&\Sigma \frac{1}{x(x+h)(x+2h)\ldots[x+(m-1)h]} \\ &= \frac{-1}{(m-1)hx(x+h)(x+2h)\ldots[x+(m-2)h]}.\end{aligned}$$

399. Les formules ci-dessus peuvent servir aussi à l'intégration des fonctions de la forme

$$Ax^\alpha + Bx^6 + Cx^\gamma + \text{etc.},$$

parce que ces fonctions se transforment en produits de facteurs dont les différences sont constantes. Pour le faire voir, je choisis cet exemple très-simple : x^3, et je fais

$$x^3 = (x+h)(x+2h)(x+3h) + A(x+h)(x+2h) + B(x+h) + C,$$

en supposant que h désigne l'accroissement de x. Si l'on développe, et qu'on ordonne suivant les puissances de x, on aura

$$\begin{aligned} x^3 = x^3 &+ 6hx^2 + 11h^2x + 6h^3 \\ &+ Ax^2 + 2Ahx + 2Ah^2 \\ &+ Bx + Bh \\ &+ C; \end{aligned}$$

et comparant entre eux les termes affectés de la même puissance de x, on formera les équations

$$\begin{aligned} &6h + A = 0, \\ &11h^2 + 3Ah + B = 0, \\ &6h^3 + 2Ah^2 + Bh + C = 0, \end{aligned}$$

desquelles on tirera

$$A = -6h, \quad B = 7h^2, \quad C = -h^3,$$

et

$$x^3 = (x+h)(x+2h)(x+3h) - 6h(x+h)(x+2h) + 7h^2(x+h) - h^3,$$

ce qui donnera, en vertu du numéro précédent,

$$\Sigma x^3 = \frac{1}{4h} x(x+h)(x+2h)(x+3h) - 2x(x+h)(x+2h) + \frac{7}{2} hx(x+h) - h^2 x + const.,$$

puisque $\Sigma - h^3 = -h^3 \Sigma 1 = -h^2 x$ (397).

400. Lorsque $u = x^{m+1}$ et que m est un nombre entier, il vient

$$\Delta u = \frac{(m+1)}{1} x^m h + \frac{(m+1)m}{1.2} x^{m-1} h^2 + \frac{(m+1)m(m-1)}{1.2.3} x^{m-2} h^3 + \frac{(m+1)m(m-1)(m-2)}{1.2.3.4} x^{m-3} h^4 \ldots + h^{m+1}.$$

En intégrant terme à terme chaque membre de cette équation,

remettant dans le premier x^{m+1}, au lieu de u, et passant hors du signe Σ les facteurs constants, on obtiendra

$$x^{m+1} = \frac{m+1}{1} h \Sigma x^m + \frac{(m+1)m}{1.2} h^2 \Sigma x^{m-1} + \frac{(m+1)m(m-1)}{1.2.3} h^3 \Sigma x^{m-2} \ldots + h^{m+1} \Sigma x^0.$$

Cette équation ferait connaître l'intégrale Σx^m, si l'on avait Σx^{m-1}, $\Sigma x^{m-2}, \ldots \Sigma x^0$, puisqu'on en tirerait

$$\Sigma x^m = \frac{x^{m+1}}{(m+1)h} - \left[\frac{m}{1.2} h \Sigma x^{m-1} + \frac{m(m-1)}{1.2.3} h^2 \Sigma x^{m-2} \ldots + \frac{1}{m+1} h^m \Sigma x^0\right].$$

Si l'on écrit successivement dans cette dernière $m-1$, $m-2$, $m-3$, etc., pour m, on aura des expressions de Σx^{m-1}, Σx^{m-2}, Σx^{m-3}, etc., dépendantes seulement des intégrales des puissances de x qui leur seront respectivement inférieures. On peut aussi former ces valeurs en remontant; et si l'on prend d'abord $m = 0$, il vient $\Sigma x^0 = \frac{x}{h}$, comme dans le nº 397, parce que la formule générale ne doit renfermer qu'un nombre m de termes affectés du signe Σ.

Faisant ensuite $m = 1$, $m = 2$, $m = 3$, etc., et substituant successivement pour Σx^0, Σx^1, Σx^2, etc., les valeurs auxquelles on parviendra, on formera cette table :

$$\Sigma x^0 = \frac{x}{h},$$

$$\Sigma x = \frac{1}{2}\frac{x^2}{h} - \frac{1}{2}x,$$

$$\Sigma x^2 = \frac{1}{3}\frac{x^3}{h} - \frac{1}{2}x^2 + \frac{1}{2.3}xh,$$

$$\Sigma x^3 = \frac{1}{4}\frac{x^4}{h} - \frac{1}{2}x^3 + \frac{1}{2.2}x^2 h,$$

$$\Sigma x^4 = \frac{1}{5}\frac{x^5}{h} - \frac{1}{2}x^4 + \frac{1}{3}x^3 h - \frac{1}{5.6}xh^3,$$

$$\Sigma x^5 = \frac{1}{6}\frac{x^6}{h} - \frac{1}{2}x^5 + \frac{5}{2.6}x^4 h - \frac{1}{2.6}x^2 h^3,$$

etc.,

où, pour abréger, on a omis la constante arbitraire que comporte chaque résultat.

401. Au lieu de pousser plus loin cette induction, on peut supposer en général

$$\Sigma x^m = \text{A}\, x^{m+1} + \text{B}\, x^m + \text{C}\, x^{m-1} + \text{D}\, x^{m-2} + \text{etc.};$$

en prenant la différence première de chaque membre, on trouvera

$$\begin{aligned} x^m = {} & \text{A}\,\frac{(m+1)}{1}\,x^m h \\ & + \frac{(m+1)\,m}{1.2}\,x^{m-1}h^2 + \text{A}\,\frac{(m+1)\,m\,(m-1)}{1.2.3}\,x^{m-2}h^3 + \text{etc.} \\ & + \text{B}\,\frac{m}{1}\,x^{m-1}h + \text{B}\,\frac{m\,(m-1)}{1.2}\,x^{m-2}h^2 + \text{etc} \\ & \qquad + \text{C}\,\frac{(m-1)}{1}\,x^{m-2}h + \text{etc.} \\ & \qquad\qquad + \text{etc.}, \end{aligned}$$

et comparant entre eux les termes affectés d'une même puissance de x, on obtiendra, entre les coefficients A, B, C, D, etc., les relations suivantes :

$$\text{A} = \frac{1}{(m+1)\,h},$$

$$\text{B} = -\,\text{A}\,\frac{(m+1)\,h}{2} = -\,\frac{1}{2},$$

$$\text{C} = -\,\text{A}\,\frac{(m+1)\,mh^2}{2.3} - \text{B}\,\frac{mh}{2},$$

$$\text{D} = -\,\text{A}\,\frac{(m+1)\,m\,(m-1)\,h^3}{2.3.4} - \text{B}\,\frac{m\,(m-1)\,h^2}{2.3} - \text{C}\,\frac{(m-1)}{2}\,h,$$

etc.,

avec lesquelles on déduira facilement les uns des autres les coefficients de l'expression Σx^m, quel que soit l'exposant m.

En calculant immédiatement les douze premiers termes, on trouvera

$$
\begin{aligned}
\Sigma x^m = {} & \frac{x^{m+1}}{(m+1)h} - \frac{1}{2}x^m \\
& + \frac{1}{2.3}\,\frac{mh}{2}\,x^{m-1} - \frac{1}{6.5}\,\frac{m(m-1)(m-2)h^3}{2.3.4}\,x^{m-3} \\
& + \frac{1}{6.7}\,\frac{m(m-1)(m-2)(m-3)(m-4)h^5}{2.3.4.5.6}\,x^{m-5} \\
& - \frac{3}{10.9}\,\frac{m(m-1)\ldots(m-6)h^7}{2.3\ldots8}\,x^{m-7} \\
& + \frac{5}{6.11}\,\frac{m(m-1)\ldots(m-8)h^9}{2.3\ldots10}\,x^{m-9} \\
& - \frac{691}{210.13}\,\frac{m(m-1)\ldots(m-10)h^{11}}{2.3\ldots12}\,x^{m-11} \\
& + \frac{35}{2.15}\,\frac{m(m-1)\ldots(m-12)h^{13}}{2.3\ldots14}\,x^{m-13} \\
& - \frac{3617}{30.17}\,\frac{m(m-1)\ldots(m-14)h^{15}}{2.3\ldots16}\,x^{m-15} \\
& + \frac{43867}{42.19}\,\frac{m(m-1)\ldots(m-16)h^{17}}{2.3\ldots18}\,x^{m-17} \\
& - \frac{1222277}{110.21}\,\frac{m(m-1)\ldots(m-18)h^{19}}{2.3\ldots20}\,x^{m-19} \\
& + \text{etc.} \qquad + \textit{const.},
\end{aligned}
$$

formule dans laquelle les coefficients exprimés en nombres méritent attention, parce qu'ils reviennent souvent dans la théorie des suites.

Je ferai observer, avant de finir cet article, que si l'on multiplie Σx^m par h, et qu'on passe cet accroissement sous le signe Σ, on aura l'équation

$$\Sigma x^m h = \frac{x^{m+1}}{m+1} - \frac{1}{2}x^m h + \frac{1}{2}\,\frac{mh^2}{2.3}\,x^{m-1} - \text{etc.} + \textit{const.},$$

dont le second membre a pour limite $\frac{x^{m+1}}{m+1} + \textit{const.}$, lorsque h s'évanouit, cas auquel $\Sigma x^m h$ se change en $\int \Sigma^m dx$, d'après ce qu'on a vu dans le n° 236.

402. Ce qui précède fournit le moyen d'intégrer toutes les

fonctions algébriques, rationnelles et entières, dans le cas où la variable indépendante reçoit un accroissement constant. Soit pour exemple la fonction

$$Ax^3 + Bx^2 + Cx + D;$$

en observant que

$$\Sigma(Ax^3 + Bx^2 + Cx + D) = A\Sigma x^3 + B\Sigma x^2 + C\Sigma x + D\Sigma x^0,$$

et mettant pour Σx^3, Σx^2, Σx et Σ^0, leurs valeurs, on trouvera

$$\Sigma(Ax^3 + Bx^2 + Cx + D) = \frac{A}{4h} x^4 - \frac{3Ah - 2B}{6h} x^3$$

$$+ \frac{Ah^2 - 2Bh + 2C}{4h} x^2 + \frac{Bh^2 - 3Ch + 6D}{6h} x + const.$$

403. Dans l'intégration des fonctions transcendantes, je me bornerai aux fonctions exponentielles et circulaires. On a pour les premières

$$\Delta . a^x = a^x(a^h - 1),$$

d'où il résulte

$$a^x = \Sigma a^x(a^h - 1) = (a^h - 1)\Sigma a^x$$

et

$$\Sigma a^x = \frac{a^x}{a^h - 1} + const.$$

404. Pour les fonctions circulaires, on a : 1° l'équation

$$\cos A - \cos B = -2\sin\frac{1}{2}(A - B)\sin\frac{1}{2}(A + B),$$

qui donne

$$\Delta\cos x = \cos(x + h) - \cos x = -2\sin\frac{1}{2}h\sin\left(x + \frac{1}{2}h\right),$$

d'où l'on tire

$$\sin\left(x + \frac{1}{2}h\right) = -\frac{\Delta\cos x}{2\sin\frac{1}{2}h}, \text{ et } \sin x = -\frac{\Delta\cos\left(x - \frac{1}{2}h\right)}{2\sin\frac{1}{2}h},$$

en écrivant $x - \frac{1}{2}h$, au lieu de x; prenant ensuite l'intégrale de chaque membre de la dernière équation, on obtient

$$\Sigma \sin x = -\frac{\cos\left(x-\frac{1}{2}h\right)}{2\sin\frac{1}{2}h} + const.$$

2°. L'équation

$$\sin A - \sin B = 2\sin\frac{1}{2}(A-B)\cos\frac{1}{2}(A+B),$$

donne

$$\Delta \sin x = \sin(x+h) - \sin x = 2\sin\frac{1}{2}h\cos\left(x+\frac{1}{2}h\right),$$

d'où il suit

$$\cos\left(x+\frac{1}{2}h\right) = \frac{\Delta\sin x}{2\sin\frac{1}{2}h}, \quad \cos x = \frac{\Delta\sin\left(x-\frac{1}{2}h\right)}{2\sin\frac{1}{2}h},$$

$$\Sigma \cos x = \frac{\sin\left(x-\frac{1}{2}h\right)}{2\sin\frac{1}{2}h} + const.$$

3°. La conversion des puissances de sinus, de cosinus et de leurs produits, en fonction de sinus et de cosinus d'arcs multiples, ramènera aux deux formules précédentes l'intégration de la fonction générale $\sin x^m \cos x^n$, lorsque les exposants m et n seront des nombres entiers positifs.

En effet, cette fonction sera changée en une suite de termes de la forme $A \sin qx$, ou $A \cos qx$, dont les intégrales se déduiront de celles de $A \sin x$ et de $A \cos x$ en écrivant qx et qh, au lieu de x et de h; et il est facile de voir que l'on aura en général

$$\Sigma \sin(p+qx) = -\frac{\cos\left(p+qx-\frac{1}{2}qh\right)}{2\sin\frac{1}{2}qh} + const.,$$

$$\Sigma \cos(p+qx) = \frac{\sin\left(p+qx-\frac{1}{2}qh\right)}{2\sin\frac{1}{2}qh} + const.$$

405. L'utilité dont est l'expression de Σu, pour la sommation des séries, a porté les Analystes à s'en occuper beaucoup, et ils sont parvenus à lui donner plusieurs formes très-élégantes: Euler la fit dépendre des coefficients différentiels de u et de l'intégrale $\int u\,dx$. On arrive à ce résultat en partant de la formule

$$\Delta z = \frac{dz}{dx}\frac{h}{1} + \frac{d^2 z}{dx^2}\frac{h^2}{1.2} + \frac{d^3 z}{dx^3}\frac{h^3}{1.2.3} + \text{etc.},$$

qui donne

$$z = \frac{h}{1}\Sigma\frac{dz}{dx} + \frac{h^2}{1.2}\Sigma\frac{d^2 z}{dx^2} + \frac{h^3}{1.2.3}\Sigma\frac{d^3 z}{dx^3} + \text{etc.}$$

Si l'on fait $\frac{dz}{dx} = u$, il viendra $z = \int u\,dx$ et

$$\int u\,dx = h\,\Sigma u + \alpha h^2 \Sigma\frac{du}{dx} + \beta h^3 \Sigma\frac{d^2 u}{dx^3} + \text{etc.},$$

en représentant par α, β, γ, etc. les coefficients numériques; on tirera de là

$$\Sigma u = \frac{1}{h}\int u\,dx - \alpha h\,\Sigma\frac{du}{dx} - \beta h^2 \Sigma\frac{d^2 u}{dx^2} - \text{etc.},$$

expression qui, par le changement de u en $\frac{du}{dx}$, $\frac{d^2 u}{dx^2}$, etc., conduit aux suivantes :

$$\Sigma\frac{du}{dx} = \frac{1}{h}\,u - \alpha h\,\Sigma\frac{d^2 u}{dx^2} - \beta h^2 \Sigma\frac{d^3 u}{dx^3} - \text{etc.},$$

$$\Sigma\frac{d^2 u}{dx^2} = \frac{1}{h}\frac{du}{dx} - \alpha h\,\Sigma\frac{d^3 u}{dx^3} - \beta h^2 \Sigma\frac{d^4 u}{dx^4} - \text{etc.}$$

$$\Sigma\frac{d^3 u}{dx^3} = \frac{1}{h}\frac{d^2 u}{dx^2} - \alpha h\,\Sigma\frac{d^4 u}{dx^4} - \beta h^2 \Sigma\frac{d^5 u}{dx^5} - \text{etc.}$$

etc. (*),

(*) On forme aussi ces expressions en observant que $\Sigma\frac{du}{dx} = \frac{d.\Sigma u}{dx}$, ce qui se prouve ainsi : on a d'abord $d\Delta u = \Delta du$, puisque

$$d\Delta u = d[f(x+h) - f(x)] = [f'(x+h) - f'(x)]dx,$$
$$\Delta du = \Delta f'(x)dx = [f'(x+h) - f'(x)]dx;$$

et ensuite, si l'on pose $\Sigma u = U$, ce qui donne $u = \Delta U$, il vient

$$du = d\Delta U = \Delta dU,$$

d'où

$$\Sigma du = \Sigma\Delta dU = dU = d\Sigma u.$$

avec lesquelles on éliminera successivement de la valeur de Σu les fonctions

$$\Sigma\frac{du}{dx},\quad \Sigma\frac{d^2u}{dx^2},\quad \Sigma\frac{d^3u}{dx^3},\ \text{etc.};$$

et il est aisé de voir que le résultat sera nécessairement de la forme

$$\Sigma u = \frac{1}{h}\int u\,dx + Au + Bh\frac{du}{dx} + Ch^2\frac{d^2u}{dx^2} + \text{etc.}$$

La détermination des coefficients A, B, C, etc., s'opère ici comme dans le n° 391, par la considération de la fonction particulière e^x, pour laquelle on trouve

$$\Sigma e^x = \frac{e^x}{e^h - 1},\quad \int e^x dx = e^x,\quad \frac{d^m.e^x}{dx^m} = e^x,$$

d'où il suit

$$\frac{1}{e^h - 1} = \frac{1}{h} + A + Bh + Ch^2 + \text{etc.},$$

ce qui montre que les coefficients A, B, C, etc., ne sont autre chose que ceux qui multiplient les puissances de h dans le développement de la fonction $\frac{1}{e^h - 1}$, réduite en série ascendante par rapport à cette lettre.

Si l'on met pour $e^h - 1$ sa valeur

$$\frac{h}{1} + \frac{h^2}{1.2} + \frac{h^3}{1.2.3} + \text{etc. } (27),$$

il ne sera pas difficile de calculer au moins les premiers coefficients A, B, C, etc.: on trouvera

$$A = -\frac{1}{2},\quad B = \frac{1}{12},\quad C = 0,\quad D = -\frac{1}{720},\quad E = 0,\ \text{etc.},$$

et par conséquent

$$\Sigma u = \frac{1}{h}\int u\,dx - \frac{1}{2}u + \frac{h}{12}\frac{du}{dx} - \frac{h^3}{720}\frac{d^3u}{dx^3} + \text{etc. } (*).$$

(*) Tous les coefficients des puissances paires de h sont nuls; cela est prouvé, ainsi que la loi générale des autres, dans le Traité in-4°, t. III, p. 106 et suiv.

406. On obtiendra de la même manière et sans plus de difficulté les intégrales $\Sigma\Sigma u$, ou $\Sigma^2 u$, $\Sigma\Sigma^2 u$, ou $\Sigma^3 u$, et en général $\Sigma^m u$; car la formule

$$\Delta^m z = \frac{d^m z}{dx^m} h^m + \alpha \frac{d^{m+1} z}{dx^{m+1}} h^{m+1} + \beta \frac{d^{m+2} z}{dx^{m+2}} h^{m+2} + \text{etc.},$$

conduit à

$$z = h^m \Sigma^m \frac{d^m z}{dx^m} + \alpha h^{m+1} \Sigma^m \frac{d^{m+1} z}{dx^{m+1}} + \beta h^{m+2} \Sigma^m \frac{d^{m+2} z}{dx^{m+2}} + \text{etc.}$$

Faisant ensuite $\frac{d^m z}{dx^m} = u$, on aura $z = \int^m u\, dx^m$, et par conséquent

$$\Sigma^m u = \frac{1}{h^m} \int^m u\, dx^m - \alpha h \Sigma^m \frac{du}{dx} - \beta h^2 \Sigma^m \frac{d^2 u}{dx^2} - \text{etc.},$$

où l'on mettra successivement $\frac{du}{dx}$, $\frac{d^2 u}{dx^2}$, etc., au lieu de u, pour obtenir les valeurs

$$\Sigma^m \frac{du}{dx} = \frac{1}{h^m} \int^{m-1} u\, dx^{m-1} - \alpha h \Sigma^m \frac{d^2 u}{dx^2} - \beta h^2 \Sigma^m \frac{d^3 u}{dx^3} - \text{etc.},$$

$$\Sigma^m \frac{d^2 u}{dx^2} = \frac{1}{h^m} \int^{m-2} u\, dx^{m-2} - \alpha h \Sigma^m \frac{d^3 u}{dx^3} - \beta h^2 \Sigma^m \frac{d^4 u}{dx^4} - \text{etc.},$$

etc.,

à l'aide desquelles on chassera $\Sigma^m \frac{du}{dx}$, $\Sigma^m \frac{d^2 u}{dx^2}$, etc., de l'expression de $\Sigma^m u$. L'équation finale pourra être représentée par

$$\Sigma^m u = \frac{1}{h^m} \int^m u\, dx^m + \frac{A}{h^{m-1}} \int^{m-1} u\, dx^{m-1}$$
$$+ \frac{B}{h^{m-2}} \int^{m-2} u\, dx^{m-2} \ldots + \frac{M}{h} \int u\, dx$$
$$+ Nu + Ph \frac{du}{dx} + Qh^2 \frac{d^2 u}{dx^2} + \text{etc.};$$

et lorsqu'on fera $u = e^x$, elle deviendra

$$\frac{1}{(e^h - 1)^m} = \frac{1}{h^m} + \frac{A}{h^{m-1}} + \frac{B}{h^{m-2}} \ldots + \frac{M}{h}$$
$$+ N + Ph + Qh^2 + \text{etc}:$$

les coefficients A, B,..., M, N, etc., sont donc encore ici ceux qui multiplient les puissances de h dans le développement de $\frac{1}{(e^h - 1)^m}$; et de là résulte, entre les intégrales et les puissances négatives, une analogie qui n'est que la continuation de celle que les différences ont avec les puissances positives, en sorte que l'on doit regarder les intégrales comme des différences d'un ordre dont l'exposant est négatif. Il est visible, en effet, que, d'après ce qu'on vient de voir, on peut poser

$$\Sigma^m u = \frac{1}{\left(e^{\frac{du}{dx}h} - 1\right)^m} = \left(e^{\frac{du}{dx}h} - 1\right)^{-m},$$

pourvu qu'après le développement on change les puissances $\frac{du^p}{dx^p}$ en $\frac{d^p u}{dx^p}$ en observant que dans $\frac{d^{-p} u}{dx^{-p}} = d^{-p} u\, dx^p$, d^{-p} équivaut à $\int^p$, ou bien encore écrire

$$\Sigma^m u = \left(e^{\frac{d}{dx}h} - 1\right)^{-m} u,$$

expressions qui se déduisent de celles de $\Delta^m u$ (391), en affectant l'exposant m du signe $-$ (*).

407. L'intégration par parties se pratique sur les différences aussi bien que sur les différentielles. Soient P et Q deux fonctions quelconques de x; on fera

$$\Sigma PQ = Q \Sigma P + z,$$

z étant une fonction inconnue de la même variable; et prenant

---

(*) On a de même, par le seul changement du signe de n, dans la formule $\frac{d^n u}{dx^n} h^n = [1(1 + \Delta)]^n u$, l'expression des intégrales aux différentielles, savoir : $\frac{1}{h^n} \int^n u\, dx^n = [1(1 + \Delta)]^{-n} u$, en changeant $\Delta^{-i} u$ en $\Sigma^i u$. Par là on obtient quatre formules, qui se réduisent à deux, en ne déterminant pas le signe de n. (*Voy.* le *Traité* in-4° t. III, p. 101.)

la différence de chaque membre de cette équation, on aura

$$PQ = (Q + \Delta Q)\Sigma(P + \Delta P) - Q\Sigma P + \Delta z;$$

développant et réduisant, en observant que $Q\Sigma\Delta P = PQ$, il viendra

$$o = \Delta Q\Sigma(P + \Delta P) + \Delta z, \quad \text{ou} \quad \Delta z = -\Delta Q\Sigma(P + \Delta P),$$

et par conséquent

$$z = -\Sigma\Delta Q\Sigma(P + \Delta P),$$

puis

$$\text{(A)} \qquad \Sigma PQ = Q\Sigma P - \Sigma\Delta Q\Sigma(P + \Delta P),$$

formule qui devient

$$\text{(1)} \qquad \Sigma PQ = Q\Sigma P - \Sigma\Delta Q\Sigma P_1,$$

lorsqu'on écrit P_1 pour $P + \Delta P$.

Si dans la formule (A) on change Q en ΔQ, P en ΣP_1, et qu'on observe que

$$\Sigma P_1 + \Delta\Sigma P_1 = \Sigma(P_1 + \Delta P_1) = \Sigma P_2,$$

on en déduira

$$\Sigma\Delta Q\Sigma P_1 = \Delta Q\Sigma^2 P_1 - \Sigma\Delta^2 Q\Sigma^2 P_2,$$

et la formule (1) deviendra

$$\text{(2)} \qquad \Sigma PQ = Q\Sigma P - \Delta Q\Sigma^2 P_1 + \Sigma\Delta^2 Q\Sigma^2 P_2.$$

Changeant ensuite dans l'équation (A), Q en $\Delta^2 Q$, P en $\Sigma^2 P_2$, puis remarquant que

$$\Sigma^2 P_2 + \Delta\Sigma^2 P_2 = \Sigma^2 P_3,$$

on trouvera

$$\Sigma\Delta^2 Q\Sigma^2 P_2 = \Delta^2 Q\Sigma^3 P_2 - \Sigma\Delta^3 Q\Sigma^3 P_3,$$

et la formule (2) deviendra

$$\Sigma PQ = Q\Sigma P - \Delta Q\Sigma^2 P_1 + \Delta^2 Q\Sigma^3 P_2 - \Sigma\Delta^3 Q\Sigma^3 P_3,$$

ce qui conduit à l'expression élégante

$$\Sigma PQ = Q\Sigma P - \Delta Q\Sigma^2 P_1 + \Delta^2 Q\Sigma^3 P_2 - \Delta^3 Q\Sigma^4 P_3 + \Delta^4 Q\Sigma^5 P_4 - \text{etc.},$$

donnée par Taylor, dans les *Transactions philosophiques*, n° 353, année 1717.

Si l'on y met pour P_1, P_2, P_3, etc., leurs valeurs en P, et qu'on effectue les intégrations qui deviennent possibles, elle se change en

$$\Sigma PQ = Q\Sigma P - \Delta Q(\Sigma^2 P + \Sigma P) + \Delta^2 Q(\Sigma^3 P + 2\Sigma^2 P + \Sigma P) - \Delta^3 Q(\Sigma^4 P + 3\Sigma^3 P + 3\Sigma^2 P + \Sigma P) + \text{etc.}$$

C'est sous cette forme que Condorcet l'a présentée dans son *Essai sur l'Application de l'Analyse à la probabilité des décisions*, page 163.

Elle s'arrête toutes les fois que la fonction Q mène à des différences constantes dans un ordre quelconque; et si la fonction P est susceptible d'un nombre suffisant d'intégrations successives, on parvient à l'intégrale exacte de la fonction PQ.

Application du calcul des différences à la sommation des suites.

408. Dans une suite quelconque

$$u,\ u_1,\ u_2,\ldots,\ u_{n-1},\ u_n,$$

le terme général u_n peut être regardé comme la différence de la fonction qui exprime la somme des termes qui le précèdent, en sorte que si l'on fait

$$u + u_1 + u_2, \ldots, + u_{n-1} = S_{n-1},$$

on aura

$$\Delta S_{n-1} = u_n \quad \text{et} \quad S_{n-1} = \Sigma u_n \ (394).$$

Il suit de là que la somme entière, en y comprenant le terme général, sera

$$S_n = \Sigma u_n + u_n.$$

On voit aussi que S_n résultant de S_{n-1} par le changement de n en $n+1$, l'expression de S_n peut se déduire de la même manière de celle de Σu_n.

Si donc $f(x)$ désigne le terme général d'une série quelconque, dans laquelle la différence de la variable indépendante soit h, la somme de cette série, que je représenterai par $Sf(x)$, sera

$$Sf(x) = \Sigma f(x) + f(x),$$

ou bien s'obtiendra en mettant $x+h$ au lieu de x, dans $\Sigma f(x)$; et il ne faut pas manquer d'ajouter au résultat une constante arbitraire.

Lorsqu'on ne demande la somme de la suite que pour des valeurs entières de l'indice, la constante arbitraire étant alors une véritable constante (395), se détermine comme celle des intégrales aux différentielles. Si l'on fait commencer la suite au terme correspondant à l'indice $x = a$, et que l'on ait en général

$$Sf(x) = F(x) + const.,$$

il faut que

$$F(a) + const. = f(a),$$

d'où

$$const. = f(a) - F(a) \quad \text{et} \quad Sf(x) = F(x) - F(a) + f(a).$$

Si l'on arrête la suite au terme correspondant à l'indice $x = a + nh$, il viendra

$$\begin{aligned} & f(a) + f(a+h) + f(a+2h) \ldots + f(a+nh) \\ & = F(a+nh) - F(a) + f(a), \end{aligned}$$

ce qui se réduit à

$$f(a+h) + f(a+2h) \ldots + f(a+nh) = F(a+nh) - F(a),$$

et montre, comme on devait s'y attendre, que le terme $f(a)$ ne fait point partie de la somme $Sf(x)$, prise entre les limites $x = a$ et $x = a + nh$, mais que si l'on veut englober ce terme, il faut prendre la somme depuis $x = a - h$ jusqu'à $x = a + nh$ (*).

(*) Dans le texte, je me suis conformé à la notation adoptée par Euler. (Voy. *Institutiones Calculi differentialis*, vol. I, cap. 2, §§ 53 et 59.) Il donne à S le nom de *terme sommatoire*, et ne comprend point dans la quantité qu'il a dési-

409. Venons maintenant aux applications. On déduira des formules du n° 398,

$$\mathrm{S}\,x(x+h)(x+2h)\ldots[x+(m-1)h]$$
$$=\frac{x(x+h)\,x(x+2h)\ldots(x+mh)}{(m+1)h}+const.,$$

$$\mathrm{S}\,\frac{1}{x(x+h)\,h(x+h)\ldots[x+(m-1)h]}$$
$$=\frac{-1}{(m-1)h(x+h)(x+2h)\ldots[x+(m-1)h}+const.,$$

expressions au moyen desquelles on obtiendra les sommes des séries directes et inverses des nombres figurés (*).

Pour les premières, dont les termes généraux sont

$$\frac{x}{1},\quad \frac{x(x+1)}{1.2},\quad \frac{x(x+1)(x+2)}{1.2.3},\ \text{etc.},$$

on fait $h=1$, et successivement $m=1$, $m=2$, etc.; il vient

$$\mathrm{S}\,\frac{x}{1}=\frac{x(x+1)}{1.2}+const.,$$

$$\mathrm{S}\,\frac{x(x+1)}{1.2}=\frac{x(x+1)(x+2)}{1.2.3}+const.,$$

$$\mathrm{S}\,\frac{x(x+1)(x+2)}{1.2.3}=\frac{x(x+1)(x+2)(x+3)}{1.2.3.4}+const.$$

etc.,

---

gnée par Σ (cap. 1, § 26) la différence dont elle s'accroît. Suivant cette convention, la fonction Σu est celle qui s'accroît de u, quand x se change en $x+\Delta x$; mais Laplace, dans sa *Mécanique céleste*, ayant fait un usage continuel de la lettre Σ pour indiquer la somme complète, il a été suivi par les autres géomètres; et si l'on fait $a+nh=b$, la somme

$$\mathrm{f}(a)+\mathrm{f}(a+h)+\mathrm{f}(a+2h)\ldots+\mathrm{f}(b)$$

sera représentée par $\sum\limits_a^b \mathrm{f}(x)$.

(*) *Voyez* pour ces séries le *Compl. des Élém. d'Algèbre*. Il est bon de remarquer qu'elles sont identiques avec les coefficients des puissances de z, dans le développement de $(1+z)^{-x}$.

où l'on peut supprimer les constantes, parce que toutes ces expressions s'évanouissent quand $x=0$.

Passant aux séries inverses, dont les termes généraux sont

$$\frac{1}{x},\quad \frac{1.2}{x(x+1)},\quad \frac{1.2.3}{x(x+1)(x+2)},\ \text{etc.},$$

on trouve la seconde formule en défaut pour la première série, à cause du diviseur $1-1$; mais pour les autres, on a

$$1.2\mathrm{S}\frac{1}{x(x+1)} = -\frac{2}{x+1} + const.,$$

$$1.2.3\mathrm{S}\frac{1}{x(x+1)(x+2)} = -\frac{3}{(x+1)(x+2)} + const.,$$

etc.

En déterminant les constantes pour que les sommes partent du premier terme, qui est l'unité dans chaque série, on trouve les expressions

$$\frac{2}{1}-\frac{2}{x+1},\quad \frac{3}{2}-\frac{3}{(x+1)(x+2)},\ \text{etc.},$$

qui, se réduisant à $\frac{2}{1}$, $\frac{3}{2}$, etc., lorsque x est infini, donnent les limites des séries

$$1+\frac{1}{3}+\frac{1}{6}+\frac{1}{10}\cdots+\frac{1.2}{x(x+1)}+\text{etc.},$$

$$1+\frac{1}{4}+\frac{1}{10}+\frac{1}{20}\cdots+\frac{1.2.3}{x(x+1)(x+2)}+\text{etc.},$$

etc.

410. En mettant $x+h$ au lieu de x, dans l'expression de Σx^m (401), on obtiendra de même $\mathrm{S}x^m$, c'est-à-dire la somme des séries

$$1,\ 2^m,\ 3^m,\ldots,\ x^m.$$

Si l'on développe en particulier $\mathrm{S}x^2$, et qu'on fasse $h=1$, il viendra, après les réductions,

$$Sx^2 = \frac{2x^3 + 3x^2 + x}{6},$$

pour la somme de la suite des carrés $1, 4, 9, \ldots, x^2$.

411. On conclura des nos 403, 404, que

$$Sa^x = \frac{a^{x+h}}{a^h - 1} + const.$$

$$S \sin x = -\frac{\cos\left(x + \frac{1}{2}h\right)}{2\sin\frac{1}{2}h} + const.,$$

$$S \cos x = \frac{\sin\left(x + \frac{1}{2}h\right)}{2\sin\frac{1}{2}h} + const.$$

Pour obtenir, par exemple, la somme de la série

$$\sin a, \quad \sin(a+h), \ldots, \quad \sin(a+nh),$$

il faudra prendre $S\sin x$, depuis $x = a - h$ jusqu'à $x = a + nh$ (408), et il viendra

$$\frac{\cos\left(a - \frac{1}{2}h\right) - \cos\left(a + nh + \frac{1}{2}h\right)}{2\sin\frac{1}{2}h} = \frac{\sin\left(a + \frac{1}{2}nh\right)\sin\frac{1}{2}(n+1)h}{\sin\frac{1}{2}h}.$$

L'expression générale de Σu du no 405, donne pour Su la formule générale

$$Su = \frac{1}{h}\int u\,dx + \frac{1}{2}u + \frac{h}{12}\frac{du}{dx} - \frac{h^3}{720}\frac{d^3u}{dx^3} + \text{etc.} + const.,$$

dont on trouvera plus loin (435) une application remarquable (*).

(*) On tire aussi de là

$$\int u\,dx = h\left(\Sigma u + \frac{1}{2}u\right) - \frac{h^2}{12}\frac{du}{dx} + \frac{h^4}{720}\frac{d^3u}{dx^3} - \text{etc.} + const$$

série qui peut remplacer avantageusement la formule (III) du no 235, et dont on calculera la valeur entre les limites assignées à l'intégrale $\int u\,dx$.

Si l'on fait usage des signes indiqués dans la note du no 232, u sera rem-

De l'intégration des équations aux différences à deux variables.

412. Jusqu'ici j'ai supposé que la différence de la fonction cherchée était donnée explicitement par la variable indépendante; je vais maintenant m'occuper des cas où l'on a seulement une équation contenant cette fonction, ses différences, la variable indépendante et son accroissement. Si la fonction y dépend d'une variable x dont l'accroissement soit constant, l'équation proposée sera comprise dans la formule générale

$$F(x, y, \Delta y, \Delta^2 y, \text{etc.}) = 0,$$

Il est à propos d'observer que l'on peut en faire disparaître

---

placé par $f(x)$; a et b désignant les limites de l'intégrale cherchée, $h\left[\Sigma f(x) + \frac{1}{2}f(x)\right]$ deviendra, par le n° 394,

$$h\left\{f(a) + f(a+h) \ldots\ldots + f[a+(n-1)h] + \frac{1}{2}[f(b) - f(a)]\right\}$$
$$= \left\{\frac{1}{2}f(a) + f(a+h) \ldots\ldots + f[a+(n-1)h] + \frac{1}{2}f(b)\right\},$$

ce qui n'est autre chose que la première ligne de la formule (III), n°s 233 et 237, à quoi il faudra ajouter les termes

$$-\frac{h^2}{12}[f'(b) - f'(a)] + \frac{h^4}{720}[f'''(b) - f'''(a)] - \text{etc.} + \textit{const.}$$

L'expression de Su est due à Euler, comme celles des n°s 230-233 (Voy. *Institutiones Calculi differentialis*, pars II, cap. V, § 109, et *Inst. Calculi integralis*, vol. I, sect. I, cap. VII); celle de $\int u\,dx$ se transforme utilement quand on y substitue, au lieu des coefficients différentiels, leurs valeurs en différences (392). Le résultat, comme ceux du n° 388, peut s'appliquer aux fonctions dont on n'a pas l'expression analytique, mais seulement une suite de valeurs numériques. (*Voy.* le Traité in-4°, t. III, p. 182 et suiv.)

On voit encore dans cette formule, comme à la fin du n° 401, que plus la différence h est petite, plus en général $h\Sigma u$ approche d'être égale à $\int_a^b u\,dx$, en sorte que cette dernière est la limite de l'autre; mais cela suppose que le terme suivant $-\frac{1}{2}uh$ n'est pas comparable au premier. (*Voy.* la *Nouvelle Théorie de l'action capillaire*, par M. Poisson, p. 281, ou le 20e cahier du *Journal de l'École Polytechnique*, p. 14.)

M. Gauss, dans le t. III, des *Commentationes Societatis Gottingensis recentiores*, ann. 1814-1815, a traité avec beaucoup d'étendue le même sujet, sur lequel M. Poisson est revenu dans le t. VI des *Nouveaux Mémoires de l'Académie des Sciences*.

les différences Δy, $\Delta^2 y$, etc., en les remplaçant par les valeurs consécutives de y, puisqu'on a

$$\Delta y = y_1 - y, \quad \Delta^2 y = y_2 - 2y_1 + y, \text{ etc. (377)};$$

et le résultat prendra la forme

$$F(x, y, y_1, y_2, \text{etc.}) = 0,$$

dans laquelle on voit que toute équation aux différences fait connaître la valeur de la fonction cherchée, par le moyen d'un certain nombre de valeurs antécédentes.

Si l'équation était du premier ordre, par exemple, on aurait y_1, par le moyen de y; si elle était du second, on en tirerait y_2, exprimé par y_1 et par y, et ainsi de suite.

Il est facile de s'apercevoir qu'une équation quelconque aux différences équivaut à une série, dans laquelle on obtient chaque terme par le moyen de sa relation avec ceux qui le précèdent et avec l'indice qui marque le rang qu'il occupe. En effet, lorsqu'on a, par exemple, $y_2 = f(x, y, y_1)$, on en déduit $y_3 = f(x + h, y_1, y_2)$, $y_4 = f(x + 2h, y_2, y_3)$, etc., h désignant l'accroissement de x, et l'on forme ainsi la série

$$y, \ y_1, \ y_2, \ y_3, \ y_4, \ \text{etc.},$$

au moyen de ses deux premiers termes.

Ce cas particulier suffit pour montrer que *dans la série résultante d'une équation quelconque aux différences, il y aura toujours autant de termes arbitraires qu'il y a d'unités dans l'exposant de l'ordre de cette équation.*

413. On peut changer toute équation aux différences en une équation différentielle d'un ordre infini, en substituant, au lieu de Δy, $\Delta^2 y$, etc., leurs développements d'après le n° 391; et il n'est pas moins évident que l'on convertirait aussi toute équation différentielle en une équation aux différences d'un ordre infini, en remplaçant les coefficients différentiels par leurs développements tirés de la formule du n° 392.

Il ne paraît pas que ces transformations, qui ont l'inconvénient d'introduire un nombre infini de termes, puissent être, en général, fort utiles pour l'intégration des équations; mais elles sont très-propres à faire sentir ce qui distingue le Calcul différentiel du Calcul aux différences. Elles prouvent que, par la nature de ce dernier, les différences de la variable indépendante doivent être nécessairement déterminées; car si l'on avait une équation entre

$$x,\ y,\ \Delta x,\ \Delta y,\ \Delta^2 y,\ \text{etc.},$$

dans laquelle l'accroissement Δx demeurât indéterminé, qu'on la développât suivant les puissances de Δx, Δy, $\Delta^2 y$, etc., ce qui lui donnerait la forme

$$\left.\begin{array}{l} A\Delta x + B\Delta y \\ + C\Delta x^2 + D\Delta x\Delta y + E\Delta y^2 + F\Delta^2 y \\ + \text{etc.} \end{array}\right\} = 0,$$

on y pourrait substituer, au lieu de Δy, $\Delta^2 y$, etc., leurs développements; et comme Δx y resterait encore indéterminé, il faudrait que les coefficients des diverses puissances de cet accroissement s'évanouissent d'eux-mêmes. On obtiendrait ainsi, entre les variables x, y et leurs différentielles, un nombre infini d'équations qui devraient s'accorder entre elles, pour que la proposée signifiât quelque chose; et, dans ce cas, elle ne serait équivalente qu'à la première de ces équations, dont les autres deviendraient les différentielles successives.

En ne supposant l'équation aux différences que du premier ordre, ce qui la réduit à

$$A\Delta x + B\Delta y + C\Delta x^2 + D\Delta x\Delta y + E\Delta y^2 + \text{etc.} = 0,$$

et prenant

$$\Delta y = \frac{dy}{dx}\frac{\Delta x}{1} + \frac{d^2y}{dx^2}\frac{\Delta x^2}{1.2} + \frac{d^3y}{dx^3}\frac{\Delta x^3}{1.2.3} + \text{etc.},$$

il vient

$$\left.\begin{array}{l} B\dfrac{dy}{dx} \\ + A \end{array}\right\}\Delta x \quad \left.\begin{array}{l} + E\dfrac{dy^2}{dx^2} \\ + D\dfrac{dy}{dx} \\ + C \\ + \dfrac{B}{1.2}\dfrac{d^2y}{dx^2} \end{array}\right\}\Delta x^2 + \text{etc.} = 0,$$

d'où l'on tire

$$B\frac{dy}{dx}+A=0,\quad E\frac{dy^2}{dx^2}+D\frac{dy}{dx}+C+\frac{B}{1.2}\frac{d^2y}{dx^2}=0, \text{ etc}$$

et si cette suite d'équations ne peut avoir lieu, la proposée ne pourra se vérifier qu'en assignant à Δx une valeur particulière.

414. Ces préliminaires posés, j'entre en matière par l'intégration de l'équation générale du premier degré et du premier ordre. Je suppose que la différence de la variable x, ou Δx, étant 1, on ait l'équation $\Delta y+Py=Q$, analogue à l'équation différentielle traitée dans le n° 285; un procédé semblable à celui du numéro cité conduit à l'intégrale de la première.

Si l'on fait $y=uz$, il viendra

$$\Delta y=u\Delta z+z\Delta u+\Delta u\Delta z,$$

ce qui changera l'équation proposée en

$$u\Delta z+z\Delta u+\Delta u\Delta z+Puz=Q;$$

et posant séparément

$$z\Delta u+Puz=0,\quad \text{ou}\quad \Delta u+Pu=0,$$

il restera

$$u\Delta z+\Delta u\Delta z=Q,$$

d'où l'on tirera

$$\Delta z=\frac{Q}{u+\Delta u}\quad \text{et}\quad z=\Sigma\frac{Q}{u+\Delta u}:$$

la question se réduit donc à intégrer l'équation

$$\Delta u+Pu=0,$$

dans laquelle on peut séparer les variables, en lui donnant la forme $\frac{\Delta u}{u}=-P$, puisque P est supposé ne contenir que x. Soit $u=e^t$; il en résultera

$$\Delta u=e^t(e^{\Delta t}-1)\quad \text{et}\quad \frac{\Delta u}{u}=e^{\Delta t}-1=-P,$$

d'où l'on tirera

$$e^{\Delta t} = 1 - P, \quad \Delta t = l(1 - P) \quad \text{et} \quad t = \Sigma l(1 - P).$$

Mais la somme des logarithmes de la fonction $1 - P$ répond au produit continuel des valeurs successives que reçoit $1 - P$ entre les limites de l'intégrale, c'est-à-dire à

$$(1 - P_{x-1})(1 - P_{x-2})(1 - P_{x-3})\ldots(1 - P_0) \quad (394);$$

si l'on désigne ce produit par $[1 - P_{x-1}]^{x}$, l'exposant x marquant le nombre des facteurs, on aura

$$t = l[1 - P_{x-1}]^{x}.$$

d'où l'on conclura

$$u = e^t = [1 - P_{x-1}]^{x};$$

et si l'on fait attention que $u + \Delta u = u_1$, on obtiendra

$$u + \Delta u = [1 - P_x]^{x+1} \quad \text{et} \quad z = \Sigma \frac{Q}{[1 - P_x]^{x+1}},$$

ce qui donnera enfin

$$y = [1 - P_{x-1}]^{x} \Sigma \frac{Q}{[1 - P_x]^{x+1}},$$

la constante arbitraire étant comprise dans l'intégrale indiquée.

C'est à peu près ainsi que Lagrange, qui le premier fit voir l'analogie que les équations aux différences du premier degré ont avec les équations différentielles du même degré, a intégré, en 1761, l'équation traitée ci-dessus; il applique ensuite son résultat à l'équation $y_1 = Ry + Q$, qui revient à $y + \Delta y = Ry + Q$. En comparant cette dernière avec $\Delta y + Py = Q$, on a $P = 1 - R$, $1 - P = R$, et par conséquent

$$y = [R_{x-1}]^{x} \Sigma \frac{Q}{[R_x]^{x+1}}.$$

Quoique le développement du produit $[1 - P_{x-1}]^{x}$ semble supposer que la différence de x soit égale à l'unité, on peut néanmoins conserver l'expression précédente, lorsque $\Delta x = h$, en concevant qu'elle répond à

$$(1 - P_{x-h})(1 - P_{x-2h})(1 - P_{x-3h}) \text{ etc.},$$

ou bien transformer l'équation proposée en une autre, en faisant $x = hx'$, ce qui donnerait $\Delta x = h \Delta x'$ et $\Delta x' = 1$.

Lorsque le coefficient R est constant, on a

$$y = R^x \Sigma \frac{Q}{R^{x+1}};$$

et s'il en est de même de Q, l'intégration indiquée s'effectue facilement : on obtient dans ce cas

$$\Sigma \frac{Q}{R^{x+1}} = Q \Sigma R^{-x-1} = \frac{QR^{-x-1}}{R^{-1} - 1} = \frac{Q}{R^x(1 - R)} \quad (403),$$

et

$$y = R^x \left[\frac{Q}{R^x(1 - R)} + const. \right].$$

En général, la valeur de y pourra être délivrée du signe d'intégration toutes les fois que Q sera une fonction rationnelle et entière de x.

415. C'est la méthode donnée par d'Alembert, pour les équations différentielles du premier degré, et dont j'ai fait connaître l'esprit (320), que Lagrange a d'abord appliquée aux équations de ce degré et d'un ordre quelconque aux différences; mais j'emploierai ici le procédé par lequel il est revenu sur ce sujet en 1775, et que j'ai déjà exposé, d'après lui, pour les équations différentielles.

Premièrement, la valeur complète de y_x satisfaisant à l'équation

$$\text{(A)} \qquad y_{x+n} + P_x y_{x+n-1} + Q_x y_{x+n-2} \ldots + U_x y_x = 0,$$

d'un ordre quelconque et du premier degré par rapport à la fonction y_x, s'obtient comme celle de y dans le n° 309, lorsqu'on en connaît un nombre n de valeurs particulières; car il est clair que si

$$y'_x, \quad y''_x, \quad y'''_x, \ldots$$

sont des fonctions de x qui satisfassent séparément à l'équation (A), l'expression

$$y_x = C' y'_x + C'' y''_x + C''' y'''_x + \text{etc.}$$

y satisfera pareillement, sans détermination des constantes C', C'', C''', etc. ; et quand le nombre de ses termes, supposés absolument irréductibles entre eux, sera n, elle sera l'intégrale complète de cette équation, puisqu'elle renfermera n constantes arbitraires.

Secondement, l'équation

$$\text{(B)} \qquad y_{x+n} + P_x y_{x+n-1} + Q_x y_{x+n-2} \ldots + U_x y_x = V_x,$$

qui a, de plus que la précédente, un second membre dépendant de x seul, s'y ramène de même que dans le n° 314, en regardant les constantes C', C'', C''', etc. comme des fonctions de x. Dans cette hypothèse, l'expression

$$y_x = C'_x y'_x + C''_x y''_x + C'''_x y'''_x + \text{etc.}$$

conduit d'abord à

$$y_{x+1} = C'_{x+1} y'_{x+1} + C''_{x+1} y''_{x+1} + C'''_{x+1} y'''_{x+1} + \text{etc.},$$

résultat qui se transforme en

$$\begin{aligned} y_{x+1} = {} & C'_x y'_{x+1} + C''_x y''_{x+1} + C'''_x y'''_{x+1} + \text{etc.} \\ & + y'_{x+1} \Delta C'_x + y''_{x+1} \Delta C''_x + y'''_{x+1} \Delta C'''_x + \text{etc.}, \end{aligned}$$

en mettant pour C'_{x+1}, C''_{x+1}, etc., leurs valeurs

$$C'_x + \Delta C'_x, \quad C''_x + \Delta C''_x, \text{ etc.},$$

et se réduit à

$$y_{x+1} = C'_x y'_{x+1} + C''_x y''_{x+1} + C'''_x y'''_{x+1} + \text{etc.},$$

lorsqu'on pose

$$(1) \qquad y'_{x+1} \Delta C'_x + y''_{x+1} \Delta C''_x + y'''_{x+1} \Delta C'''_x + \text{etc.} = 0,$$

de même que si les quantités C'_x, C''_x, C'''_x, etc. fussent demeurées constantes. En faisant de nouveau varier x, on obtiendra

$$\begin{aligned} y_{x+2} & = C'_{x+1} y'_{x+2} + C''_{x+1} y''_{x+2} + C'''_{x+1} y'''_{x+2} + \text{etc.} \\ & = C'_x y'_{x+2} + C''_x y''_{x+2} + C'''_x y'''_{x+2} + \text{etc.} \\ & \quad + y'_{x+2} \Delta C'_x + y''_{x+2} \Delta C''_x + y'''_{x+2} \Delta C'''_x + \text{etc.}, \end{aligned}$$

résultat que l'on réduit à

$$y_{x+2} = C'_x\, y'_{x+2} + C''_x\, y''_{x+2} + C'''_x\, y'''_{x+2} + \text{etc.},$$

par la supposition de

$$(2)\qquad y'_{x+2}\Delta C'_x + y''_{x+2}\Delta C''_x + y'''_{x+2}\Delta C'''_x + \text{etc.} = 0.$$

Faisant varier x une troisième fois, on parvient à

$$y_{x+3} = C'_x\, y_{x+3} + C''_x\, y''_{x+3} + C'''_x\, y'''_{x+3} + \text{etc.},$$

en posant

$$(3)\qquad y'_{x+3}\Delta C'_x + y''_{x+3}\Delta C''_x + y'''_{x+3}\Delta C'''_x + \text{etc.} = 0,$$

et l'on continue ainsi jusqu'aux équations

$$y_{x+n-1} = C'_x\, y'_{x+n-1} + C''_x\, y''_{x+n-1} + C'''_x\, y'''_{x+n-1} + \text{etc.}$$

$$(n-1)\qquad y'_{x+n-1}\Delta C'_x + y''_{x+n-1}\Delta C''_x + y'''_{x+n-1}\Delta C'''_x + \text{etc.} = 0.$$

Maintenant, si, dans la valeur de y_{x+n-1}, on change x en $x+1$, on trouvera

$$\begin{aligned} y_{x+n} = {} & C'_x y'_{x+n} + C''_x y''_{x+n} + C'''_x y'''_{x+n} + \text{etc.} \\ & + y'_{x+n}\Delta C'_x + y''_{x+n}\Delta C''_x + y'''_{x+n}\Delta C'''_x + \text{etc.}; \end{aligned}$$

mettant dans l'équation (B) les valeurs de

$$y_x,\quad y_{x+1},\ldots,\quad y_{x+n-1},\quad y_{x+n},$$

en observant que, par l'hypothèse et d'après l'équation (A),

$$\begin{aligned} & y'_{x+n} + P_x y'_{x+n-1} + Q_x y'_{x+n-2} \ldots + U_x y'_x = 0, \\ & y''_{x+n} + P_x y''_{x+n-1} + Q_x y''_{x+n-2} \ldots + U_x y''_x = 0, \\ & y'''_{x+n} + P_x y'''_{x+n-1} + Q_x y'''_{x+n-2} \ldots + U_x y'''_x = 0, \\ & \text{etc.}, \end{aligned}$$

il restera

$$(n)\qquad y'_{x+n}\Delta C'_x + y''_{x+n}\Delta C''_x + y'''_{x+n}\Delta C'''_x + \text{etc.} = V_x$$

On conçoit facilement qu'avec le secours des équations (1), (2),...$(n-1)$, (n), on déterminera en fonctions de x, les différences $\Delta C'_x$, $\Delta C''_x$, $\Delta C'''_x$, etc., ce qui réduira la recherche des quantités C', C'', C''', etc., à l'intégration des fonctions d'une seule variable.

416. On ne sait pas intégrer en général l'équation (A); mais lorsque ses coefficients, au lieu d'être des fonctions de x, sont des constantes, que l'on a seulement

$$(\mathrm{A}') \quad y_{x+n} + \mathrm{P} y_{x+n-1} + \mathrm{Q} y_{x+n-2} + \mathrm{R} y_{x+n-3} \ldots + \mathrm{U} y_x = 0,$$

on y satisfait en faisant $y_x = m^x$, d'où il résulte

$$y_{x+1} = m^{x+1}, \quad y_{x+2} = m^{x+2}, \ldots, \quad y_{x+n} = m^{x+n};$$

car elle devient

$$(\mathrm{A}'') \qquad m^n + \mathrm{P} m^{n-1} + \mathrm{Q} m^{n-2} + \mathrm{R} m^{n-3} \ldots + \mathrm{U} = 0,$$

et se vérifie si l'on prend pour l'indéterminée m les racines de cette dernière. Si donc l'on désigne par m', m'', m''', etc. ces diverses racines, on aura (numéro précédent)

$$y_x = \mathrm{C}' m'^x + \mathrm{C}'' m''^x + \mathrm{C}''' m'''^x + \ldots.$$

Cette expression présente, par rapport aux quantités m', m'', m''', etc., les mêmes circonstances que l'intégrale de l'équation différentielle

$$d^n y + \mathrm{P}\, dx\, d^{n-1} y + \mathrm{Q}\, dx^2\, d^{n-2} y \ldots + \mathrm{U} y\, dx^n = 0.$$

Il peut arriver que parmi les racines de l'équation (A''), il s'en trouve d'imaginaires ou d'égales entre elles. Dans le premier cas, on revient aux quantités réelles par des transformations analogues à celle du n° **310**. Dans le second cas, pour rendre complète l'intégrale qui a cessé de l'être, on a recours à l'artifice employé dans le n° **311**.

417. L'équation (A'), pouvant être considérée comme exprimant la nature d'une série dont un terme quelconque, représenté par y_{x+n}, dépend des n termes qui le précèdent, se rapporte aux *séries récurrentes* (*Complém. des Élém. d'Alg.*) dont le terme général est y_x, et dont l'échelle de relation est

$$-\mathrm{P}, \quad -\mathrm{Q}, \ldots, \quad -\mathrm{U}.$$

L'intégration de cette équation répond donc à la recherche du terme général de la suite proposée; mais en n'ayant égard qu'à la loi de sa formation, les n premiers termes de cette suite sont nécessairement arbitraires; et si on les suppose donnés, en les désignant par

$$y_0,\quad y_1,\quad y_2,\quad y_3,\dots,\quad y_{n-1},$$

on pourra former les équations

$$\begin{array}{llll}
y_0 = C' & + C'' & + C''' & + \text{etc.}, \\
y_1 = C'm' & + C''m'' & + C'''m''' & + \text{etc.}, \\
y_2 = C'm'^2 & + C''m''^2 & + C'''m'''^2 & + \text{etc.}, \\
y_3 = C'm'^3 & + C''m''^3 & + C'''m'''^3 & + \text{etc.}, \\
\dots\dots & \dots\dots & \dots\dots & \dots\dots \\
y_{n-1} = C'm'^{n-1} & + C''m''^{n-1} & + C'''m'''^{n-1} & + \text{etc.},
\end{array}$$

au moyen desquelles on déterminera les constantes C', C'', C''',... dont le nombre est aussi égal à n. La résolution de ces équations, qui ne sont d'ailleurs que du premier degré, peut être simplifiée par des artifices dont l'exposition ne saurait entrer dans un Traité élémentaire : je me bornerai à faire observer ici que cette recherche se lie avec celle des lois des phénomènes, d'après les observations. M. Libri a fait aussi aux équations linéaires aux différences l'application de la méthode indiquée plus haut pour les différentielles.

418. Les constantes arbitraires qui complètent les intégrales aux différences, étant des fonctions arbitraires (395), ne peuvent être déterminées en assujettissant ces intégrales à satisfaire à un nombre limité de valeurs données; car il est visible que toute fonction arbitraire comprend implicitement un nombre infini de valeurs arbitraires. Soit pour exemple l'équation

$$y_x = X\varphi(\sin 2\pi x,\ \cos 2\pi x),$$

de laquelle on doive tirer un certain nombre de valeurs

$$y_0 = a,\quad y_1 = a',\quad y_2 = a'',\quad \text{etc.}$$

Si ces valeurs répondent à

$$x = 0,\quad x = 1,\quad x = 2,\quad \text{etc.},$$

on ne pourra satisfaire en général qu'à la première des conditions imposées; car dès qu'on aura assigné pour

$$\varphi(\sin 2\pi x, \cos 2\pi x),$$

une première valeur déterminée, de laquelle il résulte $y_0 = a$, cette valeur devant se retrouver la même pour les indices $x=1$, $x=2$, etc., il s'ensuit que les valeurs de y_x relatives à ces indices, sont aussi déterminées : il faut donc que les quantités données a', a'', etc., correspondent à des indices intermédiaires.

Si, au lieu d'assigner un nombre limité de valeurs isolées, indépendantes les unes des autres, on suppose que dans l'intervalle compris entre $x=0$ et $x=1$, l'expression y_x doive fournir les mêmes valeurs qu'une équation donnée $y_x = f(x)$, la question sera déterminée. En effet, s'il s'agissait de trouver la valeur de y qui correspond à un indice égal à un nombre entier quelconque m, plus une fraction n, soit commensurable, soit incommensurable, on calculerait la valeur de y_n, d'après l'équation $y_x = f(x)$; et comparant le résultat avec celui que donne alors l'équation

$$y_n = X_n \varphi(\sin 2\pi n, \cos 2\pi n),$$

on aurait, pour ce cas, la valeur de

$$\varphi(\sin 2\pi n, \cos 2\pi n),$$

qui doit être la même que celle de

$$\varphi[\sin 2\pi(m+n), \cos 2\pi(m+n)],$$

m étant un nombre entier : l'équation

$$y_x = X\varphi(\sin 2\pi x, \cos 2\pi x)$$

devenant par là

$$y_{m+n} = X_{m+n}\varphi(\sin 2\pi n, \cos 2\pi n),$$

serait tout à fait déterminée.

La seule condition à laquelle soit assujettie l'équation $y_x = f(x)$, c'est qu'on en tire pour y_0 et pour y_1 les mêmes valeurs que de l'équation

$$y_x = X\varphi \sin 2\pi x, \cos 2\pi x).$$

419. Les considérations géométriques éclaircissent bien ce qui précède. Voici d'abord comment on peut représenter par le cours d'une ligne, l'équation très-simple $\Delta y = o$. Si l'on construit, sur la droite AR (*fig.* 65), menée à une distance quelconque de l'axe des abscisses OX, parallèlement à cet axe, et divisée en parties AA', A'A'', A''A''', etc., égales à Δx, des courbes telles que

ABA'B'A''B''A'''S, ACA'C'A''C''A'''T, ADA'D'A''D''A'''U, etc.,

passant par les points A, A', A'', A''', et composées, entre ces points, de parties égales et semblables, ces courbes satisferont à l'équation $\Delta y = o$. Cela est d'abord évident pour les points A, A', A'', A''', etc.; et l'on voit ensuite que, prenant $AP = x$, $AP' = x + \Delta x$, les arcs

AL et A'L', AM et A'M', AN et A'N', etc.,

étant égaux et semblables, les ordonnées

LP et L'P', MP et M'P', NP et N'P', etc.,

seront aussi respectivement égales, et l'on aura par conséquent pour chaque courbe, $\Delta y = o$.

La condition $\Delta y = o$ n'entraînant point la continuité dans les résultats, les courbes AS, AT, AU, etc., ne seront point assujetties à cette loi. Le polygone EFE'F'E''F''E'''V, composé de parties semblables EFE', E'F'E'', etc., donne également $\Delta y = o$, aux intervalles marqués par Δy; il en serait de même d'une suite d'arcs égaux et semblables d'une courbe quelconque, assemblés d'une manière discontinue, comme le sont les arcs GH, G'H', G''H'', etc.

Il est visible que l'équation $y = \varphi\left(\sin\frac{2\pi x}{\Delta x}, \cos\frac{2\pi x}{\Delta x}\right)$ donne lieu à des lignes qui satisfont aux conditions ci-dessus.

420. Passons maintenant à l'équation générale du premier ordre $\Delta y = F(x, y)$. Ayant choisi arbitrairement, ou déterminé, suivant les conditions de la question, le premier point B (*fig.* 66) de la courbe cherchée, comme l'équation proposée n'apprend rien sur tous les points correspondants à la portion d'abscisse

$AA' = \Delta x$, et qu'elle donne seulement l'ordonnée $A'B' = y_1$, on pourra faire passer par les points B et B' une portion d'une courbe quelconque. Cela fait, pour obtenir la portion correspondante à l'abscisse A'A'', on prendra en arrière d'un point quelconque P' de cette abscisse, une distance $PP' = AA' = \Delta x$, et élevant l'ordonnée PM, on mènera MD' parallèle à PP'; tirant ensuite de l'équation $\Delta y = F(x, y)$ la valeur de Δy pour l'abscisse AP, cette valeur donnera la droite D'M' qui, jointe à $P'D' = PM$, fera connaître le point M'. On trouvera de même tous les points de l'arc B'B''; cet arc, employé à son tour comme l'arc BB', donnera ceux du troisième arc B''B''', et ainsi de suite.

Il est évident que l'on pourrait, par le même procédé, continuer la courbe en arrière du point A, et que dans tous les cas elle satisfera à l'équation proposée, puisque les différences $\Delta y = D'M'$ auront des valeurs conclues de cette équation : je laisse au lecteur à faire l'application de ce procédé aux équations du second ordre et des ordres supérieurs.

421. On n'a considéré ici les équations aux différences que dans l'hypothèse de $\Delta x = const.$; mais lorsqu'on suppose cette dernière différence variable, le sujet prend beaucoup d'étendue, ainsi qu'on s'en pourra convaincre par la question suivante :

Trouver une fonction inconnue $\varphi(x)$ *de* x, *telle que si l'on y change* x *en* $f(x)$, *puis en* $F(x)$, F *et* f *désignant des fonctions données, les expressions correspondantes* $\varphi[f(x)]$, $\varphi[F(x)]$, *aient entre elles une relation donnée.*

Laplace a, par un procédé fort simple, ramené ce genre de problèmes à des équations aux différences où la variable indépendante ne reçoit que des accroissements constants. Pour cela il pose $f(x) = u_z$, $F(x) = u_{z+1}$, u_z représentant une fonction inconnue de la variable z; et si l'on peut résoudre, par rapport à x, la première de ces équations, on en tirera $x = f_{,}(u_z)$, valeur qui transformera $F(x) = u_{z+1}$ en $u_{z+1} = F[f_{,}(u_z)]$, équation aux différences où la variable z croît seulement de l'unité. Lorsqu'on saura intégrer cette équation, on aura l'expression de u_z en fonction de z; on obtiendra aussi x en fonction de z; les fonctions $\varphi[\mathrm{F}(x)]$ et $\varphi[\mathrm{f}(x)]$ deviendront respectivement $\varphi(u_{z+1})$, $\varphi(u_z)$, et on pourra les représenter par y_{z+1}, y_z, ce qui changera en une équation aux différences de la forme

$$f(y_z, y_{z+1}, z) = 0,$$

la relation donnée entre les deux états par lesquels doit passer la fonction φ.

Je prendrai pour exemple l'équation

$$\varphi(x)^2 = \varphi(2x) + 2,$$

pour laquelle $x = u_z$, $2x = u_{z+1}$. De là, on conclut aisément $u_{z+1} = 2u_z$, équation dont l'intégrale est $u_z = \mathrm{C}.2^z$ (414).

Posant ensuite $\varphi(x) = y_z$, $\varphi(2x) = y_{z+1}$, l'équation proposée devient

$$y_{z+1} = y^2_z - 2,$$

et s'intègre en y faisant d'abord

$$z = 1, \quad y_1 = a + \frac{1}{a},$$

ce qui conduit à

$$y_2 = a^2 + \frac{1}{a^2},$$

$$y_3 = a^4 + \frac{1}{a^4},$$

$$y_4 = a^8 + \frac{1}{a^8},$$

$$\cdots\cdots\cdots\cdots\cdots$$

$$y_z = a^{2^{z-1}} + \frac{1}{a^{2^{z-1}}}.$$

La dernière de ces valeurs est l'intégrale complète, puisqu'elle renferme une quantité arbitraire a; et l'équation $\mathrm{C}.2^z = x$, donnant $2^{z-1} = \frac{x}{2\mathrm{C}}$, on aura

$$y_z = \varphi(x) = a^{\frac{x}{2\mathrm{C}}} + a^{-\frac{x}{2\mathrm{C}}},$$

résultat qui revient à

$$\varphi(x) = b^x + b^{-x},$$

si l'on pose $b = a^{\frac{1}{2\mathrm{C}}}$.

5.

Il faut remarquer que les constantes a et C sont des fonctions qui ne changent pas quand z devient $z+1$ (395), et par conséquent lorsque x devient $2x$.

422. Combinant toujours chaque nouveau point de vue sous lequel les grandeurs peuvent être envisagées, avec les précédents, les Analystes considèrent encore des relations entre les différences et les coefficients différentiels des fonctions inconnues; et de là naît le *Calcul aux différences mêlées.*

Les équations

$$\frac{dy}{dx}+a\Delta y+by=0,$$

$$\frac{d\Delta y}{dx}+a\frac{dy}{dx}+b\Delta y+cy=0,$$

dans lesquelles a, b, c désignent des constantes, et où $\Delta x=1$, sont les plus simples de ce genre. On satisfait à toutes les deux en posant $y=Ce^{mx}$: la première se change en

$$m+a(e^m-1)+b=0,$$

et la seconde en

$$m(e^m-1)+am+b(e^m-1)+c=0.$$

La discussion de ces transformées et l'examen de la nature et de l'étendue des intégrales qui en résultent, sortent des limites que j'ai dû me prescrire ; je n'ai voulu seulement que marquer la place de ces nouvelles recherches (*).

Application du calcul intégral à la théorie des suites.

423. L'intégration des différentielles à une seule variable

(*) On trouvera plus de détails dans le Traité in-4°, tome III, chap. 8. J'observerai seulement que le Calcul aux différences mêlées, indiqué d'abord par Condorcet, traité ensuite par MM. Laplace, Paoli et Poisson, répond à des questions de Géométrie résolues antérieurement par Euler, qu'ensuite M. Babbage s'est occupé de ces questions et de celles qui sont comprises dans l'énoncé du numéro précédent, en les présentant comme une nouvelle branche d'analyse qu'il nomme *Calcul des fonctions* (*voy.* les *Transact. phil.*, années 1815—16—17, et un article fort étendu, inséré par Augustus de Morgan dans l'*Encyclopædia Metropolitana*). Cet écrit de M. Augustus de Morgan renferme de nombreux rapprochements entre le *calcul des fonctions* et les hautes branches de l'analyse.

ayant conduit à des séries, on en a conclu qu'on pouvait représenter une série par une intégrale ; et comme on a des méthodes pour calculer, au moins par approximation, la valeur d'une intégrale entre des limites données (*), on a cherché à remonter d'une série à l'intégrale dont elle est un des développements. C'est par ces considérations qu'Euler a créé, pour la sommation des séries et la recherche de leur terme général, des méthodes très-ingénieuses dont voici quelques exemples.

Soit d'abord

$$\frac{\alpha+\beta}{a+b}x+\frac{2\alpha+\beta}{2a+b}x^2\ldots+\frac{n\alpha+\beta}{na+b}x^n+\text{etc.}$$

la série proposée ; on multipliera par px^r les deux membres de l'équation

$$s=\frac{\alpha+\beta}{a+b}x+\frac{2\alpha+\beta}{2a+b}x^2\ldots+\frac{n\alpha+\beta}{na+b}x^n,$$

et passant ensuite aux différentielles, on aura

$$p\,\mathrm{d}(sx^r)=\frac{p(1+r)(\alpha+\beta)x^r\mathrm{d}x}{a+b}\ldots+\frac{p(n+r)(n\alpha+\beta)x^{n+r-1}\mathrm{d}x}{na+b}.$$

Le facteur $na+b$ disparaîtra du dénominateur du terme général, et par conséquent de tous les autres, si, quelle que soit n, on a $p(n+r)=na+b$: on fera donc $np=na$, $rp=b$, d'où

$$p=a,\quad r=\frac{b}{a},$$

ce qui donnera l'équation

$$\frac{a\mathrm{d}\left(sx^{\frac{b}{a}}\right)}{\mathrm{d}x}=(\alpha+\beta)x^{\frac{b}{a}}+(2\alpha+\beta)x^{1+\frac{b}{a}}\ldots+(n\alpha+\beta)x^{n-1+\frac{b}{a}},$$

dont le second membre ne renferme plus de dénominateurs. De nouvelles opérations, semblables à la précédente, feraient disparaître les facteurs qui resteraient, si le dénominateur en contenait plus d'un.

(*) *Voy.* la note de la page 53.

En multipliant la même équation par $px^r\mathrm{d}x$, et prenant ensuite l'intégrale de chaque terme, il viendra

$$pa\int x^r\mathrm{d}\left(sx^{\frac{b}{a}}\right)=\frac{pa(\alpha+\beta)}{a+b+ra}x^{1+\frac{b}{a}+r}\ldots+\frac{pa(n\alpha+\beta)}{na+b+ra}x^{n+\frac{b}{a}+r};$$

le facteur $n\alpha+\beta$ du numérateur disparaîtra si l'on fait

$$npa\alpha=na,\quad \beta pa=b+ra,$$

d'où il suit

$$p=\frac{1}{\alpha},\quad r=\frac{\beta}{\alpha}-\frac{b}{a},$$

$$\frac{a}{\alpha}\int x^{\frac{\beta}{\alpha}-\frac{b}{a}}\mathrm{d}\left(sx^{\frac{b}{a}}\right)=x^{\frac{\beta}{\alpha}+1}+x^{\frac{\beta}{\alpha}+2}\ldots+x^{\frac{\beta}{\alpha}+n}$$

$$=x^{\frac{\beta}{\alpha}+1}\left\{1+x+x^2\ldots+x^{n-1}\right\},$$

et par conséquent

$$\frac{a}{\alpha}\int x^{\frac{\beta}{\alpha}-\frac{b}{a}}\mathrm{d}\left(sx^{\frac{b}{a}}\right)=x^{\frac{\beta}{\alpha}+1}\left(\frac{1-x^n}{1-x}\right).$$

On tire de là

$$s=\frac{\alpha\int x^{\frac{b}{a}-\frac{\beta}{\alpha}}\mathrm{d}\left[x^{\frac{\beta+\alpha}{\alpha}}\left(\frac{1-x^n}{1-x}\right)\right]}{ax^{\frac{b}{a}}}.$$

424. Dans la série que j'ai considérée ci-dessus, le nombre des facteurs, soit du numérateur, soit du dénominateur, était le même pour chaque terme; mais il est une classe de séries qu'Euler désigne sous le nom d'*hypergéométriques*, dans laquelle ce nombre augmente d'un terme à l'autre : la série

$$s=\frac{\alpha+\beta}{a+b}x+\frac{(\alpha+\beta)(2\alpha+\beta)}{(a+b)(2a+b)}x^2\ldots+\frac{(\alpha+\beta)\ldots(n\alpha+\beta)}{(a+b)\ldots(na+b)}x^n$$

est de cette classe. On va voir que leur sommation se ramène à l'intégration d'une équation différentielle.

En multipliant les deux membres de l'équation ci-dessus

par px^r, et prenant leurs différentielles, on obtiendra

$$\frac{p\,\mathrm{d}(sx^r)}{\mathrm{d}x} = \frac{p(1+r)(\alpha+\beta)}{(a+b)}x^r \ldots$$
$$+ \frac{p(n+r)(\alpha+\beta)\ldots(n\alpha+\beta)}{(a+b)\ldots(na+b)}x^{n+r-1}.$$

On fera disparaître le facteur $na+b$ du dénominateur, en posant

$$np+rp = na+b,$$

d'où

$$np = na, \qquad rp = b,$$
$$p = a, \qquad r = \frac{b}{a},$$

$$\frac{a\,\mathrm{d}\left(sx^{\frac{b}{a}}\right)}{\mathrm{d}x} = (\alpha+\beta)x^{\frac{b}{a}} + \frac{(\alpha+\beta)(2\alpha+\beta)}{a+b}x^{1+\frac{b}{a}}\ldots$$
$$+ \frac{(\alpha+\beta)\ldots(n\alpha+\beta)}{(a+b)\ldots[(n-1)a+b]}x^{n-1+\frac{b}{a}}.$$

En multipliant ce résultat par px^r, et prenant l'intégrale de chacun des membres, on trouvera l'équation

$$pa\int x^r\mathrm{d}\left(sx^{\frac{b}{a}}\right) = \frac{pa(\alpha+\beta)}{a+b+ra}x^{1+\frac{b}{a}+r}\ldots$$
$$+ \frac{pa(\alpha+\beta)\ldots(n\alpha+\beta)}{(na+b+ra)(a+b)\ldots[(n-1)a+b]}x^{n+\frac{b}{a}+r},$$

et le facteur $n\alpha+\beta$ disparaîtra du numérateur, si

$$npa\alpha + pa\beta = na+b+ra,$$

ou si

$$p = \frac{1}{\alpha}, \quad r = \frac{\beta}{\alpha} - \frac{b}{a}.$$

Mettant ensuite à part, dans le second membre, le facteur commun $x^{\frac{\beta}{\alpha}+1}$, il viendra

$$\frac{a}{\alpha}\int x^{\frac{\beta}{\alpha}-\frac{b}{a}}\mathrm{d}\left(sx^{\frac{b}{a}}\right) = x^{\frac{\beta}{\alpha}+1}\left\{1 + \frac{(\alpha+\beta)x}{a+b}\ldots\right.$$
$$\left. + \frac{(\alpha+\beta)\ldots[(n-1)\alpha+\beta]x^{n-1}}{(a+b)\ldots[(n-1)a+b]}\right\}.$$

La série comprise entre les accolades du second membre de ce résultat n'est autre chose que la proposée dont on a ôté le dernier terme, et à laquelle on a ajouté l'unité : on conclura donc de ce qui précède,

$$\frac{a}{\alpha}\int x^{\frac{\beta}{\alpha}-\frac{b}{a}}\,\mathrm{d}\left(sx^{\frac{b}{a}}\right)=x^{\frac{\beta}{\alpha}+1}\left\{1+s-\frac{(\alpha+\beta)\ldots(n\alpha+\beta)}{(a+b)\ldots(na+b)}x^n\right\}.$$

En différentiant cette équation, on la délivrera de l'intégration indiquée dans le premier membre, et l'on obtiendra l'équation d'où dépend la somme cherchée.

Cet exemple montre comment on opérerait sur d'autres cas plus compliqués de la classe des séries dont il fait partie, en observant que chaque différentiation offre le moyen de faire disparaître un facteur du dénominateur, et chaque intégration un facteur du numérateur.

425. Si l'on faisait abstraction du dernier terme, on aurait, au lieu de la somme particulière, la limite de la série considérée à l'infini, ou la fonction *génératrice* de cette série ; car il est visible que les procédés ci-dessus sont inverses de ceux par lesquels on détermine les séries qui satisfont à des équations différentielles données.

S'il s'agissait, par exemple, de trouver la limite de la série

$$s=1x-1.2x^2+1.2.3x^3-\text{etc.},$$

on pourrait appliquer à cette détermination la première transformation du numéro précédent, en faisant

$$\alpha=1,\quad \beta=0,\quad a=0,\quad b=1;$$

mais on y parviendra immédiatement en multipliant par x les deux membres de l'équation posée plus haut, et en les différentiant ensuite. On obtiendra de cette manière

$$sx=1x^2-1.2x^3+1.2.3x^4-\text{etc.},$$

$$\frac{\mathrm{d}(sx)}{\mathrm{d}x}=1.2x-1.2.3x^2+1.2.3.4x^3-\text{etc.};$$

et multipliant la dernière équation par x, elle deviendra

$$x\frac{d(sx)}{dx}=1.2x^2-1.2.3x^3+1.2.3.4x^4-\text{etc.};$$

dont le second membre est évidemment égal à $x-s$; ainsi l'on aura

$$x-s=\frac{x\,d(sx)}{dx}$$

ou

$$ds+\frac{s(x+1)}{x^2}dx=\frac{dx}{x}.$$

L'intégrale de cette dernière est

$$s=\frac{e^{\frac{1}{x}}}{x}\int e^{-\frac{1}{x}}dx \quad (285).$$

Pour que l'expression ci-dessus réponde à la série proposée, il faut que l'intégrale s'évanouisse lorsque $x=0$; et si on la prend jusqu'à $x=1$, on aura la quantité correspondante à la série divergente

$$1-1.2+1.2.3-1.2.3.4+\text{etc.}$$

426. Les intégrales définies fournissent aussi le moyen de représenter des portions de la série

$$u+\frac{du}{dx}\frac{h}{1}+\frac{d^2u}{dx^2}\frac{h^2}{1.2}+\text{etc.},$$

en partant d'un terme quelconque. Voici comment d'Alembert y parvient, et démontre en même temps le théorème de Taylor (*Recherches sur différents points importants du système du monde*, tome I, page 50) :

Soit u' ce que devient la fonction u, lorsqu'on y change x en $x+h$; en posant

$$u'=u+P,$$

et différentiant par rapport à h, qui n'entre pas dans u, il vient

$$\frac{du'}{dh}=\frac{dP}{dh},\quad \text{d'où}\quad P=\int\frac{du'}{dh}dh,$$

$$u'=u+\int\frac{du'}{dh}dh.$$

Ensuite comme $\frac{d^n u'}{dh^n} = \frac{d^n u'}{dx^n}$ (89), et que $\frac{d^n u'}{dx^n} = \frac{d^n u}{dx^n} + V$, V désignant une quantité qui s'évanouit avec h, on peut faire

$$\frac{du'}{dh} = \frac{du}{dx} + Q;$$

en différentiant de nouveau par rapport à h, on a

$$\frac{d^2 u'}{dh^2} = \frac{dQ}{dh}, \quad \text{d'où} \quad Q = \int \frac{d^2 u'}{dh^2} dh,$$

$$\frac{du'}{dh} = \frac{du}{dx} + \int \frac{d^2 u'}{dh^2} dh, \quad \int \frac{du'}{dh} dh = \frac{du}{dx}\frac{h}{1} + \int\int \frac{d^2 u}{dh^2} dh^2,$$

$$u' = u + \frac{du}{dx}\frac{h}{1} + \int\int \frac{d^2 u'}{dh^2} dh^2.$$

Posant encore

$$\frac{d^2 u'}{dh^2} = \frac{d^2 u}{dx^2} + R,$$

on trouve

$$\frac{d^3 u'}{dh^3} = \frac{dR}{dh}, \quad \text{d'où} \quad R = \int \frac{d^3 u'}{dh^3} dh,$$

$$\frac{d^2 u'}{dh^2} = \frac{d^2 u}{dx^2} + \int \frac{d^3 u'}{dh^3} dh,$$

$$u' = u + \frac{du}{dx}\frac{h}{1} + \frac{d^2 u}{dx^2}\frac{h^2}{1.2} + \int\int\int \frac{d^3 u'}{dh^3} dh^3.$$

En continuant ainsi, on arriverait à

$$u' = u + \frac{du}{dx}\frac{h}{1} + \frac{d^2 u}{dx^2}\frac{h^2}{1.2} \cdots$$
$$+ \frac{d^{n-1} u}{dx^{n-1}}\frac{h^{n-1}}{1.2\ldots(n-1)} + \int^n \frac{d^n u'}{dh^n} dh^n,$$

les intégrales étant prises de manière à s'évanouir lorsque $h = 0$, parce que u' redevient u.

427. Soit, pour abréger, $\frac{d^n u'}{dh^n} = H$; on aura (242)

$$\int^n H dh^n = \frac{1}{1.2\ldots(n-1)}\left\{ h^{n-1}\int H dh - \frac{(n-1)h^{n-2}}{1}\int H h dh \right.$$

$$\left. + \frac{(n-1)(n-2)h^{n-3}}{1.2}\int H h^2 dh - \text{etc.} \right\};$$

et il est facile de voir qu'on peut substituer à la série ci-dessus l'expression

$$\frac{1}{1.2\ldots(n-1)}\int H(t-h)^{n-1} dh,$$

prise depuis $h=0$, pourvu qu'on change après l'intégration t en h ; car si l'on développe cette expression, qu'on passe hors du signe $\int$ les puissances de t qui multiplient les différents termes, et qu'on fasse ensuite $t=h$, on retombera sur la série proposée.

Il suit de là que

$$u' = u + \frac{du}{dx}\frac{h}{1} + \frac{d^2u}{dx^2}\frac{h^2}{1.2}\ldots + \frac{d^{n-1}u}{dx^{n-1}}\frac{h^{n-1}}{1.2\ldots(n-1)}$$

$$+ \frac{1}{1.2\ldots(n-1)}\int \frac{d^n u'}{dh^n}(t-h)^{n-1} dh,$$

pourvu qu'on prenne l'intégrale de manière qu'elle s'évanouisse lorsque $h=0$, et qu'on change ensuite t en h.

On peut dans cette formule remplacer $\frac{d^n u'}{dh^n}$ par $\frac{d^n u'}{dx^n}$; et si l'on fait, sous le signe intégral, $t-h=zt$, ou $h=t(1-z)$, on aura

$$dh = -t dz, \quad \int \frac{d^n u'}{dx^n}(t-h)^{n-1} dh = -\int \frac{d^n u'}{dx^n} t^n z^{n-1} dz.$$

Les limites de l'intégrale seront alors $z=1$, $z=0$; on la rendra positive, en renversant l'ordre de ces limites, c'est-à-dire en la prenant depuis $z=0$ jusqu'à $z=1$: enfin, sortant t^n du signe $\int$, et écrivant h au lieu de t, le dernier terme de la formule ci-dessus deviendra

$$\frac{h^n}{1.2\ldots(n-1)}\int\frac{d^n u'}{dx^n}z^{n-1}dz.$$

C'est Lagrange qui a donné ce dernier théorème, mais d'une autre manière, dans la *Théorie des fonctions analytiques*, 2e édit., nos 35 et suivants.

Il s'en sert pour prouver qu'on peut toujours rendre la somme de tous les termes de la série de Taylor, à partir d'un terme donné, plus petite que le précédent. Soient M et m la plus grande et la plus petite des valeurs que prend $\frac{d^n u'}{dx^n}$, dans l'intervalle de x à $x+h$; on aura

$$\int\frac{d^n u'}{dx^n}z^{n-1}dz < M\int z^{n-1}dz \quad \text{et} \quad > m\int z^{n-1}dz,$$

si le coefficient différentiel $\frac{d^n u'}{dx^n}$ ne change point de signe ou ne devient point infini dans cet intervalle (234). Entre les limites données, les deux dernières intégrales sont $\frac{M}{n}$ et $\frac{m}{n}$; et en prenant h d'une petitesse convenable, on rendra la quantité $\frac{h^n}{1.2\ldots n}M$ aussi petite qu'on voudra, vis-à-vis de $\frac{h^{n-1}}{1.2\ldots(n-1)}\frac{d^{n-1}u}{dx^{n-1}}$.

428. C'est de cette manière que les intégrales définies servent à évaluer des quantités qu'on obtiendrait difficilement par d'autres moyens; elles prennent souvent des valeurs remarquables.

On voit à la simple inspection des cas particuliers de l'intégrale $\int\frac{x^{m-1}dx}{\sqrt{1-x^2}}$, rapportés dans le n° 197, que ces expressions se réduisent à un seul terme, lorsqu'on les prend entre les limites $x=0$ et $x=1$; et l'arc A devenant égal au quart de la circonférence, on a les deux suites

$$\int \frac{dx}{\sqrt{1-x^2}} = \frac{\pi}{2}, \qquad \int \frac{x\,dx}{\sqrt{1-x^2}} = 1,$$

$$\int \frac{x^2\,dx}{\sqrt{1-x^2}} = \frac{1.\pi}{2.2}, \qquad \int \frac{x^3\,dx}{\sqrt{1-x^2}} = \frac{2}{3},$$

$$\int \frac{x^4\,dx}{\sqrt{1-x^2}} = \frac{1.3\pi}{2.4.2}, \qquad \int \frac{x^5\,dx}{\sqrt{1-x^2}} = \frac{2.4}{3.5},$$

$$\int \frac{x^6\,dx}{\sqrt{1-x^2}} = \frac{1.3.5\pi}{2.4.6.2}, \qquad \int \frac{x^7\,dx}{\sqrt{1-x^2}} = \frac{2.4.6}{3.5.7},$$

$$\int \frac{x^8\,dx}{\sqrt{1-x^2}} = \frac{1.3.5.7\pi}{2.4.6.8.2}, \qquad \int \frac{x^9\,dx}{\sqrt{1-x^2}} = \frac{2.4.6.8}{3.5.7.9},$$

etc.

desquelles on conclut, en général,

$$\int \frac{x^{2r}\,dx}{\sqrt{1-x^2}} = \frac{1.3.5\ldots(2r-1)}{2.4.6\ldots 2r}\frac{\pi}{2},$$

$$\int \frac{x^{2r+1}\,dx}{\sqrt{1-x^2}} = \frac{2.4.6\ldots 2r}{3.5.7\ldots(2r+1)}.$$

Le produit de ces résultats donne d'abord

$$\left(\int \frac{x^{2r}\,dx}{\sqrt{1-x^2}}\right)\left(\int \frac{x^{2r+1}\,dx}{\sqrt{1-x^2}}\right) = \frac{1}{2r+1}\frac{\pi}{2}.$$

En divisant, au contraire, le second par le premier, on trouve

$$\frac{\int \frac{x^{2r+1}\,dx}{\sqrt{1-x^2}}}{\int \frac{x^{2r}\,dx}{\sqrt{1-x^2}}} = \frac{2}{\pi}\,\frac{2.2.4.4\ldots 2r.2r}{1.3.3.5.5\ldots(2r-1)(2r-1)(2r+1)}.$$

Pour savoir ce que devient le premier membre de cette équation, lorsqu'on pousse le nombre des facteurs du second jusqu'à l'infini, ou lorsqu'on fait r infinie, je prends $x^{2r} = z$;

les limites de z sont les mêmes que celles de x ; mais on a

$$x = z^{\frac{1}{2r}}, \quad dx = \frac{1}{2r} z^{\frac{1}{2r}-1} dz,$$

$$\int \frac{x^{2r+1} dx}{\sqrt{1-x^2}} = \frac{1}{2r} \int \frac{z^{\frac{2}{2r}} dz}{\sqrt{1-z^{\frac{1}{r}}}},$$

$$\int \frac{x^{2r} dx}{\sqrt{1-x^2}} = \frac{1}{2r} \int \frac{z^{\frac{1}{2r}} dz}{\sqrt{1-z^{\frac{1}{r}}}}.$$

Le rapport des différentielles étant $z^{\frac{1}{2r}}$, approche d'autant plus de z^0 ou de 1, que le nombre r augmente ; et en passant à la limite, on peut regarder ce rapport comme égal à 1 ; il en sera alors de même de celui des intégrales, puisqu'elles commencent et finissent en même temps : on conclura donc de là

$$1 = \frac{2}{\pi} \cdot \frac{2.2.4.4.6.6.8.8.10.10.\text{etc.}}{1.3.3.5.5.7.7.9.9.11.\text{etc.}},$$

et par conséquent

$$\frac{\pi}{2} = \frac{2.2.4.4.6.6.8.8.10.10.12.\text{etc.}}{1.3.3.5.5.7.7.9.9.11.11.\text{etc.}}.$$

Cette expression remarquable du quart de la circonférence du cercle est due à Wallis.

429. Une transformation de l'équation

$$\left(\int \frac{x^{2r} dx}{\sqrt{1-x^2}}\right) \left(\int \frac{x^{2r+1} dx}{\sqrt{1-x^2}}\right) = \frac{1}{2r+1} \frac{\pi}{2}.$$

conduit à la valeur de l'intégrale $\int e^{-t^2} dt$, prise entre les limites $t=0$, $t=$ infini, qui se présente dans plusieurs recherches très-curieuses.

Si l'on fait $x = e^{-qt^2}$, l'équation précédente se change en

$$4q^2 \left\{ \int \frac{t\, dt\, e^{-qt^2} . e^{-2qrt^2}}{\sqrt{1-e^{-2qt^2}}} \right\} \left\{ \int \frac{t\, dt\, e^{-qt^2} . e^{-q(2r+1)t^2}}{\sqrt{1-e^{-2qt^2}}} \right\} = \frac{1}{2r+1} \frac{\pi}{2};$$

posant ensuite $q(2r+1)=1$, et mettant dans le second membre la valeur de $2r+1$, tous les deux deviennent divisibles par q; puis divisant sous les radicaux par $2q$, on obtient

$$2\left\{\int\frac{t\,dt.e^{-t^2}}{\sqrt{\frac{1-e^{-2qt^2}}{2q}}}\right\}\left\{\int\frac{t\,dt.e^{-t^2(1+q)}}{\sqrt{\frac{1-e^{-2qt^2}}{2q}}}\right\}=\frac{\pi}{2};$$

et comme la limite de $\frac{1-e^{-2qt^2}}{2q}$, lorsqu'on y fait $q=0$, est t^2, l'équation précédente se réduit alors à

$$2\left\{\int e^{-t^2}dt\right\}^2=\frac{\pi}{2},\quad \text{d'où}\quad \int e^{-t^2}dt=\pm\frac{1}{2}\sqrt{\pi}.$$

Mais t est infini quand $x=0$, et nul quand $x=1$: les limites de cette dernière intégrale sont donc l'infini et 0 ; et comme la fonction e^{-t^2} est toujours positive, il s'ensuit que le signe supérieur répond aux limites 0 et l'infini positif, et que l'intégrale se double quand on la prend depuis $t=-$ infini jusqu'à $t=+$ infini : sa valeur est donc alors $\sqrt{\pi}$.

430. Laplace, considérant encore l'expression $\int e^{-t^{m+1}}t^n dt$, la met sous la forme $\int t^{n-m}e^{-t^{m+1}}t^m dt$, pour l'intégrer par parties, ce qui donne

$$\int e^{-t^{m+1}}t^n dt=-\frac{1}{m+1}\left\{e^{-t^{m+1}}t^{n-m}-(n-m)\int e^{-t^{m+1}}t^{n-m-1}dt\right\}.$$

Tant que l'exposant $n-m$ est positif, la partie délivrée du signe $\int$ s'évanouit entre les limites $t=0$ et $t=$ infini (99), et il reste

$$\int e^{-t^{m+1}}t^n dt=\frac{n-m}{m+1}\int e^{-t^{m+1}}t^{n-m-1}dt,$$

la seconde intégrale étant prise entre les mêmes limites que la première.

Si l'on fait $m=1$, on aura

$$\int e^{-t^2}t^n dt=\frac{n-1}{2}\int e^{-t^2}t^{n-2}dt,$$

et en répétant cette réduction, on obtiendra

$$\int e^{-t^2} t^n \mathrm{d}t = \frac{(n-1)(n-3)\ldots(n-2r+1)}{2^r} \int e^{-t^2} t^{n-2r} \mathrm{d}t,$$

résultat qui s'évanouit par son coefficient quand $n = 2r - 1$ (*), et qui, lorsque $n = 2r$, donne

$$\int e^{-t^2} t^{2r} \mathrm{d}t = \frac{(2r-1)(2r-3)\ldots 1}{2^r} \cdot \frac{1}{2}\sqrt{\pi}.$$

Il est d'ailleurs à propos d'observer aussi qu'en posant $e^{-t^{m+1}} = x$, on a

$$\int e^{-t^{m+1}} t^n \mathrm{d}t = -\frac{1}{m+1} \int \mathrm{d}x \left(\mathrm{l}\frac{1}{x}\right)^{\frac{n-m}{m+1}};$$

les limites de x sont alors 1 et 0, et si l'on en change l'ordre, il faudra supprimer le signe $-$.

En posant $m = 1$, $n = 0$, on aura

$$\int e^{-t^2} \mathrm{d}t = \frac{1}{2} \int \mathrm{d}x \left(\mathrm{l}\frac{1}{x}\right)^{-\frac{1}{2}} = \frac{1}{2}\sqrt{\pi}.$$

431. Je vais encore rapporter l'évaluation de quelques autres intégrales qui présentent des conséquences curieuses ; je commencerai par celle de $\int e^{-a^2x^2} \mathrm{d}x \cos rx$, entre les limites $x = 0$ et $x =$ infini, due à Laplace et remarquable par le procédé employé pour l'obtenir.

En posant

$$\int e^{-a^2x^2} \mathrm{d}x \cos rx = y,$$

et différentiant par rapport à r (281), on en tire

$$\frac{\mathrm{d}y}{\mathrm{d}r} = -\int e^{-a^2x^2} x \,\mathrm{d}x \sin rx;$$

(*) L'intégrale $\int e^{-t^2} t^n \mathrm{d}t$ prise entre les limites $t = 0$, $t = \infty$ ne peut évidemment jamais être nulle, puisque tous ses éléments sont positifs. Dans le cas de $n = 2r - 1$, le facteur numérique de l'expression obtenue par Lacroix se réduit bien à zéro, mais l'autre facteur, savoir $\int e^{-t^2} t^{n-2r} dt$, devient infini.

J. A. S.

puis en intégrant par parties, relativement au facteur $e^{-a^2x^2}x\,\mathrm{d}x$, on trouve

$$\frac{\mathrm{d}y}{\mathrm{d}r}=\frac{e^{-a^2x^2}}{2a^2}\sin rx-\frac{r}{2a^2}\int e^{-a^2x^2}\mathrm{d}x\cos rx,$$

ce qui revient à

$$\frac{\mathrm{d}y}{\mathrm{d}r}=-\frac{r}{2a^2}y,\quad \text{ou}\quad \frac{\mathrm{d}y}{\mathrm{d}r}+\frac{r}{2a^2}y=0,$$

lorsqu'on suppose x infini dans la partie délivrée du signe $\int$.

L'équation ci-dessus, entre les variables y et r, a pour intégrale

$$y=Ce^{-\frac{r^2}{4a^2}}\quad (285),$$

C étant une constante arbitraire qu'on détermine par la valeur que prend y lorsque $r=0$, savoir :

$$\int e^{-a^2x^2}\mathrm{d}x=\frac{\sqrt{\pi}}{2a}\quad (429).$$

Par ce moyen, on trouve

$$\int e^{-a^2x^2}\mathrm{d}x\cos rx=\frac{e^{-\frac{r^2}{4a^2}}\sqrt{\pi}}{2a}.$$

Ici se montre un nouvel artifice d'analyse, qui consiste à former, entre les intégrales et quelques-unes des constantes qu'elles contiennent, des équations différentielles que l'on puisse intégrer. Ce procédé, et des transformations très-variées et très-ingénieuses, ont considérablement multiplié, dans les recherches de MM. Laplace, Legendre, Poisson, Georges Bidone et Cauchy, les déterminations des intégrales définies, dont Euler avait déjà montré de beaux et nombreux exemples; mais il reste encore à désirer une méthode uniforme qui réunisse en un seul corps toutes ces recherches, au progrès desquelles paraît attaché maintenant celui de plusieurs branches importantes de la Physique mathématique.

432. Si l'on fait $a=0$, dans $\int e^{-a^2x^2}\mathrm{d}x\cos rx$ et dans sa

valeur, en observant que

$$\frac{e^{-\frac{r^2}{4a^2}}\sqrt{\pi}}{2a} = \frac{\sqrt{\pi}}{e^{\frac{r^2}{4a^2}}2a}$$

et que la limite de $e^{\frac{r^2}{4a^2}}2a$ (99) est alors l'infini, on obtient

$$\int dx \cos rx = 0,$$

entre les limites $x = 0$ et $x =$ infini, résultat qu'il aurait été difficile de prévoir. En effet, on a, en général,

$$\int dx \cos rx = \frac{1}{r} \sin rx + const. \ (217);$$

à la première limite, où $x = 0$, la fonction $\sin rx = 0$; mais que devient-elle lorsqu'on suppose l'arc x infini, doit-on alors le regarder comme *exactement* égal à un nombre entier de circonférences? C'est ce qu'on ne voit pas. Tout ce qu'il est permis d'affirmer, c'est qu'aucun arc assignable, quelque grand qu'il soit, ne peut tenir la place de x : $\sin rx$ est donc, dans ce cas, une quantité indéterminée. Il n'en est pas de même de la valeur de $\int e^{-a^2x^2} dx \cos rx$, à cause du facteur $e^{-a^2x^2}$, qui diminue toujours à mesure que x augmente; et puisque cette intégrale, en vertu de la loi de continuité, a pour limite $\int dx \cos rx$, la valeur de celle-ci sera la limite de celle de la première.

On connaît encore d'autres moyens de confirmer ce résultat, auquel Euler est parvenu en considérant l'intégrale $\int e^{-kx} dx \cos rx$, k désignant une constante quelconque. Si l'on intègre par parties, en commençant par le facteur $dx \cos rx$, on aura

$$\int e^{-kx} dx \cos rx = \frac{1}{r} e^{-kx} \sin rx + \frac{k}{r} \int e^{-kx} dx \sin rx,$$

puis, en opérant sur $dx \sin rx$,

$$\int e^{-kx} dx \sin rx = -\frac{1}{r} e^{-kx} \cos rx - \frac{k}{r} \int e^{-kx} dx \cos rx,$$

ce qui donne

$$\left(1+\frac{k^2}{r^2}\right)\int e^{-kx}\,\mathrm{d}x\cos rx=\frac{1}{r}e^{-kx}\sin rx-\frac{k}{r^2}e^{-kx}\cos rx,$$

et par conséquent

$$\int e^{-kx}\,\mathrm{d}x\cos rx=\frac{e^{-kx}(r\sin rx-k\cos rx)}{r^2+k^2}.$$

Entre les limites $x=0$ et $x=$ infini, l'expression qu'on vient d'obtenir se réduit à $\frac{k}{r^2+k^2}$, quantité qui devient nulle lorsque k s'évanouissant, l'intégrale proposée se change en $\int\mathrm{d}x\cos rx$.

En reprenant l'équation

$$\int e^{-kx}\,\mathrm{d}x\sin rx=-\frac{1}{r}e^{-kx}\cos rx-\frac{k}{r}\int e^{-kx}\,\mathrm{d}x\cos rx,$$

et mettant pour l'intégrale du second membre sa valeur déjà trouvée, on arrive à

$$\int e^{-kx}\,\mathrm{d}x\sin rx=-\frac{e^{-kx}(r\cos rx+k\sin rx)}{r^2+k^2},$$

valeur qui se réduit à $\frac{r}{r^2+k^2}$, quand on la prend entre les limites $x=0$ et $x=$ infini.

La supposition de $k=0$ donne

$$\int\mathrm{d}x\sin rx=\frac{1}{r},$$

autre résultat remarquable, qui ne paraît pas suivre immédiatement de l'expression

$$\int\mathrm{d}x\sin rx=-\frac{1}{r}\cos rx+const.$$

433. La transformation des quantités réelles en imaginaires est un artifice d'analyse qui a fait découvrir plusieurs inté-

grales définies remarquables. Nous emprunterons ici un exemple à Fourier (*).

Lorsque dans l'intégrale $\int e^{-t^2}\mathrm{d}t = \sqrt{\pi}$ (429), on fait

$$t = \frac{x(1+\sqrt{-1})}{\sqrt{2}},$$

on en tire

$$\frac{1+\sqrt{-1}}{\sqrt{2}}\int e^{-x^2\sqrt{-1}}\mathrm{d}x = \sqrt{\pi};$$

et comme

$$e^{-x^2\sqrt{-1}} = \cos(x^2) - \sqrt{-1}\,\sin(x^2) \quad (187),$$

on obtient ensuite

$$\frac{1+\sqrt{-1}}{\sqrt{2}}\left\{\int \mathrm{d}x\cos(x^2) - \sqrt{-1}\int \mathrm{d}x\sin(x^2)\right\} = \sqrt{\pi}.$$

En séparant les parties réelles et les parties imaginaires de cette équation, on en déduit deux autres, savoir :

$$\frac{1}{\sqrt{2}}\left\{\int \mathrm{d}x\cos(x^2) + \int \mathrm{d}x\sin(x^2)\right\} = \sqrt{\pi},$$

$$\int \mathrm{d}x\cos(x^2) - \int \mathrm{d}x\sin(x^2) = 0,$$

d'où

$$\int \mathrm{d}x\cos(x^2) = \int \mathrm{d}x\sin(x^2) = \frac{1}{2}\sqrt{2\pi} = \sqrt{\frac{1}{2}\pi},$$

les limites de x étant — l'infini et + l'infini comme celles de t.

Il faut observer que cet artifice a été employé surtout comme moyen de recherche, et qu'on s'est attaché à en vérifier les résultats : ceux que je viens de rapporter sont connus d'ailleurs.

434. La continuité qui existe entre les diverses valeurs que prend une intégrale, en raison de celles qu'on assigne aux quantités dont elle dépend, a donné lieu d'appliquer les intégrales définies à l'interpolation des suites (388).

(*) *Théorie de la Chaleur*, p. 532.

Lorsqu'on fait $m=0$, dans le développement de $\int x^m dx\,(lx)^n$ (208), et qu'on prend cette intégrale entre les limites $x=0$ et $x=1$, pour lesquelles la partie délivrée du signe $\int$, composée de termes de la forme $x\,(lx)^r$, s'anéantit, parce que r est positif comme n (99), il ne reste que le dernier terme, et l'on a

$$\int dx\,(lx)^n = \pm 1.2.3\ldots n,$$

+ quand n est pair et — dans le cas contraire. On évite cette distinction en donnant le signe — à lx, ce qui change l'équation ci-dessus en

$$\int dx\,(-lx)^n = \int dx\left(l\frac{1}{x}\right)^n = 1.2.3\ldots n,$$

résultat qui s'obtient tout de suite, en observant que

$$\int dx\left(l\frac{1}{x}\right)^n = x\left(l\frac{1}{x}\right)^n + n\int dx\left(l\frac{1}{x}\right)^{n-1},$$

et qu'entre les limites $x=0$, $x=1$, on a seulement

$$\int dx\left(l\frac{1}{x}\right)^n = n\int dx\left(l\frac{1}{x}\right)^{n-1}.$$

On pourra donc regarder l'intégrale $\int dx\left(l\frac{1}{x}\right)^n$ comme exprimant le terme général de la série des produits

$$1,\ 1,\ 1.2,\ 1.2.3,\ldots,\ 1.2.3,\ldots,n,\ \text{etc.},$$

correspondant aux indices

$$0,\ 1,\ 2,\ 3,\ldots\ldots\ldots\ldots,\ n,\ \text{etc.};$$

et en effet elle en a toutes les propriétés connues pour les valeurs entières de n (*). En donnant donc à cet exposant des valeurs fractionnaires ou même irrationnelles, on introduirait dans la série, des termes intermédiaires assujettis à la même loi que les autres.

(*) Pour voir comment le premier terme de la suite supérieure correspond à zéro dans la suite inférieure, il faut faire $n=0$ dans $\int dx\left(l\frac{1}{x}\right)^n$, qui devient alors $\int dx = x = 1$, dans les limites prescrites.

Le cas où $n=\frac{1}{2}$ est des plus remarquables ; car

$$\int dx\left(\mathrm{l}\,\frac{1}{x}\right)^{\frac{1}{2}}=\frac{1}{2}\int dx\left(\mathrm{l}\,\frac{1}{x}\right)^{-\frac{1}{2}}=\frac{1}{2}\sqrt{\pi}\quad(430).$$

Vandermonde et Kramp avaient proposé, il y a longtemps, d'introduire dans l'analyse la fonction qui représente le terme général de la série ci-dessus, comme exprimant un nouveau genre de quantités transcendantes, douées de propriétés remarquables par leur analogie avec celles des puissances; et depuis, Legendre, s'attachant à leur expression en intégrales définies, en a déduit beaucoup de relations très-utiles, en a calculé des tables numériques fort étendues, et les a désignées par la caractéristique Γ, en posant pour définition

$$\Gamma(n+1)=n\Gamma(n),$$

en sorte que

$$\Gamma(n)=\int_0^1 dx\left(\mathrm{l}\,\frac{1}{x}\right)^{n-1}\quad(*).$$

435. L'expression de $\frac{\pi}{2}$ trouvée dans le n° 428, entre dans une formule donnée par Stirling, pour calculer la somme d'une suite de logarithmes appartenant à des nombres en progression par différence, et à laquelle on peut parvenir comme il suit.

Par le n° 411, on a

$$\mathrm{S}u=\frac{1}{h}\int u\,dx+\frac{1}{2}u+\frac{h}{12}\frac{du}{dx}-\frac{h^3}{720}\frac{d^3u}{dx^3}+\text{etc.}+\textit{const.};$$

et si l'on fait $u=\mathrm{l}x$ et $h=1$, en observant que $\int dx\,\mathrm{l}x=x\,\mathrm{l}x-x$ (208), on obtiendra

$$\mathrm{S}\,\mathrm{l}x=x\,\mathrm{l}x-x+\frac{1}{2}\mathrm{l}x+\frac{1}{12x}-\frac{1}{360x^3}+\text{etc.}+\textit{const.}$$

On ne saurait déterminer la constante en faisant $x=1$, parce que la suite des coefficients numériques finit par être

---

(*) *Voy.* le Traité in-4°, t. III, p. 411, 481.

divergente : on a recours à l'expression de π du n° 428. En passant aux logarithmes, et s'arrêtant au nombre pair $2x$ dans le numérateur, on obtient

$$\mathrm{l}\pi - \mathrm{l}2 = \begin{cases} 2\mathrm{l}2 + 2\mathrm{l}4 + 2\mathrm{l}6 + 2\mathrm{l}8 + 2\mathrm{l}10 \ldots + 2\mathrm{l}(2x-2) + \mathrm{l}2x \\ -\mathrm{l}1 - 2\mathrm{l}3 - 2\mathrm{l}5 - 2\mathrm{l}7 - 2\mathrm{l}9 \ldots - 2\mathrm{l}(2x-3) - 2\mathrm{l}(2x-1); \end{cases}$$

et en prenant les limites dans la supposition de x infini, on trouve, par le moyen de l'expression précédente de $S\,\mathrm{l}x$,

$$\mathrm{l}1 + \mathrm{l}2 + \mathrm{l}3 + \mathrm{l}4 \ldots + \mathrm{l}x = const. + \left(x + \frac{1}{2}\right)\mathrm{l}x - x,$$

$$\mathrm{l}1 + \mathrm{l}2 + \mathrm{l}3 + \mathrm{l}4 \ldots + \mathrm{l}2x = const. + \left(2x + \frac{1}{2}\right)\mathrm{l}2x - 2x,$$

$$\mathrm{l}2 + \mathrm{l}4 + \mathrm{l}6 \ldots + \mathrm{l}2x = S\mathrm{l}x + x\mathrm{l}2 = const. + \left(x + \frac{1}{2}\right)\mathrm{l}x + x\mathrm{l}2 - x.$$

Retranchant la troisième série de la seconde, il vient

$$\mathrm{l}1 + \mathrm{l}3 + \mathrm{l}5 + \mathrm{l}7 \ldots + \mathrm{l}(2x-1) = x\mathrm{l}x + \left(x + \frac{1}{2}\right)\mathrm{l}2 - x,$$

d'où l'on conclut

$$\begin{aligned} & 2\mathrm{l}2 + 2\mathrm{l}4 + 2\mathrm{l}6 \ldots + 2\mathrm{l}(2x-2) + \mathrm{l}2x \\ & - 2\mathrm{l}1 - 2\mathrm{l}3 - 2\mathrm{l}5 \ldots - 2\mathrm{l}(2x-3) - 2\mathrm{l}(2x-1) \\ & = 2\,const. + 2\left(x + \frac{1}{2}\right)\mathrm{l}x + 2x\mathrm{l}2 - 2x - \mathrm{l}2x \\ & - 2x\mathrm{l}x - 2\left(x + \frac{1}{2}\right)\mathrm{l}2 + 2x; \end{aligned}$$

et comme le premier membre de cette équation est égal à $\mathrm{l}\pi - \mathrm{l}2$, on obtient, après la réduction du second,

$$\mathrm{l}\pi - \mathrm{l}2 = 2\,const. - 2\mathrm{l}2,$$

d'où

$$const. = \frac{1}{2}(\mathrm{l}\pi + \mathrm{l}2) = \frac{1}{2}\mathrm{l}2\pi = \mathrm{l}\sqrt{2\pi},$$

résultat bien remarquable, et d'après lequel on a

$$\mathrm{S}\,\mathrm{l}\,x = \frac{1}{2}\,\mathrm{l}\,2\pi + x\,\mathrm{l}\,x - x + \frac{1}{2}\,\mathrm{l}\,x + \frac{1}{12x} - \frac{1}{360x^3} + \text{etc.},$$

On rendra cette équation propre à un système quelconque de logarithmes, en multipliant par le module les termes dans lesquels il n'entre point de logarithmes (*).

Pour en donner une application, je rapporterai le calcul qu'Euler a fait de la somme des logarithmes des 1000 premiers nombres des tables, c'est-à-dire de la valeur de

$$\mathrm{l}\,1 + \mathrm{l}\,2 + \mathrm{l}\,3 \ldots + \mathrm{l}\,1000.$$

La caractéristique l désignant des logarithmes ordinaires, le module sera, pour abréger, représenté par M ; et si l'on fait $x = 1000$, on trouvera

$$\begin{array}{rcr} x\,\mathrm{l}\,x & = & 3000{,}0000000000000 \\ +\frac{1}{2}\,\mathrm{l}\,x & = & 1{,}5000000000000 \\ +\frac{1}{2}\,\mathrm{l}\,2\pi & = & 0{,}3990899341790 \\ -\mathrm{M}x & = - & 434{,}2944819032518 \\ +\frac{\mathrm{M}}{12x} & = + & 0{,}0000361912068 \\ -\frac{\mathrm{M}}{360x^3} & = - & 0{,}0000000000012 \\ \hline \text{résultat} \ldots\ldots & & 2567{,}6046442221328 \end{array}$$

(*) Lorsqu'on passe des logarithmes aux nombres, cette équation donne

$$1.2.3\ .x = \sqrt{2\pi}\,.\,x^{x+\frac{1}{2}}e^{-x}.e^{z},$$

en représentant, pour abréger, par z la série

$$\frac{1}{12x} - \frac{1}{360x^3} + \text{etc.};$$

et comme

$$e^{z} = 1 + \frac{z}{1} + \frac{z^2}{2} + \frac{z^3}{1.2.3} + \text{etc.} \quad (27),$$

mais, suivant la notation du n° 414,

$$l1 + l2 + l3 \ldots + l1000 = l1.2.3\ldots 1000 = l[1000]^{1000};$$

on aura donc

$$l[1000]^{1000} = 2567,6046442221328.$$

On apprend par là que le nombre $[1000]^{1000}$, dont le calcul est presque impraticable, doit avoir 2568 chiffres, et que les sept premiers chiffres sur la gauche sont 4023872, en sorte qu'il est compris entre les nombres qui résultent de 4023872 et de 4023873, suivis chacun de 2561 zéros. Cette connaissance suffit dans beaucoup de recherches où l'on ne demande que les rapports des produits de grands nombres ; et dans ce cas, la valeur approchée de ces rapports devient précieuse par l'impossibilité où l'on est d'effectuer les calculs nécessaires pour arriver à la valeur exacte. La longueur de ces calculs présente alors un obstacle aussi insurmontable que la difficulté d'exprimer rigoureusement une fonction transcendante. Laplace a beaucoup étendu cette recherche, dont les applications sont très-fréquentes dans le Calcul des probabilités.

436. Les intégrales définies, donnant, comme on vient de le voir, des sommes de séries, ont été employées avec succès par MM. Laplace, Parceval, Fourier, Poisson et Cauchy, pour exprimer les intégrales des équations différentielles partielles, telles que celle du n° 352, qui ne peut pas s'intégrer en termes finis.

Laplace a reconnu que la série

$$z = \varphi(x) + \varphi''(x)\frac{y}{1} + \varphi^{\text{IV}}(x)\frac{y^2}{1.2} + \text{etc.},$$

---

si l'on développe les puissances de z suivant celles de x, on trouvera

$$e^z = 1 + \frac{1}{12x} + \frac{1}{288x^2} - \frac{139}{51840x^3} + \text{etc.},$$

résultat qui s'accorde avec la formule de la page 129 de la *Théorie analytique des probabilités*, par Laplace.

obtenue dans le n° 353, n'était que le développement de l'intégrale

$$\int e^{-t^2} dt\,\varphi(x+2t\sqrt{y}),$$

prise par rapport à t, entre les limites $t=-$ infini et $t=+$ infini, la fonction φ étant arbitraire. C'est ce dont il est facile de s'assurer comme il suit.

En développant $\varphi(x+2t\sqrt{y})$, par le théorème de Taylor, on a premièrement

$$\int e^{-t^2} dt\,\varphi(x+2t\sqrt{y})$$

$$=\varphi(x)\int e^{-t^2} dt+\frac{y^{\frac{1}{2}}}{1}\varphi'(x)\int e^{-t^2}.2t dt$$

$$+\frac{y^{\frac{2}{2}}}{1.2}\varphi''(x)\int e^{-t^2}.4t^2 dt+\frac{y^{\frac{3}{2}}}{1.2.3}\varphi'''(x)\int e^{-t^2}.8t^3 dt$$

$$+\frac{y^{\frac{4}{2}}}{1.2.3.4}\varphi^{\text{IV}}(x)\int e^{-t^2}.16\,t^4 dt+\text{etc.}$$

Secondement, les intégrales qui restent dans le développement, s'évanouissent pour tous les exposants impairs, et dans le cas contraire, sont égales à

$$\frac{1.3.5\ldots(2r-1)}{2^r}\sqrt{\pi} \quad (430),$$

à cause qu'elles sont prises entre les limites — infini et + infini. En substituant ces valeurs, et renfermant dans la fonction arbitraire $\varphi(x)$ le facteur constant $\sqrt{\pi}$, on trouve précisément la série proposée : l'équation

$$\frac{d^2 z}{dx^2}=\frac{dz}{dy},$$

a donc pour intégrale

$$z=\int e^{-t^2} dt\,\varphi(x+2t\sqrt{y}).$$

Cette intégrale se vérifie aisément. On obtient par la différentiation sous le signe (281),

$$\frac{d^2 z}{dx^2} = \int e^{-t^2} dt \varphi''(x + 2t\sqrt{y}),$$

$$\frac{dz}{dy} = \frac{1}{\sqrt{y}} \int e^{-t^2} t dt \varphi'(x + 2t\sqrt{y})$$

$$= -\frac{1}{2\sqrt{y}} e^{-t^2} \varphi'(x + 2t\sqrt{y}) + \int e^{-t^2} dt \varphi''(x + 2t\sqrt{y}),$$

en intégrant par parties, relativement au facteur $e^{-t^2} t dt$; et si l'on suppose la fonction $\varphi'(x + 2t\sqrt{y})$ telle que son produit par e^{-t^2} demeure nul lorsque $t =$ infini, $\frac{dz}{dy}$ prendra la même valeur que $\frac{d^2 z}{dx^2}$.

437. Lorsqu'on a intégré l'équation différentielle partielle d'un problème, il reste encore à déterminer les fonctions arbitraires introduites par cette opération, ce qui présente souvent de grandes difficultés. Fourier les a d'abord évitées, dans ses recherches sur la chaleur, en employant, au lieu des intégrales avec des fonctions arbitraires, des développements comme ceux que j'ai indiqués dans le n° 352, qui sont formés d'un nombre indéfini de termes contenant des coefficients et des exposants arbitraires (*). La détermination de ces quantités, d'après des conditions données, l'a conduit à des transformations qui paraissent acquérir beaucoup d'importance pour la solution des questions physico-mathématiques, et dont, par cette raison, je vais donner une idée.

(*) L'équation dont Fourier s'occupe en premier lieu, revient à

$$\frac{d^2 z}{dx^2} + \frac{d^2 z}{dy^2} = 0, \quad \text{ou} \quad r + t = 0,$$

et par le n° 351, on trouve pour son intégrale complète

$$z = \varphi(y - x\sqrt{-1}) + \psi(y + x\sqrt{-1}).$$

(*Théorie de la Chaleur*, p. 162 et 207.)

Je prendrai pour exemple l'équation

$$\frac{d^2 z}{dx^2} = \frac{dz}{dy},$$

déjà traitée (352 et 436). En posant $z = Ae^{my} \sin nx$, on la réduit aisément à $-n^2 = m$, ce qui donne l'expression indéfinie

$$z = Ae^{-n^2 y} \sin nx + A_1 e^{-n_1^2 y} \sin n_1 x + \text{etc.}\ (*).$$

Cela posé, si la valeur de z devait en outre, lorsque $y = 0$, se réduire à une fonction donnée $f(x)$, cette condition exigerait une détermination des coefficients n et A, telle que

$$f(x) = A \sin nx + A_1 \sin n_1 x + A_2 \sin n_2 x + \text{etc.},$$

ce qui revient à transformer la fonction $f(x)$ dans une série ordonnée suivant les sinus des multiples de l'arc x.

On trouvera sans peine que l'équation différentielle proposée admet encore le développement indéfini

$$z = A e^{-n^2 y} \cos nx + A_1 e^{-n_1^2 y} \cos n_1 x + \text{etc.}$$

et la condition à remplir serait, dans ce cas,

$$f(x) = A \cos nx + A_1 \cos n_1 x + A_2 \cos n_2 x + \text{etc.},$$

c'est-à-dire la transformation de $f(x)$ en série ordonnée suivant les cosinus des multiples de l'arc x.

(*) Ce développement est implicitement compris dans celui que j'ai donné n° 352. Pour l'en faire sortir, il suffit de changer à l'endroit cité n en $-n^2$, ou $\sqrt{n}$ en $\pm n\sqrt{-1}$, puis A en $\pm \frac{A}{2\sqrt{-1}}$, ce qui donne pour z les deux expressions

$$\frac{A e^{-n^2 y + nx\sqrt{-1}}}{2\sqrt{-1}}, \quad -\frac{A e^{-n^2 y - nx\sqrt{-1}}}{2\sqrt{-1}},$$

dont la somme

$$A e^{-n^2 y} \frac{\left(e^{nx\sqrt{-1}} - e^{-nx\sqrt{-1}}\right)}{2\sqrt{-1}} = A e^{-n^2 y} \sin nx \quad (187).$$

Il en est de même pour tous les autres termes.

On connaissait déjà plusieurs développements de cette espèce : Euler avait remarqué que

$$\frac{1}{2}x = \sin x - \frac{1}{2}\sin 2x + \frac{1}{3}\sin 3x - \text{etc.} \quad (*)$$

(*Novi Comment. Acad. Petrop.*, t. V, p. 204), formule qui résout le problème, lorsque $f(x) = x$, puisqu'on en déduit

$$x = 2\sin x - \frac{2}{2}\sin 2x + \frac{2}{3}\sin 3x - \text{etc.}$$

$$= A\sin nx + A_1\sin n_1 x + A_2 \sin n_2 x + \text{etc.}$$

(*) Cette série est rapportée dans le Traité in-4°, t. Ier, p. 94 ; et voici le moyen employé pour y parvenir. La formule

$$l(1+u) = \frac{u}{1} - \frac{u^2}{2} + \frac{u^3}{3} - \frac{u^4}{4} + \text{etc.} \quad (29),$$

lorsqu'on y change u en u^{-1}, donne

$$l(1+u^{-1}) = \frac{u^{-1}}{1} - \frac{u^{-2}}{2} + \frac{u^{-3}}{3} - \frac{u^{-4}}{4} + \text{etc.};$$

et par la soustraction, on en déduit

$$l(1+u) - l(1+u^{-1}) = l\,\frac{1+u}{1+u^{-1}} = lu$$

$$= \frac{u-u^{-1}}{1} - \frac{u^2-u^{-2}}{2} + \frac{u^3-u^{-3}}{3} - \text{etc.}$$

Faisant alors $u = e^{x\sqrt{-1}}$, d'où il suit $lu = x\sqrt{-1}$,

$$u^m - u^{-m} = e^{mx\sqrt{-1}} - e^{-mx\sqrt{-1}} = 2\sqrt{-1}\sin mx,$$

on aura, par la substitution de ces valeurs,

$$x = 2\left(\frac{\sin x}{1} - \frac{\sin 2x}{2} + \frac{\sin 3x}{3} - \text{etc.}\right),$$

et par conséquent

$$\frac{1}{2}x = \sin x - \frac{1}{2}\sin 2x + \frac{1}{3}\sin 3x - \text{etc.}$$

De plus, comme $x^2 = 2\int x\,dx$, $x^3 = 3\int x^2 dx$, etc., on remonterait sans peine aux puissances supérieures de x, ainsi que Daniel Bernoulli l'a fait, mais pour un but différent, dans les *Novi Comment. Acad. Petropolitanæ*, ann. 1772, page 9.

d'où il résulte

$$n = 1,\quad n_1 = 2,\quad n_2 = 3,\quad \text{etc.},$$

$$A = \frac{2}{1},\quad A_1 = -\frac{2}{2},\quad A_2 = \frac{2}{3},\quad \text{etc.},$$

$$z = 2\left(e^{-y^2}\sin x - \frac{1}{2}e^{-4y^2}\sin 2x + \frac{1}{3}e^{-9y^2}\sin 3x - \text{etc.}\right).$$

438. Nous ne nous arrêterons pas aux autres cas particuliers; nous passerons au problème plus général: *exprimer une fonction quelconque, par une série formée de sinus ou de cosinus des multiples d'un arc.* Les recherches sur le système du monde avaient conduit Euler, dès 1748, à s'occuper de ce problème; puis Clairaut l'énonça d'une manière fort étendue (*Mém. de l'Acad. des Sciences*, année 1754, p. 545), et en donna une solution très-ingénieuse (*). Fourier y fut conduit aussi dans sa *Théorie de la Chaleur;* mais le procédé qu'il emploie pour opérer ces développements, et que nous allons suivre, se trouvait déjà à la p. 115, du t. XI, des *Nova acta Acad. Petrop.* (imprimé en 1798), comme l'a remarqué M. Jacobi. Euler n'applique ce procédé que sous la condition qu'on s'est assuré *a priori* que la fonction est développable dans la forme assignée, et nous ferons la même hypothèse.

Soit premièrement

$$\mathrm{f}(x) = a_1 \sin x + a_2 \sin 2x + a_3 \sin 3x + \text{etc.},$$

où les multiplicateurs de l'arc x sont la suite des nombres naturels.

En changeant x en t dans cette équation, multipliant ensuite les deux membres par $dt \sin nt$, et prenant les intégrales depuis $t = 0$ jusqu'à $t = \pi$, π désignant la demi-circonférence, on aura

$$\int \mathrm{f}(t)\,dt \sin nt = a_1 \int dt \sin nt \sin nt + a_2 \int dt \sin 2t \sin nt \ldots$$
$$+ a_m \int dt \sin mt \sin nt + \text{etc.}$$

(*) *Voy.* aussi le Traité in-4°, t. II, p. 121.

Or

$$\int dt \sin mt \sin nt = \frac{1}{2}\int dt \cos(m-n)t - \frac{1}{2}\int dt \cos(m+n)t$$
$$= \frac{\sin(m-n)t}{2(m-n)} - \frac{\sin(m+n)t}{2(m+n)} \quad (218),$$

expression que les limites o et π rendent nulle, tant que n, supposé toujours un nombre entier, diffère de m. Ainsi, pour chaque valeur assignée à n, tous les termes de la série précédente disparaîtront, excepté celui dont l'indice est égal à cette valeur. Sa seconde partie disparaît encore, mais la première, qui se présente alors sous la forme $\frac{0}{0}$, a pour vraie valeur $\frac{t}{2}$ et devient $\frac{\pi}{2}$, entre les limites de l'intégration : on aura donc

$$\int_0^\pi f(t)\,dt \sin mt = a_m \frac{\pi}{2},$$

et par conséquent

$$a_m = \frac{2}{\pi}\int_0^\pi f(t)\,dt \sin mt.$$

De cette manière, chacun des coefficients a_1, a_2, etc., est exprimé par une intégrale définie prise entre les limites o et π, et l'on a, pour le développement cherché,

$$(A)\left\{\begin{aligned} f(x) = \frac{2}{\pi}\Big\{ &\sin x \int f(t)\,dt \sin t + \sin 2x \int f(t)\,dt \sin 2t \ldots \\ &+ \sin mx \int f(t)\,dt \sin mt + \text{etc.} \Big\}. \end{aligned}\right.$$

Quand $f(x) = x$, il vient

$$\int f(t)\,dt \sin mt = \int t\,dt \sin mt$$
$$= -\frac{t \cos mt}{m} + \frac{1}{m}\int dt \cos mt$$
$$= -\frac{t \cos mt}{m} + \frac{\sin mt}{m^2};$$

et entre les limites o et π, cela se réduit à

$$-\frac{\pi \cos m\pi}{m} = -\frac{\pi(-1)^m}{m}.$$

Donnant ensuite à m les valeurs 1, 2, 3, etc., et supprimant π, qui est facteur commun des deux membres, on trouve le développement particulier

$$x = 2\left(\sin x - \frac{1}{2}\sin 2x + \frac{1}{3}\sin 3x - \text{etc.}\right),$$

rapporté dans le numéro précédent.

439. Soit encore

$$f(x) = a_0 \cos 0x + a_1 \cos x + a_2 \cos 2x + \text{etc.};$$

remplaçons x par t; multiplions par $dt \cos nt$, et prenons les intégrales, depuis $t = 0$ jusqu'à $t = \pi$; nous aurons

$$\begin{aligned}\int f(t)\,dt \cos nt = a_0 \int dt \cos 0t \cos nt + a_1 \int dt \cos t \cos nt \ldots\\ + a_m \int dt \cos mt \cos nt + \text{etc.},\end{aligned}$$

puis

$$\begin{aligned}\int dt \cos mt \cos nt &= \frac{1}{2}\int dt \cos(m-n)t + \frac{1}{2}\int dt \cos(m+n)t\\ &= \frac{\sin(m-n)t}{2(m-n)} + \frac{\sin(m+n)t}{2(m+n)},\end{aligned}$$

expression que les limites o et π font évanouir, à moins que $n = m$. Pour ce cas, la vraie valeur de son premier terme étant $\frac{1}{2}\pi$, il s'ensuit

$$a_m = \frac{2}{\pi}\int_0^\pi f(t)\,dt \cos mt.$$

Il faut cependant excepter de ce résultat le premier terme de la série ci-dessus, pour lequel $n = 0$ donne seulement

$$\int_0^\pi f(t)\,dt = a_0 \int_0^\pi dt = a_0\pi,$$

d'où

$$a_0 = \frac{1}{\pi}\int_0^\pi \mathrm{f}(t)\,\mathrm{d}t.$$

Il résulte de là que

$$(\mathrm{B})\left\{\begin{aligned} \mathrm{f}(x) &= \frac{1}{\pi}\int \mathrm{f}(t)\,\mathrm{d}t \\ &+ \frac{2}{\pi}\left[\begin{aligned}\cos x\int \mathrm{f}(t)\,\mathrm{d}t\cos t + \cos 2x\int \mathrm{f}(t)\,\mathrm{d}t\cos 2t\ldots \\ + \cos mx\int \mathrm{f}(t)\,\mathrm{d}t\cos mt + \text{etc.}\end{aligned}\right],\end{aligned}\right.$$

les intégrations étant effectuées entre les limites o et π.

440. Ces expressions sont susceptibles de discussions très-délicates, relativement à leur étendue. Ce n'est pas ici le lieu de s'arrêter sur ces détails, mais je les ferai au moins pressentir, en indiquant la marche des valeurs des deux membres de l'équation

$$\frac{1}{2}x = \sin x - \frac{1}{2}\sin 2x + \frac{1}{3}\sin 3x - \text{etc.}$$

Ils s'anéantissent quand $x = 0$; et si l'on fait $x = \frac{\pi}{2}$ on en tire

$$\frac{1}{4}\pi = 1 - \frac{1}{3} + \frac{1}{5} - \frac{1}{7} + \text{etc.},$$

valeur bien connue (38). Mais lorsqu'on suppose $x = \pi$, ce qui donne $\frac{1}{2}\pi$ pour le premier membre, le second s'évanouit : il en est de même pour la valeur $x = -\pi$, en sorte que le développement n'est exact qu'entre les limites $x = \pm\pi$ exclusivement, c'est-à-dire que les valeurs de $\frac{\pi}{2}$ et de $-\frac{\pi}{2}$ n'y sont pas comprises.

Si l'on fait ensuite

$$x = \pi + y,$$

le développement, devenant

$$-\sin y - \frac{1}{2}\sin 2y - \frac{1}{3}\sin 3y - \text{etc.},$$

ne répond plus au premier membre, qui est $\frac{1}{2}(\pi+y)$; mais si l'on change x en $\pi-y$, il viendra

$$\frac{1}{2}(\pi-y)=\sin y+\frac{1}{2}\sin 2y+\frac{1}{3}\sin 3y+\text{etc.},$$

ce qui montre que le premier développement en y donne la valeur de l'arc négatif $\frac{1}{2}(y-\pi)$, en exceptant toutefois le cas où $y=0$.

Il faut encore observer que le développement de $\frac{1}{2}x$ donne immédiatement celui de la fonction $ax+b$, qui exprime l'ordonnée d'une droite quelconque; mais tandis que la fonction représente la droite dans toute son étendue, le développement en sinus ne répond qu'à la portion comprise entre les abscisses $+\pi$ et $-\pi$, exclusivement. On peut, en changeant de variable, comme on le verra plus loin (442), passer à d'autres limites, mais on n'obtiendra jamais qu'une portion de ligne droite.

441. Les développements (A) et (B) paraissent devoir représenter respectivement deux espèces de fonctions. Le premier, dont tous les termes changent de signe avec l'arc x, répond aux cas dans lesquels $f(x)$ est une fonction qui jouit de la même propriété, et que l'on nomme *fonction impaire*, à cause que si elle était développée suivant les puissances de x, elle n'en contiendrait que d'impaires.

Le second développement, ayant la propriété contraire, celle de conserver le même signe, quoique celui de x change, serait particulièrement applicable aux *fonctions paires;* mais l'un et l'autre ne sont encore que des séries qu'on peut remplacer, comme on va le voir, par une nouvelle intégration définie.

Pour cela, commençons par les réunir, en observant qu'une fonction quelconque $F(x)$ peut être décomposée en deux parties, l'une paire, c'est-à-dire telle, que si on la représente par $\varphi(x)$, on ait $\varphi(x)=\varphi(-x)$, l'autre impaire, ou telle, qu'en la désignant par $\psi(x)$, il vienne $\psi(x)=-\psi(-x)$. En exprimant la première par la série (B), la seconde par la série (A), et prenant leur somme, on aura

$$\varphi(x)+\psi(x)=\mathrm{F}(x)=\frac{1}{\pi}\int\varphi(t)\,\mathrm{d}t$$

$$+\frac{2}{\pi}\begin{bmatrix}\cos x\int\varphi(t)\,\mathrm{d}t\cos t+\cos 2x\int\varphi(t)\,\mathrm{d}t\cos 2t+\text{etc.}\\+\sin x\int\psi(t)\,\mathrm{d}t\sin t+\sin 2x\int\psi(t)\,\mathrm{d}t\sin 2t+\text{etc.}\end{bmatrix},$$

les limites de ces intégrales étant encore o et π.

On peut les étendre de $-\pi$ à $+\pi$, pourvu que l'on double le premier membre, parce que la fonction $\varphi(t)$ étant paire, passera de o à $-\pi$, par les mêmes valeurs que de o à π, ainsi que les cosinus. A la vérité, la fonction $\psi(t)$ aura, dans ces intervalles, des signes différents; mais comme elle est toujours multipliée par un sinus qui change de signe en même temps, le produit conservera le même : le résultat total sera donc doublé; ainsi, en prenant les intégrales de $-\pi$ à $+\pi$, on écrira

$$2\mathrm{F}(x)=\frac{1}{\pi}\int\varphi(t)\,\mathrm{d}t$$

$$+\frac{2}{\pi}\begin{bmatrix}\cos x\int\varphi(t)\,\mathrm{d}t\cos t+\cos 2x\int\varphi(t)\,\mathrm{d}t\cos 2t+\text{etc.}\\+\sin x\int\psi(t)\,\mathrm{d}t\sin t+\sin 2x\int\psi(t)\,\mathrm{d}t\sin 2t+\text{etc.}\end{bmatrix}.$$

Il faut maintenant introduire la fonction proposée $\mathrm{F}(x)$ à la place des fonctions φ et ψ, ce qui se fait aisément, quand on observe que

$$\int_{-\pi}^{\pi}\psi(t)\,\mathrm{d}t\cos mt,\qquad\int_{-\pi}^{\pi}\varphi(t)\,\mathrm{d}t\sin mt$$

sont toujours nulles, parce que la différentielle à intégrer est le produit de deux facteurs dont un seul change de signe avec t, savoir : $\psi(t)$ dans la première, et $\sin mt$ dans la seconde. Par là on peut, sans troubler le dernier développement, y ajouter les termes que fournissent les expressions

$$\cos mx\int\psi(t)\,\mathrm{d}t\cos mt,\quad \sin mx\int\varphi(t)\,\mathrm{d}t\sin mt:$$

alors, en multipliant les deux membres de l'équation par π, et les divisant par 2, on obtiendra

$$\pi \mathrm{F}(x) = \frac{1}{2} \int [\varphi(t) + \psi(t)] \mathrm{d}t$$

$$+ \cos x \int [\varphi(t) + \psi(t)] \mathrm{d}t \cos t + \text{etc.}$$

$$+ \sin x \int [\varphi(t) + \psi(t)] \mathrm{d}t \sin t + \text{etc.}$$

et par conséquent

$$\pi \mathrm{F}(x) = \frac{1}{2} \int \mathrm{F}(t) \mathrm{d}t$$

$$+ \cos x \int \mathrm{F}(t) \mathrm{d}t \cos t + \cos 2x \int \mathrm{F}(t) \mathrm{d}t \cos 2t + \text{etc.}$$

$$+ \sin x \int \mathrm{F}(t) \mathrm{d}t \sin t + \sin 2x \int \mathrm{F}(t) \mathrm{d}t \sin 2t + \text{etc.}$$

Le signe $\int$ ne se rapportant qu'à la variable t, on peut faire passer dessous les facteurs en x; et comme

$$\cos x \cos t + \sin x \sin t = \cos (x - t),$$

$$\cos 2x \cos 2t + \sin 2x \sin 2t = \cos 2 (x - t),$$

etc.,

l'équation précédente peut être réduite à

$$\pi \mathrm{F}(x) = \int_{-\pi}^{\pi} \mathrm{F}(t) \mathrm{d}t \left\{ \frac{1}{2} + \cos (x - t) + \cos 2 (x - t) + \text{etc.} \right\}.$$

On l'abrége encore en écrivant

$$\pi \mathrm{F}(x) = \int_{-\pi}^{\pi} \mathrm{F}(t) \mathrm{d}t \left\{ \frac{1}{2} + \mathrm{S} \cos m (x - t) \right\},$$

la somme S étant prise depuis $m = 1$ jusqu'à $m =$ infini, et comprenant les deux valeurs extrêmes (*).

442. On peut donner à l'intégrale, des limites quelconques, au lieu de π; il suffit pour cela de changer x et t en $\frac{\pi x'}{a}$ et $\frac{\pi t'}{a}$; faisant alors $\frac{\pi t'}{a} = -\pi$, $\frac{\pi t'}{a} = +\pi$, les limites de t' seront $-a$

(*) C'est conformément à la distinction établie dans le nº 408, d'après Euler (*Inst. Calc. differ.*, P. I^a, cap. II, § 59), que je mets ici le signe S au lieu de Σ qu'on trouve ailleurs.

et $+a$, dt deviendra $\frac{\pi\, dt'}{a}$; on aura

$$\pi F\left(\frac{\pi x'}{a}\right) = \frac{\pi}{a}\int_{-a}^{a} F\left(\frac{\pi t'}{a}\right) dt' \left[\frac{1}{2} + S \cos\frac{m\pi}{a}(x'-t')\right].$$

Puis en supprimant le facteur commun π, ainsi que l'accent affecté aux lettres x et t, qui n'est plus nécessaire, et en écrivant $f(x)$, $f(t)$, pour $F\left(\frac{\pi x}{a}\right)$, $F\left(\frac{\pi t}{a}\right)$, il viendra

$$f(x) = \int_{-a}^{a} f(t)\, dt \left[\frac{1}{2a} + S\frac{1}{a}\cos\frac{m\pi}{a}(x-t)\right].$$

443. Dans cette dernière formule, la quantité a n'étant soumise à aucune restriction, on peut la supposer infinie, et l'on obtient pour $F(x)$ une expression où la somme S est remplacée par une intégrale aux différentielles. On pose d'abord

$$\frac{m\pi}{a} = q, \quad \frac{(m+1)\pi}{a} = q_1,$$

d'où il suit

$$\frac{\pi}{a} = \Delta q, \quad \frac{1}{a} = \frac{\Delta q}{\pi},$$

$$f(x) = \int_{-a}^{a} f(t)\, dt \left[\frac{1}{2a} + \frac{1}{\pi} S \Delta q \cos q(x-t)\right].$$

Maintenant, plus a augmente, plus Δq diminue, plus la somme S approche d'une intégrale aux différentielles (232); et pour passer à cette limite, il ne faut que changer Δq en dq, en observant que la variable q prendra toutes les valeurs possibles, depuis o jusqu'à l'infini : on aura donc

$$f(x) = \frac{1}{\pi}\int f(t)\, dt \int dq \cos q(x-t),$$

formule due à Fourier, dans laquelle l'intégration relative à q s'étend de o à l'infini, et l'intégration relative à t, de —infini à + infini.

Ce dernier résultat se décompose en deux autres, quand on

sépare les fonctions paires des fonctions impaires. On substitue alors à $\cos q(x-t)$ sa valeur $\cos qx \cos qt + \sin qx \sin qt$, et changeant l'ordre des intégrations, il vient

$$\mathrm{f}(x) = \frac{1}{\pi}\int dq \cos qx \int \mathrm{f}(t)\,dt \cos qt + \frac{1}{\pi}\int dq \sin qx \int \mathrm{f}(t)\,dt \sin qt;$$

remplaçant ensuite la fonction quelconque $\mathrm{f}(x)$ par une fonction paire $\varphi(x)$, puis par une impaire $\psi(x)$, en observant que

$$\int_{-a}^{a} \varphi(t)\,dt \sin qt = 0, \qquad \int_{-a}^{a} \psi(t)\,dt \cos qt = 0,$$

d'après la remarque faite dans le nº **441**, on obtiendra les deux expressions

$$\varphi(x) = \frac{1}{\pi}\int dq \cos qx \int \varphi(t)\,dt \cos qt,$$

$$\psi(x) = \frac{1}{\pi}\int dq \sin qx \int \psi(t)\,dt \sin qt,$$

les intégrales étant prises entre les limites o et infini pour la variable q, — infini et + infini pour la variable t.

444. MM. Poisson, Cauchy et Liouville ont étendu les formules précédentes aux fonctions de plusieurs variables, et y sont parvenus par divers moyens. Je renverrai à leurs écrits le lecteur qui voudra connaître les points de vue sous lesquels ils ont envisagé cette théorie (*).

Je rapporterai seulement une des manières dont M. Poisson a vérifié *a posteriori* la formule principale

$$\mathrm{f}(x) = \frac{1}{\pi}\int \mathrm{f}(t)\,dt \int dq \cos q(x-t),$$

en traitant $\int_{0}^{\text{inf.}} dq \cos q(x-t)$, comme la limite vers laquelle tend l'intégrale $\int e^{-a^2q^2} dq \cos q(x-t)$, à mesure que la quantité a décroît.

(*) *Voy.* la *Théorie de la Chaleur*, les *Exercices d'analyse* et le *Journal de Mathématiques pures et appliquées.*

Cette dernière formule rentre dans celle du n° 431, où il suffira de changer r en $x-t$ et x en q, pour obtenir

$$\int e^{-a^2q^2}\,dq\cos(x-t)q=\frac{e^{-\frac{(x-t)^2}{4a^2}}\sqrt{\pi}}{2a},$$

et par conséquent

$$f(x)=\frac{1}{\pi}\int\frac{e^{-\frac{(x-t)^2}{4a^2}}\sqrt{\pi}}{2a}f(t)\,dt=\frac{1}{2a\sqrt{\pi}}\int e^{-\frac{(x-t)^2}{4a^2}}f(t)\,dt.$$

Cela posé, le facteur $e^{-\frac{(x-t)^2}{4a^2}}$ décroît en même temps que a et tend à devenir nul, à moins que le numérateur $(x-t)^2$ de son exposant ne soit d'une petitesse comparable à celle de a, ce qui aura lieu lorsque la valeur de la variable t différera peu de celle de x : c'est donc seulement dans ce cas que l'intégrale indiquée pourra prendre une valeur assignable. Pour la découvrir, il faut faire $t=x+z$, et supposer que la valeur de z demeure dans des limites si resserrées, que l'on puisse la regarder toujours comme infiniment petite, et qu'il soit permis, en conséquence, de réduire $f(x+z)$ à $f(x)$; il vient alors

$$f(x)=\frac{1}{2a\sqrt{\pi}}\int e^{-\frac{z^2}{4a^2}}f(x)\,dz=\frac{f(x)}{2a\sqrt{\pi}}\int e^{-\frac{z^2}{4a^2}}\,dz.$$

Or, puisque l'intégrale comprise dans le dernier membre s'anéantit aussitôt que z a une valeur assignable, on ne change pas celle de cette intégrale en étendant z jusqu'à l'infini même; mais entre ces limites,

$$\int e^{-\frac{z^2}{4a^2}}\,dz=2a\sqrt{\pi},$$

ce qui fait disparaître a dans l'expression de $f(x)$, et rend identiques les deux membres de l'équation.

On ne saurait disconvenir qu'appuyé seulement sur la valeur d'une intégrale définie à laquelle on n'attribue, à proprement parler, qu'un seul élément, le procédé que je viens d'exposer ne doive paraître au moins très-délicat; mais ce qui le fortifie, c'est qu'en l'appliquant encore à d'autres intégrales, en particulier à l'une de celles du n° 432, on en tire toujours le même résultat, obtenu d'ailleurs *a priori* par des considérations très-différentes.

Pour se faire une idée bien nette de ce passage d'une limite finie à une limite infinie, il n'est peut-être pas inutile d'examiner la marche des valeurs d'une intégrale analogue à la précédente. Telle est $\int e^{-t^2} dt$, dont on trouve une table à la fin de l'*Analyse des réfractions astronomiques*, par Kramp. On voit que cette intégrale, dont $\sqrt{\pi} = 0,88622692$ est la valeur entre les limites zéro et l'infini, ne diffère de cette valeur, quand t est seulement égal à 3, que de 0,00001958. L'approximation doit être encore bien plus rapide, quand l'exposant $-t^2$ est divisé par le carré d'un nombre très-petit, ainsi que dans la formule traitée ci-dessus; et lorsqu'on suppose infiniment petit cet exposant, c'est une limite rigoureuse que l'on cherche et que l'on obtient.

NOTES.

NOTE A, *indiquée sur les pages* 1 *et* 70. (Tome Ier.)

I. Considéré dans les procédés qui le constituent, le Calcul différentiel est plus simple que les parties supérieures de l'Algèbre. Sa difficulté ne tient guère qu'à celle d'apercevoir d'abord quel est son but, et de concevoir le sens de quelques nouveaux termes dont il a nécessité l'introduction.

C'est un problème de Géométrie (celui de *Pappus*) résolu seulement dans quelques cas particuliers, par les anciens, qui a conduit Descartes à inventer l'application de l'algèbre à l'expression des lignes courbes; c'est aussi un problème (celui des tangentes) qui a fait découvrir le Calcul différentiel.

Dès le temps d'Euclide, on a pu remarquer que les tangentes jouissaient des propriétés des sécantes, en modifiant ces propriétés comme l'exige la réunion des deux points d'intersection en un seul, qui est alors le point de contact. (*Voyez* le n° 128 des *Éléments de Géométrie.*) C'est aussi sur ce principe que reposent, soit explicitement, soit implicitement, toutes les méthodes qu'on a fondées sur le Calcul, pour mener les tangentes aux courbes. Parmi ces méthodes, je choisis celle de Barrow, qui n'est pas encore le Calcul différentiel, mais qui s'en rapproche le plus.

Soit, par exemple, la parabole ordinaire, donnée par l'équation $y^2 = px$; en prenant sur cette courbe deux points M et M' (*fig.* 1) pour mener une sécante, posant

$$\begin{array}{lll} AP = x, & PP' = h, & AP' = x + h, \\ PM = y; & M'Q = k, & P'M' = y + k, \end{array}$$

comparant les triangles semblables M'QM et MPS, on aura

$$M'Q : MQ = PM : PS, \quad \text{d'où} \quad PS = y\frac{h}{k};$$

et puisque le point M' appartient à la courbe, on a aussi

$$(y + k)^2 = p(x + h);$$

développant cette équation, pour en retrancher membre à membre, $y^2 = px$, il restera

$$2yk + k^2 = ph,$$

qui revient à

$$\frac{2y+k}{p}=\frac{h}{k};$$

donc

$$PS=y\frac{2y+k}{p}.$$

Mais si l'on fait coïncider le point M′ avec le point M, h et k s'évanouissent, PS devient PT, et la valeur de la première de ces lignes se réduit à $\frac{2y^2}{p}=\frac{2px}{p}=2x$.

Une première remarque s'offre ici, c'est que, malgré l'évanouissement des quantités h et k, la fraction qui exprimait leur rapport continue d'exister, ou d'avoir une valeur appréciable, puisqu'elle se réduit à $\frac{2y}{p}$, valeur dont la quantité $\frac{2y+k}{p}$ approche à mesure que k diminue, et dont elle peut différer d'aussi peu qu'on voudra, en prenant k assez petit.

Cette fraction $\frac{2y}{p}$ est donc la limite de $\frac{2y+k}{p}$, ou celle du rapport $\frac{MQ}{M'Q}$, comme $\frac{PT}{PM}$ l'est de $\frac{PS}{PM}$.

Pour s'assurer que $\frac{PS}{PM}$ peut approcher aussi près qu'on voudra de $\frac{PT}{PM}$, il suffit de considérer que si le point M′ passait au-dessous du point M, en $M_{,}$ (*fig.* 69), le point S tomberait en $S_{,}$, de l'autre côté du point T; en sorte que ce dernier sépare les *sous-sécantes* qui correspondent aux points supérieurs à M de celles qui correspondent aux points inférieurs, lignes dont la différence peut être conçue aussi petite qu'on voudra, par le rapprochement des points M′ et $M_{,}$.

II. A cet exemple, tiré de la Géométrie, joignons-en un autre tiré de la Mécanique.

Les corps tombent vers la surface de la terre, en vertu d'une force qui agit constamment, et en conséquence de laquelle leurs mouvements s'accélèrent, c'est-à-dire que ces corps parcourent des espaces de plus en plus grands dans des intervalles de temps égaux, lorsqu'on prend ces intervalles de plus en plus loin de l'origine du mouvement.

Quand on représente par 1 l'espace parcouru dans la première seconde, dans la deuxième on a 3, dans la troisième 5, et ainsi de suite : ce sont là des données d'expérience qui ont fait découvrir à Galilée que la force dont il s'agit, ou la pesanteur, est constante, c'est-à-dire quelle engendre toujours la même vitesse dans le même temps. *Par vitesse, il faut entendre l'espace que le corps parcourrait dans l'unité de temps, si la force avait cessé d'agir sur lui au commencement de cette unité.* Cela posé, voyons comment on peut calculer les effets d'une pareille force.

Au lieu de supposer qu'elle agit constamment, concevons que ses actions, toujours égales, soient instantanées comme celle de l'impulsion, et qu'elles se répètent à des intervalles marqués par une fraction $\frac{1}{m}$ de la seconde prise pour unité de temps. Un corps recevra donc pendant l'unité de temps un nombre m de ces actions dont les effets, s'ajoutant les uns aux autres, lui imprimeront, au bout de ce temps, une vitesse totale que je représenterai par p. La vitesse qui résulterait d'une seule action serait donc $\frac{p}{m}$, toujours pour l'unité de temps; ainsi, pendant la fraction $\frac{1}{m}$, le corps ne parcourrait que l'espace $\frac{p}{m^2}$. En considérant les intervalles consécutifs indiqués ci-dessous,

$$0,\quad \frac{1}{m},\quad \frac{2}{m},\quad \frac{3}{m},\ldots,\quad \frac{n-1}{m},\quad \frac{n}{m},$$

on aura, 1° pour les vitesses résultantes des actions exercées par la force, au commencement de chacun de ces intervalles,

$$\frac{p}{m},\quad \frac{2p}{m},\quad \frac{3p}{m},\quad \frac{4p}{m},\ldots,\quad \frac{np}{m};$$

2° pour les espaces parcourus à la fin des mêmes intervalles,

$$\frac{p}{m^2},\quad \frac{2p}{m^2},\quad \frac{3p}{m^2},\quad \frac{4p}{m^2},\ldots,\quad \frac{np}{m^2};$$

la somme de tous ces espaces dont le nombre est n, sera par la formule relative aux progressions par différence (*Élém. d'Alg.*, 229),

$$\left(\frac{p}{m^2}+\frac{np}{m^2}\right)\frac{n}{2}=\frac{p}{2}\left(\frac{n}{m^2}+\frac{n^2}{m^2}\right).$$

Maintenant, si l'on observe qu'un nombre quelconque de secondes, désigné par t, contient un nombre mt d'intervalles égaux à $\frac{1''}{m}$, et qu'on fasse $n = mt$, l'expression précédente deviendra

$$\frac{p}{2}\left(\frac{mt}{m^2}+\frac{m^2t^2}{m^2}\right)=\frac{pt}{2}\left(\frac{1}{m}+t\right).$$

Or, on voit que plus le nombre m augmente, plus les actions de la force se rapprochent, moins la quantité $\left(\frac{1}{m}+t\right)$ diffère de t, et que même elle subsiste lorsqu'on annule la fraction $\frac{1}{m}$, ce qui anéantit l'intervalle supposé entre les actions successives de la force. Cet état de choses est la limite vers laquelle tend sans cesse la suite des mouvements considérés plus haut; et par conséquent, dans l'action continue de la force, l'espace parcouru est égal à $\frac{1}{2}pt^2$.

En mettant la valeur de n dans l'expression $\frac{np}{m}$ de la vitesse acquise après les n premières actions, il viendra $\frac{mtp}{m} = pt$, quantité indépendante de m, et par conséquent la même, quelque petit que soit l'intervalle $\frac{1}{m}$.

Maintenant, si l'on fait successivement $t = 0, = 1, = 2$, etc., on aura les espaces

$$0,\quad \left(\frac{1}{2}p\right),\quad 4\left(\frac{1}{2}p\right),\quad 9\left(\frac{1}{2}p\right),\ \text{etc.},$$

dont les différences sont

$$\left(\frac{1}{2}p\right),\quad 3\left(\frac{1}{2}p\right),\quad 5\left(\frac{1}{2}p\right),\ \text{etc.},$$

c'est-à-dire, 1 fois, 3 fois, 5 fois, etc., l'espace parcouru pendant la première seconde.

Dans l'exemple de pure Géométrie, on a supposé d'abord des points distincts, deux intersections au lieu d'un contact; mais en passant à la limite, on a établi la coïncidence des points, et les intersections se sont changées en contact.

Dans l'exemple de Mécanique, au lieu d'un mouvement accéléré d'une manière continue, on a considéré une suite de mouvements uniformes, ou égaux, pendant un certain intervalle de temps, et dont la rapidité croissait seulement dans le passage de l'un à l'autre; mais en prenant la limite, on a anéanti l'intervalle supposé entre les actions de la force, on a changé une suite d'actions isolées en une action continue, et l'ensemble des mouvements uniformes supposés est devenu le mouvement uniformément accéléré, tel qu'il a lieu dans la nature.

Ces deux exemples suffisent pour montrer l'importance de la considération des états successifs par lesquels passent des quantités variables, comme les ordonnées des courbes, les espaces parcourus par l'effet des forces qui changent, et de chercher, non les changements en eux-mêmes, mais les limites vers lesquelles tendent leurs rapports.

III. Cette considération, qui est aujourd'hui la meilleure base que l'on puisse donner au Calcul différentiel, se retrouve implicitement dans la Géométrie élémentaire, toutes les fois qu'il faut comparer les lignes courbes aux lignes droites, les aires circulaires à celles des polygones, les corps ronds aux polyèdres ; car on ne mesure *immédiatement* que des lignes droites, des polygones et des polyèdres.

En effet, si l'on désigne par ω l'angle AOH (*fig.* 67) qui est la moitié de l'angle au centre du polygone régulier quelconque ABC, circonscrit au cercle dont le rayon $OH = r$, et qu'on prenne l'unité pour le rayon des tables trigonométriques, on aura

$$1 : \tang\omega = r : AH,$$

d'où

$$AH = r\tang\omega \quad \text{et} \quad AB = 2r\tang\omega.$$

Mais le côté AB est contenu autant de fois dans le contour du polygone régulier que l'arc qui mesure l'angle AOB est contenu dans la circonférence : soit donc 2π celle qui est décrite avec le rayon 1, et à laquelle se rapporte l'arc ω; le nombre des côtés du polygone sera $\frac{2\pi}{2\omega}$; ainsi son contour sera

$$\frac{2\pi}{2\omega} \cdot 2r\tang\omega = 2\pi r \cdot \frac{\tang\omega}{\omega}.$$

Or, plus le nombre des côtés du polygone augmentera, plus l'angle ω diminuera, et plus le rapport $\frac{\tang\omega}{\omega}$ approchera de l'unité qui est sa limite (Tome Ier, page 35). Si l'on passe à cette limite, le polygone se changera en cercle, et sa circonférence deviendra $2\pi r$, comme le donne la Géométrie élémentaire.

Rien n'est plus aisé maintenant que d'obtenir la surface du cercle. Celle du polygone ABC étant égale à son contour $2\pi r \frac{\tang\omega}{\omega}$, multiplié par $\frac{1}{2}$ OH ou $\frac{1}{2}r$, revient à $\pi r^2 \frac{\tang\omega}{\omega}$; et en passant à la limite on a πr^2, comme par la Géométrie élémentaire.

On appliquerait bien aisément ces calculs aux corps ronds ; mais nous ne nous y arrêterons point : nous nous bornerons seulement à faire observer qu'ici la *limite* se montre, non pas comme un mode arbitraire d'exposition, mais bien comme tenant au fond des choses.

La considération des limites n'est pas non plus étrangère aux Éléments d'Algèbre. J'en ai donné un exemple sur la fraction $\frac{a(a^2-b^2)}{b(a-b)}$, dont les deux termes s'évanouissent quand $a = b$, et dont la valeur est alors $2a$, et j'en ai fait usage pour expliquer un cas singulier du problème des deux lumières. (*Élém. d'Alg.*, 70, 120.)

En effet, c'est toujours à cette considération qu'il faut avoir recours pour expliquer les difficultés qui peuvent naître des indications de quantités infinies ou infiniment petites, dont les mathématiques n'ont pas besoin de supposer l'existence actuelle, et qui d'ailleurs n'offrent aucune prise à l'esprit. Il n'est donc pas étonnant que lorsqu'on analyse avec soin les diverses théories proposées pour l'établissement des principes du Calcul différentiel, on y retrouve toujours des idées de limites.

IV. Quelquefois on a employé des locutions vicieuses : c'est ainsi qu'on a désigné longtemps la méthode des limites sous le nom de *méthode des premières et dernières raisons*; mais ce langage n'est pas exact. Quand, plus haut, nous avons considéré le rapport $\frac{2y+k}{p}$ des lignes $\frac{MQ}{M'Q}$ (p. 106), nous n'avons pas dû dire que la limite $\frac{2y}{p}$ était la dernière raison de ces lignes, car lorsque $\frac{2y+k}{p}$ se change en $\frac{2y}{p}$, par l'anéantissement de k, les deux points M′ et M coïncident, les lignes M′Q et MQ n'existant plus, n'ont plus de rapport. C'est donc comme existant à part, c'est comme quantité *sui generis*, qu'il faut envisager $\frac{2y}{p}$; et ce qui lie cette fraction aux quantités h et k, ou MQ et M′Q, c'est seulement qu'on peut l'en faire dériver, comme exprimant, non pas leur rapport, mais sa limite. C'est ce que Newton lui-même a très-bien exprimé dans ce passage de son livre des *Principes* :

« Les dernières raisons qu'ont entre elles les quantités qui s'évanouissent ne sont pas, dans le vrai, les raisons des dernières quantités, mais les limites dont les raisons des quantités qui décroissent à l'infini approchent sans cesse, et de manière à n'en différer qu'aussi peu qu'on voudra (*). »

Si l'on supposait que le point M′, d'abord réuni au point M s'en éloignât, alors les lignes MQ et M′Q naîtraient au lieu de s'évanouir, et c'est dans ce sens qu'on nommait $\frac{2y}{p}$ leur première raison.

(*) *Ultimæ rationes illæ quibuscum quantitates evanescunt, revera non sunt rationes quantitatum ultimarum, sed limites ad quos quantitatum sine limite decrescentium rationes semper appropinquant; et quas propiùs assequi possunt quam pro data quavis differentia.* (Philosophiæ naturalis principia mathematica, *lib. I sect. 1, lem. XI, scholium.*)

V. Il me semble que pour bien voir la naissance des limites, dans le passage des lignes droites aux courbes, il suffit de remarquer que la différence caractéristique entre une courbe et un polygone consiste en ce que l'on peut toujours inscrire dans la courbe un angle aussi approchant de deux droits qu'on voudra, ce qui ne peut se faire dans un polygone, où l'angle à la circonférence est le plus grand de tous ceux qui peuvent être placés entre deux côtés consécutifs.

Il suit immédiatement de cette condition, que *dans une courbe quelconque, la limite du rapport de l'arc à sa corde est l'unité;* car si l'on prend de chaque côté du point A (*fig.* 68), des cordes de plus en plus petites AB = AC, AB′ = AC′, etc., qu'on tire les droites BC, B′C′, etc., qu'on abaisse sur ces droites les perpendiculaires AD, AD′, etc., les triangles rectangles BAD, B′AD′, etc., donneront

$$\frac{BC}{AB+AC} = \frac{BD}{AB} = \sin\frac{1}{2}BAC, \quad \frac{B'C'}{AB'+AC'} = \frac{B'D'}{AB'} = \sin\frac{1}{2}B'AC', \text{ etc.};$$

mais les angles $\frac{1}{2}$ BAC, $\frac{1}{2}$ B′AC′, etc., tendant sans cesse à devenir droits, leurs sinus approchent de plus en plus d'être égaux à l'unité : il en est de même des rapports des lignes brisées aux droites qui joignent leurs extrémités, assemblages de lignes qui s'approchent aussi de plus en plus de l'arc et de sa corde.

Il faut bien observer que ce n'est pas simplement parce que l'arc et sa corde diminuant, leur différence diminue, que leur rapport tend vers l'unité. Les côtés d'un triangle rectiligne, par exemple, conservent toujours leur rapport, à quelque degré de petitesse qu'on les réduise, tant que les nouveaux triangles demeurent semblables au premier, et les différences de ces côtés décroissent aussi dans le même rapport; mais il n'en est pas ainsi pour les arcs : ils s'aplatissent parce que l'angle inscrit s'ouvre à mesure qu'ils décroissent, et que les flèches AD, AD′, etc., décroissent plus rapidement que les cordes BC, B′C′, etc. Dans le cercle, par exemple, la flèche diminue comme le carré de la corde (*Géom.*, 134). Il résulte de là que l'excès des arcs sur leurs cordes décroît aussi plus rapidement que ces droites. En effet, si l'on compare deux grandeurs A et a, qui diminuent indéfiniment, et que l'on pose $A = a + \delta$, on verra que le rapport $\frac{A}{a} = \frac{a+\delta}{a} = 1 + \frac{\delta}{a}$ ne peut tendre sans cesse vers l'unité qu'autant que δ décroît plus rapidement que a.

On peut encore rattacher aux considérations précédentes sur les angles inscrits dans les segments des courbes, la propriété qu'a le rapport de l'ordonnée à la sous-tangente, d'être la limite de celui des accroissements de l'ordonnée et de l'abscisse. En effet, trois points $M_{,}$, M, M′ (*fig.* 69), sur une courbe quelconque, détermineront deux rapports $\frac{MQ_{,}}{M_{,}Q_{,}}$ et $\frac{M'Q}{MQ}$, respectivement égaux aux tangentes des angles $MM_{,}Q_{,,}$ $M'MQ$ que les cordes $M_{,}M$ et MM' forment avec l'axe des abscisses $P_{,}P'$; et désignant ces angles par A et B, on aura

$$\frac{MQ_{,}}{M_{,}Q_{,}} - \frac{M'Q}{MQ} = \text{tang}\,A - \text{tang}\,B.$$

Cela posé, on sait que

$$\text{tang}\,(A - B) = \frac{\text{tang}\,A - \text{tang}\,B}{1 + \text{tang}\,A\,\text{tang}\,B}\ (\textit{Trig.}, 27),$$

d'où

$$\text{tang}\,A - \text{tang}\,B = (1 + \text{tang}\,A\,\text{tang}\,B)\,\text{tang}\,(A - B);$$

et si l'on prolonge $M_{,}M$ au delà du point M, on formera l'angle RMM', qui sera la différence des angles $MM_{,}Q_{,}$ et $M'MQ$, ou $A - B$, et en même temps le supplément de l'angle $M_{,}MM'$. Plus ce dernier approchera de deux droits, plus le premier diminuera, et avec lui la différence tang A — tang B des rapports $\frac{MQ_{,}}{M_{,}Q_{,}}$, $\frac{M'Q}{MQ}$; mais l'un de ces rapports étant moindre que $\frac{PM}{PT}$, tandis que l'autre est plus grand, ils se rapprocheront d'autant plus de cet intermédiaire, qu'ils différeront moins l'un de l'autre : ce sera donc leur limite commune.

NOTE B, *indiquée sur les pages* 133, 226 *et* 232. (Tome Ier.)

I. L'équation

$$z\sqrt{-1} = \text{l}\,(\cos z + \sqrt{-1}\sin z),$$

devenant

$$2m\pi\sqrt{-1} = \text{l}\,1,$$

lorsque l'on prend $z = 2m\pi$, fait reconnaître que l'unité a une infinité de logarithmes différents. On ne trouve zéro qu'en posant $m = 0$; mais pour toute autre valeur entière, soit positive, soit négative de m, on obtient une expression imaginaire qui doit être regardée comme un logarithme de l'unité.

Cette proposition, qui semble un paradoxe, quand on n'assigne aux logarithmes qu'une origine arithmétique, en les déduisant de la comparaison des progressions (*Élém. d'Alg.*, 254), devient naturelle quand on les tire de l'équation $y = c^x$. En effet, si l'on désigne par α l'exposant numérique de la puissance à laquelle il faut élever e, pour produire la valeur assignée à y, et qu'on fasse $x = \alpha + z$, il vient

$$e^{\alpha+z} = y, \text{ qui se réduit à } e^z = 1,$$

à cause de $e^\alpha = y$. Mais l'équation $e^z = 1$, étant développée par la formule du n° 27, conduit à

$$\frac{z}{1} + \frac{z^2}{1.2} + \frac{z^3}{1.2.3} + \text{etc.} = 0,$$

qui se décompose dans les facteurs

$$z = 0, \quad 1 + \frac{z}{2} + \frac{z^2}{2.3} + \text{etc.} = 0;$$

le premier est la *détermination arithmétique* du logarithme de l'unité, et le second contient les *déterminations algébriques* : ceci est à la théorie des logarithmes ce qu'est la considération des racines imaginaires de l'unité à la théorie des puissances (*Élém. d'Alg.*, 159).

Les valeurs $z = 2m\pi\sqrt{-1}$ sont les racines du second facteur de l'équation $e^z = 1$, et celles de l'équation $y = e^x$ sont $\alpha + 2m\pi\sqrt{-1}$, en sorte que $ly = \alpha + 2m\pi\sqrt{-1}$.

II. Pour déterminer ces racines, Euler, qui les a découvertes le premier, a employé un artifice d'analyse très-ingénieux, et qui repose sur la proposition démontrée dans le n° 188, d'après laquelle les racines de l'équation

$$y^n - 1 = 0 \quad \text{sont} \quad y = \cos\frac{2m\pi}{n} + \sqrt{-1}\sin\frac{2m\pi}{n}.$$

Il faut d'abord observer que

$$\left(1 + \frac{z}{n}\right)^n = 1 + \frac{z}{1} + \frac{n-1}{1.2}\frac{z^2}{n} + \frac{(n-1)(n-2)}{1.2.3}\frac{z^3}{n^2} + \text{etc.}$$

$$= 1 + \frac{z}{1} + \frac{1 - \frac{1}{n}}{1.2}z^2 + \frac{\left(1 - \frac{1}{n}\right)\left(1 - \frac{2}{n}\right)}{1.2.3}z^3 + \text{etc.}$$

a pour limite, lorsque n devient infinie,

$$1 + \frac{z}{1} + \frac{z^2}{1.2} + \frac{z^3}{1.2.3} + \text{etc.} = e^z.$$

Cela posé, l'équation $e^z - 1 = 0$ pourra être remplacée par la limite de

$\left(1+\frac{z}{n}\right)^n-1=0$; et substituant $1+\frac{z}{n}$ à y, on aura, par ce qui précède,

$$1+\frac{z}{n}=\cos\frac{2m\pi}{n}+\sqrt{-1}\sin\frac{2m\pi}{n};$$

puis prenant les limites relatives à la supposition de n infinie, suivant laquelle $\cos\frac{2m\pi}{n}$ et $\sin\frac{2m\pi}{n}$ deviennent respectivement 1 et $\frac{2m\pi}{n}$, en concevant toutefois que m demeure finie, on aura, comme ci-dessus,

$$z=2m\pi\sqrt{-1}.$$

Afin de bien voir cette limite, il faut mettre pour $\cos\frac{2m\pi}{n}$ et $\sin\frac{2m\pi}{n}$, leur développement (37) ; et après les simplifications, il vient

$$z=-\frac{4m^2\pi^2}{2n}+\text{etc.}+\sqrt{-1}\left(2m\pi-\frac{8m^3\pi^3}{2.3.n^2}+\text{etc.}\right),$$

ce qui se réduit à $z=2m\pi\sqrt{-1}$, lorsque n est infinie.

III. Il peut aussi n'être pas inutile de faire observer que la décomposition de y^n-1 en facteurs, sur laquelle ce qui précède est fondé, s'obtient indépendamment des considérations du n° 187 : voici comment Lagrange y est parvenu.

Les équations

$$\cos(n+1)z=\cos z\cos nz-\sin z\sin nz,$$
$$\cos(n-1)z=\cos z\cos nz+\sin z\sin nz,$$

étant ajoutées, donnent

$$\cos(n+1)z+\cos(n-1)z=2\cos z\cos nz,$$

d'où l'on tire

$$2\cos(n+1)z=2\cos z.2\cos nz-2\cos(n-1)z.$$

Posant ensuite

$$2\cos z=y+\frac{1}{y},$$

et mettant les nombres 1, 2, 3, etc., à la place de n, il viendra

$$2\cos 2z=\left(y+\frac{1}{y}\right)^2-2=y^2+\frac{1}{y^2},$$
$$2\cos 3z=\left(y+\frac{1}{y}\right)\left(y^2+\frac{1}{y^2}\right)-\left(y+\frac{1}{y}\right)=y^3+\frac{1}{y^3},$$
$$2\cos 4z=\left(y+\frac{1}{y}\right)\left(y^3+\frac{1}{y^3}\right)-\left(y^2+\frac{1}{y^2}\right)=y^4+\frac{1}{y^4}$$
etc.,

d'où l'on conclura d'abord, par analogie, que

$$2\cos nz = y^n + \frac{1}{y^n}.$$

Pour s'en assurer tout à fait, il suffit de voir que si la loi remarquée a lieu pour les nombres $n-1$ et n, elle aura pareillement lieu pour le nombre $n+1$. Or, si l'on fait

$$2\cos(n-1)z = y^{n-1} + \frac{1}{y^{n-1}}, \quad 2\cos nz = y^n + \frac{1}{y^n},$$

il en résultera

$$2\cos(n+1)z = \left(y+\frac{1}{y}\right)\left(y^n+\frac{1}{y^n}\right) - \left(y^{n-1}+\frac{1}{y^{n-1}}\right) = y^{n+1} + \frac{1}{y^{n+1}}:$$

ce qui est encore la loi supposée, et prouve qu'en partant des valeurs $n=1$ et $n=2$, elle s'étendra à tous les nombres entiers.

Il suit de là que les équations

$$2\cos z = y + \frac{1}{y}, \quad 2\cos nz = y^n + \frac{1}{y^n},$$

qui reviennent à

$$y^2 - 2y\cos z + 1 = 0, \quad y^{2n} - 2y^n \cos nz + 1 = 0,$$

ont lieu en même temps, qu'elles ont par conséquent une racine commune. Mais si on la désigne par a, qu'on fasse ensuite $y = \frac{1}{a}$, et qu'on réduise tous les termes de chaque équation au même dénominateur, on trouvera qu'elles sont vérifiées en même temps par cette nouvelle valeur; et comme la première équation n'est que du deuxième degré, il en résulte qu'elle est un des facteurs de la seconde.

Maintenant, si l'on prend

$$nz = 2m\pi + \delta,$$

il viendra

$$\cos nz = \cos\delta, \quad z = \frac{2m\pi+\delta}{n},$$

et par conséquent l'équation

$$y^{2n} - 2y^n\cos\delta + 1 = 0$$

aura pour facteur

$$y^2 - 2y\cos\frac{2m\pi+\delta}{n} + 1 = 0,$$

quel que soit le nombre entier qu'on substitue à m : voilà donc la formule du n° 191.

Pour en déduire celles du n° 190, il suffit de faire $\delta = 0$ et $\delta = \pi$. Dans le premier cas, on aura

$$\cos\delta = 1, \quad y^{2n} - 2y^n + 1 = (y^n - 1)^2,$$

puis

$$y^n - 1 = 0, \quad y^2 - 2y\cos\frac{2m\pi}{n} + 1 = 0.$$

Dans le second cas,

$$\cos\delta = -1, \quad y^{2n} + 2y^n + 1 = (y^n + 1)^2,$$

puis

$$y^n + 1 = 0, \quad y^2 - 2y\cos\frac{(2m+1)\pi}{n} + 1 = 0,$$

comme dans le numéro cité.

IV. Au moyen de l'expression

$$z = 2m\pi\sqrt{-1},$$

des racines imaginaires de l'équation $e^z - 1 = 0$, on explique plusieurs difficultés qu'offre l'application des logarithmes aux nombres négatifs, entre autres celle-ci : puisque $(-a)^2 = (+a)^2 = a^2$, on doit en conclure que

$$l(-a)^2 = la^2, \quad 2l(-a) = 2l(+a), \quad \text{d'où} \quad l(-a) = l(+a);$$

mais la dernière de ces conséquences ne s'accorde point avec l'équation $y = e^x$: jamais aucune valeur réelle de x ne saurait rendre y négatif; ainsi les nombres négatifs ne peuvent avoir des logarithmes réels.

Cela est confirmé aussi par l'équation

$$z\sqrt{-1} = l(\cos z + \sqrt{-1}\sin z),$$

dans laquelle il faut faire $z = (2m+1)\pi$ pour obtenir $\cos z = -1$, d'où il résulte

$$l(-1) = (2m+1)\pi\sqrt{-1},$$

et en désignant par α le logarithme réel de $+a$, il vient

$$l(-a) = \alpha + l(-1) = \alpha + (2m+1)\pi\sqrt{-1},$$

formule qui ne donne aucune valeur réelle, puisque m doit toujours être un nombre entier (188).

Cependant il est vrai que les expressions $2l(+a)$ et $2l(-a)$ font partie de celles de la^2, mais sans pour cela être égales entre elles. En effet, α étant le logarithme réel de a, celui de a^2 sera 2α, et tous les logarithmes (tant réels qu'imaginaires) de a^2 seront compris dans l'expression $2\alpha + 2m\pi\sqrt{-1}$, m pouvant être paire ou impaire. Dans le premier cas, $2m$ sera un nombre doublement pair, et par conséquent l'expression ci-dessus s'accordera avec

$$2\,\mathrm{l}(+a) = 2\alpha + 2.2m\pi\sqrt{-1}:$$

dans le second cas, le nombre $2m$ étant simplement pair, l'expression de $\mathrm{l}a^2$ s'accordera avec

$$2\,\mathrm{l}(-a) = 2\alpha + 2(2m+1)\pi\sqrt{-1};$$

mais les expressions

$$2\alpha + 2.2m\pi\sqrt{-1}, \qquad 2\alpha + 2(2m+1)\pi\sqrt{-1},$$

ne sauraient s'accorder entre elles, puisque les nombres indiqués sont doublement pairs dans la première, et simplement pairs dans la seconde.

NOTE C, *indiquée sur la page 265.* (Tome Ier.)

N'ayant considéré dans les n°s 219 et 220 que le cas où l'exposant n est entier et positif, je vais montrer ici ce qui arrive dans les autres cas, à l'égard desquels on a été longtemps dans une erreur que M. Poisson a relevée le premier; mais comme il restait encore sur ce sujet quelques difficultés à éclaircir (*voyez* le Traité in-4°, t. III, p. 605 et 616), il donna lieu à beaucoup d'écrits, qu'il serait trop long maintenant de citer en détail. (*Voyez* les *Annales de Mathématiques*, par M. Gergonne; le *Bulletin des Sciences mathématiques*, par M. de Férussac; le *Journal* de M. Crelle, etc.) Je ne mentionnerai spécialement ici que les premières remarques faites en 1812, par M. Poisson (*Correspondance sur l'École Polytechnique*, t. II, p. 12), les *Recherches sur l'Analyse des sections angulaires*, par M. Poinsot, publiées en 1825, et les articles insérés par M. Poisson dans le t. IV du *Bulletin des Sciences mathématiques*, p. 140 et 344.

I. Si l'on changeait l'ordre des termes dans l'expression de cos z, d'où il résulterait $2^n \cos z^n = \left(e^{-z\sqrt{-1}} + e^{z\sqrt{-1}}\right)^n$, et qu'on développât suivant cet ordre le second membre de l'équation ci-dessus, on trouverait

$$2^n \cos z^n = e^{-nz\sqrt{-1}} + \frac{n}{1} e^{-(n-2)z\sqrt{-1}} + \frac{n(n-1)}{1.2} e^{-(n-4)z\sqrt{-1}} + \frac{n(n-1)(n-2)}{1.2.3} e^{-(n-6)z\sqrt{-1}} + \text{etc.};$$

et comme

$$e^{-mz\sqrt{-1}} = \cos mz - \sqrt{-1}\sin mz,$$

il viendrait

$$\begin{aligned} 2^n \cos z^n = {} & \cos nz + \frac{n}{1}\cos(n-2)z + \frac{n(n-1)}{1.2}\cos(n-4)z \\ & + \frac{n(n-1)(n-2)}{1.2.3}\cos(n-6)z + \text{etc.} \\ & - \sqrt{-1}\left\{ \sin nz + \frac{n}{1}\sin(n-2)z + \frac{n(n-1)}{1.2}\sin(n-4)z \right. \\ & \left. + \frac{n(n-1)(n-2)}{1.2.3}\sin(n-6)z + \text{etc.} \right\}, \end{aligned}$$

ce qui ne diffère du développement écrit sur la page 261 (Tome Ier) que par le signe de $\sqrt{-1}$, en sorte qu'on a la double expression

$$(\text{A}) \qquad 2^n \cos z^n = \text{Z} \pm \text{Z}'\sqrt{-1},$$

dans laquelle

$$\text{Z} = \cos nz + \frac{n}{1}\cos(n-2)z + \frac{n(n-1)}{1.2}\cos(n-4)z + \text{etc.},$$

$$\text{Z}' = \sin nz + \frac{n}{1}\sin(n-2)z + \frac{n(n-1)}{1.2}\sin(n-4)z + \text{etc.}$$

Quand le nombre n est entier, $\cos z^n$ n'a qu'une seule valeur qui est réelle : en égalant donc les deux précédentes, on forme l'équation

$$\text{Z} + \text{Z}'\sqrt{-1} = \text{Z} - \text{Z}'\sqrt{-1},$$

qui ne peut avoir lieu que lorsque $\text{Z}' = 0$, circonstance vérifiée en effet dans le n° 219, et il s'ensuit que $2^n \cos z^n = \text{Z}$.

Mais quand n est un nombre fractionnaire, la quantité $2^n \cos z^n$ a des racines imaginaires, comme toute expression radicale, et il n'arrive pas toujours que ses racines réelles coïncident avec Z, si ce n'est dans quelques cas particuliers où $\text{Z}' = 0$: c'est ce que M. Poisson a montré pour le cas où $n = \frac{1}{3}$ et $z = \pi$, π désignant la demi-circonférence.

Alors

$$\begin{aligned} \text{Z} &= \cos\frac{1}{3}\pi + \frac{\frac{1}{3}}{1}\cos\left(\frac{1}{3}\pi - 2\pi\right) + \frac{\frac{1}{3}\left(\frac{1}{3}-1\right)}{1.2}\cos\left(\frac{1}{3}\pi - 4\pi\right) + \text{etc.} \\ &= \cos\frac{1}{3}\pi\left\{1 + \frac{\frac{1}{3}}{1} + \frac{\frac{1}{3}\left(\frac{1}{3}-1\right)}{1.2} + \frac{\frac{1}{3}\left(\frac{1}{3}-1\right)\left(\frac{1}{3}-2\right)}{1.2.3} + \text{etc.}\right\} \\ &= \cos\frac{1}{3}\pi(1+1)^{\frac{1}{3}} = 2^{\frac{1}{3}}\cos\frac{1}{3}\pi = \frac{1}{2}\sqrt[3]{2}, \end{aligned}$$

à cause que $\cos\frac{1}{3}\pi = \frac{1}{2}$. Or ce résultat n'est pas exact, car $\cos\pi$ étant -1, on a $2^{\frac{1}{3}}(\cos\pi)^{\frac{1}{3}} = -\sqrt[3]{2}$.

D'un autre côté, si l'on prend la *détermination arithmétique* de $2^{\frac{1}{3}}(\cos\pi)^{\frac{1}{3}}$, savoir $\sqrt[3]{-2}$, et qu'on la multiplie par les trois racines cubiques de l'unité

$$1,\quad \frac{-1+\sqrt{-3}}{2},\quad \frac{-1-\sqrt{-3}}{2}\quad (\textit{Algèbre}, 159),$$

il vient

$$2^{\frac{1}{3}}(\cos\pi)^{\frac{1}{3}} = -\sqrt[3]{2},\quad \text{ou}\quad \frac{(1-\sqrt{-3})\sqrt[3]{2}}{2},\quad \text{ou}\quad \frac{(1+\sqrt{-3})\sqrt[3]{2}}{2},$$

et l'on voit que le nombre $\frac{1}{2}\sqrt[3]{2}$, obtenu plus haut, pour $\mathbf{Z}$, n'est que la demi-somme des valeurs imaginaires.

Dans cet exemple, les expressions $\mathrm{Z} \pm \mathrm{Z}'\sqrt{-1}$ donnent immédiatement les deux racines imaginaires, comme on peut le vérifier en observant que $\sin\frac{1}{3}\pi = \frac{1}{2}\sqrt{3}$; mais de plus, chacune de ces expressions peut donner successivement les trois racines de $2^{\frac{1}{3}}(\cos\pi)^{\frac{1}{3}}$, en y changeant π en 3π et en 5π, arcs ayant même cosinus.

Enfin la fonction toute réelle Z devient elle-même la valeur réelle $-\sqrt[3]{2}$ quand on y fait $z = 3\pi$.

II. Passons à l'examen du cas général

$$(2\cos z)^n = \mathrm{Z} \pm \mathrm{Z}'\sqrt{-1};$$

observons d'abord qu'il y a deux manières d'arriver aux diverses valeurs, soit réelles, soit imaginaires, que comporte le premier membre. On peut, dans les séries Z et Z', changer

$$z \quad \text{en} \quad z+2\pi,\quad z+4\pi,\ldots,$$

ou bien prendre l'une quelconque des expressions $\mathrm{Z} \pm \mathrm{Z}'\sqrt{-1}$, et la multiplier successivement par chacune des valeurs de $(1)^n$; les résultats seront les mêmes, mais l'ordre pourra être différent.

Pour appliquer le premier moyen, il faut chercher ce que deviennent les séries Z et Z', lorsqu'on y change z en $z+2r\pi$. On a, dans un terme quelconque,

$$(n-2m)(z+2r\pi) = (n-2m)z + 2nr\pi - 2m.2r\pi;$$

et comme les nombres m et r sont entiers, on peut laisser de côté la partie

$2m.2r\pi$, qui exprime un nombre complet de circonférences : il restera seulement l'arc $(n-2m)z+2nr\pi$, dont le cosinus et le sinus seront, par les formules connues,

$$\cos(n-2m)z\cos 2nr\pi - \sin(n-2m)z\sin 2nr\pi,$$
$$\sin(n-2m)z\cos 2nr\pi + \cos(n-2m)z\sin 2nr\pi.$$

La première de ces valeurs donne, pour chaque terme de Z, une expression de la forme

$$\mathrm{M}\cos(n-2m)z\cos 2nr\pi - \mathrm{M}\sin(n-2m)z\sin 2nr\pi,$$

et la seconde, mise dans Z', produit

$$\mathrm{M}\sin(n-2m)z\cos 2nr\pi + \mathrm{M}\cos(n-2m)z\sin 2nr\pi.$$

Cela posé, les facteurs $\cos 2nr\pi$ et $\sin 2nr\pi$ conservant la même valeur dans tous les termes, on verra sans peine que Z se change en

$$\mathrm{Z}\cos 2nr\pi - \mathrm{Z}'\sin 2nr\pi,$$

Z' en

$$\mathrm{Z}'\cos 2nr\pi + \mathrm{Z}\sin 2nr\pi,$$

et $\mathrm{Z}+\mathrm{Z}'\sqrt{-1}$ en

$$\begin{aligned}&\mathrm{Z}\cos 2nr\pi - \mathrm{Z}'\sin 2nr\pi + (\mathrm{Z}'\cos 2nr\pi + \mathrm{Z}\sin 2nr\pi)\sqrt{-1}\\ &= \left(\mathrm{Z}+\mathrm{Z}'\sqrt{-1}\right)\cos 2nr\pi + \left(\mathrm{Z}\sqrt{-1}-\mathrm{Z}'\right)\sin 2nr\pi,\\ &= \left(\mathrm{Z}+\mathrm{Z}'\sqrt{-1}\right)\left(\cos 2nr\pi + \sqrt{-1}\sin 2nr\pi\right),\end{aligned}$$

à cause que $\mathrm{Z}\sqrt{-1}-\mathrm{Z}' = \sqrt{-1}\left(\mathrm{Z}+\mathrm{Z}'\sqrt{-1}\right)$.

Si l'on écrit $\frac{\mu}{\nu}$ au lieu de n, on aura l'équation

$$\text{(B)}\qquad \sqrt[\nu]{2^\mu\cos z^\mu} = \left(\mathrm{Z}+\mathrm{Z}'\sqrt{-1}\right)\left(\cos\frac{2r\mu\pi}{\nu} + \sqrt{-1}\sin\frac{2r\mu\pi}{\nu}\right)$$

dont le second membre fournira ν valeurs du premier, en prenant successivement pour r les nombres $0, 1, 2, \ldots, \nu-1$.

Pour avoir une idée plus précise de l'équation ci-dessus, posons $z=0$; alors

$$\cos z = 1,\quad \sin z = 0,$$

l'où

$$\mathrm{Z} = (1+1)^{\frac{\mu}{\nu}} = 2^{\frac{\mu}{\nu}},\ \mathrm{Z}'=0,\quad \text{et}\quad (1)^{\frac{\mu}{\nu}} = \cos\frac{2r\mu\pi}{\nu} + \sqrt{-1}\sin\frac{2r\mu\pi}{\nu},$$

comme il résulte des formules du n° 188.

On voit donc par là que l'équation (A) conduit immédiatement au résultat que l'on déduirait de la considération des racines de l'unité élevée à la puissance $\frac{\mu}{\nu}$.

III. Lorsque parmi les valeurs de la fonction $\sqrt[\nu]{2^\mu \cos z^\mu}$, il y en a une réelle P, dont on veut déduire toutes les autres, on pose

$$\text{(C)} \qquad \sqrt[\nu]{2^\mu \cos z^\mu} = \text{P}\left(\cos\frac{2r'\mu\pi}{\nu} + \sqrt{-1}\sin\frac{2r'\mu\pi}{\nu}\right);$$

et comme ces valeurs se tirent aussi de l'équation (B), il faut que parmi les nombres assignés pour r et r', il s'en trouve qui rendent identiques en même temps (B) et (C). Dans ce cas

$$\text{Z}\cos\frac{2r\mu\pi}{\nu} - \text{Z}'\sin\frac{2r\mu\pi}{\nu} = \text{P}\cos\frac{2r'\mu\pi}{\nu},$$

$$\text{Z}'\cos\frac{2r\mu\pi}{\nu} + \text{Z}\sin\frac{2r\mu\pi}{\nu} = \text{P}\sin\frac{2r'\mu\pi}{\nu}.$$

Si l'on élimine alternativement Z et Z' de ces équations, et qu'on change en sinus et cosinus de la différence des arcs, les produits de leurs sinus et de leurs cosinus, on trouvera

$$\text{(D)} \qquad \text{Z} = \text{P}\cos\frac{2(r'-r)\mu\pi}{\nu}, \quad \text{Z}' = \text{P}\sin\frac{2(r'-r)\mu\pi}{\nu},$$

d'où l'on déduira

$$\text{Z}^2 + \text{Z}'^2 = \text{P}^2, \quad \frac{\text{Z}}{\text{Z}'} = \frac{\cos\frac{2(r'-r)\mu\pi}{\nu}}{\sin\frac{2(r'-r)\mu\pi}{\nu}},$$

relations dont la dernière, étant indépendante de z, résout une difficulté que j'ai indiquée dans le Traité in-4°, t. III, p. 616.

Néanmoins, quoiqu'il ne contienne pas z, ce rapport n'est pas constant; mais il varie par intervalles, comme on va le voir en assignant des valeurs particulières à l'arc z.

Soit 1° $z = 0$; alors $\text{Z}' = 0$, $\text{Z} = \text{P}$, puisque Z est la valeur réelle de la fonction radicale. Dans ce cas, la première équation (D) donne $1 = \cos\frac{2(r'-r)\mu\pi}{\nu}$, ce qui exige que $r' = r$, et vérifie la seconde.

2° En posant $z = \pi$, et prenant pour ν un nombre impair, afin que

$$\sqrt[\nu]{2^\mu(\cos\pi)^\mu} = \sqrt[\nu]{2^\mu(-1)^\mu}$$

ne soit pas imaginaire, la valeur de cette expression sera $+\sqrt[\nu]{2^\mu}$ ou

$-\sqrt[\nu]{2^\mu}$, selon que μ sera pair ou impair. Dans la même hypothèse, les arcs

$$\frac{\mu}{\nu}\pi,\quad \left(\frac{\mu}{\nu}-2\right)\pi,\quad \left(\frac{\mu}{\nu}-4\right)\pi,\quad \text{etc.}$$

ayant les mêmes sinus et les mêmes cosinus, les fonctions Z et Z′ reviennent à

$$2^{\frac{\mu}{\nu}}\cos\frac{\mu\pi}{\nu},\quad 2^{\frac{\mu}{\nu}}\sin\frac{\mu\pi}{\nu},$$

et en mettant ces valeurs dans les équations (D), on arrive à

$$\cos\frac{\mu\pi}{\nu}=\cos\frac{2(r'-r)\mu\pi}{\nu},\quad \sin\frac{\mu\pi}{\nu}=\sin\frac{2(r'-r)\mu\pi}{\nu},$$

équations auxquelles on ne satisfait qu'en posant

$$1=2(r'-r)\quad \text{ou}\quad r'-r=\frac{1}{2}.$$

Le développement de $\sin z^m$ donnerait lieu à de semblables observations; mais il est inutile de s'y arrêter, parce qu'on l'obtient aussi par la substitution de $\frac{\pi}{2}-z$ au lieu de z, dans celui de $\cos z^n$.

Ce qui précède montre suffisamment l'origine des diverses valeurs que prennent, suivant la nature de leur exposant, les fonctions $\cos z^n$ et $\sin z^n$; mais la variété des formes données aux développements des fonctions circulaires et des méthodes employées pour y parvenir, ne permet pas d'en insérer le détail dans une simple Note : je renvoie pour cela aux ouvrages que j'ai cités, et je me bornerai à indiquer deux développements qui sont inverses de ceux des fonctions $\sin z^n$ et $\cos z^n$.

IV. Les formules du n° 187 donnent aussi des expressions simples et élégantes des sinus et des cosinus des arcs multiples. On a

$$\cos nz+\sqrt{-1}\sin nz=\left(\cos z+\sqrt{-1}\sin z\right)^n,$$
$$\cos nz-\sqrt{-1}\sin nz=\left(\cos z-\sqrt{-1}\sin z\right)^n;$$

en prenant la somme de ces équations, on en conclut

$$\cos nz=\frac{\left(\cos z+\sqrt{-1}\sin z\right)^n+\left(\cos z-\sqrt{-1}\sin z\right)^n}{2},$$

et si l'on retranche la deuxième de la première, il vient

$$\sin nz=\frac{\left(\cos z+\sqrt{-1}\sin z\right)^n-\left(\cos z-\sqrt{-1}\sin z\right)^n}{2\sqrt{-1}}.$$

expressions qui, quoique affectées d'imaginaires, n'en sont pas moins réelles, parce que ces signes disparaissent tous par le développement des puissances indiquées. En effet, on a

$$(\cos z + \sqrt{-1}\sin z)^n = \cos z^n + \frac{n}{1}\sqrt{-1}\cos z^{n-1}\sin z$$

$$-\frac{n(n-1)}{1.2}\cos z^{n-2}\sin z^2 - \text{etc.},$$

$$(\cos z - \sqrt{-1}\sin z)^n = \cos z^n - \frac{n}{1}\sqrt{-1}\cos z^{n-1}\sin z$$

$$-\frac{n(n-1)}{1.2}\cos z^{n-2}\sin z^2 + \text{etc.},$$

et substituant ces séries dans les valeurs ci-dessus, on arrive à

$$\cos nz = \cos z^n - \frac{n(n-1)}{1.2}\cos z^{n-2}\sin z^2$$

$$+\frac{n(n-1)(n-2)(n-3)}{1.2.3.4}\cos z^{n-4}\sin z^4 - \text{etc.},$$

$$\sin nz = \frac{n}{1}\cos z^{n-1}\sin z - \frac{n(n-1)(n-2)}{1.2.3}\cos z^{n-3}\sin z^3$$

$$+\frac{n(n-1)(n-2)(n-3)(n-4)}{1.2.3.4.5}\cos z^{n-5}\sin z^5 - \text{etc.}$$

NOTE D, *indiquée sur la page* 271. (Tome Ier.)

I. Après les différentielles de la forme

$$\frac{X\,dx}{\sqrt{A + Bx + Cx^2}},$$

dont les intégrales, dépendant des arcs de cercle ou des logarithmes, peuvent se calculer numériquement au moyen des tables trigonométriques, on a considéré les différentielles suivantes :

$$\frac{X\,dx}{\sqrt{A + Bx + Cx^2 + Dx^3 + Ex^4}},$$

dans lesquelles le radical n'est encore que du second degré, mais contient jusqu'à la quatrième puissance de la variable. Comme dans le n° 183, ce radical peut être mis au numérateur ou au dénominateur, X désignant toujours une fonction rationnelle de x. En raison de la variété des formes qu'on peut donner à X, la différentielle proposée est susceptible d'une infinité de cas différents; mais on peut les ramener à un petit nombre des plus simples.

Pour le faire plus facilement, il convient d'appliquer au radical une transformation qui fait disparaître les termes de degré impair, Bx et Dx^3. On arrive à ce point de plusieurs manières. (*Voyez* le *Traité* in-4°, t. II, p. 48.) La plus simple est d'abord de poser $x = \frac{p+qy}{1+y}$, et d'égaler à zéro les coefficients de y et de y^3 sous le radical, qui par ce moyen prendra la forme

$$\sqrt{\alpha + \beta y^2 + \gamma y^4};$$

on aura ainsi deux équations pour déterminer les quantités p et q. Alors la différentielle proposée sera

$$\frac{Y\,dy}{\sqrt{\alpha+\beta y^2+\gamma y^4}},$$

Y désignant une fonction rationnelle et paire de y, et l'on démontre (dans l'endroit cité) que si, pour abréger, on représente le radical par R, l'intégrale $\int \frac{Y\,dy}{R}$ pourra être ramenée à

$$A\int \frac{dy}{(y^2+a^2)R} + B\int \frac{dy}{R} + C\int \frac{y^2\,dy}{R}.$$

II. La quantité $\alpha+\beta y^2+\gamma y^4$, soumise au radical, pouvant être décomposée en deux facteurs réels de la forme $e+fy^2$ et $g+hy^2$, revient à

$$eg\left(1+\frac{f}{e}y^2\right)\left(1+\frac{h}{g}y^2\right);$$

et si l'on fait $\frac{f}{e}=p^2$, $\frac{h}{g}=q^2$, on n'aura plus à traiter que la différentielle

$$\frac{Y\,dy}{\sqrt{(1+p^2y^2)(1+q^2y^2)}},$$

qui pourra être convertie en série convergente, lorsque les deux constantes p et q seront très-inégales, ou lorsqu'elles différeront peu.

On a déjà vu un exemple du premier cas, dans le n° 206, sur la formule $\frac{dx\sqrt{1-e^2x^2}}{\sqrt{1-x^2}}$, qui devient $\frac{(1-e^2x^2)\,dx}{\sqrt{(1-x^2)(1-e^2x^2)}}$, lorsqu'on multiplie ses deux termes par $\sqrt{1-e^2x^2}$, et donne lieu à une série d'autant plus convergente que e est une plus petite fraction.

En général, soit $q^2y^2 = \frac{q^2u^2}{p^2}$; la différentielle en y se changera en

$$\frac{1}{p}\cdot\frac{\mathrm{N}\,\mathrm{d}u}{\sqrt{(1+u^2)\left(1+\frac{q^2}{p^2}u^2\right)}}$$

et on développera le facteur $\left(1+\frac{q^2}{p^2}u^2\right)^{-\frac{1}{2}}$ suivant les puissances de la fraction $\frac{q}{p}$.

Quand les valeurs de p et de q seront presque égales, la différentielle proposée s'écrira ainsi :

$$\frac{1}{pq}\cdot\frac{\mathrm{Y}\,\mathrm{d}y}{\sqrt{\left(\frac{1}{p^2}+y^2\right)\left(\frac{1}{q^2}+y^2\right)}} = \frac{1}{pq}\cdot\frac{\mathrm{Y}\,\mathrm{d}y}{\sqrt{(r^2+y^2)^2-\delta^2}},$$

en posant

$$\frac{1}{p^2} = r^2+\delta,\quad \frac{1}{q^2} = r^2-\delta,$$

et alors on développera le radical suivant les puissances de δ; le résultat sera d'autant plus convergent que δ sera petit par rapport à r^2+y^2. Il y aurait à la vérité quelques cas d'exception; par exemple, si l'on avait r^2-y^2 au lieu de r^2+y^2, et si la valeur de y était peu différente de celle de r; mais ces détails ne sauraient trouver place ici.

Il suit de ce qui précède, que l'on faciliterait beaucoup l'approximation de l'intégrale cherchée, si on la préparait de manière à augmenter l'inégalité des coefficients p et q, ou de manière à diminuer sans cesse leur différence : c'est ce qu'a fait Lagrange par une méthode, la plus élégante peut-être qui soit sortie de la plume des analystes. Ne pouvant l'exposer ici (*voyez* le *Traité* in-4°, t. II, p. 77), nous dirons seulement qu'en posant $u = \frac{y}{e}\sqrt{\frac{e+fy^2}{g+hy^2}}$, Lagrange obtient une transformée

$$\mathrm{L}\,\mathrm{d}u + \frac{\mathrm{M}\,\mathrm{d}u}{\sqrt{(1\pm p^2u^2)(1\pm q^2u^2)}},$$

dans laquelle L et M sont des fonctions rationnelles de u^2 et $p > q$, inégalité qu'augmentera la répétition des mêmes procédés. Ainsi, dans ce qui précède il y a strictement tout ce qu'il faut pour calculer les intégrales proposées, lesquelles, comprenant comme cas particulier l'arc de l'ellipse (262), ont été nommées *transcendantes elliptiques;* l'arc de l'hyperbole en fait partie (264), tandis que celui de la parabole ordinaire ne dépend que des logarithmes (260).

III. Quoique les transcendantes elliptiques n'aient pu jusqu'à présent être exprimées par des fonctions primitives algébriques, ou logarithmiques, ou circulaires, on leur a néanmoins découvert des propriétés remarquables, analogues à celles qui établissent la relation des sinus et des cosinus de la somme ou de la différence de deux arcs de cercle, et qui mènent à la division de ces arcs : tel est l'objet d'une branche d'analyse portant sur la *comparaison des transcendantes;* et pour en marquer l'origine, je partirai des fonctions logarithmiques.

Si l'on ne connaissait pas la fonction qui est l'intégrale de $\frac{dx}{x}$, on pourrait en découvrir les propriétés comme il suit.

On poserait d'abord

$$\frac{dx}{x}+\frac{dx}{y}=0, \quad \int\frac{dx}{x}=f(x), \quad \int\frac{dx}{y}=f(y),$$

f étant la caractéristique d'une fonction inconnue ; et en indiquant l'intégrale des termes de l'équation différentielle dont les variables sont séparées, on obtiendrait

$$\text{(A)} \qquad f(x)+f(y)=\alpha,$$

α étant une constante arbitraire. Mais quand on fait disparaître les dénominateurs de cette même équation différentielle, il vient $y\,dx+x\,dy=0$, dont l'intégrale est

$$\text{(B)} \qquad xy=\beta.$$

Si, pour déterminer les constantes α et β, on faisait $y=1$, l'équation (B) donnerait $x=\beta$ et l'équation (A) deviendrait $f(\beta)+f(1)=\alpha$, d'où $f(x)+f(y)=f(\beta)+f(1)$, et enfin

$$f(x)+f(y)=f(xy)+f(1),$$

en remettant pour β sa valeur xy.

Pour savoir ce que c'est que $f(1)$, il suffit de poser $x=1+u$, d'où

$$f(x)=f(1+u)=\int\frac{du}{1+u},$$

le développement de cette intégrale s'anéantissant quand $u=0$, montre que l'on peut supposer $f(1)=0$, et qu'alors

$$f(x)+f(y)=f(xy),$$

équation qui comprend toute la théorie des logarithmes.

Passons aux fonctions circulaires; soit l'équation différentielle

$$\frac{dx}{\sqrt{1-x^2}}+\frac{dy}{\sqrt{1-y^2}}=0;$$

représentons par $f(x)$ et $f(y)$ les intégrales $\int \frac{dx}{\sqrt{1-x^2}}$ et $\int \frac{dy}{\sqrt{1-y^2}}$; il viendra d'abord

(A) $$f(x)+f(y)=\alpha.$$

Or, de même que ci-dessus, il existe, entre les variables x et y, une équation algébrique qu'Euler a trouvée le premier pour un cas plus général, et qui se réduit à

(B) $$y\sqrt{1-x^2}+x\sqrt{1-y^2}=\beta,$$

pour celui qui nous occupe. Ne pouvant entrer ici dans le détail du calcul qui se rapporte à cette équation, je donnerai seulement la manière de la vérifier par la différentiation. On aura en premier lieu

$$dy\sqrt{1-x^2}-\frac{xy\,dx}{\sqrt{1-x^2}}+dx\sqrt{1-y^2}-\frac{xy\,dy}{\sqrt{1-y^2}}=0,$$

ce qui revient à

$$\left(\frac{dx}{\sqrt{1-x^2}}+\frac{dy}{\sqrt{1-y^2}}\right)\left(\sqrt{1-x^2}\cdot\sqrt{1-y^2}-xy\right)=0,$$

et donne par conséquent l'équation proposée, quand on supprime le second facteur qui ne contient point de différentielles.

Cela posé, quand on fait $y=0$, on a, par l'équation (B), $x=\beta$, et par l'équation (A),

$$f(\beta)=\alpha-f(0);$$

mais par le développement de $\int \frac{dy}{\sqrt{1-y^2}}$, on reconnaît tout de suite la possibilité de supposer $f(0)=0$. Il suit de là $f(\beta)=\alpha$, et par conséquent

$$f(x)+f(y)=f\left(y\sqrt{1-x^2}+x\sqrt{1-y^2}\right).$$

Si l'on fait $f(x)=t$, $f(y)=u$, et qu'on désigne par $f_{,}$ la fonction inverse de celle que représente f, en sorte que $x=f_{,}(t)$, $y=f_{,}(u)$, l'équation précédente deviendra

$$t+u=f\left[f_{,}(u)\sqrt{1-f_{,}(t)^2}+f_{,}(t)\sqrt{1-f_{,}(u)^2}\right],$$

puis

$$f_{,}(t+u)=f_{,}(u)\sqrt{1-f_{,}(t)^2}+f_{,}(t)\sqrt{1-f_{,}(u)^2};$$

ce qui est évidemment la même chose que

$$\sin(t+u)=\sin t\cos u+\sin u\cos t.$$

On aurait de même

$$\sin(t-u) = \sin t \cos u - \sin u \cos t,$$

en partant de l'équation différentielle

$$\frac{dx}{\sqrt{1-x^2}} - \frac{dy}{\sqrt{1-y^2}} = 0.$$

Ces formules, qui sont la base de toute la théorie des fonctions circulaires, conduisent aux expressions des sinus et des cosinus des arcs multiples d'un arc donné, lesquelles, par un simple renversement d'inconnues, fournissent l'équation d'où dépend la division de cet arc en parties égales. On en peut voir un exemple dans le n° 171 de la *Trigonométrie*, et il suffira, pour faire concevoir comment la résolution de certaines classes d'équations se lie avec la division d'un arc en parties égales.

Euler ayant trouvé aussi une équation algébrique qui satisfait à l'équation différentielle

$$\frac{dx}{\sqrt{A+Bx+Cx^2+Dx^3+Ex^4}} + \frac{dy}{\sqrt{A+By+Cy^2+Dy^3+Ey^4}} = 0,$$

a jeté les fondements de la comparaison des transcendantes elliptiques, à laquelle Legendre s'est appliqué avec un grand succès, dans une longue suite de recherches.

D'abord il en simplifia la forme, que Lagrange avait déjà ramenée à

$$\frac{P\,dx}{\sqrt{\alpha+\beta x^2+\gamma x^4}}$$

et montra que ces différentielles pouvaient toujours être exprimées par

$$\frac{Q\,d\varphi}{\sqrt{1-c^2\sin\varphi^2}},$$

au moyen de la transformation indiquée dans le n° 263 : il prouva ensuite qu'en les prenant dans l'état le plus général, on n'en tirait que les trois formules

$$\int\frac{d\varphi}{\sqrt{1-c^2\sin\varphi^2}}, \quad \int d\varphi\sqrt{1-c^2\sin\varphi^2},$$

$$\int\frac{d\varphi}{(1+n\sin\varphi^2)\sqrt{1-c^2\sin\varphi^2}}$$

irréductibles entre elles, et constituant trois espèces distinctes, la seconde étant l'arc d'une ellipse dont le grand axe $= 1$, et l'excentricité $= c$.

Dans ce cas, le procédé de Lagrange qui opère la diminution continuelle de c, fait passer de l'ellipse proposée à d'autres dont l'excentricité devient de plus en plus petite, et qui s'approchent sans cesse du cercle décrit sur le grand axe comme diamètre. (*Voyez* le Traité in-4°, t. II, p. 176.)

L'augmentation successive du coefficient c mènerait, au contraire, à des ellipses de plus en plus aplaties et s'approchant sans cesse de la ligne droite.

Pour la première espèce de transcendante, à l'équation différentielle

$$\frac{d\varphi}{\sqrt{1-c^2\sin\varphi^2}}+\frac{d\psi}{\sqrt{1-c^2\sin\psi^2}}=0,$$

répondent les équations primitives

(A) $$f(\varphi)+f(\psi)=\alpha,$$

(B) $$\cos\varphi\cos\psi-\sin\varphi\sin\psi\sqrt{1-c^2\sin\mu^2}=\cos\mu,$$

α et μ étant les constantes arbitraires; la seconde équation, qui est algébrique, détermine entre φ et ψ des relations analogues à celles des variables x et y relatives au cercle (p. 127).

Nous ferons observer que la fonction f de l'équation (A) ne dépend que de deux quantités, savoir : c qu'on nomme le *module*, et l'arc de cercle φ, qui désigne l'étendue ou l'*amplitude* de la fonction.

La suite des valeurs correspondantes de c forme ce que l'on appelle une *échelle de modules*. La première qu'on ait connue est celle qui résulte de la transformation employée par Lagrange (p. 125). Legendre en a trouvé une seconde, et M. Jacobi (de Kœnigsberg) a montré qu'il y en avait une infinité d'autres, dans lesquelles pourtant la première n'était pas comprise.

Sous ce point de vue, l'intégrale $\int\frac{d\varphi}{\sqrt{1-c^2\sin\varphi^2}}$ qui exprime la transcendante de première espèce, est désignée par $F(c, \varphi)$.

C'est de l'équation

$$\frac{d\varphi}{\sqrt{1-k^2\sin\varphi^2}}=\frac{\mu\, d\psi}{\sqrt{1-h^2\sin\psi^2}},$$

que part M. Jacobi, dans ses recherches. Lorsqu'on intègre séparément chaque membre entre les mêmes limites, μ étant un nombre constant, on a

$$F(k, \varphi)=\mu F(h, \psi),$$

ce qui établit le rapport μ entre deux fonctions elliptiques de première espèce, mais différentes par le module et l'amplitude. On peut remplir cette condition, en prenant pour le sinus de l'une des amplitudes une fonction rationnelle du sinus de l'autre, et dans les coefficients de laquelle est introduit un nombre qui, par les diverses valeurs qu'on peut lui assigner, donne les différentes échelles de modules : tel est le théorème principal découvert par M. Jacobi.

Pendant qu'il enrichissait de formules nouvelles la comparaison des transcendantes elliptiques, un géomètre suédois, Abel (de Christiania), qu'une mort prématurée a enlevé au milieu des plus grands succès, s'occupant aussi du même sujet, trouvait de son côté les résultats énoncés plus haut, et d'autres qui lui appartenaient exclusivement.

Il change l'ordre des quantités, en regardant l'amplitude comme fonction de l'intégrale, c'est-à-dire que désignant par u l'intégrale

$$\int \frac{d\varphi}{\sqrt{1 - c^2 \sin\varphi^2}},$$

au lieu de

$$u = F(c, \sin\varphi), \quad \text{il pose} \quad \varphi = A u,$$

A étant la caractéristique de la fonction inverse de celle que représente F, et l'on a $\sin\varphi = \sin A u$.

Pour bien concevoir en quoi consiste ce changement, il suffit de se rappeler l'échange fait plus haut (p. 127) entre l'arc de cercle et son sinus. D'abord, les arcs sont exprimés par leurs sinus, et ensuite c'est le sinus qu'on indique par son arc.

Les Mémoires d'Abel ont été insérés dans le *Journal de Mathématiques* de M. Crelle; M. Jacobi a tiré des siens un ouvrage publié à part, en 1829, intitulé : *Fundamenta nova Theoriæ functionum ellipticarum*, sur lequel M. Poisson a fait, à l'Académie des Sciences, un rapport enrichi de notes savantes, et dont elle a ordonné l'impression. (*Voyez* le t. X de ses *Nouveaux Mémoires*, p. 73.)

IV. Outre les transcendantes elliptiques, il y en a encore deux genres auxquels Euler a donné une attention particulière, et qui sont entrés dans les recherches de Legendre : ce sont les formules

$$\int x^{m-1} dx (1 - x^n)^{\frac{p}{n} - 1} \quad \text{et} \quad \int dx \, l\left(\frac{1}{x}\right)^p,$$

qu'il a nommées *Intégrales Eulériennes* (*voyez* le Traité in-4°, t. III, p. 421, 473). On a indiqué, dans le n° 434, la propriété fondamentale de l'intégrale $\int dx \, l\left(\frac{1}{x}\right)^p$ entre les limites zéro et l'infini, et le cas singulier où $p = \frac{1}{2}$.

Ajoutons ici que le *Traité des fonctions elliptiques*, par Legendre, contient des tables très-complètes pour calculer les valeurs numériques de ces fonctions.

Le rapprochement de tout ce qui précède doit faire connaître les points principaux des recherches auxquelles donne lieu le classement des diverses transcendantes, et comment des intégrales dont l'expression indéfinie ne saurait être obtenue dans l'état actuel de l'analyse, prennent des valeurs assignables entre certaines limites, et manifestent des relations plus ou moins simples lorsqu'on assujettit à des progressions particulières les valeurs successives de leur variable.

NOTE E, *indiquée sur les pages* 313 *et* 329. (Tome Ier.)

I. On a vu, dans le n° 271, que le résultat des intégrations successives, par rapport à deux variables, ne dépendait pas, en général, de l'ordre dans lequel ces deux intégrations étaient effectuées : on peut aussi se rendre compte de cette circonstance, en considérant les intégrales comme des sommes d'éléments, au moyen de l'expression donnée dans la note de la page 277 du tome Ier. En effet, soit l'intégrale double $\iint z\,dx\,dy$ où $z=f(x,y)$, et ayant pour limites a et a' par rapport à x, b et b' par rapport à y; commençons par l'intégration relative à x, et posons $a'=a+n\alpha$; mais, pour abréger, écrivons $f(m,y)$ au lieu de $f(a+m\alpha,y)$; nous aurons, d'après la note citée,

$$\int_a^{a'} z\,dx = \alpha\,[f(0,y)+f(1,y)\ldots\ldots+f(n-1,y)].$$

Multipliant ensuite par dy les deux membres de cette équation, et intégrant depuis $y=b$ jusqu'à $y=b'$, en faisant $b'=b+p\alpha$, un terme quelconque $\alpha\int dy\,f(m,y)$ du second membre donnera

$$\alpha^2\,[f(m,0)+f(m,1)+f(m,2)\ldots\ldots+f(m,p-1)],$$

et il en naîtra, pour le développement complet,

$$\int_b^{b'}\int_a^{a'} z\,dx\,dy$$

$$=\alpha^2\left\{\begin{array}{l} f(0,\ 0)\quad +f(1,\ 0)\quad +f(2,\ 0)\ldots\ldots\ldots+f(n-1,\ 0)\\ +f(0,\ 1)\quad +f(1,\ 1)\quad +f(2,\ 1)\ldots\ldots\ldots+f(n-1,\ 1)\\ +f(0,\ 2)\quad +f(1,\ 2)\quad +f(2,\ 2)\ldots\ldots\ldots+f(n-1,\ 2)\\ \ldots\ldots\ldots\ldots\ldots\ldots\ldots\ldots\ldots\ldots\ldots\ldots\ldots\ldots\\ +f(0,p-1)+f(1,p-1)+f(2,p-1)\ldots\ldots+f(n-1,p-1)\end{array}\right\},$$

où chaque ligne représente une intégrale relative à x, et chaque colonne, une intégrale relative à y. Si l'on renversait l'ordre des intégrations, les colonnes prendraient la place des lignes, et réciproquement : il n'y aurait de changé que l'ordre des substitutions; car dans le premier cas, on commence par substituer à x ses diverses valeurs, et l'on ne met qu'ensuite celles de y, tandis qu'on fait évidemment le contraire dans le second cas. Or, cela ne change rien en général à la valeur des termes du dernier développement, puisque $f(x, y)$ doit toujours rester la même, lorsqu'on y met pour x et y les mêmes valeurs, dans quelque ordre que s'effectuent les substitutions.

II. Il y a pourtant à cela une exception, lorsque ces valeurs rendent $f(x, y)$ indéterminée, en la faisant passer par l'infini. C'est sur la fonction $\frac{y^2 - x^2}{(x^2+y^2)^2}$ que M. Cauchy a d'abord fait cette remarque. Quand on y suppose simultanément $x = 0$, $y = 0$, elle devient entièrement indéterminée, comme celle qu'on a considérée dans le n° 154 (*voyez* aussi le Traité in-4°, t. I, p. 357-360 et 607); mais si l'on n'opère les substitutions que l'une après l'autre, en commençant par $x = 0$, on trouve $\frac{y^2}{y^4} = \frac{1}{y^2}$, ce qui devient $+$ infini, lorsqu'on y fait $y = 0$; et dans l'ordre contraire, il vient d'abord $\frac{-x^2}{x^4} = -\frac{1}{x^2}$, que la supposition de $x = 0$ change en $-$ infini; mais la différence des deux résultats cesse dès que l'on ne considère plus x et y comme rigoureusement nuls : il n'y a donc qu'un seul élément qui prenne deux valeurs, celui qui répond à $x = 0$, $y = 0$; et ce qu'il faut bien remarquer, c'est que la fonction $\frac{y^2 - x^2}{(x^2+y^2)^2}$, devenant alors infinie, fait prendre à cet élément une valeur finie qui influe sur celle de l'intégrale proposée; aussi arrive-t-on à deux résultats différents, suivant l'ordre dans lequel on effectue les intégrations.

Pour s'en assurer, il faut remarquer que si l'on fait

$$u = \text{arc}\left(\text{tang} = \frac{y}{x}\right),$$

il vient

$$\frac{du}{dx} = -\frac{y}{x^2+y^2}, \quad \frac{du}{dy} = \frac{x}{x^2+y^2},$$

$$\frac{d^2u}{dx\,dy} = \frac{y^2-x^2}{(x^2+y^2)^2} = z \quad (279).$$

Il suit de là qu'en commençant par l'intégration relative à x, on a en général

$$\int z\,dx = \int \frac{d^2u}{dx\,dy}\,dx = \frac{du}{dy} = \frac{x}{x^2+y^2};$$

et depuis $x=a$ jusqu'à $x=a'$, on obtient

$$\frac{a'}{a'^2+y^2}-\frac{a}{a^2+y^2}.$$

Passant ensuite à

$$u=\int\frac{du}{dy}dy=\int\frac{a'dy}{a'^2+y^2}-\int\frac{a\,dy}{a^2+y^2}$$
$$=\text{arc}\left(\text{tang}=\frac{y}{a'}\right)-\text{arc}\left(\text{tang}=\frac{y}{a}\right);$$

et les limites de cette nouvelle intégration étant b et b', on trouve pour dernière expression

$$\text{arc}\left(\text{tang}=\frac{b'}{a'}\right)-\text{arc}\left(\text{tang}=\frac{b}{a'}\right)-\text{arc}\left(\text{tang}=\frac{b'}{a}\right)+\text{arc}\left(\text{tang}=\frac{b}{a}\right).$$

Quand on procède dans l'ordre inverse, on a successivement

$$\int z\,dy=\int\frac{d^2u}{dx\,dy}dy=\frac{du}{dx}=-\frac{y}{x^2+y^2},$$

d'où

$$-\frac{b'}{x^2+b'^2}+\frac{b}{x^2+b^2},$$
$$u=\int\frac{du}{dx}dx=-\int\frac{b'dx}{b'^2+x^2}+\int\frac{b\,dx}{b^2+x^2}$$
$$=-\text{arc}\left(\text{tang}=\frac{x}{b'}\right)+\text{arc}\left(\text{tang}=\frac{x}{b}\right),$$

et enfin

$$-\text{arc}\left(\text{tang}=\frac{a'}{b}\right)+\text{arc}\left(\text{tang}=\frac{a}{b'}\right)+\text{arc}\left(\text{tang}=\frac{a'}{b}\right)-\text{arc}\left(\text{tang}=\frac{a}{b}\right).$$

Il ne serait pas difficile de montrer que, dans leur état général, les deux expressions précédentes sont identiques; mais si l'on fait

$$a=-1,\quad a'=1,\quad b=-1,\quad b'=1,$$

limites entre lesquelles tombent $x=0$, $y=0$, et d'où il résulte

$$\text{arc}(\text{tang}=1)=\frac{\pi}{4},\quad \text{arc}(\text{tang}=-1)=-\frac{\pi}{4},$$

on trouvera les valeurs

$$\frac{\pi}{4}+\frac{\pi}{4}+\frac{\pi}{4}+\frac{\pi}{4}=\pi,$$
$$-\frac{\pi}{4}-\frac{\pi}{4}-\frac{\pi}{4}-\frac{\pi}{4}=-\pi,$$

qui ne sont pas égales, mais dont la différence est 2π.

Si l'on voulait prendre $x = 0$, $y = 0$, pour les premières limites des intégrales cherchées, il faudrait faire d'abord $a' = b' = 1$, et la première expression deviendrait

$$\frac{\pi}{4} - \operatorname{arc}(\operatorname{tang} = b) - \operatorname{arc}\left(\operatorname{tang} = \frac{1}{a}\right) + \operatorname{arc}\left(\operatorname{tang} = \frac{b}{a}\right),$$

ou bien

$$-\frac{\pi}{4} - \operatorname{arc}(\operatorname{tang} = b) + \operatorname{arc}(\operatorname{tang} = a) + \operatorname{arc}\left(\operatorname{tang} = \frac{b}{a}\right),$$

à cause que

$$\operatorname{arc}\left(\operatorname{tang} = \frac{1}{a}\right) = \frac{\pi}{2} - \operatorname{arc}(\operatorname{tang} = a).$$

Considérant alors a et b comme des quantités très-petites, et négligeant en conséquence les termes

$$\operatorname{arc}(\operatorname{tang} = a), \quad \operatorname{arc}(\operatorname{tang} = b),$$

il resterait $-\frac{\pi}{4} + \operatorname{arc}\left(\operatorname{tang} = \frac{b}{a}\right)$, expression qui devient indéterminée quand a et b sont nuls. Si l'on posait $b = ma$, on aurait

$$-\frac{\pi}{4} + \operatorname{arc}(\operatorname{tang} = m),$$

la quantité m pouvant varier de 0 à l'infini : dans le premier cas, le résultat est $-\frac{\pi}{4}$, et dans le second, $+\frac{\pi}{4}$, à cause que arc (tang = infini) $= \frac{\pi}{2}$; la différence entre ces deux valeurs est π. On a trouvé d'abord 2π, parce que les variables x et y étant à des puissances paires, dans la fonction proposée, chaque intégration de -1 à $+1$ donne un résultat double de celui qu'on obtient de 0 à $+1$.

L'ambiguïté qu'on vient de montrer n'aurait pas lieu pour les intégrales

$$\iint \frac{y^2 - x^2}{x^2 + y^2} dx dy,$$

prises dans les mêmes limites, quoique la fonction

$$\frac{y^2 - x^2}{x^2 + y^2}$$

se présente sous la forme $\frac{0}{0}$, quand on y fait à la fois $x = 0$, $y = 0$, et prenne deux valeurs différentes, suivant l'ordre des substitutions, parce que, ces valeurs étant finies, elle n'a, dans cette circonstance, qu'un élément infiniment petit.

III. La différence des valeurs obtenues en variant l'ordre des intégrations, ne venant que du seul élément placé à l'origine des variables x et y, M. Cauchy l'évalue à part, ce que l'on peut faire comme il suit.

Soit $\varphi(x,y)$ l'expression générale de $\int z\,dx$, z devenant infini par des valeurs de x et de y, comprises entre les limites a et a', b et b'; en désignant par α la valeur de x, et par k une quantité très-petite, l'intégrale $\int z\,dx$, prise dans le petit intervalle de $\alpha - k$ à $\alpha + k$, sera

$$\varphi(\alpha + k, y) - \varphi(\alpha - k, y),$$

et dans l'intégration suivante, effectuée depuis $y = b$ jusqu'à $y = b'$, donnera la portion

$$\int_b^{b'} dy[\varphi(\alpha + k, y) - \varphi(\alpha - k, y)],$$

qui approchera d'autant plus d'être celle qui correspond à un seul élément, que la valeur assignée à k sera plus petite.

Dans l'exemple de l'article II, pour lequel

$$\varphi(x,y) = \frac{x}{x^2 + y^2}, \quad \alpha = 0,$$

l'expression trouvée ci-dessus devient

$$\int_{-1}^{1} dy \left\{ \frac{k}{k^2 + y^2} + \frac{k}{k^2 + y^2} \right\} = 2\int_{-1}^{1} \frac{k\,dy}{k^2 + y^2}$$

$$= 2\,\text{arc}\left(\text{tang} = \frac{1}{k}\right) - 2\,\text{arc}\left(\text{tang} = -\frac{1}{k}\right).$$

En faisant $k = 0$, pour passer à la limite, on a

$$2\,\text{arc}(\text{tang} = \text{infini}) - 2\,\text{arc}(\text{tang} = -\text{infini})$$

$$= \frac{2\pi}{2} + \frac{2\pi}{2} = 2\pi,$$

précisément la différence trouvée dans l'article cité.

Les intégrales où l'on ne considère qu'un élément, ainsi qu'on l'a vu plus haut pour $\int z\,dx$, ont été nommées, par M. Cauchy, *intégrales singulières;* les lecteurs qui voudront plus de détails sur ce sujet, les trouveront dans le tome I des *Nouveaux Mémoires présentés à l'Académie des Sciences, par divers Savants*, p. 672.

IV. La différentiation sous le signe intégral n'a été considérée, dans la note de la page 329 du tome Ier, que par rapport aux intégrales indéfinies, et n'est complète pour les intégrales définies, que lorsque leurs limites ne varient pas. Quand le contraire a lieu, il se présente deux cas, selon que les valeurs extrêmes de la variable indépendante ne se trouvent pas comprises sous le signe $\int$, ou qu'elles entrent dans la fonction soumise à ce signe : voici pour le premier.

Une intégrale étant équivalente à une somme d'éléments que l'on peut supposer aussi petits qu'on voudra (232), on voit sans peine que si les valeurs extrêmes représentées par a et b deviennent $a + \mathrm{d}a$ et $b + \mathrm{d}b$, l'intégrale $\int_a^b \mathrm{X}\,\mathrm{d}x$ augmentera de l'élément $\mathrm{A}_n\,\mathrm{d}b$, et diminuera de $\mathrm{A}\,\mathrm{d}a$, ou, ce qui est la même chose, deviendra

$$\int_a^b \mathrm{X}\,\mathrm{d}x + \mathrm{B}\,\mathrm{d}b - \mathrm{A}\,\mathrm{d}a,$$

B étant mis pour A_n, ou bien encore

$$\int_a^b \mathrm{f}(x)\,\mathrm{d}x + \mathrm{f}(b)\,\mathrm{d}b - \mathrm{f}(a)\,\mathrm{d}a,$$

en représentant X par $\mathrm{f}(x)$, comme dans la note de la page 277 du tome Ier.

Supposons maintenant que X comprenne en même temps les quantités a et b; alors le changement de a en $a + \mathrm{d}a$, et de b en $b + \mathrm{d}b$, donnera, au lieu de X, $\mathrm{X} + \frac{\mathrm{d}\mathrm{X}}{\mathrm{d}a}\mathrm{d}a + \frac{\mathrm{d}\mathrm{X}}{\mathrm{d}b}\mathrm{d}b$, et si les quantités a et b sont des fonctions d'une troisième, y, on aura

$$\frac{\mathrm{d}\int_a^b \mathrm{X}\,\mathrm{d}x}{\mathrm{d}y} = \frac{\mathrm{d}a}{\mathrm{d}y}\int_a^b \frac{\mathrm{d}\mathrm{X}}{\mathrm{d}a}\mathrm{d}x + \frac{\mathrm{d}b}{\mathrm{d}y}\int_a^b \frac{\mathrm{d}\mathrm{X}}{\mathrm{d}b}\mathrm{d}x + \mathrm{B}\frac{\mathrm{d}b}{\mathrm{d}y} - \mathrm{A}\frac{\mathrm{d}a}{\mathrm{d}y}.$$

NOTES DE M. J.-A. SERRET.

NOTE I.

SUR QUELQUES POINTS DU CALCUL DIFFÉRENTIEL ET DU CALCUL INTÉGRAL (*).

De la dérivée d'une fonction d'une seule variable.

1. Lorsque la valeur absolue ou le module d'une quantité variable décroît indéfiniment de manière à avoir zéro pour limite, on dit que cette quantité devient *infiniment petite.*

Lorsque le module d'une variable croît indéfiniment de manière à pouvoir surpasser toute quantité donnée, on dit que cette variable devient *infiniment grande* ou *infinie.*

Une fonction $f(x)$ de la variable x est dite *continue* pour les valeurs de x comprises entre les limites a et b, si pour chaque valeur de x comprise entre ces limites la valeur numérique de la différence

$$\Delta f(x) = f(x+h) - f(x)$$

décroît indéfiniment avec h, c'est-à-dire devient infiniment petite en même temps que h.

Lagrange a nommé *dérivée* de la fonction $f(x)$, la limite vers laquelle converge le rapport $\frac{\Delta f(x)}{h}$ lorsque h tend vers zéro;

(*) Cette Note a pour objet de compléter en divers points fondamentaux l'ouvrage de Lacroix, et de substituer des méthodes rigoureuses à quelques démonstrations de l'auteur qui nous ont paru insuffisantes.

cette locution a prévalu sur celle de *coefficient différentiel*, qui n'est plus usitée aujourd'hui. D'après la définition précédente, si l'on désigne par $f'(x)$ la dérivée de $f(x)$ et que l'on pose

$$\frac{\Delta f(x)}{h} = f'(x) + \varepsilon,$$

la quantité ε tendra vers zéro avec h, c'est-à-dire sera infiniment petite en même temps que h; on a, en multipliant la formule précédente par h,

$$\Delta f(x) = hf'(x) + h\varepsilon.$$

La dérivée $f''(x)$ de $f'(x)$ est dite dérivée du deuxième ordre de $f(x)$; pareillement la dérivée $f'''(x)$ de $f''(x)$ est la dérivée du troisième ordre de $f(x)$, et ainsi de suite.

2. Théorème. *Si* $\mathrm{f}(\mathrm{x})$ *désigne une fonction continue pour les valeurs de* x *comprises entre deux limites* a *et* b, *et que la dérivée* $\mathrm{f}'(\mathrm{x})$ *reste finie pour ces mêmes valeurs; si en outre* x_0 *et* X *sont deux valeurs de* x *comprises entre* a *et* b, *et que l'on fasse* $\mathrm{X} - \mathrm{x}_0 = \mathrm{mh}$, *on aura*

$$f(X) - f(x_0)$$
$$= (X - x_0)\lim \frac{f'(x_0) + f'(x_0 + h) + \ldots + f'(x_0 + \overline{m-1}\,h)}{m},$$

pour $\mathrm{m} = \infty$, *c'est-à-dire*

$$f(X) - f(x_0) = (X - x_0)M,$$

M *étant la limite vers laquelle tend la moyenne arithmétique des quantités* $\mathrm{f}'(\mathrm{x}_0)$, $\mathrm{f}'(\mathrm{x}_0 + \mathrm{h}), \ldots, \mathrm{f}'(\mathrm{x}_0 + \overline{\mathrm{m} - 1}\,\mathrm{h})$, *lorsque* h *tend vers zéro*.

On a, en effet,

$$f(x_0 + h) - f(x_0) = hf'(x_0) + h\varepsilon_1,$$
$$f(x_0 + 2h) - f(x_0 + h) = hf'(x_0 + h) + h\varepsilon_2,$$
$$\cdots\cdots\cdots\cdots\cdots\cdots\cdots\cdots\cdots\cdots$$
$$f(x_0 + mh) - f(x_0 + \overline{m-1}\,h) = hf'(x_0 + \overline{m-1}\,h) + h\varepsilon_m,$$

$\varepsilon_1, \varepsilon_2, \ldots, \varepsilon_m$ étant des quantités qui s'annulent avec h. Nous désignerons par ε la moyenne arithmétique de ces quantités, et par $\mathfrak{M}$ la moyenne arithmétique des quantités $f'(x_0)$, $f'(x_0+h), \ldots, f'(x_0+\overline{m-1}\,h)$; on aura alors, en ajoutant les équations précédentes,

$$f(\mathrm{X})-f(x_0)=mh\,\mathfrak{M}+mh\,\varepsilon,$$

ou

$$f(\mathrm{X})-f(x_0)=(\mathrm{X}-x_0)\,\mathfrak{M}+(\mathrm{X}-x_0)\,\varepsilon.$$

Si l'on fait tendre h vers zéro, ε s'évanouit et $\mathfrak{M}$ se réduit à sa limite M; on a donc

$$f(\mathrm{X})-f(x_0)=(\mathrm{X}-x_0)\,\mathrm{M};$$

ce qu'il fallait démontrer.

3. Corollaire I. *La fonction* f(x) *est constante entre les limites* a *et* b, *si sa dérivée est constamment nulle entre les mêmes limites. Dans le cas contraire, la fonction* f(x) *est constamment croissante si sa dérivée n'est jamais négative entre les limites* a *et* b, *tandis qu'elle est constamment décroissante si sa dérivée n'est jamais positive entre les mêmes limites.*

En effet, si $f'(x)$ est constamment nulle entre les limites a et b, $\mathfrak{M}$ et M sont nulles; on a donc $\mathrm{F}(\mathrm{X})=f(x_0)$. Ensuite, si la dérivée $f'(x)$ n'est jamais négative sans être constamment nulle, $\mathfrak{M}$ et M sont positives, et par suite $f(\mathrm{X})-f(x_0)$ est de même signe que $\mathrm{X}-x_0$. Au contraire, ces deux différences sont de signes contraires, si la dérivée $f'(x)$ n'est jamais positive, car alors $\mathfrak{M}$ est négative, et il en est de même de M.

Corollaire II. La quantité M est comprise entre la plus grande et la plus petite des valeurs que prend $f'(x)$ quand x varie de x_0 à X; par conséquent, si cette fonction est continue entre ces limites, elle passera par la valeur M pour une valeur de x au moins; cette valeur, comprise entre x_0 et X, peut être représentée par $x_0+\theta(\mathrm{X}-x_0)$, en désignant par θ une quantité comprise entre 0 et 1. Dans cette hypothèse, on a donc

$$f(\mathrm{X})-f(x_0)=(\mathrm{X}-x_0)f'[x_0+\theta(\mathrm{X}-x_0)].$$

Formules de Taylor et de Maclaurin

4. Lemme. *Soit* f(x) *une fonction qui reste finie et continue, ainsi que ses* n — 1 *premières dérivées* f′(x), f″(x), ..., $f^{n-1}(x)$, *pour toutes les valeurs de* x *comprises entre deux limites* a *et* a + h; *si l'on a*

$$f(a) = 0, \quad f'(a) = 0, \quad f''(a) = 0, \ldots, \quad f^{n-1}(a) = 0,$$

et que la n^ième *dérivée* $f^n(x)$ *reste finie et ne change pas de signe quand* x *varie de* a *à* a + h, *la fonction* f(x) *sera de même signe que* $h^n f^n(x)$ *pour toutes les valeurs de* x *comprises entre les mêmes limites* a *et* a + h.

En effet, supposons, pour fixer les idées, que l'on ait

$$h^n f^n(x) > \text{ou} = 0,$$

pour toutes les valeurs de x comprises entre a et $a + h$; la fonction $h^n f^{n-1}(x)$ sera croissante (n° 2); et, comme elle s'annule pour $x = a$, elle aura le signe de h pour les valeurs de x comprises entre a et $a + h$; en conséquence le quotient de sa division par h sera positif, et l'on aura

$$h^{n-1} f^{n-1}(x) > 0,$$

pour toutes les valeurs de x comprises entre a et $a + h$. En raisonnant sur cette inégalité comme on l'a fait sur la précédente, on trouvera

$$h^{n-2} f^{n-2}(x) > 0,$$

et en poursuivant de la même manière, on aura successivement

$$h^{n-3} f^{n-3}(x) > 0, \ldots, \quad hf'(x) > 0, \quad f(x) > 0,$$

pour toutes les valeurs de x comprises entre a et $a + h$.

Il est clair que le même raisonnement prouve que si l'on avait $h^n f^n(x) < \text{ou} = 0$, on arriverait à $f(x) < 0$; ce cas se ramène au précédent en remplaçant $f(x)$ par $-f(x)$.

5. Corollaire. *Soit* F(x) *une fonction qui reste finie et continue, ainsi que ses* n — 1 *premières dérivées pour toutes les valeurs de* x *comprises entre* a *et* a + h; *si l'on détermine deux*

fonctions $\varphi(x)$ *et* $\psi(x)$ *ayant cette même propriété, telles en outre que l'on ait*

$$\varphi(a)=\psi(a)=F(a),$$
$$\varphi'(a)=\psi'(a)=F'(a),$$
$$\cdots\cdots\cdots\cdots\cdots\cdots$$
$$\varphi^{n-1}(a)=\psi^{n-1}(a)=F^{n-1}(a),$$

et

$$h^n\varphi^n(x)<h^n F^n(x)<h^n\psi^n(x),$$

pour toutes les valeurs de x *comprises entre* a *et* a + h, *on aura aussi pour les mêmes valeurs de* x,

$$\varphi(x)<F(x)<\psi(x),$$

et, par conséquent,

$$(1)\qquad F(x)=\varphi(x)+\mu[\psi(x)-\varphi(x)],$$

μ *désignant une certaine quantité comprise entre* 0 *et* 1.

La démonstration de ce corollaire est contenue dans l'énoncé même du lemme précédent, où il suffit de faire successivement $f(x)=F(x)-\varphi(x)$ et $f(x)=\psi(x)-F(x)$.

6. *Formules de Taylor et de Maclaurin.* Ces formules ont pour objet d'approcher de la valeur d'une fonction quelconque par le moyen d'une fonction entière ou d'un polynôme. La solution de ce problème est donnée de la manière la plus simple par l'équation

$$(2)\qquad F(a+h)=\varphi(a+h)+\mu[\psi(a+h)-\varphi(a+h)],$$

qu'on obtient en faisant $x=a+h$ dans l'équation (1), et dans laquelle les fonctions $\varphi(x)$ et $\psi(x)$ sont assujetties aux conditions imposées par l'énoncé du corollaire précédent.

Il ne faut pas oublier que notre formule suppose que la fonction $F(x)$ reste finie et continue, ainsi que ses $n-1$ premières dérivées pour les valeurs de x comprises entre a et $a+h$, et en outre que la $n^{\text{ième}}$ dérivée reste finie pour ces mêmes valeurs.

Cela posé, nous prendrons pour $\varphi(x)$ et pour $\psi(x)$ deux polynômes en x du degré n, et alors on aura, comme on le démontre en algèbre et comme il est d'ailleurs facile de s'en assurer,

$$\varphi(x)=\varphi(a)+\frac{x-a}{1}\varphi'(a)+\ldots+\frac{(x-a)^n}{1.2\ldots n}\varphi^n(a),$$

$$\psi(x)=\psi(a)+\frac{x-a}{1}\psi'(a)+\ldots\frac{(x-a)^n}{1.2\ldots n}\psi^n(a).$$

Mais on doit avoir

$$\begin{gathered}\varphi(a)=\psi(a)=\mathrm{F}(a),\\ \varphi'(a)=\psi'(a)=\mathrm{F}'(a),\\ \ldots\ldots\ldots\ldots\ldots\ldots\\ \varphi^{n-1}(a)=\psi^{n-1}(a)=\mathrm{F}^{n-1}(a),\end{gathered}$$

et en outre

$$h^n\varphi^n(x)<h^n\mathrm{F}^n(x)<h^n\psi^n(x),$$

pour les valeurs de x comprises entre a et $a+h$. Comme $\varphi^n(x)$ et $\psi^n(x)$ se réduisent ici à $\varphi^n(a)$ et $\psi^n(a)$, notre dernière condition sera satisfaite si l'on prend $\varphi^n(a)=\mathrm{M}_1$ et $\psi^n(a)=\mathrm{M}_2$, en désignant par $h^n\mathrm{M}_1$ et $h^n\mathrm{M}_2$ la plus petite et la plus grande des valeurs que prend $h^n\mathrm{F}^n(x)$ quand x varie de a à $a+h$. D'après cela, si l'on donne à x la valeur $a+h$, on aura

$$\varphi(a+h)=\mathrm{F}(a)+\frac{h}{1}\mathrm{F}'(a)+\ldots+\frac{h^{n-1}}{1.2\ldots(n-1)}\mathrm{F}^{n-1}(a)+\frac{h^n}{1.2\ldots n}\mathrm{M}_1,$$

$$\psi(a+h)=\mathrm{F}(a)+\frac{h}{1}\mathrm{F}'(a)+\ldots+\frac{h^{n-1}}{1.2\ldots(n-1)}\mathrm{F}^{n-1}(a)+\frac{h^n}{1.2\ldots n}\mathrm{M}_2.$$

En portant ces valeurs dans la formule (2) et posant

$$\mathrm{M}=\mu\mathrm{M}_2+(1-\mu)\mathrm{M}_1,$$

il viendra

$$(3)\quad\left\{\begin{aligned}\mathrm{F}(a+h)=\mathrm{F}(a)+\frac{h}{1}\mathrm{F}'(a)+\frac{h^2}{1.2}\mathrm{F}''(a)+\ldots\\ +\frac{h^{n-1}}{1.2\ldots(n-1)}\mathrm{F}^{n-1}(a)+\frac{h^n}{1.2\ldots n}\mathrm{M};\end{aligned}\right.$$

l'une des quantités M_1, M_2 désigne la valeur maxima de $\mathrm{F}^n(x)$

quand x varie de a à $a+h$, l'autre est la valeur minima; d'ailleurs μ est compris entre o et 1, donc M désigne une quantité comprise entre M_1 et M_2. Il résulte de là que si la fonction $F^n(x)$ est continue pour les valeurs de x comprises entre a et $a+h$, elle passera au moins une fois par la valeur M; la valeur correspondante de x pourra être représentée par $a+\theta h$, θ étant une quantité comprise entre o et 1, et l'on aura

$$M = F^n(a+\theta h),$$

par conséquent

$$F(a+h) = F(a) + \frac{h}{1} F'(a) + \frac{h^2}{1.2} F''(a) + \dots$$
$$+ \frac{h^{n-1}}{1.2\dots(n-1)} F^{n-1}(a) + \frac{h^n}{1.2\dots n} F^n(a+\theta h).$$

Si l'on remplace d'abord a par x, puis a par zéro et h par x, on obtient les deux formules

$$(4)\quad \begin{cases} F(x+h) = F(x) + \dfrac{h}{1} F'(x) + \dfrac{h^2}{1.2} F''(x) + \dots \\ \qquad + \dfrac{h^{n-1}}{1.2\dots(n-1)} F^{n-1}(x) + \dfrac{h^n}{1.2\dots n} F^n(x+\theta h), \end{cases}$$

$$(5)\quad \begin{cases} F(x) = F(0) + \dfrac{x}{1} F'(0) + \dfrac{x^2}{1.2} F''(0) + \dots \\ \qquad + \dfrac{x^{n-1}}{1.2\dots(n-1)} F^{n-1}(0) + \dfrac{x^n}{1.2\dots n} F^n(\theta x). \end{cases}$$

Si toutes les dérivées de $F(x)$ satisfont aux conditions relatives à la continuité, dont nous avons parlé, et si de plus la quantité

$$R_n = \frac{h^n}{1.2\dots n} F^n(x+\theta h)$$

tend vers zéro quand n augmente indéfiniment, la formule (4) donnera la série de Taylor, savoir

$$(6)\qquad F(x+h) = F(x) + \frac{h}{1} F'(x) + \frac{h^2}{1.2} F''(x) + \dots;$$

la quantité R_n est dite le reste de la série.

Pareillement, la formule (5) donnera la formule de Maclaurin, savoir

$$(7)\qquad F(x) = F(0) + \frac{x}{1}F'(0) + \frac{x^2}{1.2}F''(0) + \ldots,$$

si la fonction $F(x)$ et ses dérivées satisfont à la condition de continuité, et si en outre le reste de la série, savoir

$$R_n = \frac{x^n}{1.2\ldots n}F^n(\theta x),$$

tend vers zéro, quand n augmente indéfiniment.

7. *Autre forme du reste de la série de Taylor.* Remplaçons h par $z-x$ dans la formule (4), et désignons le reste par $f(x)$, on aura

$$(8)\ F(z) = F(x) - \frac{z-x}{1}F'(x) + \ldots + \frac{(z-x)^{n-1}}{1.2\ldots(n-1)}F^{n-1}(x) + f(x),$$

et, en prenant les dérivées de chaque membre par rapport à x, il vient, toutes réductions faites,

$$(9)\qquad f'(x) = -\frac{(z-x)^{n-1}}{1.2\ldots(n-1)}F^n(x);$$

mais, en appliquant la formule (4) à la fonction f, dans le cas de $n=1$, on a

$$f(x+h) - f(x) = hf'(x+\theta h)$$

ou

$$f(z) - f(x) = (z-x)f'[x+\theta(z-x)];$$

d'ailleurs l'équation (8) montre que $f(x)$ s'annule pour $x=z$, on a donc

$$f(x) = -(z-x)f'[x+\theta(z-x)];$$

d'ailleurs, en remplaçant x par $x+\theta(z-x)$ dans la formule (9), on a

$$f'[x+\theta(z-x)] = -\frac{(1-\theta)^{n-1}(z-x)^{n-1}}{1.2\ldots(n-1)}F^n[x+\theta(z-x)],$$

donc

$$f(x) = \frac{(1-\theta)^{n-1}(z-x)^n}{1.2\ldots(n-1)} F^n[x+\theta(z-x)];$$

remettant ensuite $x+h$ au lieu de z, on a l'expression suivante du reste que nous avons désigné par R_n au numéro précédent,

$$R_n = \frac{(1-\theta)^{n-1} h^n}{1.2\ldots(n-1)} F^n(x+\theta h).$$

Cette nouvelle expression a été donnée par Cauchy; θ y désigne, comme dans la première, une quantité comprise entre 0 et 1. En faisant $x=0$ et écrivant ensuite x au lieu de h, on a l'expression suivante du reste de la série de Maclaurin

$$R_n = \frac{(1-\theta)^{n-1} x^n}{1.2\ldots(n-1)} F^n(\theta x).$$

Sur la différentiation des fonctions transcendantes.

8. Lacroix fait usage des séries pour la recherche des différentielles des fonctions exponentielle et logarithmique; on peut arriver aux mêmes résultats par une méthode plus simple et plus rigoureuse que nous allons indiquer.

LEMME. *Si l'on désigne par* e *la limite de la série convergente*

$$1+\frac{1}{1}+\frac{1}{1.2}+\frac{1}{1.2.3}+\ldots,$$

l'expression $\left(1+\frac{1}{m}\right)^m$ *a pour limite le nombre* e, *lorsque la quantité* m *tend vers l'infini.*

Pour démontrer cette proposition, nous supposerons d'abord que le nombre m tend vers l'infini en ne prenant que des valeurs entières et positives. On a alors, par la formule du binôme relative à l'exposant entier et positif,

$$\left(1+\frac{1}{m}\right)^m = 1+\frac{m}{1}\frac{1}{m}+\frac{m(m-1)}{1.2}\frac{1}{m^2}+\ldots+\frac{m\ldots(m-n+1)}{1.2\ldots n}\frac{1}{m^n}+R_n,$$

ou

$$\left(1+\frac{1}{m}\right)^m = 1+\frac{1}{1}+\frac{1-\frac{1}{m}}{1.2}+\ldots+\frac{\left(1-\frac{1}{m}\right)\ldots\left(1-\frac{n-1}{m}\right)}{1.2\ldots n}+R_n,$$

R_n désigne la somme des termes du développement qui suivent le $(n+1)^{ième}$, et l'on a

$$R_n = \frac{\left(1-\frac{1}{m}\right)\ldots\left(1-\frac{n-1}{m}\right)}{1.2\ldots n}\left[\frac{1-\frac{n}{m}}{n+1}+\frac{\left(1-\frac{n}{m}\right)\left(1-\frac{n+1}{m}\right)}{(n+1)(n+2)}+\ldots\right],$$

la somme contenue entre crochets est composée d'un nombre limité de termes, et ceux-ci sont évidemment moindres que les termes qui occupent le même rang dans la progression géométrique illimitée

$$\frac{1}{n+1}+\frac{1}{(n+1)^2}+\frac{1}{(n+1)^3}+\ldots,$$

qui a pour somme $\frac{1}{n}$; la somme entre crochets qui forme le dernier facteur de R_n, peut donc se représenter par $\frac{\Theta}{n}$, Θ étant une quantité comprise entre 0 et 1; on aura d'après cela

$$\left(1+\frac{1}{m}\right)^m = 1+\frac{1}{1}+\frac{1-\frac{1}{m}}{1.2}+\frac{\left(1-\frac{1}{m}\right)\left(1-\frac{2}{m}\right)}{1.2.3}+\ldots$$
$$+\frac{\left(1-\frac{1}{m}\right)\ldots\left(1-\frac{n-1}{m}\right)}{1.2\ldots n}+\frac{\Theta}{n}\frac{\left(1-\frac{1}{m}\right)\ldots\left(1-\frac{n-1}{m}\right)}{1.2\ldots n}.$$

Supposons maintenant que, n restant constant, on fasse croître indéfiniment l'entier m, on aura, à la limite,

$$\lim\left(1+\frac{1}{m}\right)^m = 1+\frac{1}{1}+\frac{1}{1.2}+\ldots+\frac{1}{1.2\ldots n}+\frac{\theta}{n}\frac{1}{1.2\ldots n},$$

θ désignant comme Θ une quantité comprise entre 0 et 1. Cela posé, si l'on fait croître indéfiniment le nombre n, la quantité $\frac{\theta}{n}\frac{1}{1.2\ldots n}$ tendra vers zéro, et l'on aura

$$\lim\left(1+\frac{1}{m}\right)^m = 1+\frac{1}{1}+\frac{1}{1.2}+\frac{1}{1.2.3}+\ldots = e.$$

La proposition qui vient d'être établie a lieu encore si m tend vers l'infini en prenant des valeurs positives quelconques. En effet, désignons par μ et $\mu+1$ les deux entiers entre lesquels m est compris, μ sera une variable qui tendra vers l'infini en même temps que m. Or on a

$$\left(1+\frac{1}{\mu+1}\right)^\mu < \left(1+\frac{1}{m}\right)^m < \left(1+\frac{1}{\mu}\right)^{\mu+1},$$

ou

$$\frac{\left(1+\frac{1}{\mu+1}\right)^{\mu+1}}{1+\frac{1}{\mu+1}} < \left(1+\frac{1}{m}\right)^m < \left(1+\frac{1}{\mu}\right)^\mu \left(1+\frac{1}{\mu}\right);$$

les quantités $\left(1+\frac{1}{\mu+1}\right)^{\mu+1}$ et $\left(1+\frac{1}{\mu}\right)^\mu$ ont e pour limite; $1+\frac{1}{\mu+1}$ et $1+\frac{1}{\mu}$ tendent vers l'unité; donc l'expression $\left(1+\frac{1}{m}\right)^m$ est comprise entre deux quantités qui ont e pour limite, et l'on a, en conséquence,

$$\lim\left(1+\frac{1}{m}\right)^m = e.$$

Enfin la même chose a lieu si m tend vers l'infini négatif; en effet, si l'on pose $m=-\mu$, μ tendra vers $+\infty$; or on a

$$\left(1+\frac{1}{m}\right)^m = \left(1-\frac{1}{\mu}\right)^{-\mu} = \left(1+\frac{1}{\mu-1}\right)^\mu$$
$$= \left(1+\frac{1}{\mu-1}\right)^{\mu-1}\left(1+\frac{1}{\mu-1}\right),$$

et puisque les facteurs $\left(1+\frac{1}{\mu-1}\right)^{\mu-1}$ et $1+\frac{1}{\mu-1}$ tendent respectivement vers les limites e et 1, on aura encore

$$\lim \left(1 + \frac{1}{m}\right)^m = e.$$

9. Supposons maintenant qu'on demande la dérivée de la fonction a^x; en donnant à x l'accroissement h, on a

$$\Delta a^x = a^{x+h} - a^x = a^x (a^h - 1),$$

d'où

$$\frac{\Delta a^x}{h} = a^x . \frac{a^h - 1}{h}.$$

Posons

$$a^h - 1 = \frac{1}{m}, \quad \text{d'où} \quad h = \frac{\log\left(1 + \frac{1}{m}\right)}{\log a},$$

la quantité m tendra vers l'infini, quand h tendra vers zéro, et l'on aura

$$\frac{\Delta a^x}{h} = a^x \frac{\log a}{m \log\left(1 + \frac{1}{m}\right)} = a^x \frac{\log a}{\log\left(1 + \frac{1}{m}\right)^m};$$

faisant tendre h vers zéro et remplaçant $\left(1 + \frac{1}{m}\right)^m$ par sa limite e, on a

$$\lim \frac{\Delta a^x}{h} = \frac{da^x}{dx} = a^x \frac{\log a}{\log e};$$

les logarithmes sont ici pris dans un système quelconque. Si l'on adopte pour ce système celui dans lequel la base est e et que l'on nomme système de Neper, on aura $\log e = 1$, et par suite

$$\frac{da^x}{dx} = a^x \log a, \quad \text{ou} \quad da^x = a^x \log a\, dx.$$

Si $a = e$, on a

$$\frac{de^x}{dx} = e^x, \quad \text{ou} \quad de^x = e^x dx.$$

10. Supposons en second lieu qu'on demande la dérivée de la fonction $\log x$, le logarithme étant pris dans un système quelconque. On a

$$\Delta \log x = \log(x+h) - \log x = \log\left(1+\frac{h}{x}\right),$$

et

$$\frac{\Delta \log x}{h} = \frac{\log\left(1+\frac{h}{x}\right)}{h}.$$

Posons

$$\frac{h}{x} = \frac{1}{m}, \quad \text{d'où} \quad h = \frac{x}{m},$$

on aura

$$\frac{\Delta \log x}{h} = \frac{m}{x}\log\left(1+\frac{1}{m}\right) = \frac{\log\left(1+\frac{1}{m}\right)^m}{x};$$

passant aux limites, il viendra

$$\lim \frac{\Delta \log x}{h} = \frac{d \log x}{dx} = \frac{\log e}{x}, \quad \text{ou} \quad d\log x = \frac{\log e}{x}\,dx;$$

si les logarithmes sont pris dans le système de Neper, on aura $\log e = 1$, et par suite

$$d\log x = \frac{dx}{x}.$$

Nous avons cherché directement les différentielles des deux fonctions a^x et $\log x$, mais on sait que l'une quelconque de ces deux questions peut se ramener immédiatement à l'autre.

Applications de la formule de Maclaurin.

11. La formule de Maclaurin peut s'écrire

$$F(x) = F(0) + \frac{x}{1}F'(0) + \frac{x^2}{1.2}F''(0) + \ldots$$
$$+ \frac{x^{n-1}}{1.2\ldots(n-1)}F^{n-1}(0) + R_n,$$

en posant

$$R_n = \frac{x^n}{1.2\ldots n} F^n(\theta x),$$

ou

$$R_n = \frac{(1-\theta)^{n-1} x^n}{1.2\ldots(n-1)} F^n(\theta x),$$

et en désignant par θ dans l'une ou l'autre de ces expressions une quantité comprise entre o et 1.

Posons d'abord

$$F(x) = e^x,$$

on aura, quel que soit μ, $F^\mu(x) = e^x$, et par conséquent $F(o) = 1$, $F^\mu(o) = 1$; donc

$$e^x = 1 + \frac{x}{1} + \frac{x^2}{1.2} + \ldots + \frac{x^{n-1}}{1.2\ldots(n-1)} + \frac{x^n}{1.2\ldots n} e^{\theta x},$$

le reste R_n tend vers zéro, quel que soit x; en effet, le facteur $e^{\theta x}$ reste fini quand n augmente indéfiniment, et la quantité $\frac{x^n}{1.2\ldots n} = \frac{x}{1} \cdot \frac{x}{2} \cdots \frac{x}{n}$ tend évidemment vers zéro, car elle est un produit dans lequel les facteurs supérieurs à 1 en valeur absolue sont en nombre limité, tandis que le nombre de ceux qui sont inférieurs à 1 et même à une quantité quelconque donnée, peut devenir plus grand que tout nombre donné. On aura donc, pour toutes les valeurs de x,

$$(1) \qquad e^x = 1 + \frac{x}{1} + \frac{x^2}{1.2} + \frac{x^3}{1.2.3} + \cdots$$

Posons en second lieu

$$F(x) = \cos x + \lambda \sin x,$$

λ étant une constante; on aura

$$F^\mu(x) = \cos\left(x + \mu\frac{\pi}{2}\right) + \lambda \sin\left(x + \mu\frac{\pi}{2}\right),$$

et, pour $x = 0$,

$$F(x) = 1,\ F'(x) = -\lambda,\ F''(x) = -1,\ F'''(x) = +\lambda,\ F^{\text{iv}}(x) = 1, \ldots$$

Le reste R_n est ici

$$\frac{x^n}{1.2\ldots n}\left[\cos\left(\theta x + \frac{n\pi}{2}\right) + \lambda \sin\left(\theta x + \frac{n\pi}{2}\right)\right],$$

et il tend vers zéro quand n augmente indéfiniment, pour la même raison que dans le cas précédent ; on aura donc

$$\cos x + \lambda \sin x = 1 + \lambda\frac{x}{1} - \frac{x^2}{1.2} - \lambda\frac{x^3}{1.2.3} + \frac{x^4}{1.2.3.4} - \ldots,$$

d'où l'on tire

$$(2)\qquad \left\{\begin{array}{l} \cos x = 1 - \dfrac{x^2}{1.2} + \dfrac{x^4}{1.2.3.4} - \ldots, \\ \sin x = \dfrac{x}{1} - \dfrac{x^3}{1.2.3} + \dfrac{x^5}{1.2.3.4.5} - \ldots, \end{array}\right.$$

formules qui subsistent pour toutes les valeurs de x.

12. Soit maintenant $F(x) = \log(1 + x)$, la caractéristique log désignant un logarithme népérien. On a

$$F'(x) = \frac{1}{1+x},\quad F''(x) = \frac{-1}{(1+x)^2},\quad F'''(x) = \frac{+1.2}{(1+x)^3}, \ldots$$

$$F^{\mu}(x) = \frac{(-1)^{\mu-1}.1.2\ldots(\mu-1)}{(1+x)^{\mu}},$$

et, pour $x = 0$,

$$F(x) = 0,\ F'(x) = 1,\ F''(x) = -1,\ F'''(x) = +1.2, \ldots,$$

$$F^{\mu}(x) = (-1)^{\mu-1}\,1.2\ldots(\mu-1).$$

On aura donc

$$\log(1+x) = \frac{x}{1} - \frac{x^2}{2} + \frac{x^3}{3} - \ldots + (-1)^{n-2}\frac{x^{n-1}}{n-1} + R_n;$$

voyons ce que devient R_n quand n tend vers l'infini.

Supposons d'abord $x>0$, la première expression du reste donne

$$R_n=(-1)^{n-1}\frac{1}{n}\left(\frac{x}{1+\theta x}\right)^n:$$

si x est inférieur à 1 ou égal à 1, la fraction $\frac{x}{1+\theta x}$ ne pourra surpasser l'unité et par conséquent R_n s'annulera pour $n=\infty$; on aura, en conséquence,

$$(3)\qquad \log(1+x)=\frac{x}{1}-\frac{x^2}{2}-\frac{x^3}{3}+\frac{x^4}{4}+\cdots.$$

Si l'on a $x>1$, la série qui forme le second membre de cette formule n'est pas convergente, et il est évident par cela même que la limite de R_n ne peut être zéro.

Supposons maintenant $x<0$ et faisons $x=-z$, on aura, en employant la seconde expression du reste,

$$R_n=-\frac{z}{1-\theta z}\left(\frac{z-\theta z}{1-\theta z}\right)^{n-1};$$

on voit que si z est <1, la fraction $\frac{z-\theta z}{1-\theta z}$ sera elle-même inférieure à z, et R_n s'annulera pour $n=\infty$; la formule (3) subsistera donc pour les valeurs de x comprises entre 0 et -1; cette formule n'est pas en défaut pour $x=-1$, puisqu'alors les deux membres deviennent infinis. Quant aux valeurs négatives de x au-dessous de -1, il n'y a pas lieu de s'en occuper ici.

On peut donner une forme très-simple à l'expression du reste de la série (3); effectivement, x était compris entre 0 et 1, les termes de la série (3) sont alternativement positifs et négatifs; en conséquence l'erreur commise, en s'arrêtant à un terme quelconque, est moindre en valeur absolue que le premier des termes négligés et elle a le signe de ce terme. On peut donc écrire

$$(4)\quad \log(1+x)=\frac{x}{1}-\frac{x^2}{2}+\cdots+(-1)^{n-1}\frac{x^{n-1}}{n-1}+(-1)^n\theta\frac{x^n}{n},$$

θ désignant une quantité comprise entre 0 et 1; cette expression du reste se déduit facilement de celle donnée plus haut.

Supposons en second lieu que x soit négatif, ou plutôt changeons x en $-x$ dans la formule (3) qui devient $-\log(1-x) = \frac{x}{1} + \frac{x^2}{2} + \ldots$; la somme des termes qui suivent le $(n-1)^{ième}$, savoir $\frac{x^n}{n} + \frac{x^{n+1}}{n+1} + \ldots$, est positive et inférieure à $\frac{x^n}{n}(1+x+x^2+\ldots)$, c'est-à-dire inférieure à $\frac{x^n}{n(1-x)}$; on peut donc écrire

$$(5) \qquad -\log(1-x) = \frac{x}{1} + \frac{x^2}{2} + \ldots + \frac{x^{n-1}}{n-1} + \frac{\theta x^n}{n(1-x)},$$

θ désignant encore une quantité comprise entre o et

Formule du binôme.

13. L'expression $(1+x)^m$ est susceptible de plusieurs valeurs, sauf le cas où m se réduit à un entier positif ou négatif; mais si x est compris entre -1 et $+\infty$, l'une de ces valeurs est réelle et positive, et c'est la seule que nous considérons. Soit

$$F(x) = (1+x)^m,$$

d'où

$$F^\mu(x) = m(m-1)\ldots(m-\mu+1)(1+x)^\mu,$$

on aura, pour $x = 0$,

$$F(x) = 1, \quad F^\mu(x) = m(m-1)\ldots(m-\mu+1),$$

et, par suite,

$$(1+x)^m = 1 + \frac{m}{1}x + \ldots + \frac{m(m-1)\ldots(m-n+2)}{1.2\ldots(n-1)}x^{n-1} + R_n.$$

Quand m est un entier positif, le reste R_n se réduit rigoureusement à zéro, si l'on y fait $n = m+1$. Faisons abstraction de ce cas et supposons d'abord $x > 0$; on a, en employant la première forme du reste,

$$R_n = \left[\frac{mx}{1} \cdot \frac{(m-1)x}{2} \cdot \frac{(m-2)x}{3} \ldots \frac{(m-n+1)x}{n}\right] \frac{1}{(1+\theta x)^{n-m}}.$$

Si x est < 1, la quantité entre crochets tend vers zéro quand n tend vers l'infini; en effet, si l'on remplace n par $n+1$, cette quantité acquiert le facteur $\frac{(m-n)x}{n+1}$ ou $-x\left(1-\frac{m+1}{n+1}\right)$ qui tend vers la limite $-x$ quand n tend vers l'infini. Il s'ensuit que la quantité que nous considérons est un produit dans lequel les facteurs plus grands que 1 en valeur absolue sont en nombre limité, tandis que le nombre de ceux dont la valeur absolue est inférieure à 1 et même à une quantité quelconque comprise entre x et 1, peut devenir plus grand que tout nombre donné. Quant au facteur $\frac{1}{(1+\theta x)^{n-m}}$, il peut se réduire à 1 si θ tend vers la limite zéro, mais en aucun cas il ne surpassera l'unité. Il résulte de là que R_n tend vers zéro quand n tend vers l'infini, si x est compris entre 0 et 1; on aura donc, dans cette hypothèse,

$$(1)\quad (1+x)^m = 1+\frac{m}{1}x+\frac{m(m-1)}{1.2}x^2+\frac{m(m-1)(m-2)}{1.2.3}x^3+\ldots.$$

Si x est > 1, la série contenue dans le second membre de la formule (1) est évidemment divergente et il s'ensuit que R_n ne peut tendre vers zéro quand n tend vers l'infini.

Supposons maintenant $x<0$ et posons $x=-z$; en employant ici la seconde forme du reste, on a

$$R_n=(-1)^n\left[\frac{(m-1)z}{1}\cdots\frac{(m-n+1)z}{n+1}\right]\times\frac{mz}{(1-\theta z)^{m-1}}\left(\frac{1-\theta}{1-\theta z}\right)^{n-1}.$$

Quand n tend vers l'infini, le facteur entre crochets tend vers zéro, si z est < 1, comme on l'a vu dans le premier cas; quant au facteur $\frac{mz}{(1-\theta z)^{m-1}}\left(\frac{1-\theta}{1-\theta z}\right)^{n-1}$, il tendra aussi vers zéro, à moins que θ ne tende vers la limite zéro, mais alors sa valeur sera finie et au plus égale à mz. Il résulte de là que R_n tend encore vers zéro, et en conséquence, la formule (1) s'applique aux valeurs de x comprises entre 0 et -1; dans le cas de $x < -1$, la série (1) est évidemment divergente.

14. L'analyse précédente montre que la formule (1) subsiste pour toutes les valeurs de x comprises entre -1 et $+1$; mais elle n'apprend rien à l'égard des valeurs limites -1 et $+1$. Je dis que si la série (1) reste convergente pour $x=\pm 1$, la somme de cette série sera nécessairement égale à $(1\pm 1)^m$; en effet, les deux membres de la formule (1) étant égaux pour toutes les valeurs de x comprises entre -1 et $+1$, et chacun de ces membres tendant vers une limite déterminée, quand x tend vers la limite ± 1, ces limites sont nécessairement égales entre elles. La formule (1) subsiste donc pour les valeurs limites -1 et $+1$, pourvu que la série du second membre reste convergente; nous allons étudier ici cette série en elle-même, et rechercher les cas dans lesquels la convergence persiste pour $x=\pm 1$.

En désignant par u_n le terme général de la série (1), on a

$$u_n=\frac{m(m-1)\ldots(m-n+2)}{1.2\ldots(n-1)}x^{n-1},$$

d'où

$$\frac{u_{n+1}}{u_n}=\frac{m-n+1}{n}x=-x\left(1-\frac{m+1}{n}\right);\tag{2}$$

on voit que, dans le cas de $x=\pm 1$, les termes de la série (1) croîtront indéfiniment en valeur absolue, à partir d'un certain rang, si $m+1$ est négatif, et ces mêmes termes seront égaux entre eux si $m+1$ est nul; il est donc nécessaire pour la convergence de la série que $m+1$ soit positif.

Cela posé, quelques-uns des facteurs du numérateur de u_n peuvent être positifs; désignons par $m-\mu$ le premier de ceux qui sont négatifs, on pourra écrire

$$\begin{aligned}u_n=&\left[(-1)^\mu\frac{m(m-1)\ldots(m-\mu+1)}{1.2\ldots\mu}\right]\\&\times\left[\left(1-\frac{m+1}{\mu+1}\right)\left(1-\frac{m+1}{\mu+2}\right)\ldots\left(1-\frac{m+1}{n-1}\right)\right](-x)^{n-1},\end{aligned}$$

en prenant n supérieur à μ, et en observant que, si m est négatif, il faut faire $\mu=0$, puis remplacer par l'unité le premier facteur entre crochets.

Mais, d'après les formules (5) et (4), du n° **12**, on a, pour toute valeur de z comprise entre o et 1

$$-\log(1-z)=z+\frac{\theta z^2}{2(1-z)},\quad \log(1+z)=z-\frac{\theta' z^2}{2},$$

θ et θ' désignant des quantités comprises entre o et 1, et la caractéristique *log* exprimant des logarithmes népériens. Si l'on représente par p l'un des nombres $\mu+1$, $\mu+2$, ..., on aura, par les formules précédentes, en se rappelant que nous supposons $m+1$ positif,

$$-\log\left(1-\frac{m+1}{p}\right)=\frac{m+1}{p}+\frac{\theta\left(\frac{m+1}{p}\right)^2}{2\left(1-\frac{m+1}{p}\right)},$$

$$\log\left(1+\frac{1}{p}\right)=\frac{1}{p}-\frac{\theta'\frac{1}{p^2}}{2},$$

et si l'on retranche ces équations l'une de l'autre, après avoir multiplié la seconde par $m+1$, on aura

$$-\log\left(1-\frac{m+1}{p}\right)+(m+1)\log\frac{p}{p+1}=\frac{m+1}{2p^2}\left[\frac{(m+1)\theta}{1-\frac{m+1}{p}}+\theta'\right];$$

dans cette formule, le dernier facteur du second membre est positif et il est inférieur à $\dfrac{m+1}{1-\frac{m+1}{p}}+1$; à plus forte raison ce facteur est inférieur à $\dfrac{m+1}{1-\frac{m+1}{\mu+1}}+1$, c'est-à-dire à $\dfrac{(m+1)(\mu+1)}{\mu-m}+1$, puisque p est au moins égal à $\mu+1$. Si donc on désigne par ε_p une certaine quantité positive et inférieure à $\dfrac{m+1}{2}\left[\dfrac{(m+1)(\mu+1)}{\mu-m}+1\right]$, on pourra écrire

$$\log\left(1-\frac{m+1}{p}\right)=(m+1)\log\frac{p}{p+1}-\frac{\varepsilon_p}{p^2}.$$

Si l'on donne à p les valeurs $\mu+1$, $\mu+2$, ... $(n-1)$, et que l'on ajoute les équations résultantes, on aura

$$\log\left(1-\frac{m+1}{\mu+1}\right)\left(1-\frac{m+1}{\mu+2}\right)\cdots\left(1-\frac{m+1}{n-1}\right)$$
$$=(m+1)\log\frac{\mu+1}{n}-\left[\frac{\varepsilon_{\mu+1}}{(\mu+1)}+\frac{\varepsilon_{\mu+2}}{(\mu+2)^2}+\cdots+\frac{\varepsilon_{n-1}}{(n-1)^2}\right];$$

la somme

$$\frac{\varepsilon_{\mu+1}}{(\mu+1)^2}+\frac{\varepsilon_{\mu+2}}{(\mu+2)^2}+\cdots+\frac{\varepsilon_{n-1}}{(n-1)^2}$$

se réduit à une série convergente quand n devient infini, car la série $\frac{1}{(\mu+1)^2}+\frac{1}{(\mu+2)^2}+\cdots$ est, comme on le sait, convergente, et les quantités ε, qui sont toutes positives, ne peuvent dépasser une limite que nous avons assignée. Désignant donc par $\log S$ la limite de la série dont nous parlons, et par ζ_n une quantité qui décroît quand n augmente, et qui s'annule pour $n=\infty$, l'équation précédente pourra s'écrire comme il suit

$$\log\left(1-\frac{m+1}{\mu+1}\right)\left(1-\frac{m+1}{\mu+2}\right)\cdots\left(1-\frac{m+1}{n-1}\right)$$
$$=(m+1)\log\frac{\mu+1}{n}-\log S+\log(1+\zeta_n),$$

ou, en revenant des logarithmes aux nombres,

$$\left(1-\frac{m+1}{\mu+1}\right)\left(1-\frac{m+1}{\mu+2}\right)\cdots\left(1-\frac{m+1}{n-1}\right)=\frac{(\mu+1)^{m+1}}{S}\frac{(1+\zeta_n)}{n^{m+1}}.$$

La valeur de u_n sera donc

$$u_n=\left[(-1)^\mu\frac{m(m-1)\ldots(m-\mu+1)}{1.2\ldots\mu}\frac{(\mu+1)^{m+1}}{S}\right]\frac{(-x)^{n-1}}{n^{m+1}}(1+\zeta_n),$$

c'est-à-dire

$$(3)\qquad u_n=C\frac{(-x)^{n-1}}{n^{m+1}}(1+\zeta_n),$$

C désignant une constante indépendante de n, et ζ_n étant, comme nous l'avons déjà dit, une quantité qui décroît quand n augmente, et qui s'annule pour $n=\infty$.

Supposons maintenant que l'on ait $x = +1$; les termes de la formule du binôme sont, dans cette hypothèse, alternativement positifs et négatifs à partir d'un certain rang, et l'on voit, par la formule (3), que ces termes décroissent indéfiniment si $m+1$ est positif; donc dans ce cas la formule (1) reste convergente.

Supposons, en second lieu, $x = -1$, la formule (3) montre que les termes de la formule du binôme décroissent comme ceux de la série $\sum \frac{1}{n^{m+1}}$; or, pour que cette dernière série soit convergente, il faut et il suffit que m soit positif; telle est donc aussi la condition de convergence de la série (1).

On voit, en résumé, que la formule du binôme subsiste : 1° pour $x = 1$, dans le cas seulement où m est compris entre -1 et $+\infty$; 2° pour $x = -1$, dans le cas seulement où m est compris entre o et ∞. Ainsi l'on aura

$$2^m = 1 + \frac{m}{1} + \frac{m(m-1)}{1.2} + \frac{m(m-1)(m-2)}{1.2.3} + \ldots$$

si $-1 < m < +\infty$,

$$0 = 1 - \frac{m}{1} + \frac{m(m-1)}{1.2} - \frac{m(m-1)(m-2)}{1.2.3} + \ldots$$

si $0 < m < +\infty$.

Des fonctions exponentielle et logarithmique, dans le cas où la variable est imaginaire.

15. Si les deux séries

$$u_0 + u_1 + u_2 + \ldots + u_n + \ldots, \qquad v_0 + v_1 + v_2 + \ldots + v_n + \ldots$$

sont convergentes et que leurs sommes soient respectivement u et v, on dit que la série

$$(u_0 + v_0\sqrt{-1}) + (u_1 + v_1\sqrt{-1}) + \ldots + (u_n + v_n\sqrt{-1}) + \ldots$$

est convergente et a pour somme $u + v\sqrt{-1}$.

Cela posé, soit z une variable réelle ou imaginaire, dont

nous désignerons le module par ρ et l'argument par ω, en sorte que l'on aura

$$z = \rho \cos \omega + \sqrt{-1} \sin \omega;$$

la série $1 + \frac{\rho}{1} + \frac{\rho^2}{1.2} + \ldots$ convergeant vers la limite e^ρ, il est évident que les deux séries

$$1 + \frac{\rho \cos \omega}{1} + \frac{\rho^2 \cos 2\omega}{1.2} + \frac{\rho^3 \cos 3\omega}{1.2.3} + \ldots,$$

$$\frac{\rho \sin \omega}{1} + \frac{\rho^2 \sin 2\omega}{1.2} + \frac{\rho^3 \sin 3\omega}{1.2.3} + \ldots$$

seront aussi convergentes; donc il en sera de même, d'après notre définition, de la série imaginaire

$$1 + \frac{\rho(\cos \omega + \sqrt{-1} \sin \omega)}{1} + \frac{\rho^2(\cos 2\omega + \sqrt{-1} \sin 2\omega)}{1.2} + \ldots$$

c'est-à-dire de la série

$$1 + \frac{z}{1} + \frac{z^2}{1.2} + \frac{z^3}{1.2.3} + \ldots$$

Quand z se réduit à une quantité réelle, la somme de cette série est e^z, et il est naturel d'étendre la même notation au cas où la variable est imaginaire; ainsi la fonction e^z sera définie par l'équation

$$(1) \qquad e^z = 1 + \frac{z}{1} + \frac{z^2}{1.2} + \frac{z^3}{1.2.3} + \ldots.$$

Les considérations précédentes s'appliquent sans modification aux deux séries

$$1 - \frac{z^2}{1.2} + \frac{z^4}{1.2.3.4} - \ldots \quad \text{et} \quad \frac{z}{1} - \frac{z^3}{1.2.3} + \frac{z^5}{1\ldots5} - \ldots$$

qui restent convergentes, quelle que soit la valeur imaginaire attribuée à z; ces séries ayant pour sommes $\cos z$ et $\sin z$

respectivement, quand z est réelle, elles nous serviront à définir ces fonctions dans le cas où z est imaginaire; on aura donc encore, par définition,

$$(2) \qquad \cos z = 1 - \frac{z^2}{1.2} + \frac{z^4}{1.2.3.4} - \ldots,$$

$$(3) \qquad \sin z = \frac{z}{1} - \frac{z^3}{1.2.3} + \frac{z^5}{1.2.3.4.5} - \ldots.$$

Si l'on change dans l'équation (1) z d'abord en $z\sqrt{-1}$, puis en $-z\sqrt{-1}$, on aura

$$e^{z\sqrt{-1}} = \left[1 - \frac{z^2}{1.2} + \frac{z^4}{1.2.3.4} - \ldots\right] + \sqrt{-1}\left[\frac{z}{1} - \frac{z^3}{1.2.3} + \ldots\right],$$

$$e^{-z\sqrt{-1}} = \left[1 - \frac{z^2}{1.2} + \frac{z^4}{1.2.3.4} - \ldots\right] - \sqrt{-1}\left[\frac{z}{1} - \frac{z^3}{1.2.3} + \ldots\right],$$

ou, à cause des équations (2) et (3),

$$(4) \qquad \begin{cases} e^{z\sqrt{-1}} = \cos z + \sqrt{-1}\sin z, \\ e^{-z\sqrt{-1}} = \cos z - \sqrt{-1}\sin z, \end{cases}$$

formules où z désigne toujours une quantité réelle ou imaginaire quelconque; on en tire

$$(5) \qquad \cos z = \frac{e^{z\sqrt{-1}} + e^{-z\sqrt{-1}}}{2}, \quad \sin z = \frac{e^{z\sqrt{-1}} - e^{-z\sqrt{-1}}}{2\sqrt{-1}}.$$

Les fonctions tang z, cot z, séc z, coséc z sont définies, quand z est imaginaire, par les équations

$$(6) \quad \operatorname{tang} z = \frac{\sin z}{\cos z}, \operatorname{cot} z = \frac{\cos z}{\sin z}, \operatorname{séc} z = \frac{1}{\cos z}, \operatorname{coséc} z = \frac{1}{\sin z},$$

ce qui s'accorde, dans le cas où z est réelle, avec les résultats tirés de la trigonométrie.

16. Quand z et z_1 sont réelles, on a, comme on sait,

$$e^z \times e^{z_1} = e^{z+z_1},$$

ou

$$\left(1+\frac{z}{1}+\frac{z^2}{1.2}+\frac{z^3}{1.2.3}+\ldots\right)\left(1+\frac{z_1}{1}+\frac{z_1^2}{1.2}\frac{z_1^3}{1.2.3}+\ldots\right)$$
$$=\left[1+\frac{z+z_1}{1}+\frac{(z+z_1)^2}{1.2}+\frac{(z+z_1)^3}{1.2.3}+\ldots\right],$$

et il est facile de s'assurer qu'effectivement, si l'on exécute les opérations indiquées dans les deux membres, les termes semblables seront identiquement égaux de part et d'autre. Or cette identité ne sera point altérée si z et z_1 désignent des expressions imaginaires; par conséquent l'équation fondamentale

$$(7)\qquad e^z\times e^{z_1}=e^{z+z_1}$$

aura lieu, quelles que soient z et z_1; on aura donc aussi pour un produit de m facteurs

$$e^z\times e^{z_1}\times\ldots\times e^{z_{m-1}}=e^{z+z_1+\ldots+z_{m-1}},$$

et, si tous les facteurs sont égaux, on aura

$$(e^z)^m=e^{mz}.$$

Si l'on change dans l'équation (7) z et z_1 en $z\sqrt{-1}$ et $z_1\sqrt{-1}$, puis en $-z\sqrt{-1}$ et $-z_1\sqrt{-1}$, on aura, d'après les formules (4),

$$\cos(z+z_1)+\sqrt{-1}\sin(z+z_1)=(\cos z+\sqrt{-1}\sin z)(\cos z_1+\sqrt{-1}\sin z_1),$$
$$\cos(z+z_1)-\sqrt{-1}\sin(z+z_1)=(\cos z-\sqrt{-1}\sin z)(\cos z_1-\sqrt{-1}\sin z_1);$$

en ajoutant ces deux équations et en les retranchant ensuite l'une de l'autre, on obtient

$$(8)\qquad\left\{\begin{array}{l}\cos(z+z_1)=\cos z\cos z_1-\sin z\sin z_1,\\ \sin(z+z_1)=\sin z\cos z_1+\cos z\sin z_1;\end{array}\right.$$

ces formules ont lieu pour toutes les valeurs de z et de z_1, et il en est évidemment de même de toutes celles que l'on en déduit dans *la trigonométrie*, en se bornant à considérer les valeurs réelles des arguments.

Pour donner une application de ce qui précède, cherchons

à mettre les fonctions e^z, $\cos z$, $\sin z$ sous la forme $a + b\sqrt{-1}$, dans le cas où l'on suppose $z = x + y\sqrt{-1}$, x et y étant des quantités réelles.

Les équations (7) et (4) donnent d'abord

$$e^{x+y\sqrt{-1}} = e^x . e^{y\sqrt{-1}} = e^x (\cos y + \sqrt{-1}\sin y); \tag{9}$$

les équations (8) et (5) donnent ensuite

$$\left\{\begin{aligned} \cos(x+y\sqrt{-1}) &= \frac{e^y + e^{-y}}{2}\cos x - \sqrt{-1}\,\frac{e^y - e^{-y}}{2}\sin x, \\ \sin(x+y\sqrt{-1}) &= \frac{e^y + e^{-y}}{2}\sin x + \sqrt{-1}\,\frac{e^y - e^{-y}}{2}\cos x. \end{aligned}\right. \tag{10}$$

Si $x = 0$, on a

$$\left\{\begin{aligned} \cos(y\sqrt{-1}) &= \frac{e^y + e}{2}, \\ \sin(y\sqrt{-1}) &= \frac{e^y - e^{-y}}{2}\sqrt{-1}. \end{aligned}\right. \tag{11}$$

Enfin on a

$$\tang(x+y\sqrt{-1}) = \frac{\sin(x+y\sqrt{-1})}{\cos(x+y\sqrt{-1})}$$

$$= \frac{2\sin(x+y\sqrt{-1})\cos(x-y\sqrt{-1})}{2\cos(x+y\sqrt{-1})\cos(x-y\sqrt{-1})} = \frac{\sin 2x + \sin(2y\sqrt{-1})}{\cos 2x + \cos(2y\sqrt{-1})},$$

et à cause des formules (11)

$$\tang(x+y\sqrt{-1}) = \frac{\sin 2x + \sqrt{-1}\,\dfrac{e^{2y} - e^{-2y}}{2}}{\cos 2x + \dfrac{e^{2y} + e^{-2y}}{2}} \tag{12}$$

formule qui, pour $x = 0$, se réduit à

$$\tang(y\sqrt{-1}) = \frac{e^y - e^{-y}}{e^y + e^{-y}}\sqrt{-1}. \tag{13}$$

17. Nous nommons logarithme népérien d'une variable réelle ou imaginaire z, l'exposant de la puissance à laquelle il faut élever e pour avoir z. Posons

$$z = \rho(\cos\omega + \sqrt{-1}\sin\omega) \text{ ou } = \rho e^{\omega\sqrt{-1}}.$$

Si z a un logarithme népérien $x + y\sqrt{-1}$, on aura

$$e^{x+y\sqrt{-1}} = \rho(\cos\omega + \sqrt{-1}\sin\omega),$$

ou

$$e^x(\cos y + \sqrt{-1}\sin y) = \rho(\cos\omega + \sqrt{-1}\sin\omega),$$

c'est-à-dire

$$e^x \cos y = \rho\cos\omega, \quad e^x \sin y = \rho\sin\omega.$$

On tire de là $e^{2x} = \rho^2$, d'où $e^x = \rho$, et par suite $\cos y = \cos\omega$, $\sin y = \sin\omega$, d'où $y = \omega + 2k\pi$, k désignant un nombre entier indéterminé, positif, nul ou négatif; d'après cela, on aura par notre définition

$$\log(\rho\cos\omega + \sqrt{-1}\,\rho\sin\omega) = \log\rho + (\omega + 2k\pi)\sqrt{-1},$$

en sorte qu'une expression imaginaire a une infinité de logarithmes qui se déduisent tous de l'un d'eux par l'addition d'un multiple de la circonférence et de $\sqrt{-1}$.

L'argument ω de la variable z peut toujours être pris entre $-\pi$ et $+\pi$ et la valeur *principale* de $\log z$ sera $\log\rho + \omega\sqrt{-1}$.

Développement de la fonction $\log(1+z)$, *en série ordonnée suivant les puissances de* z, *dans le cas où le module de cette variable est inférieur à* 1.

18. Désignons par z une variable imaginaire de module ρ et dont l'argument ω soit compris entre $-\pi$ et $+\pi$. Soient aussi r et ψ le module et l'argument de la fonction $1+z$; on aura

$$z = \rho\cos\omega + \sqrt{-1}\,\rho\sin\omega, \quad 1 + z = r\cos\psi + \sqrt{-1}\,r\sin\psi,$$

et, par conséquent,

$$(1) \qquad r\cos\psi = 1 + \rho\cos\omega, \quad r\sin\psi = \rho\sin\omega,$$

d'où l'on tire

$$(2) \qquad r = \sqrt{1 + 2\rho\cos\omega + \rho^2}, \quad \tang\psi = \frac{\rho\sin\omega}{1 + \rho\cos\omega},$$

ou

$$(3)\quad \log r = \frac{1}{2}\log(1 + 2\rho\cos\omega + \rho^2),\quad \psi = \operatorname{arc\,tang}\frac{\rho\sin\omega}{1+\rho\cos\omega}.$$

La première des équations (2) ou (3) détermine le module r, qui est positif; quant à l'angle ψ, il n'est déterminé complétement ni par la deuxième équation (2), ni par les équations (1), qui font connaître son cosinus et son sinus. Mais, comme l'hypothèse $\rho = 0$ donne $r = 1$, $\cos\psi = 1$, $\sin\psi = 0$ et que l'on satisfait à ces dernières équations en prenant $\psi = 0$, nous achèverons de définir l'angle ψ par la condition qu'il soit une fonction continue de ρ, s'annulant pour $\rho = 0$.

Si l'on différentie les équations (3) en regardant ω comme constante, il vient

$$(4)\quad \frac{d\log r}{d\rho} = \frac{\cos\omega + \rho}{1 + 2\rho\cos\omega + \rho^2},\quad \frac{d\psi}{d\rho} = \frac{\sin\omega}{1 + 2\rho\cos\omega + \rho^2};$$

la deuxième de ces formules montre que la dérivée $\frac{d\psi}{d\rho}$ conserve le signe de $\sin\omega$, donc ψ est une fonction de ρ qui est constamment croissante si ω est compris entre 0 et π, et constamment décroissante si ω est compris entre $-\pi$ et 0. Or on a par les formules (1) et (2)

$$\begin{array}{llll} r = 1, & \cos\psi = 1, & \sin\psi = 0, & \text{pour } \rho = 0, \\ r = 2\cos\frac{1}{2}\omega, & \cos\psi = \cos\frac{1}{2}\omega, & \sin\psi = \sin\frac{1}{2}\omega, & \text{pour } \rho = 1, \\ r = \infty, & \cos\psi = \cos\omega, & \sin\psi = \sin\omega, & \text{pour } \rho = \infty; \end{array}$$

d'ailleurs, la deuxième équation (1) montre que $\sin\psi$ ne s'annule jamais, à moins que l'on n'ait $\sin\omega = 0$, cas dont il n'y a pas à s'occuper; donc, quand ρ croît de 0 à ∞, ψ croît ou décroît constamment de 0 à ω, et l'on a $\psi = \frac{1}{2}\omega$ pour $\rho = 1$. On voit aussi, par la première équation (4), que si $\cos\omega$ est positif, r croît de 0 à ∞ quand ρ croît lui-même de 0 à ∞; au contraire, si $\cos\omega$ est négatif, r décroît de 1 à $+\sqrt{\sin^2\omega}$ et croît ensuite de $+\sqrt{\sin^2\omega}$ à $+\infty$.

19. Nous nous proposons ici de développer, par la formule de Maclaurin, les fonctions $\log r$ et ψ en séries ordonnées suivant les puissances croissantes de ρ. Pour cela, il nous faut obtenir les dérivées des divers ordres de nos deux fonctions; on y parvient très-aisément en procédant comme il suit.

Si l'on ajoute les équations (4) après avoir multiplié la seconde par $\sqrt{-1}$, il vient

$$\frac{d\log r}{d\rho}+\sqrt{-1}\,\frac{d\psi}{d\rho}=\frac{\rho+(\cos\omega+\sqrt{-1}\sin\omega)}{\rho^2+2\rho\cos\omega+1}.$$

Or le dénominateur du second membre est précisément le produit du numérateur par l'expression conjuguée $\rho+(\cos\omega-\sqrt{-1}\sin\omega)$, on aura donc

$$\frac{d\log r}{d\rho}+\sqrt{-1}\,\frac{d\psi}{d\rho}=\frac{1}{\rho+(\cos\omega-\sqrt{-1}\sin\omega)}.$$

Si donc on différentie $(m-1)$ fois les deux membres par rapport à ρ, on aura

$$\frac{d^m\log r}{d\rho^m}+\sqrt{-1}\,\frac{d^m\psi}{d\rho^m}$$
$$=(-1)^{m-1}1.2\ldots(m-1)\frac{1}{(\rho+\cos\omega-\sqrt{-1}\sin\omega)^m};$$

on aura aussi, en changeant $\sqrt{-1}$ en $-\sqrt{-1}$,

$$\frac{d^m\log r}{d\rho^m}-\sqrt{-1}\,\frac{d^m\psi}{d\rho^m}$$
$$=(-1)^{m-1}1.2\ldots(m-1)\frac{1}{(\rho+\cos\omega+\sqrt{-1}\sin\omega)^m},$$

d'où

$$(5)\quad\left\{\begin{aligned}
&\frac{d^m\log r}{d\rho^m}=(-1)^{m-1}1.2\ldots(m-1)\\
&\quad\times\frac{(\rho+\cos\omega-\sqrt{-1}\sin\omega)^{-m}+(\rho+\cos\omega+\sqrt{-1}\sin\omega)^{-m}}{2},\\
&\frac{d^m\psi}{d\rho^m}=(-1)^{m-1}1.2\ldots(m-1)\\
&\quad\times\frac{(\rho+\cos\omega-\sqrt{-1}\sin\omega)^{-m}-(\rho+\cos\omega+\sqrt{-1}\sin\omega)^{-m}}{2\sqrt{-1}};
\end{aligned}\right.$$

enfin, si l'on fait $\rho = 0$, les équations (3), (4), (5) donnent

$$\log r = 0, \quad \frac{d \log r}{d\rho} = \cos\omega, \quad \frac{d^m \log r}{d\rho^m} = (-1)^{m-1}\, 1.2\ldots(m-1)\cos m\omega,$$

$$\psi = 0, \quad \frac{d\psi}{d\rho} = \sin\omega, \quad \frac{d^m \psi}{d\rho^m} = (-1)^{m-1}\, 1.2\ldots(m-1)\sin m\omega,$$

par conséquent, on aura par la formule de Maclaurin,

$$(6)\left\{\begin{aligned} \log r &= \frac{\rho\cos\omega}{1} - \frac{\rho^2\cos 2\omega}{2} \ldots + (-1)^{n-2}\frac{\rho^{n-1}\cos(n-1)\omega}{n-1} + R_n, \\ \psi &= \frac{\rho\sin\omega}{1} - \frac{\rho^2\sin 2\omega}{2} \ldots + (-1)^{n-2}\frac{\rho^{n-1}\sin(n-1)\omega}{n-1} + R'_n. \end{aligned}\right.$$

Si ρ est < 1, l'angle ψ est compris entre 0 et $\frac{1}{2}\omega$; je dis que dans ce cas les restes R_n et R'_n tendent vers zéro, quand n augmente indéfiniment.

Désignons en effet par θ une quantité comprise entre 0 et 1, et posons

$$\theta\rho + \cos\omega = \sigma\cos\alpha, \quad \sin\omega = \sigma\sin\alpha;$$

représentons aussi par R et g le reste R_n et la quantité $\cos n\alpha$, ou le reste R'_n et la quantité $\sin n\alpha$, on aura ces deux expressions de R :

$$R = (-1)^{n-1}\frac{g}{n}\left(\frac{\rho}{\sigma}\right)^n, \quad R = (-1)^{n-1}\frac{g\rho}{\sigma}\left(\frac{\rho - \theta\rho}{\sigma}\right)^{n-1};$$

la valeur de σ^2 est

$$\sigma^2 = 1 + 2\theta\rho\cos\omega + \theta^2\rho^2;$$

et par conséquent si $\cos\omega$ est positif, on aura $\sigma > 1$; dans ce cas, la première expression de R montre que R_n et R'_n tendent vers zéro quand n tend vers l'infini, pour toutes les valeurs de ρ comprises entre 0 et 1. Si $\cos\omega$ est négatif, la valeur précédente de σ^2 donne

$$\sigma^2 > 1 - 2\theta\rho + \theta^2\rho^2 > (1 - \theta\rho)^2 > (\rho - \theta\rho)^2;$$

donc la fraction $\frac{\rho - \theta\rho}{\sigma}$ est inférieure à 1, et l'on voit, par la deuxième forme de R, que R_n et R'_n tendent encore vers zéro quand n tend vers l'infini.

On aura d'après cela, pour les valeurs de ρ comprises entre o et 1,

$$(7)\quad \begin{cases} \log r = \frac{\rho \cos \omega}{1} - \frac{\rho^2 \cos 2\omega}{2} + \frac{\rho^3 \cos 3\omega}{3} - \ldots, \\ \psi = \frac{\rho \sin \omega}{1} - \frac{\rho^2 \sin 2\omega}{2} + \frac{\rho^3 \sin 3\omega}{3} - \ldots. \end{cases}$$

Ces formules (7) sont d'un usage très-fréquent dans les mathématiques appliquées et particulièrement en astronomie. Il faut observer que, pour le calcul, il faut multiplier le second membre de la première par le module M des logarithmes vulgaires et diviser le second membre de la deuxième par sin 1″; on a ainsi

$$(8)\quad \begin{cases} \log\sqrt{1+2\rho\cos\omega+\rho^2} = M\left[\frac{\rho\cos\omega}{1} - \frac{\rho^2\cos 2\omega}{2} + \frac{\rho^3\cos 3\omega}{3} - \ldots\right], \\ \text{arc tang}\,\frac{\rho\sin\omega}{1+\rho\cos\omega} = \left[\frac{\rho\sin\omega}{\sin 1''} - \frac{\rho^2\sin 2\omega}{\sin 2''} + \frac{\rho^3\sin 3\omega}{\sin 3''} - \ldots\right], \end{cases}$$

en écrivant sin 2″, sin 3″, ..., au lieu de 2 sin 1″, 3 sin 1″, ..., ce qui est permis, tant qu'on ne prend qu'un petit nombre de termes de la série.

Si l'on ajoute les formules (7) après avoir multiplié la seconde par $\sqrt{-1}$, il vient

$$\log r + \psi\sqrt{-1} = \frac{\rho(\cos\omega + \sqrt{-1}\sin\omega)}{1} - \frac{\rho^2(\cos 2\omega + \sqrt{-1}\sin 2\omega)}{2} + \frac{\rho^3(\cos 3\omega + \sqrt{-1}\sin 3\omega)}{3} - \ldots;$$

or la somme $\log r + \psi\sqrt{-1}$ n'est autre chose que la valeur principale de l'expression $\log(1+z)$; on a d'ailleurs $z^n = \rho^n(\cos n\omega + \sqrt{-1}\sin n\omega)$; donc la formule précédente peut s'écrire

$$(9)\qquad \log(1+z) = \frac{z}{1} - \frac{z^2}{2} + \frac{z^3}{3} - \ldots$$

Cette formule (9), établie précédemment pour les valeurs de z comprises entre -1 et $+1$, subsiste donc aussi, en réduisant $\log(1+z)$ à sa valeur principale, pour toutes les valeurs imaginaires de z dont le module est inférieur à 1; elle équivaut, comme on le voit, aux deux formules (7) qui ne renferment que des quantités réelles. Il convient de remarquer que la deuxième équation (7) donne, en y faisant $\omega = \pm\frac{\pi}{2}$ et $\rho \sin \omega = x$,

$$(10) \qquad \operatorname{arc\,tang} x = \frac{x}{1} - \frac{x^3}{3} + \frac{x^5}{5} - \ldots,$$

formule qui subsiste pour toutes les valeurs de x comprises entre -1 et $+1$, et qui suppose le premier membre compris entre $-\frac{\pi}{4}$ et $+\frac{\pi}{4}$.

Sur l'expression de la différentielle d'un arc de courbe plane ou à double courbure.

20. *Le périmètre* P *du polygone, inscrit dans un arc de courbe* C, *tend vers une limite déterminée, lorsque ses côtés tendent tous vers zéro.*

En effet, soient x, y, z, et $x+\Delta x, y+\Delta y, z+\Delta z$ les coordonnées des extrémités d'un côté c du polygone, relatives à trois axes rectangulaires, on aura

$$c = \sqrt{\Delta x^2 + \Delta y^2 + \Delta z^2} = \Delta x \sqrt{1 + \frac{\Delta y^2}{\Delta x^2} + \frac{\Delta z^2}{\Delta x^2}};$$

les rapports $\frac{\Delta y}{\Delta x}$, $\frac{\Delta z}{\Delta x}$ ont respectivement pour limites $\frac{dy}{dx}$ et $\frac{dz}{dx}$, quand Δx tend vers zéro; on a donc

$$c = \left(\sqrt{1 + \frac{dy^2}{dx^2} + \frac{dz^2}{dx^2}} + \varepsilon\right) \Delta x,$$

en désignant par ε une quantité qui s'annule avec Δx. Si l'on prend x pour variable indépendante et que l'on fasse

$$\mathrm{Y} = \sqrt{1 + \frac{dy^2}{dx^2} + \frac{dz^2}{dx^2}},$$

Y sera une fonction donnée de x et l'on aura

$$c = Y\Delta x + \varepsilon\Delta x,$$

puis le périmètre total P du polygone inscrit sera

$$P = \Sigma Y\Delta x + \Sigma\varepsilon\Delta x.$$

Cela posé, construisons dans le plan x,y la courbe C' dont Y est l'ordonnée et désignons par A l'aire comprise entre la courbe, l'axe des x et les ordonnées qui répondent aux abscisses extrêmes x_0 et x_1. Supposons en outre cette aire décomposée en trapèzes élémentaires ayant pour bases les Δx; l'expression de ces trapèzes sera $Y\Delta x + \eta\Delta x$, η s'annulant avec Δx, et l'aire A elle-même sera

$$A = \Sigma Y\Delta x + \Sigma\eta\Delta x,$$

on aura donc

$$P = A + \Sigma\varepsilon\Delta x - \Sigma\eta\Delta x.$$

Cela posé, si ε' et η' désignent respectivement celui des ε et celui des η qui ont la plus grande valeur absolue, les sommes $\Sigma\varepsilon\Delta x$ et $\Sigma\eta\Delta x$ seront respectivement moindres en valeur absolue que $\varepsilon'\Sigma\Delta x$ et $\eta'\Sigma\Delta x$, c'est-à-dire moindres que $\varepsilon'(x_1 - x_0)$ et $\eta'(x_1 - x_0)$; mais ε' et η' s'annulent en même temps que les Δx, donc les sommes $\Sigma\varepsilon\Delta x$ et $\Sigma\eta\Delta x$ ont pour limite zéro, et l'on a

$$\lim P = A.$$

Le périmètre du polygone inscrit dans un arc de courbe tendant vers une limite déterminée indépendante du mode de division de l'arc, lorsque ses côtés tendent vers zéro, cette limite est dite la *longueur de l'arc de courbe.*

Il est facile maintenant d'avoir la différentielle de l'arc s de la courbe C, dont l'une des extrémités est supposée fixe et l'autre variable. Cette différentielle ds sera égale, d'après ce qui précède, à celle de l'aire A, laquelle est $Y dx$, et en remettant pour Y sa valeur, on aura

$$ds = \sqrt{1 + \frac{dy^2}{dx^2} + \frac{dz^2}{dx^2}}\, dx = \sqrt{dx^2 + dy^2 + dz^2}.$$

On peut déduire de là que *le rapport d'un arc de courbe à sa corde a pour limite l'unité, quand l'arc tend vers zéro.* Soient en effet c la corde qui sous-tend l'arc Δs, on a

$$\frac{\Delta s}{c} = \frac{\Delta s}{\sqrt{\Delta x^2 + \Delta y^2 + \Delta z^2}} = \frac{\frac{\Delta s}{\Delta x}}{\sqrt{1 + \frac{\Delta y^2}{\Delta x^2} + \frac{\Delta z^2}{\Delta x^2}}},$$

d'où

$$\lim \frac{\Delta s}{c} = \frac{\frac{ds}{dx}}{\sqrt{1 + \frac{dy^2}{dx^2} + \frac{dz^2}{dx^2}}} = \frac{ds}{\sqrt{dx^2 + dx^2 + dz^2}} = 1.$$

21. On peut obtenir de la manière suivante le développement en série de la différence entre un arc de courbe et sa corde. Soient x, y, z, les coordonnées rectangulaires de l'extrémité variable de l'arc s, et Δx, Δy, Δz les accroissements de x, y, z qui correspondent à l'accroissement Δs de s, on aura par la formule de Maclaurin

$$\Delta x = \frac{dx}{ds} \Delta s + \frac{d^2 x}{ds^2} \frac{\Delta s^2}{2} + \frac{d^3 x}{ds^3} \frac{\Delta s^3}{1.2.3} + \ldots,$$

$$\Delta y = \frac{dy}{ds} \Delta s + \frac{d^2 y}{ds^2} \frac{\Delta s^2}{2} + \frac{d^3 y}{ds^3} \frac{\Delta s^3}{1.2.3} + \ldots,$$

$$\Delta z = \frac{dz}{ds} \Delta s + \frac{d^2 z}{ds^2} \frac{\Delta s^2}{2} + \frac{d^3 z}{ds^3} \frac{\Delta s^3}{1.2.3} + \ldots.$$

Posons aussi

$$\sqrt{\Delta x^2 + \Delta y^2 + \Delta z^2} = \Delta s + A_2 \Delta s^2 + A_3 \Delta s^3 + A_4 \Delta s^4 + \ldots,$$

élevons au carré cette équation et remplaçons ensuite Δx, Δy, Δz, par les valeurs écrites plus haut ; on trouvera, en égalant les coefficients des mêmes puissances de Δs,

$$A_2 = 0,$$

$$A = \frac{1}{6}\left[\frac{dx}{ds}\frac{d^3 x}{ds^3} + \frac{dy}{ds}\frac{d^3 y}{ds^3} + \frac{dz}{ds}\frac{d^3 z}{ds^3}\right] + \frac{1}{8}\left[\left(\frac{d^2 x}{ds^2}\right)^2 + \left(\frac{d^2 y}{ds^2}\right)^2 + \left(\frac{d^2 z}{ds^2}\right)\right]$$

$$A_4 = \frac{1}{24}\left[\frac{dx}{ds}\frac{d^4 x}{ds^4} + \frac{dy}{ds}\frac{d^4 y}{ds^4} + \frac{dz}{ds}\frac{d^4 z}{ds^4}\right], + \frac{1}{12}\left[\frac{d^2 x}{ds^2}\frac{d^3 x}{ds^3} + \frac{d^2 y}{ds^2}\frac{d^3 y}{ds^3} + \frac{d^2 z}{ds^2}\frac{d^3 z}{ds^3}\right],$$

. . . .

Mais on a, en désignant par ρ le rayon de courbure à l'extrémité de l'arc s,

$$\left(\frac{d^2x}{ds^2}\right)^2 + \left(\frac{d^2y}{ds^2}\right)^2 + \left(\frac{d^2z}{ds^2}\right)^2 = \frac{1}{\rho^2},$$

d'où l'on tire, par la différentiation,

$$\frac{d^2x}{ds^2}\frac{d^3x}{ds^3} + \frac{d^2y}{ds^2}\frac{d^3y}{ds^3} + \frac{d^2z}{ds^2}\frac{d^3z}{ds^3} = \frac{1}{2}\frac{d\frac{1}{\rho^2}}{ds};$$

ensuite si l'on différentie trois fois de suite l'équation

$$\left(\frac{dx}{ds}\right)^2 + \left(\frac{dy}{ds}\right)^2 + \left(\frac{dz}{ds}\right)^2 = 1,$$

il vient, en ayant égard aux formules précédentes,

$$\frac{dx}{ds}\frac{d^2x}{ds^2} + \frac{dy}{ds}\frac{d^2y}{ds^2} + \frac{dz}{ds}\frac{d^2z}{ds^2} = 0,$$

$$\frac{dx}{ds}\frac{d^3x}{ds^3} + \frac{dy}{ds}\frac{d^3y}{ds^3} + \frac{dz}{ds}\frac{d^3z}{ds^3} = -\frac{1}{\rho^2},$$

$$\frac{dx}{ds}\frac{d^4x}{ds^4} + \frac{dy}{ds}\frac{d^4y}{ds^4} + \frac{dz}{ds}\frac{d^4z}{ds^4} = -\frac{3}{2}\frac{d\frac{1}{\rho^2}}{ds},$$

et au moyen de ces formules on aura

$$A_2 = 0, \quad A_3 = -\frac{1}{24\rho^2}, \quad A_4 = -\frac{1}{48}\frac{d\frac{1}{\rho^2}}{ds}, \ldots,$$

par conséquent

$$\sqrt{\Delta x^2 + \Delta y^2 + \Delta z^2} = \Delta s - \frac{\Delta s^3}{24\rho^2} - \frac{d\frac{1}{\rho^2}}{ds}\frac{\Delta s^4}{48} + \ldots;$$

les termes du troisième et du quatrième ordre ne dépendent que de la courbure $\frac{1}{\rho}$; l'influence de la seconde courbure ne se manifeste qu'à partir des termes du cinquième ordre. La formule précédente peut s'écrire comme il suit

$$\sqrt{\Delta x^2 + \Delta y^2 + \Delta z^2} = \Delta s - \frac{\Delta s^3}{48 \rho^2} - \frac{\Delta s^3}{48}\left(\frac{1}{\rho^2} + \frac{d\frac{1}{\rho^2}}{ds}\Delta s\right) + \ldots;$$

mais si ρ_1 désigne le rayon de courbure à l'extrémité de l'arc $s + \Delta s$, on a, par la formule de Maclaurin,

$$\frac{1}{\rho_1^2} = \frac{1}{\rho^2} + \frac{d\frac{1}{\rho^2}}{ds}\Delta s + \ldots,$$

ce qui permet d'écrire

$$\sqrt{\Delta x^2 + \Delta y^2 + \Delta z^2} = \Delta s - \left(\frac{1}{\rho^2} + \frac{1}{\rho_1^2}\right)\frac{\Delta s^3}{48},$$

en négligeant seulement les termes du cinquième ordre en Δs. Si l'on applique cette formule au cercle de rayon 1 on aura $\rho = \rho_1 = 1$ et si l'on désigne l'arc Δs par $2a$, la corde $\sqrt{\Delta x^2 + \Delta y^2 + \Delta z^2}$ sera $2 \sin a$; la formule précédente devient alors

$$\sin a = a - \frac{a^3}{6},$$

ce qui fournit une vérification de notre calcul.

Sur l'intégrale de la différentielle $f(x)dx$.

22. Il est nécessaire d'établir l'existence de l'intégrale d'une différentielle donnée $f(x)dx$. A cet effet, il suffit de considérer la courbe plane dont l'équation, en coordonnées rectangulaires, est $y = f(x)$; l'aire comprise entre la courbe, l'axe des abscisses, une ordonnée fixe arbitraire et l'ordonnée y ou $f(x)$ est une fonction de x dont la différentielle est $f(x)dx$ (t. I, p. 75). Si donc on désigne par $F(x)$ cette fonction, on aura

$$dF(x) = f(x)dx.$$

On voit que la fonction $F(x)$ n'est pas complétement déterminée, puisque l'aire qu'elle exprime est comptée à partir d'une ordonnée fixe qui est tout à fait arbitraire; on peut changer cette ordonnée à volonté, ce qui revient évidemment à ajouter une constante à la fonction $F(x)$; enfin, comme deux fonctions qui ont la même différentielle ne peuvent différer entre elles que par une constante (nº 2), si l'on désigne par C une constante arbitraire, $F(x)+C$ sera l'expression générale de l'intégrale de $f(x)dx$, et l'on écrit

$$F(x)+C=\int f(x)dx. \tag{1}$$

On peut déterminer la constante C par la condition que l'intégrale s'annule pour une valeur donnée x_0 de x, pourvu cependant que $F(x)$ ne devienne pas infinie pour $x=x_0$; il suffit effectivement de poser

$$F(x_0)+C=0, \quad \text{d'où} \quad C=-F(x_0),$$

ce qui réduit le premier membre de la formule précédente à $F(x)-F(x_0)$; et si l'on donne à x la valeur particulière X, ce premier membre prendra la valeur déterminée $F(X)-F(x_0)$. Cette valeur est, comme on le voit, celle que prend, pour $x=X$, l'intégrale de la différentielle $f(x)dx$, assujettie à s'annuler pour $x=0$; on la représente par la notation $\int_{x_0}^{X} f(x)dx$, et l'on a, en conséquence,

$$F(X)-F(x_0)=\int_{x_0}^{X} f(x)dx. \tag{2}$$

Le second membre de la formule (1) est dit l'*intégrale indéfinie* de la différentielle $f(x)dx$; le second membre de la formule (2) est au contraire une *intégrale définie*.

On peut toujours donner à une intégrale indéfinie la forme d'une intégrale définie, ce qui offre souvent de l'avantage. En effet, si dans l'équation (2) on remplace la valeur déterminée X par la variable x, on aura

$$F(x)-F(x_0)=\int_{x_0}^{x} f(x)\,dx, \tag{3}$$

et si l'on élimine $F(x)$ entre les équations (1) et (3), puis que l'on écrive C au lieu de $C + F(x_0)$, on aura

$$(4) \qquad \int f(x)\,dx = \int_{x_0}^{x} f(x)\,dx + C.$$

23. La fonction $F(x)$ ayant pour dérivée $f(x)$, si l'on pose $X - x_0 = mh$, m étant un nombre entier positif, on aura, d'après le théorème du n° 2,

$$F(X) - F(x_0) = (X - x_0)\lim \frac{f(x_0) + f(x_0 + h) + \ldots + f(x_0 + \overline{m-1}h)}{m}$$

pour $h = 0$, ou

$$F(X) - F(x_0) = \lim\left[hf(x_0) + hf(x_0 + h) + \ldots + hf(x_0 + \overline{m-1}h)\right]$$

ou, enfin, d'après l'équation (2),

$$\int_{x_0}^{X} f(x)\,dx = \lim \sum_{x=x_0}^{x=X} f(x)\,dx\,;$$

ce qui exprime que l'intégrale définie $\int_{x_0}^{X} f(x)\,dx$ est la limite vers laquelle tend, pour $dx = 0$, la somme des valeurs de la différentielle $f(x)\,dx$, quand x varie de x_0 à X, par intervalles égaux à dx. Nous supposons ici, bien entendu, que la fonction $f(x)$ reste finie, quand x varie de x_0 à X.

Sur les intégrales multiples.

24. La recherche des volumes terminés par des surfaces courbes et celle des aires de ces surfaces se ramènent, comme on l'a vu, à la détermination d'intégrales doubles, qui, dans le système des coordonnées rectangulaires, ont pour expressions générales

$$\int\!\!\int z\,dx\,dy, \qquad \int\!\!\int dx\,dy\sqrt{1 + \left(\frac{dz}{dx}\right)^2 + \left(\frac{dz}{dy}\right)^2}.$$

D'autres questions conduisent aussi à des intégrales *triples*, *quadruples*, *etc.*, et, dans tous les cas, l'intégration doit s'étendre à toutes les valeurs des variables qui satisfont à certaines conditions exprimables par une ou plusieurs inégalités. Lorsqu'on peut effectuer l'intégration relative à l'une des variables, l'intégrale multiple se réduit à une intégrale d'ordre inférieur d'une unité et, quand il n'en est pas ainsi, on peut quelquefois opérer la *réduction* par un changement de variables.

Considérons, par exemple, l'intégrale double

$$(1) \qquad \zeta = \int\int \mathrm{V}\, dx dy,$$

dans laquelle V désigne une fonction donnée de x et y, et supposons qu'on veuille substituer aux variables x et y deux nouvelles variables u et v, liées aux premières par deux relations données. Quelle que soit la portion du plan des xy qui comprend les points (x, y) auxquels l'intégration doit s'étendre, l'intégrale ζ se composera d'un ou plusieurs termes de la forme

$$\mathrm{Z} = \int_{x_0}^{x_1} dx \int_{y_0}^{y_1} \mathrm{V}\, dy,$$

y_0 et y_1 désignant deux fonctions données de x, et x_0, x_1 étant deux constantes. On peut évidemment supposer que y et x croissent constamment de la limite inférieure à la limite supérieure, ce qui revient à dire que dx et dy sont positives. Cela posé, des équations données entre x, y, u, v, on peut tirer la valeur de y en fonction de x et de v; soit

$$y = f(x, v),$$

et considérons l'intégrale $\int_{y_0}^{y_1} \mathrm{V} dy$ où x peut être regardé comme un parametre constant. Si l'on y remplace y par $f(x, v)$, dy par $\frac{df(x, v)}{dv} dv$, elle deviendra $\int_{v_0}^{v_1} \mathrm{V} \frac{df(x, v)}{dv} dv$, v_0 et v_1 étant les valeurs de v qui répondent à $y = y_0$, $y = y_1$. Nous supposons ici que v varie toujours dans le même sens, quand y varie de y_0 à y_1; s'il en était autrement, on rentrerait dans cette hypothèse en décomposant l'intégrale relative à y en plusieurs parties. Comme dy est supposé positif, dv a le signe de $\frac{df(x, v)}{dv}$; si cette dérivée est négative, on peut ramener dv à être positif en changeant les limites de l'intégration, en sorte que l'on aura

$$Z = \int_{x_0}^{x_1} dx \int V \left[\pm \frac{df(x, v)}{dv}\right] dv,$$

$\pm \frac{df(x, v)}{dv}$ désignant la valeur absolue de $\frac{df(x, v)}{dv}$, et l'intégrale relative à v étant prise entre les limites v_0 et v_1 ou v_1 et v_0. D'après cela, la valeur de ζ sera

$$\zeta = \int\int V \left[\pm \frac{df(x, v)}{dv}\right] dxdv.$$

Ce résultat nous donne le moyen d'achever la substitution que nous avons en vue; car soit

$$x = F(u, v)$$

la valeur de x en u et v; il suffira de remplacer dx par $\pm \frac{dF(u, v)}{du} du$, et l'on aura

$$\zeta = \int\int V \left[\pm \frac{df(x, v)}{dv}\right] \left[\pm \frac{dF(u, v)}{du}\right] dudv,$$

formule où les intégrations doivent être étendues *aux mêmes points* que dans la formule (2).

Mais si l'on différentie l'équation $y = f(x, v)$, en considérant x et y comme fonctions de u et v, on a

$$\frac{dy}{du} du + \frac{dy}{dv} dv = \frac{df(x, v)}{dx}\left(\frac{dx}{du} du + \frac{dx}{dv} dv\right) + \frac{df(x, v)}{dv} dv,$$

d'où

$$\frac{dy}{du} = \frac{df(x, v)}{dx} \frac{dx}{du},$$

$$\frac{dy}{dv} = \frac{df(x, v)}{dx} \frac{dx}{dv} + \frac{df(x, v)}{dv},$$

et par suite, à cause de $\frac{dx}{du} = \frac{d\mathrm{F}(u, v)}{du}$,

$$\frac{df(x, v)}{dv}\frac{d\mathrm{F}(u, v)}{du} = \frac{dx}{du}\frac{dy}{dv} - \frac{dx}{dv}\frac{dy}{du}.$$

La valeur de ζ devient en conséquence

$$\zeta = \pm \int\int \mathrm{V}\left(\frac{dx}{du}\frac{dy}{dv} - \frac{dx}{dv}\frac{dy}{du}\right) du dv,$$

la fonction V étant exprimée en u et v.

25. On peut encore arriver au résultat qui précède par les considérations suivantes. L'intégrale ζ peut être regardée comme représentant un volume composé de prismes élémentaires $\mathrm{V}\,dxdy$ dont les bases $dxdy$ remplissent une portion du plan xy. Or deux équations telles que

$$f_1(x, y) = u, \quad f_2(x, y) = v,$$

où u et v désignent deux paramètres variables, représentent deux systèmes de courbes, et il est clair que deux courbes infiniment voisines de l'un des systèmes détermineront avec deux courbes infiniment voisines de l'autre un parallélogramme infiniment petit dont l'aire sera $ds_1\, ds_2 \sin \varepsilon$; ds_1 et ds_2 étant les éléments infiniment petits des courbes u et v, et ε l'angle de ces éléments. Le volume que représente ζ sera évidemment la somme des volumes élémentaires $\mathrm{V}\, ds_1 ds_2 \sin \varepsilon$, et l'on aura

$$\zeta = \int\int \mathrm{V}\, ds_1 ds_2 \sin \varepsilon.$$

Mais x et y sont fonctions de u et v; si l'on demeure sur la courbe u, v variera seul et l'on aura

$$dx = \frac{dx}{dv} dv, \quad dy = \frac{dy}{dv} dv,$$

d'où

$$ds_1 = \sqrt{\left(\frac{dx}{dv}\right)^2 + \left(\frac{dy}{dv}\right)^2} dv;$$

si au contraire on marche sur la courbe v, u sera seul variable et l'on aura

$$dx = \frac{dx}{du}du, \quad dy = \frac{dy}{du}du,$$

d'où

$$ds_2 = \sqrt{\left(\frac{dx}{du}\right)^2 + \left(\frac{dy}{du}\right)^2}\,du.$$

Les cosinus des angles formés par ds_1 et par ds_2 avec les axes des x et des y étant proportionnels respectivement à $\frac{dx}{dv}$ et $\frac{dy}{dv}$, $\frac{dx}{du}$ et $\frac{dy}{du}$, on a

$$\cos\varepsilon = \frac{\frac{dx}{du}\frac{dx}{dv} + \frac{dy}{du}\frac{dy}{dv}}{\sqrt{\left(\frac{dx}{du}\right)^2 + \left(\frac{dy}{du}\right)^2}\sqrt{\left(\frac{dx}{dv}\right)^2 + \left(\frac{dy}{dv}\right)^2}},$$

$$\sin\varepsilon = \frac{\pm\left(\frac{dx}{du}\frac{dy}{dv} - \frac{dx}{dv}\frac{dy}{du}\right)}{\sqrt{\left(\frac{dx}{du}\right)^2 + \left(\frac{dy}{du}\right)^2}\sqrt{\left(\frac{dx}{dv}\right)^2 + \left(\frac{dy}{dv}\right)^2}},$$

d'où

$$as_1\, ds_2 \sin\varepsilon = \pm\left(\frac{dx}{du}\frac{dy}{dv} - \frac{dx}{dv}\frac{dy}{du}\right),$$

et par conséquent

$$\zeta = \int\int \pm\left(\frac{dx}{du}\frac{dy}{dv} - \frac{dx}{dv}\frac{dy}{du}\right)\mathrm{V}\,du\,dv,$$

comme on l'a déjà trouvé.

Par exemple, le passage des coordonnées rectangulaires x et y aux coordonnées polaires ρ et ω, liées à x et à y par les équations

$$x = \rho\cos\omega, \quad y = \rho\sin\omega,$$

conduira à la formule

$$\int\int \mathrm{V}\,dx\,dy = \int\int \mathrm{V}\rho\,d\rho\,d\omega;$$

les éléments $\rho\,d\rho\,d\omega$ sont ici des rectangles dont les côtés $d\rho$,

$\rho d\omega$ sont les éléments respectifs de lignes droites menées par l'origine et de circonférences ayant cette origine pour centre.

26. En général, si l'on a une intégrale multiple d'ordre n, telle que

$$\zeta = \int\int\ldots\int V\,dx\,dy\ldots dz,$$

et qu'aux n variables $x, y, \ldots, z$ on en substitue n autres $u, v, \ldots, w$, liées aux premières par des relations données, on aura

$$\int\int\ldots\int V\,dx\,dy\ldots dz = \int\int\ldots\int(\pm\Delta)V\,du\,dv\ldots dw,$$

Δ désignant le déterminant

$$\Delta = \begin{vmatrix} \frac{dx}{du}, & \frac{dx}{dv}, & \ldots, & \frac{dx}{dw}, \\ \frac{dy}{du}, & \frac{dy}{dv}, & \ldots, & \frac{dy}{dw}, \\ \ldots & \ldots & \ldots & \ldots, \\ \frac{dz}{du}, & \frac{dz}{dv}, & \ldots, & \frac{dz}{dw}. \end{vmatrix}$$

Ce théorème est démontré par ce qui précède dans le cas de deux variables x et y; il suffit donc de l'établir pour $n+1$ variables, en admettant qu'il ait lieu pour n variables.

Soit donc l'intégrale d'ordre $n+1$

$$\zeta = \int\int\ldots\int\int V\,dx\,dy\ldots dz\,ds,$$

et supposons qu'on veuille substituer aux variables $x, y, \ldots, z, s$ les $n+1$ variables $u, v, \ldots, w, t$. On peut commencer par exprimer les n variables $x, y, \ldots, z$ en fonction de s et des n variables nouvelles $u, v, \ldots, w$, l'intégration relative à s devant alors être effectuée la dernière. Par ce changement de n variables, on aura, d'après ce que nous admettons

$$\zeta = \int\int\ldots\int\int(\pm D)V\,ds.\,du\,dv\ldots dw,$$

D désignant le déterminant

$$D = \left| \begin{array}{llll} \frac{\delta x}{\delta u}, & \frac{\delta x}{\delta v}, & \ldots, & \frac{\delta x}{\delta w}, \\ \frac{\delta y}{\delta u}, & \frac{\delta y}{\delta v}, & \ldots, & \frac{\delta y}{\delta w}, \\ \ldots & \ldots & \ldots & \ldots, \\ \frac{\delta z}{\delta u}, & \frac{\delta z}{\delta v}, & \ldots, & \frac{\delta z}{\delta w}; \end{array} \right.$$

nous employons ici la lettre δ pour exprimer les dérivées partielles prises dans l'hypothèse où les variables indépendantes sont s et $u, v, \ldots, w$, tandis que nous réservons la lettre d pour le cas où les variables indépendantes sont $u, v, \ldots, w, t$. Or, en différentiant l'une des variables $x, y, \ldots, z$ dans cette dernière hypothèse, d'abord par rapport à l'une des variables $u, v \ldots . w$, puis par rapport à t, on a

$$\frac{dx}{du} = \frac{\delta x}{\delta u} + \frac{\delta x}{\delta s}\frac{ds}{du}, \quad \frac{dx}{dt} = \frac{\delta x}{\delta s}\frac{ds}{dt},$$

d'où

$$\frac{\delta x}{\delta u} = \frac{dx}{du} - \frac{\frac{dx}{dt}}{\frac{ds}{dt}}\frac{ds}{du},$$

et l'on aura des expressions semblables pour chacune des dérivées qui figurent dans la valeur du déterminant D.

Cela posé, dans l'évaluation de ζ, l'intégration relative à s peut être effectuée la première, après la substitution dont nous venons de parler, et d'après ce qui a été dit en commençant, si l'on exprime s en fonction de t et de $u, v, \ldots, w$, on devra remplacer ds par $\frac{ds}{dt}dt$; on aura donc

$$\zeta = \int\int\ldots\int\int\left(\pm D\frac{ds}{dt}\right)V\,du\,dv\ldots dw\,dt,$$

et l'expression de D pourra se déduire de la suivante

$$D_s = \begin{vmatrix} \frac{dx}{du}, & \frac{dx}{dv}, \ldots, & \frac{dx}{dw}, \\ \frac{dy}{du}, & \frac{dy}{dv}, \ldots, & \frac{dy}{dw}, \\ \ldots\ldots & \ldots\ldots & \ldots\ldots, \\ \frac{dz}{du}, & \frac{dz}{dv}, \ldots, & \frac{dz}{dw}, \end{vmatrix}$$

en remplaçant $\frac{dx}{du}, \ldots$ par $\frac{dx}{du} - \frac{\frac{dx}{dt}}{\frac{ds}{dt}} \frac{ds}{du}, \ldots$.

Désignons par $D_x, D_y, \ldots, D_z$ les résultats que l'on obtient en exécutant sur D_s une, deux, trois, etc., fois la substitution circulaire qui consiste à remplacer $x, y, \ldots, z, s$ respectivement par $y, \ldots, z, s, x$. Comme un déterminant ne fait que changer de signe quand on change l'une en l'autre deux lignes parallèles, il est facile de voir que la substitution de s à $x, y, \ldots, z$ changera D_s en $-D_x, -D_y, \ldots, -D_z$, si le nombre n des variables $x, y, \ldots z$ est pair, et en $+D_x, -D_y, \ldots -D_z$, si le nombre n est impair, les signes étant alternativement $+$ et $-$ dans ce dernier cas.

Cela posé, remplaçons, dans l'expression de D_s les dérivées de x, savoir : $\frac{dx}{du}$, etc., par les valeurs $\frac{dx}{du} - \frac{\frac{dx}{dt}}{\frac{ds}{dt}} \frac{ds}{du}$, etc., on obtiendra, d'après ce qui vient d'être dit, le résultat

$$D_s + (-1)^n \frac{\frac{dx}{dt}}{\frac{ds}{dt}} D_x.$$

Si dans cette expression on remplace les dérivées de y, savoir: $\frac{dy}{du}$, etc., par les valeurs $\frac{dy}{du} - \frac{\frac{dy}{dt}}{\frac{ds}{dt}} \frac{ds}{du}$, etc., D_x ne changera pas, car ce déterminant s'annule quand on y met s au lieu de y; on aura donc le résultat

$$D_s + (-1)^n \frac{\frac{dx}{dt}}{\frac{ds}{dt}} D_x + \frac{\frac{dy}{dt}}{\frac{ds}{dt}} D_y,$$

et l'on voit facilement que si l'on remplace les dérivées des autres variables, jusqu'à celles de z inclusivement, par les valeurs indiquées, l'expression de D_s deviendra définitivement

$$D_s + (-1)^n \frac{\frac{dx}{dt}}{\frac{ds}{dt}} D_x + \frac{\frac{dy}{dt}}{\frac{ds}{dt}} D_y + \ldots + (-1)^n \frac{\frac{dz}{dt}}{\frac{ds}{dt}} D_z,$$

en sorte que l'on aura

$$D \frac{ds}{dt} = D_s \frac{ds}{dt} \pm D_x \frac{dx}{dt} + D_y \frac{dy}{dt} \pm \ldots \pm D_z \frac{dz}{dt}.$$

Or on sait que le second membre de cette formule est précisément égal au déterminant

$$\Delta_1 = \left| \begin{array}{l} \frac{dx}{du}, \frac{dx}{dv}, \ldots \frac{dx}{dw}, \frac{dx}{dt}, \\ \frac{dy}{du}, \frac{dy}{dv}, \ldots \frac{dy}{dw}, \frac{dy}{dt}, \\ \ldots\ldots\ldots\ldots\ldots\ldots \\ \frac{dz}{du}, \frac{dz}{dv}, \ldots \frac{dz}{dw}, \frac{dz}{dt}, \\ \frac{ds}{du}, \frac{ds}{dv}, \ldots \frac{ds}{dw}, \frac{ds}{dt}, \end{array} \right.$$

on a donc

$$D \frac{ds}{dt} = \Delta_1,$$

et, par conséquent,

$$\zeta = \int\int\ldots\int\int(\pm \Delta_1) V\, du\, dv \ldots dw\, dt,$$

ce qui démontre la proposition énoncée.

27. Considérons en particulier les intégrales multiples qui se rapportent à l'évaluation des volumes et des surfaces courbes. On a, pour l'expression des volumes en coordonnées rectangulaires,

$$\zeta = \int\int\int dx\, dy\, dz,$$

et si l'on substitue à x, y, z les trois variables, u, v, w, il viendra

$$\zeta = \int\int\int \Delta\, du\, dv\, dw,$$

avec

$$\begin{matrix} \ldots, & \frac{dx}{dv}, & \frac{dx}{dw} \\ \ldots, & \frac{dy}{dv}, & \frac{dy}{dw} \\ \ldots, & \frac{dz}{dv}, & \frac{dz}{dw} \end{matrix} = \left(\frac{dx}{du}\frac{dy}{dv} - \frac{dx}{dv}\frac{dy}{du}\right)\frac{dz}{dw} + \left(\frac{dy}{du}\frac{dz}{dv} - \frac{dy}{dv}\frac{dz}{du}\right)\frac{dx}{dw} + \left(\frac{dz}{du}\frac{dx}{dv} - \frac{dx}{du}\frac{dz}{dv}\right)\frac{dy}{dw}.$$

Supposons que l'on prenne pour u, v, w, les trois coordonnées polaires r, θ, ψ, liées à x, y, z, par les formules

$$x = r \sin\theta \cos\psi, \quad y = r \sin\theta \sin\psi, \quad z = r\cos\theta,$$

on aura

$$\frac{dx}{dr} = \sin\theta\cos\psi, \quad \frac{dx}{d\theta} = r\cos\theta\cos\psi, \quad \frac{dx}{d\psi} = -r \sin\theta \sin\psi,$$

$$\frac{dy}{dr} = \sin\theta\sin\psi, \quad \frac{dy}{d\theta} = r\cos\theta\sin\psi, \quad \frac{dy}{d\psi} = r\sin\theta\cos\psi,$$

$$\frac{dz}{dr} = \cos\theta, \quad \frac{dz}{d\theta} = -r\sin\theta, \quad \frac{dz}{d\psi} = 0,$$

formules qui donnent

$$\Delta = r^2 \sin\theta,$$

on aura donc pour l'expression du volume ζ en coordonnées polaires

$$\zeta = \int\int\int r^2 \sin\theta\, dr\, d\theta\, d\psi,$$

et si r croît constamment entre les limites r_0 et r_1 fonctions données de θ et ψ, on pourra écrire

$$\zeta = \frac{1}{3}\int\int (r_1^3 - r_0^3) \sin\theta\, d\theta\, d\psi.$$

Passons maintenant aux aires des surfaces courbes; quand on emploie les coordonnées rectangulaires x et y, la détermination de ces aires dépend de l'intégrale double

$$\zeta = \int\int \sqrt{1 + p^2 + q^2}\, dx\, dy,$$

où p et q désignent les dérivées partielles $\frac{dz}{dx}$ et $\frac{dz}{dy}$. Si l'on substitue les nouvelles variables u, v à x et y, on aura

$$\zeta = \int\int \pm \left(\frac{dx}{du}\frac{dy}{dv} - \frac{dx}{dv}\frac{dy}{du}\right) \sqrt{1 + p^2 + q^2}\, du\, dv;$$

mais on a

$$\frac{dz}{du} = p\frac{dx}{du} + q\frac{dy}{du}, \quad \frac{dz}{dv} = p\frac{dx}{dv} + q\frac{dy}{dv},$$

d'où

$$p\left(\frac{dx}{du}\frac{dy}{dv} - \frac{dx}{dv}\frac{dy}{du}\right) = \left(\frac{dz}{du}\frac{dy}{dv} - \frac{dz}{dv}\frac{dy}{du}\right),$$
$$q\left(\frac{dx}{du}\frac{dy}{dv} - \frac{dx}{dv}\frac{dy}{du}\right) = \left(\frac{dx}{du}\frac{dz}{dv} - \frac{dx}{dv}\frac{dz}{du}\right),$$

et, en substituant ces valeurs de p et q, il vient

$$\zeta = \int\int \sqrt{\left(\frac{dx}{du}\frac{dy}{dv} - \frac{dx}{dv}\frac{dy}{du}\right)^2 + \left(\frac{dy}{du}\frac{dz}{dv} - \frac{dy}{dv}\frac{dz}{du}\right)^2 + \left(\frac{dz}{du}\frac{dx}{dv} - \frac{dz}{dv}\frac{dx}{du}\right)^2}$$

Supposons qu'on prenne pour u et v les coordonnées polaires θ, ψ; les dérivées $\frac{dx}{d\theta}$, $\frac{dx}{d\psi}$, $\frac{dy}{d\theta}$, $\frac{dy}{d\psi}$, $\frac{dz}{d\theta}$, $\frac{dz}{d\psi}$ devront être prises ici en considérant le rayon r comme fonction de θ et ψ; alors on aura

$$\frac{dx}{d\theta} = \frac{dr}{d\theta}\sin\theta\cos\psi + r\cos\theta\cos\psi,$$
$$\frac{dy}{d\theta} = \frac{dr}{d\theta}\sin\theta\sin\psi + r\cos\theta\sin\psi, \quad \frac{dz}{d\theta} = \frac{dr}{d\theta}\cos\theta - r\sin\theta,$$
$$\frac{dx}{d\psi} = \frac{dr}{d\psi}\sin\theta\cos\psi - r\sin\theta\sin\psi,$$
$$\frac{dy}{d\psi} = \frac{dr}{d\psi}\sin\theta\sin\psi + r\sin\theta\cos\psi, \quad \frac{dz}{d\psi} = \frac{dr}{d\psi}\cos\theta,$$

d'où

$$\frac{dx}{d\theta}\frac{dy}{d\psi}-\frac{dx}{d\psi}\frac{dy}{d\theta}=r\sin\theta\left(\frac{dr}{d\theta}\sin\theta+r\cos\theta\right),$$

$$\frac{dy}{d\theta}\frac{dz}{d\psi}-\frac{dy}{d\psi}\frac{dz}{d\theta}=-r\sin\theta\cos\psi\left(\frac{dr}{d\theta}\cos\theta-r\sin\theta\right)+r\frac{dr}{d\psi}\sin\psi,$$

$$\frac{dz}{d\theta}\frac{dx}{d\psi}-\frac{dz}{d\psi}\frac{dx}{d\theta}=-r\sin\theta\sin\psi\left(\frac{dr}{d\theta}\cos\theta-r\sin\theta\right)-r\frac{dr}{d\psi}\cos\psi;$$

la somme des carrés des seconds membres de ces formules est égale à

$$r^2\left(\frac{dr}{d\psi}\right)^2+r^2\sin^2\theta\left[\left(\frac{dr}{d\theta}\right)^2+r^2\right],$$

on a donc

$$\zeta=\int\int\sqrt{\left(\frac{dr}{d\psi}\right)^2+\left[\left(\frac{dr}{d\theta}\right)^2+r^2\right]\sin^2\theta}\,.\,r\,d\theta\,d\psi,$$

pour l'expression des aires courbes, en coordonnées polaires.

28. On peut arriver par des considérations très-simples aux formules que nous venons d'établir pour la détermination des volumes et aires courbes en coordonnées polaires. Remarquons d'abord que l'angle θ, formé par le rayon r et la direction de l'axe des z peut varier de o à π; quant à l'angle ψ formé par la projection du rayon r, sur le plan xy, avec l'axe des x, il peut varier de o à 2π, en marchant de Ox vers Oy; enfin les équations

$$r=\text{constante},\quad \theta=\text{constante},\quad \psi=\text{constante},$$

représentent un *système triple de surfaces orthogonales;* les surfaces du premier système sont des sphères ayant pour centre l'origine des coordonnées; celles du deuxième système sont des cônes droits ayant pour axe l'axe des z ; enfin le troisième système se compose de plans passant par l'axe des z. Si l'on prend deux surfaces infiniment voisines dans chaque système, on déterminera un parallélipipède rectangle infiniment petit dont les dimensions seront respectivement dr, $rd\theta$, $r\sin\theta\, d\psi$, son volume sera en conséquence $r^2\sin\theta\, dr\, d\theta\, d\psi$ et l'on aura pour la détermination des volumes en coordonnées polaires l'expression générale

$$\int\int r^2 \sin\theta \, dr \, d\theta \, d\psi,$$

comme nous l'avons trouvée plus haut.

Le parallélipipède dont nous avons parlé a deux de ses dimensions $r d\theta$ et $r \sin\theta \, d\psi$ situées sur la sphère de rayon r, l'élément superficiel de la sphère aura donc pour expression

$$d\omega = r^2 \sin\theta \, d\theta \, d\psi,$$

et l'aire d'une portion quelconque de sphère se déterminera par l'intégrale double

$$r^2 \int\int \sin\theta \, d\theta \, d\psi.$$

29. Supposons, par exemple, qu'on veuille trouver l'aire d'un triangle sphérique au moyen de la formule précédente. Soient A, B, C, les angles de ce triangle dont les sommets seront désignés par les mêmes lettres, je prendrai pour axe des z le rayon OA de la sphère (*), puis menant un grand cercle perpendiculaire à OA qui coupe en deux points I et J le grand cercle auquel appartient le côté BC, je prendrai le rayon OI pour axe des y; l'axe des x doit être perpendiculaire à OA et à OI, je choisirai la direction qui est telle, que la valeur ψ relative à C surpasse celle qui se rapporte à B, en supposant que ψ croisse quand on marche de l'axe des x vers l'axe des y. Cela posé, considérons un point M se mouvant sur le côté BC de B vers C et menons l'arc de grand cercle AM qui, prolongé s'il le faut, coupera en N le grand cercle situé dans le plan xy. Si l'on désigne par ψ_0 la valeur de ψ qui se rapporte au point B et que l'on prenne pour unité le rayon de la sphère, l'aire T du triangle sphérique sera donnée par la formule

$$T = \int_{\psi_0}^{\psi_0 + A} d\psi \int_0^{AM} \sin\theta \, d\theta = \int_{\psi_0}^{\psi_0 + A} (1 - \cos AM) \, d\theta,$$

(*) Le lecteur fera aisément lui-même la figure.

ou, à cause de $\cos AM = \sin MN$,

$$T = \int_{\psi_0}^{\psi_0+A} d\psi - \int_{\psi_0}^{\psi_0+A} \sin MN\, d\psi = A - \int_{\psi_0}^{\psi_0+A} \sin MN\, d\psi.$$

Mais le triangle sphérique rectangle MNI donne

$$\sin MN = \frac{\sin I \cos\psi}{\sin M}, \quad \cos M = \sin I \sin\psi,$$

et la dernière de ces formules donne par la différentiation

$$d\psi = -\frac{\sin M}{\sin I \cos\psi}\, dM, \quad \text{d'où} \quad \sin MN\, d\psi = -dM;$$

on aura donc

$$T = A + \int_{\psi_0}^{\psi_0+A} \frac{dM}{d\psi}\, d\psi;$$

enfin, comme on a $M = \pi - B$ pour $\psi = \psi_0$ et $M = C$ pour $\psi = \psi_0 + A$, on aura

$$T = A + B + C - \pi,$$

ce qui est la formule connue.

30. Considérons enfin une surface courbe quelconque dont un point M ait pour coordonnées r, θ, ψ et construisons la sphère de rayon r qui a pour centre l'origine des coordonnées. Le cône qui a pour sommet cette origine et pour base l'élément $d\omega$ de la sphère, déterminera sur la surface courbe un élément dS dont $d\omega$ sera la projection orthogonale sur la sphère r; on aura donc

$$dS = \frac{d\omega}{\cos\varepsilon} = \frac{r^2 \sin\theta\, d\theta\, d\psi}{\cos\varepsilon},$$

ε étant l'angle formé par le rayon r avec la normale de la surface.

Mais les côtés $r d\theta$ et $r \sin\theta\, d\psi$ de l'élément $d\omega$ forment avec le rayon r un système d'axes rectangulaires auxquels on peut rapporter la surface que nous considérons. Pour le point M les trois coordonnées sont nulles ; en outre quand les deux premières coordonnées s'accroissent successivement de $r d\theta$ et de $r \sin\theta\, d\psi$, la troisième coordonnée prend les accroissements $\frac{dr}{d\theta}\, d\theta$, $\frac{dr}{d\psi}\, d\psi$; en désignant par p et q les rapports de ces derniers accroissements à ceux des coordonnées qui les produisent, on a

$$p = \frac{1}{r}\,\frac{dr}{d\theta}, \quad q = \frac{1}{r\sin\theta}\,\frac{dr}{d\psi}.$$

Mais d'après les formules en coordonnées rectangulaires, relatives aux normales, l'angle ε a pour cosinus

$$\frac{1}{\sqrt{1 + p^2 + q^2}},$$

on a donc

$$\cos\varepsilon = \frac{r\sin\theta}{\sqrt{\left(\frac{dr}{d\psi}\right)^2 + \left[\left(\frac{dr}{d\theta}\right)^2 + r^2\right]\sin^2\theta}},$$

et, par conséquent,

$$dS = r\,d\theta\, d\psi \sqrt{\left(\frac{dr}{d\psi}\right)^2 + \left[\left(\frac{dr}{d\theta}\right)^2 + r^2\right]\sin^2\theta},$$

comme on l'a trouvé plus haut.

31. Pour montrer un exemple de la réduction des intégrales multiples par le changement de variables, j'appliquerai les résultats obtenus précédemment à la recherche du volume et de la surface de l'ellipsoïde.

Si l'on fait usage des coordonnées rectangulaires, la surface de l'ellipsoïde a pour équation

$$\frac{x^2}{a^2} + \frac{y^2}{b^2} + \frac{z^2}{c^2} = 1,$$

et les formules propres à déterminer le volume V et la surface S sont

$$V = c\iint \sqrt{1 - \frac{x^2}{a^2} - \frac{y^2}{b^2}}\, dx\, dy,$$

$$S = \iint \frac{\sqrt{1 + \frac{c^2 - a^2}{a^2}\,\frac{x^2}{a^2} + \frac{c^2 - b^2}{b^2}\,\frac{y^2}{b^2}}}{\sqrt{1 - \frac{x^2}{a^2} - \frac{y^2}{b^2}}}\, dx\, dy.$$

Dans l'expression de V, on peut effectuer immédiatement l'intégration par rapport à l'une quelconque des variables; l'intégrale double est alors réduite, et la seconde intégration peut s'effectuer sans difficulté. Il n'en est pas de même de l'intégrale double qui représente la valeur de S; l'intégration relative à x ou à y ne peut s'effectuer que par l'introduction des *fonctions elliptiques*. L'emploi des coordonnées polaires ne réussirait pas mieux, mais on peut effectuer la réduction demandée en prenant pour variables les deux angles θ, ψ liés aux coordonnées par les formules

$$x = a\sin\theta\cos\psi, \quad y = b\sin\theta\sin\psi, \quad z = c\cos\theta,$$

en vertu desquelles l'équation de l'ellipsoïde est vérifiée. Alors on a, par les formules générales du n° 27,

$$V = abc\int\int\sin\theta\cos^2\theta\,d\theta\,d\psi,$$

$$S = \int\int\sqrt{a^2b^2\cos^2\theta + c^2\sin^2\theta\,(a^2\sin^2\psi + b^2\cos^2\psi)}\,\sin\theta\,d\theta\,d\psi,$$

les intégrations s'étendant de $\theta = 0$ à $\theta = \pi$ et de $\psi = 0$ à $\psi = 2\pi$. Dans la première formule, l'intégration relative à θ donne le résultat $\frac{2}{3}abc\int_0^{2\pi}d\psi$, en sorte que l'on a

$$V = \frac{4}{3}\pi abc.$$

Quant à la seconde intégrale double qui exprime la valeur de S, on peut la réduire en exécutant l'intégration relative à θ; mais cette intégration introduit des arcs de cercle et le résultat qu'on obtient par cette voie n'a pas la forme simple qu'on peut lui donner. C'est pourquoi nous ne pousserons pas plus loin ce calcul; mais, à cause de l'intérêt que peut présenter cette question, nous indiquerons, pour évaluer l'aire de l'ellipsoïde, une autre méthode qui est d'ailleurs susceptible d'être appliquée à d'autres cas.

32. Soit

$$(1)\qquad \frac{x^2}{a^2}+\frac{y^2}{b^2}+\frac{z^2}{c^2}=1$$

l'équation de l'ellipsoïde et désignons par u le cosinus de l'angle que fait le plan tangent au point (x, y, z), avec le plan xy, on aura

$$u=\frac{\frac{z}{c^2}}{\sqrt{\frac{x^2}{a^4}+\frac{y^2}{b^4}+\frac{z^2}{c^4}}},$$

ou

$$(2)\qquad \frac{x^2}{a^4}+\frac{y^2}{b^4}-\left(\frac{1}{u^2}-1\right)\frac{z^2}{c^4}=0.$$

Si l'on considère u comme une constante, l'équation (2) représentera un cône du second degré, et les équations (1) et (2), prises simultanément, représenteront une courbe qui sera le lieu des points de l'ellipsoïde pour lesquels le plan tangent fait avec le plan xy un même angle ayant u pour cosinus. On aura la projection de cette courbe sur le plan des xy en éliminant z entre les équations (1) et (2); on trouve ainsi

$$(3)\qquad \frac{a^2-(a^2-c^2)u^2}{a^4(1-u^2)}x^2+\frac{b^2-(b^2-c^2)u^2}{b^4(1-u^2)}y^2=1,$$

équation d'une ellipse dont les demi-axes ont respectivement pour valeurs

$$\frac{a^2\sqrt{1-u^2}}{\sqrt{a^2-(a^2-c^2)u^2}},\quad \frac{b^2\sqrt{1-u^2}}{\sqrt{b^2-(b^2-c^2)u^2}},$$

et dont l'aire totale E sera, en conséquence,

$$(4)\qquad \mathrm{E}=\frac{\pi a^2b^2(1-u^2)}{\sqrt{[a^2-(a^2-c^2)u^2][b^2-(b^2-c^2)u^2]}}.$$

Cela posé, soit $d\mathrm{E}$ l'accroissement que prend E quand u augmente de du, la partie de l'ellipsoïde située d'un côté quelconque du plan xy et qui se projette sur l'espace annulaire $d\mathrm{E}$

a évidemment pour valeur $\frac{dE}{u}$, et pour obtenir l'aire totale S de l'ellipsoïde, il suffit évidemment d'intégrer l'expression $\frac{dE}{u}$ ou $\frac{dE}{du}\frac{du}{u}$ depuis $u = 1$ jusqu'à $u = 0$, puis de doubler le résultat; on aura ainsi, en renversant les limites et en changeant le signe de l'intégrale,

$$(5) \qquad S = -2\int_0^1 \frac{dE}{du}\frac{du}{u}.$$

Il ne reste plus qu'à substituer dans cette formule la valeur de E tirée de l'équation (4) et l'on aura l'aire de l'ellipsoïde exprimée par une intégrale simple; mais il convient de transformer cette expression. A cet effet nous supposerons $a > b > c$, l'inégalité n'excluant pas l'égalité, et nous ferons, pour abréger,

$$\frac{a^2(b^2 - c^2)}{b^2(a^2 - c^2)} = k^2, \quad c = a\cos\mu,$$

d'où

$$\sqrt{a^2 - c^2} = a\sin\mu, \quad c = b\sqrt{1 - k^2\sin^2\mu},$$

μ étant un angle compris entre 0 et $\frac{\pi}{2}$; enfin, nous prendrons pour variable, au lieu de u, l'angle φ déterminé par l'équation

$$u = \frac{a}{\sqrt{a^2 - c^2}}\sin\varphi = \frac{\sin\varphi}{\sin\mu},$$

et comme u varie entre les limites 0 et 1, l'angle φ variera de 0 à μ.

D'après cela, les équations (4) et (5) deviennent

$$(6) \qquad E = \frac{\pi ab\left(1 - \frac{a^2}{a^2 - c^2}\sin^2\varphi\right)}{\cos\varphi\sqrt{1 - k^2\sin^2\varphi}}$$

et

$$(7) \qquad S = \frac{-2\sqrt{a^2 - c^2}}{a}\int_0^\mu \frac{dE}{d\varphi}\frac{1}{\sin\varphi}d\varphi.$$

Or on trouve au moyen de l'équation (6),

$$\frac{d\mathrm{E}}{\sin\varphi} = d\,\frac{\mathrm{E}}{\sin\varphi} + \frac{\mathrm{E}\cos\varphi}{\sin^2\varphi}\,d\varphi = d\,\frac{\mathrm{E}}{\sin\varphi} + \pi ab\,\frac{d\varphi}{\sin^2\varphi\sqrt{1-k^2\sin^2\varphi}}$$
$$-\pi ab\,\frac{a^2}{a^2-c^2}\,\frac{d\varphi}{\sqrt{1-k^2\sin^2\varphi}};$$

d'ailleurs si l'on différentie l'expression $\dfrac{\cos\varphi\sqrt{1-k^2\sin^2\varphi}}{\sin\varphi}$, on obtient

$$d\,\frac{\cos\varphi\sqrt{1-k^2\sin^2\varphi}}{\sin\varphi} = -\sqrt{1-k^2\sin^2\varphi}\,d\varphi + \frac{d\varphi}{\sqrt{1-k^2\sin^2\varphi}}$$
$$-\frac{d\varphi}{\sin^2\varphi\sqrt{1-k^2\sin^2\varphi}},$$

et si l'on tire de cette équation la valeur de $\dfrac{d\varphi}{\sin^2\varphi\sqrt{1-k^2\sin^2\varphi}}$, pour la substituer dans la formule précédente, il viendra, en ayant égard à la valeur de E,

$$-\frac{2\sqrt{a^2-c^2}}{a}\,\frac{d\mathrm{E}}{d\varphi}\,\frac{1}{\sin\varphi}\,d\varphi$$
$$= 2\pi c^2\,d\left\{\frac{\operatorname{tang}\varphi}{\operatorname{tang}\mu}\,\frac{\sqrt{1-k^2\sin^2\mu}}{\sqrt{1-k^2\sin^2\varphi}}\left[1+\frac{a^2(b^2-c^2)}{c^4}\,(\sin^2\varphi-\sin^2\mu)\right]\right\}$$
$$+\frac{2\pi b}{\sqrt{a^2-c^2}}\left[(a^2-c^2)\sqrt{1-k^2\sin^2\varphi}\,d\varphi + c^2\,\frac{d\varphi}{\sqrt{1-k^2\sin^2\varphi}}\right].$$

Intégrant ensuite cette équation entre les limites $\varphi = 0$ et $\varphi = \mu$, on aura

$$(8)\quad \left\{\begin{aligned} &\mathrm{S} = 2\pi c^2 + \frac{2\pi b}{\sqrt{a^2-c^2}} \\ &\times\left[(a^2-c^2)\int_0^{\mu}\sqrt{1-k^2\sin^2\varphi}\,d\varphi + c^2\int_0^{\mu}\frac{d\varphi}{\sqrt{1-k^2\sin^2\varphi}}\right].\end{aligned}\right.$$

En faisant, avec Legendre,

$$(9)\qquad \begin{cases} \displaystyle\int_0^{\mu} \frac{d\varphi}{\sqrt{1-k^2\sin^2\varphi}} = \mathrm{F}(\mu, k), \\ \displaystyle\int_0^{\mu} \sqrt{1-k^2\sin^2\varphi}\, d\varphi = \mathrm{E}(\mu, k), \end{cases}$$

on retrouve la formule donnée par cet illustre géomètre, savoir :

$$(10)\qquad \mathrm{S} = 2\pi c^2 + \frac{2\pi b}{\sqrt{a^2-c^2}}\left[(a^2-c^2)\,\mathrm{E}(\mu, k) + c^2\,\mathrm{F}(\mu, k)\right];$$

les symboles $\mathrm{F}(\mu, k)$, $\mathrm{E}(\mu, k)$ désignent les *fonctions elliptiques* de première et de seconde espèce ayant μ pour *amplitude* et k pour *module*. Si l'on veut introduire, à l'exemple de Jacobi, comme fonction de deuxième espèce, l'intégrale $\displaystyle\int_0^{\mu} \frac{\sin^2\varphi\, d\varphi}{\sqrt{1-k^2\sin^2\varphi}}$, on remarquera que l'on a identiquement

$$\int_0^{\mu} \sqrt{1-k^2\sin^2\varphi}\, d\varphi = \int_0^{\mu} \frac{d\varphi}{\sqrt{1-k^2\sin^2\varphi}} - k^2 \int_0^{\mu} \frac{\sin^2\varphi\, d\varphi}{\sqrt{1-k^2\sin^2\varphi}},$$

ce qui permet d'écrire la formule (8) comme il suit :

$$(11)\qquad \begin{cases} \mathrm{S} = 2\pi c^2 + \dfrac{2\pi a^2 b}{\sqrt{a^2-c^2}} \\ \times\left[\displaystyle\int_0^{\mu} \frac{d\varphi}{\sqrt{1-k^2\sin^2\varphi}} - \frac{b^2-c^2}{b^2} \int_0^{\mu} \frac{\sin^2\varphi\, d\varphi}{\sqrt{1-k^2\sin^2\varphi}}\right]. \end{cases}$$

Si l'on a $c = b$, l'ellipsoïde est de révolution autour du petit axe, on a $k = 0$ et $\mu = \arc\cos\frac{b}{a}$, la formule précédente devient

$$(12)\qquad \mathrm{S} = 2\pi b^2 + 2\pi \frac{a^2 b}{\sqrt{a^2-b^2}} \arc\cos\frac{b}{a}.$$

Si au contraire $a = b$, l'ellipsoïde est de révolution autour du grand axe, on a $k=1$, et la formule (8) donne

$$(13) \qquad S = 2\pi b^2 + \frac{\pi b c^2}{\sqrt{b^2-c^2}} \log \frac{b+\sqrt{b^2-c^2}}{b-\sqrt{b^2-c^2}}.$$

Il est facile de voir que les formules (12) et (13) s'accordent à donner $S=4\pi b^2$, quand on fait $a=b$ dans la première et $c=b$ dans la seconde.

33. La surface du cône oblique à base circulaire ou elliptique peut aussi s'exprimer par les fonctions elliptiques, mais les résultats sont beaucoup moins simples que ceux qui se rapportent à l'ellipsoïde. Afin de donner un exemple des transformations qu'il convient d'employer dans les questions de cette espèce, nous examinerons ici le cas le plus simple, celui du cône oblique à base circulaire.

Soient O le centre de la base, S le sommet du cône, SP sa hauteur, SA et SA' les arêtes situées dans le plan SOP qui est un plan principal, M et M' deux points infiniment voisins sur la circonférence de la base. Désignons aussi par r le rayon de la base, par h la hauteur SP du cône, par f la distance OP projection de OS sur la base, et enfin par ω l'angle que fait le rayon OM avec OP, angle qui peut varier de 0 à 2π.

Si l'on abaisse SQ perpendiculaire sur la tangente à la base au point M, l'élément $\text{SMM}' = dS$ de la surface du cône sera

$$dS = \frac{1}{2}\,\text{MM}' \times \text{SQ},$$

l'arc MM' est égal à $r\,d\omega$, en outre le triangle rectangle SPQ donne $\text{SQ} = \sqrt{\overline{\text{SP}}^2 + \overline{\text{PQ}}^2}$; SP est égal à h, PQ à $\pm(r - f\cos\omega)$, et l'on aura en conséquence

$$S = \frac{1}{2}\, r \sqrt{h^2 + (r - f\cos\omega)^2}\, d\omega;$$

par suite l'aire de la portion du cône comprise entre les arêtes qui répondent aux valeurs 0 et ω de ω, sera

$$(1) \qquad S = \frac{1}{2}\, r \int_0^{\omega} \sqrt{h^2 + (r - f\cos\omega)^2}\, d\omega.$$

Pour ramener cette expression à des transcendantes plus simples, j'exécuterai une transformation ayant pour objet de faire disparaître sous le radical la première puissance du cosinus de l'angle variable. A cet effet, désignant par φ une nouvelle variable, et par θ une constante indéterminée, je poserai

$$\cos\omega = \frac{\cos\theta + \cos\varphi}{1 + \cos\theta\cos\varphi}, \quad \sin\omega = \frac{\sin\theta\sin\varphi}{1 + \cos\theta\cos\varphi};$$

ces formules ne sont point contradictoires, puisqu'on en tire $\cos^2\omega + \sin^2\omega = 1$; on en déduit aussi sans difficulté

$$\operatorname{tang}\frac{1}{2}\omega = \operatorname{tang}\frac{1}{2}\theta\operatorname{tang}\frac{1}{2}\varphi, \quad d\omega = \frac{\sin\theta\, d\varphi}{1 + \cos\theta\cos\varphi},$$

et l'on voit que si ω varie de 0 à 2π, φ variera lui-même de 0 à 2π.

Si l'on substitue dans la formule (1) les valeurs précédentes de $\cos\omega$ et de $d\omega$, et que l'on profite de l'indétermination de θ pour faire disparaître la première puissance de $\cos\varphi$ sous le radical, il viendra

$$S = \frac{1}{2} r\sin\theta\sqrt{(r^2 + h^2 + f^2)(1 + \cos^2\theta) - 4rf\cos\theta} \times \int_0^{\varphi} \frac{\sqrt{1 - k^2\sin^2\varphi}}{(1 + \cos\theta\cos\varphi)^2} d\varphi,$$

en posant, pour abréger,

$$k^2 = \frac{1}{2} - \frac{1}{2}\frac{(h^2 + r^2 - f^2)\sin^2\theta}{(r^2 + h^2 + f^2)(1 + \cos^2\theta) - 4rf\cos\theta}$$

quant à l'angle θ, il est déterminé par l'équation

$$fr\cos^2\theta - (r^2 + h^2 + f^2)\cos\theta + fr = 0,$$

d'où l'on tire

$$\cos\theta = \frac{r^2 + h^2 + f^2 - \sqrt{[h^2 + (r+f)^2][h^2 + (r-f)^2]}}{2fr}$$

et

$$\frac{1 - \cos\theta}{1 + \cos\theta} = \frac{\sqrt{h^2 + (r-f)^2}}{\sqrt{h^2 + (r+f)^2}}.$$

Il est aisé de voir que les radicaux $\sqrt{h^2+(r-f)^2}$ et $\sqrt{h^2+(r+f)^2}$ représentent les valeurs des arêtes SA et SA′ situées dans le plan principal; si donc on désigne ces arêtes par α et α', on aura

$$(2)\qquad \frac{1-\cos\theta}{1+\cos\theta}=\frac{\alpha}{\alpha'},\quad \cos\theta=\frac{\alpha'-\alpha}{\alpha'+\alpha},\quad \operatorname{tang}\frac{1}{2}\theta=\sqrt{\frac{\alpha}{\alpha'}};$$

on peut exprimer h et f en fonction de ces mêmes génératrices et du rayon r, il vient ainsi

$$(3)\qquad S=2r\sqrt{\alpha\alpha'}\,\frac{\alpha\alpha'}{(\alpha+\alpha')^2}\int_0^{2\varphi}\frac{\sqrt{1-k^2\sin^2\varphi}}{(1+\cos\theta\cos\varphi)^2}\,d\varphi,$$

et l'expression de k^2 est

$$k^2=\frac{1}{2}-\frac{\alpha^2+\alpha'^2-4f^2}{4\alpha\alpha'}=\frac{1}{2}-\frac{\alpha^2+\alpha'^2-\dfrac{(\alpha'^2-\alpha^2)^2}{4r^2}}{4\alpha\alpha'}$$

Si du sommet S du triangle SAA′ on mène à la base AA′ une oblique SA″ = SA, il est clair que l'on aura A′A″ = $2f$, et si l'on désigne par 2λ l'angle en S dans le triangle SA′A″, on aura

$$4f^2=\alpha^2+\alpha'^2-2\alpha\alpha'\cos2\lambda,$$

et par conséquent

$$(5)\qquad k^2=\frac{1}{2}-\frac{1}{2}\cos2\lambda=\sin^2\lambda.$$

Pour ramener l'expression de S à la forme ordinaire des fonctions elliptiques, multiplions les deux termes du coefficient de $d\varphi$ par $(1-\cos\theta\cos\varphi)^2$, il viendra

$$(6)\quad\left\{\begin{aligned}S=&\frac{1}{2}r\sqrt{\alpha\alpha'}\int_0^{2\varphi}\frac{(1+2\cot^2\theta-\cot^2\theta\sin^2\varphi)\sqrt{1-k^2\sin^2\varphi}}{(1+\cot^2\theta\sin^2\varphi)^2}\,d\varphi\\&-r\sqrt{\alpha\alpha'}\,\frac{\cos\theta}{\sin^2\theta}\int_0^{2\varphi}\frac{\sqrt{1-k^2\sin^2\varphi}\cos\varphi\,d\varphi}{(1+\cot^2\theta\sin^2\varphi)^2}.\end{aligned}\right.$$

La seconde de ces intégrales peut s'exprimer par des arcs de cercle; car si l'on pose

$$\operatorname{tang}\psi=\sqrt{k^2+\cot^2\theta}\,\frac{\sin\varphi}{\sqrt{1-k^2\sin^2\varphi}},$$

d'où

$$\sin\varphi=\frac{\sin\psi}{\sqrt{k^2+\cot^2\theta\cos^2\psi}},$$

il vient

$$\int_0^\varphi \frac{\sqrt{1-k^2\sin^2\varphi}\cos\varphi\,d\varphi}{(1+\cot^2\theta\sin^2\varphi)^2}=\frac{\sin\theta}{2\sqrt{1-(1-k^2)\sin^2\theta}}\left(\psi+\frac{1}{2}\sin 2\psi\right).$$

Il faut remarquer que $\operatorname{tang}\psi$ ne peut être infinie, en sorte que si l'on fait varier φ de 0 à 2π, ψ devra rester entre les limites $-\frac{\pi}{2}$ et $+\frac{\pi}{2}$. Quand φ croît de 0 à $\frac{\pi}{2}$, ψ croît de 0 jusqu'à la limite ψ' donnée par la formule $\operatorname{tang}\psi'=\frac{\sqrt{k^2+\cot^2\theta}}{\sqrt{1-k^2}}$; quand φ croît de $\frac{\pi}{2}$ à $3\frac{\pi}{2}$, ψ décroît de $+\psi'$ jusqu'à $-\psi'$; enfin quand φ croît de $\frac{3\pi}{2}$ à 2π, l'angle ψ croît de $-\psi'$ jusqu'à zéro. Il résulte de là que notre intégrale s'annule pour $\varphi=2\pi$, ce que l'on reconnaît d'ailleurs à priori.

La première intégrale de la formule (6) peut être simplifiée en lui appliquant le procédé de l'intégration par parties, mais on parvient plus vite au résultat en développant la différentielle de l'expression $\frac{\sin\varphi\cos\varphi\sqrt{1-k^2\sin^2\varphi}}{1+\cot^2\theta\sin^2\varphi}$; on trouve

$$\begin{aligned}&\cot^2\theta . d\,\frac{\sin\varphi\cos\varphi\sqrt{1-k^2\sin^2\varphi}}{1+\cot^2\theta\sin^2\varphi}\\&=\frac{1+2\cot^2\theta-\cot^2\theta\sin^2\varphi}{(1+\cot^2\theta\sin^2\varphi)^2}\sqrt{1-k^2\sin^2\varphi}\,d\varphi\\&-\frac{1}{\sin^2\theta}\frac{d\varphi}{(1+\cot^2\theta\sin^2\varphi)\sqrt{1-k^2\sin^2\varphi}}+k^2\frac{\sin^2\varphi\,d\varphi}{\sqrt{1-k^2\sin^2\varphi}},\end{aligned}$$

d'où, en intégrant,

$$\begin{aligned}&\int_0^\varphi\frac{(1+2\cot^2\theta-\cot^2\theta\sin^2\varphi)\sqrt{1-k^2\sin^2\varphi}\,d\varphi}{(1+\cot^2\theta\sin^2\varphi)^2}\\&=\cot^2\theta\,\frac{\sin\varphi\cos\varphi\sqrt{1-k^2\sin^2\varphi}}{1+\cot^2\varphi\sin^2\varphi}\\&-k^2\int_0^\varphi\frac{\sin^2\varphi\,d\varphi}{\sqrt{1-k^2\sin^2\varphi}}+\frac{1}{\sin^2\theta}\int_0^\varphi\frac{d\varphi}{(1+\cot^2\theta\sin^2\varphi)\sqrt{1-k^2\sin^2\varphi}}.\end{aligned}$$

Si l'on pose, comme précédemment,

$$F(\varphi, k) = \int_0^\varphi \frac{d\varphi}{\sqrt{1 - k^2 \sin^2\varphi}}, \quad E(\varphi, k) = \int_0^\varphi \sqrt{1 - k^2 \sin^2\varphi}\, d\varphi,$$

et que l'on fasse aussi, avec Legendre,

$$\Pi(\varphi, k, \cot^2\theta) = \int_0^\varphi \frac{d\varphi}{(1 + \cot^2\theta \sin^2\varphi)\sqrt{1 - k^2 \sin^2\varphi}},$$

l'expression précédente de S deviendra

$$(7) \quad \left\{ \begin{aligned} S = \frac{1}{2} r \sqrt{\alpha\alpha'} \Bigg[& \frac{\cot^2\theta \sin\varphi \cos\varphi \sqrt{1 - k^2 \sin^2\varphi}}{1 + \cot^2\theta \sin^2\varphi} \\ & + E(\varphi, k) - F(\varphi, k) + \frac{1}{\sin^2\theta} \Pi(\varphi, k, \cot^2\theta) \Bigg] \\ & - \frac{1}{2} r \sqrt{\alpha\alpha'} \frac{\sin\theta}{\cos\theta \sqrt{1 - (1 - k^2)\sin^2\theta}} \left(\psi + \frac{1}{2}\sin 2\psi\right); \end{aligned} \right.$$

la fonction Π qui figure dans cette formule a été nommée par Legendre *fonction elliptique de troisième espèce*.

Si l'on veut avoir l'aire totale S_1 du cône, il faut faire $\omega = 2\pi$, ce qui donne $\varphi = 2\pi$ et $\psi = 0$; il est évident en outre qu'il suffira de remplacer φ par $\frac{\pi}{2}$ dans les fonctions E, F, Π, pourvu que l'on quadruple le résultat. Désignant alors par E_1, F_1, Π_1 les valeurs de E, F, Π pour $\varphi = \frac{\pi}{2}$, on aura

$$(8) \quad S_1 = 2 r \sqrt{\alpha\alpha'} \left[E_1(k) - F_1(k) + \frac{1}{\sin^2\theta} \Pi_1(k, \cot^2\theta) \right],$$

formule dans laquelle figurent les trois fonctions elliptiques E_1, F_1, Π_1, et qui est plus compliquée que celle qui donne l'aire de l'ellipsoïde. On peut exprimer Π_1 en fonction des transcendantes E et F; mais nous renverrons pour cet objet au Traité de Legendre sur les fonctions elliptiques. Dans le cas du cône droit, on a $\alpha' = \alpha$, $k = 0$, $\cos\theta = 0$, $\theta = \frac{\pi}{2}$, et les fonctions E_1, F_1, Π_1 se réduisent à $\frac{\pi}{2}$; la formule (8) donne le résultat connu

$$S_1 = \pi r \alpha.$$

Sur quelques intégrales définies.

34. Nous nous proposons ici d'ajouter quelques mots à ce que Lacroix a dit sur cet objet, en nous bornant à faire connaître quelques intégrales définies qui se rencontrent fréquemment dans les mathématiques.

Considérons les différentielles

$$e^{-ax} \cos bx\, dx, \quad e^{-ax} \sin bx\, dx;$$

en les ajoutant après avoir multiplié la seconde par $\sqrt{-1}$, on obtient la différentielle

$$e^{-(a-b\sqrt{-1})x}\, dx,$$

dont l'intégrale est

$$-\frac{e^{-(a-b\sqrt{-1})x}}{a-b\sqrt{-1}} + \text{constante}$$

ou

$$\frac{-(a-b\sqrt{-1})e^{-(a-b\sqrt{-1})x}}{a^2+b^2} + \text{constante};$$

on aura donc

$$\int e^{-ax} \cos bx\, dx = -\frac{(a \cos bx + b \sin bx)e^{-ax}}{a^2+b^2} + \text{constante},$$

$$\int e^{-ax} \sin bx\, dx = -\frac{(a \sin bx - b \cos bx)e^{-ax}}{a^2+b^2} + \text{constante}.$$

Supposons que a soit positif, et prenons les intégrales entre les limites o et ∞, on aura

$$(1) \quad \int_0^\infty e^{-ax} \cos bx\, dx = \frac{a}{a^2+b^2}, \quad \int_0^\infty e^{-ax} \sin bx\, dx = \frac{b}{a^2+b^2}.$$

Si l'on multiplie la première formule par db et qu'on l'intègre ensuite de $b = 0$ à $b = \alpha$, on aura, par la règle de l'intégration, sous le signe $\int$

$$\int_0^\infty e^{-ax} \frac{\sin \alpha x}{x}\, dx = \int_0^\alpha \frac{a\, db}{a^2+b^2};$$

si l'on fait dans le second membre $b = a\alpha'$, $db = a d\alpha'$, il viendra

$$\int_0^\infty e^{-a x} \frac{\sin \alpha x}{x}\, dx = \int_0^{\frac{\alpha}{a}} \frac{d\alpha'}{1+\alpha'^2}.$$

Si maintenant on fait tendre a vers zéro, le second membre tendra vers la limite $\int_0^\infty \frac{d\alpha'}{1+\alpha'^2}$, ou arc tang ∞ ou $\frac{\pi}{2}$: on aura donc

$$(2) \qquad \frac{2}{\pi}\int_0^\infty \frac{\sin \alpha x}{x}\, dx = 1.$$

Le premier membre de cette formule est une fonction essentiellement discontinue de α; il est égal à 1 si α est > 0, mais il s'annule évidemment pour $\alpha = 0$, et change de signe quand α est négatif. Remplaçons α par $a + b$ et par $a - b$, a et b étant positifs et $a > b$, on aura

$$\frac{2}{\pi}\int_0^\infty \frac{\sin ax \cos bx + \cos ax \sin bx}{x}\, dx = 1,$$

$$\frac{2}{\pi}\int_0^\infty \frac{\sin ax \cos bx - \cos ax \sin bx}{x}\, dx = 1;$$

ajoutant et retranchant, il vient

$$(3) \qquad \frac{2}{\pi}\int_0^\infty \frac{\sin ax \cos bx}{x}\, dx = 1, \qquad \frac{2}{\pi}\int_0^\infty \frac{\sin bx \cos ax}{x}\, dx = 0,$$

d'où il suit que l'intégrale

$$\frac{2}{\pi}\int_0^\infty \frac{\sin ax \cos bx}{x}\, dx$$

est égale à 1 ou à zéro, suivant que a est $> b$ ou $< b$; la même intégrale se réduit à $\frac{1}{2}$ dans le cas de $b = a$, à cause de la formule (2). Cette propriété de l'intégrale que nous considérons a été utilisée d'une manière remarquable par Lejeune-Dirichlet pour la réduction des intégrales multiples.

35. Pour montrer une application des formules (3), repre-

nons la deuxième des équations (1), multiplions ses deux membres par $\frac{\cos b db}{b}$ et intégrons ensuite de $b = 0$ à $b = \infty$, il viendra, en intervertissant l'ordre des intégrations,

$$\int_0^\infty e^{-ax} dx \int_0^\infty \frac{\sin bx \cos b}{b} db = \int_0^\infty \frac{\cos b\, db}{a^2 + b^2};$$

mais l'intégrale $\int_0^\infty \frac{\sin bx \cos b}{b} db$ est égale à zéro si x est < 1, et égale à $\frac{\pi}{2}$ si x est > 1; on a donc

$$\frac{\pi}{2} \int_1^\infty e^{-ax} dx = \int_0^\infty \frac{\cos b db}{a^2 + b^2}.$$

La différentielle $e^{-ax} dx$ a pour intégrale indéfinie $-\frac{e^{-ax}}{a}$, et le premier membre de la formule précédente se réduit en conséquence à $\frac{\pi}{2} \frac{e^{-a}}{a}$; on a donc

$$\int_0^\infty \frac{a \cos b db}{a^2 + b^2} = \frac{\pi}{2} e^{-a},$$

ou, en mettant ax au lieu de b,

$$(4) \qquad \int_0^\infty \frac{\cos ax\, dx}{1 + x^2} = \frac{\pi}{2} e^{-a};$$

mais il faut bien remarquer que cette formule ne subsiste que pour les valeurs positives de a.

Sur l'intégration des différentielles contenant plusieurs variables.

36. Le procédé suivant, dû à Cauchy, est préférable à celui que Lacroix a fait connaître; il conduit d'ailleurs à une conséquence importante dont nous ferons usage plus loin.

Supposons qu'il s'agisse d'intégrer la différentielle

$$P dx + Q dy,$$

où P et Q désignent des fonctions données des variables indépendantes x, y. La question proposée n'est possible que si l'on a $\frac{dP}{dy}=\frac{dQ}{dx}$; nous supposerons donc cette condition satisfaite; on verra tout à l'heure qu'elle est suffisante. S'il existe une fonction u ayant pour différentielle $P\,dx+Q\,dy$, et que C soit une constante, la fonction $u+C$ aura aussi cette même différentielle, et en outre toute fonction ayant $P\,dx+Q\,dy$ pour différentielle sera nécessairement de la forme $u+C$. On peut déterminer la constante C par la condition que l'intégrale $u+C$ s'annule quand on fait à la fois $x=x_0$, $y=y_0$; désignant donc par u_0 ce que devient u dans cette hypothèse, on aura l'*intégrale définie* $u-u_0$.

Cela posé, soient

$$P=\varphi(x,y),\quad Q=\psi(x,y),$$

et cherchons à déterminer, s'il est possible, une fonction u ayant pour différentielle $P\,dx+Q\,dy$ et s'annulant pour $x=x_0$, $y=y_0$. La fonction u, considérée comme fonction de la seule variable x, a pour différentielle $\varphi(x,y)\,dx$, et l'on a en conséquence

$$u=\int_{x_0}^{x}\varphi(x,y)\,dx+Y,$$

Y étant une fonction inconnue de y qui doit s'annuler pour $y=y_0$. Si l'on différentie la formule précédente par rapport à y, et que l'on ait égard aux égalités

$$\frac{du}{dy}=\psi(x,y),\qquad \frac{d\varphi(x,y)}{dy}=\frac{d\psi(x,y)}{dx},$$

on trouvera

$$\psi(x,y)=\int_{x_0}^{x}\frac{d\psi(x,y)}{dx}\,dx+\frac{dY}{dy},$$

ou, en effectuant l'intégration dans le second membre,

$$\psi(x,y)=\psi(x,y)-\psi(x_0,y)+\frac{dY}{dy}\quad\text{ou}\quad\frac{dY}{dy}=\psi(x_0,y).$$

Intégrant cette dernière équation de manière que Y s'annule pour $y = y_0$, on a

$$Y = \int_{y_0}^{y} \psi(x_0, y)\,dy,$$

et, par conséquent,

$$u = \int_{x_0}^{x} \varphi(x, y)\,dx + \int_{y_0}^{y} \psi(x_0, y)\,dy$$

La fonction u déterminée par cette équation satisfait aux conditions du problème et l'on voit que celui-ci est toujours possible si l'on a $\frac{d\varphi(x,y)}{dy} = \frac{d\psi(x,y)}{dx}$.

37. Dans la solution précédente, on a commencé l'intégration par rapport à x, mais on aurait pu commencer par intégrer relativement à y, et il est évident que l'on aurait obtenu par cette voie

$$u = \int_{y_0}^{y} \psi(x, y)\,dy + \int_{x_0}^{x} \varphi(x, y_0)\,dx.$$

Les deux valeurs de u que nous trouvons ainsi sont égales, car elles ont même différentielle et elles s'annulent l'une et l'autre quand on fait $x = x_0$ et $y = y_0$. On a donc identiquement

$$\int_{x_0}^{x} \varphi(x,y)dx + \int_{y_0}^{y} \psi(x_0,y)dy = \int_{x_0}^{x} \varphi(x,y_0)dx + \int_{y_0}^{y} \psi(x,y)dy,$$

et si l'on donne à x et y les valeurs déterminées, mais arbitraires X et Y, comprises comme x_0 et y_0 entre les limites en dehors desquelles $\varphi(x,y)$ et $\psi(x,y)$ cessent d'être continues, on aura

$$(1)\quad \int_{x_0}^{X} [\varphi(x, Y) - \varphi(x, y_0)]\,dx = \int_{y_0}^{Y} [\psi(X, y) - \psi(x_0, y)]\,dy$$

cette formule très-générale a lieu pour deux fonctions quelconques $\varphi(x,y)$ et $\psi(x,y)$ satisfaisant à la condition

$$\frac{d\varphi(x,y)}{dy} = \frac{d\psi(x,y)}{dx}$$

38. La méthode précédente est applicable quel que soit le nombre des variables indépendantes. Considérons, par exemple, l'expression

$$\varphi(x,y,z)dx+\psi(x,y,z)dy+\varpi(x,y,z)dz,$$

telle que l'on ait identiquement

$$\frac{d\varphi(x,y,z)}{dy}=\frac{d\psi(x,y,z)}{dx},\quad \frac{d\varphi(x,y,z)}{dz}=\frac{d\varpi(x,y,z)}{dx},\quad \frac{d\psi(x,y,z)}{dz}=\frac{d\varpi(x,y,z)}{dy}$$

cherchons à déterminer une fonction u ayant pour différentielle l'expression proposée et se réduisant à zéro quand on fait $x=x_0$, $y=y_0$, $z=z_0$.

Si l'on considère u comme fonction de x et y seulement, sa différentielle sera

$$\varphi(x,y,z)dx+\psi(x,y,z)dy;$$

on aura donc, par ce qui précède,

$$u=\int_{x_0}^{x}\varphi(x,y,z)dx+\int_{y_0}^{y}\psi(x_0,y,z)dy+\mathrm{Z},$$

Z désignant une fonction de z seule qui se réduit à zéro pour $z=z_0$. Si l'on différentie l'équation précédente par rapport à z et que l'on ait égard aux conditions écrites plus haut, on aura

$$\varpi(x,y,z)=\int_{x_0}^{x}\frac{d\varpi(x,y,z)}{dx}dx+\int_{y_0}^{y}\frac{d\varpi(x_0,y,z)}{dy}dy+\frac{d\mathrm{Z}}{dz},$$

ou

$$\varpi(x,y,z)=[\varpi(x,y,z)-\varpi(x_0,y,z)]+[\varpi(x_0,y,z)-\varpi(x_0,y_0,z)]+\frac{d\mathrm{Z}}{dz},$$

d'où

$$\frac{d\mathrm{Z}}{dz}=\varpi(x_0,y_0,z)\quad\text{et}\quad \mathrm{Z}=\int_{z_0}^{z}\varpi(x_0,y_0,z)dz;$$

on a donc

$$u=\int_{x_0}^{x}\varphi(x,y,z)dx+\int_{y_0}^{y}\psi(x_0,y,z)dy+\int_{z_0}^{z}\varpi(x_0,y_0,z)dz,$$

et l'on aperçoit bien aisément quelle serait la formule propre au cas de quatre ou d'un plus grand nombre de variables indépendantes.

Sur les fonctions de variables imaginaires.

39. Soit une variable imaginaire $z = x + y\sqrt{-1}$, x et y désignant des quantités réelles. Si l'on exécute sur la variable z et sur des constantes réelles ou imaginaires, quelques-unes des opérations de l'algèbre, savoir l'addition, la multiplication, la division, l'élévation à des puissances entières et l'extraction des racines d'indices entiers, on obtiendra une *fonction algébrique* F(z) de la variable z, réductible à la forme $\varphi(x, y) + \sqrt{-1}\,\psi(x, y)$, où φ et ψ désignent des fonctions réelles de x, y et de constantes réelles. Si parmi les opérations algébriques qu'on a exécutées sur z, il n'y a point d'extractions de racines, la fonction F(z) est *rationnelle* et sa valeur est bien déterminée. Dans le cas contraire, l'expression de F(z) renferme des radicaux, elle est en conséquence susceptible de plusieurs valeurs, et il devient indispensable de définir avec précision la fonction que l'on veut représenter par le symbole F(z). Considérons par exemple l'expression z^m dans laquelle m désigne une fraction commensurable $\frac{p}{q}$; cette expression prendra, pour chaque valeur de z, q valeurs distinctes. Si l'on pose

$$z = x + y\sqrt{-1} = \rho\,(\cos\omega + \sqrt{-1}\sin\omega),$$

le module ρ sera complétement déterminé, quand x et y seront donnés, et la même chose aura lieu à l'égard de ω, si cet angle compris entre les limites $-\pi$ et $+\pi$ peut approcher autant que l'on voudra de la limite inférieure sans jamais l'atteindre. Cette restriction est nécessaire, car, en la négligeant, on aurait pour $y = 0$ les deux valeurs $\omega = -\pi$ et $\omega = +\pi$. Cela posé, toutes les diverses valeurs de l'expression z^m seront données par la formule

$$\begin{aligned} z^m &= \rho^m\left[\cos m(\omega + 2k\pi) + \sqrt{-1}\sin m(\omega + 2k\pi)\right] \\ &= \rho^m(\cos m\omega + \sqrt{-1}\sin m\omega)(\cos 2mk\pi + \sqrt{-1}\sin 2mk\pi), \end{aligned}$$

en désignant par k un entier qui peut recevoir les q valeurs 0, 1, 2,...$(q-1)$. L'expression z^m peut donc donner naissance à q fonctions distinctes qui ne diffèrent entre elles que par un facteur constant, et en posant

$$z^m = \rho^m (\cos m\omega + \sqrt{-1}\sin m\omega),$$

on aura la plus simple des fonctions bien déterminées, susceptibles d'être représentées par le même symbole z^m.

Nous ne pourrions ici, sans sortir des limites que comporte cette Note, entrer dans plus de détails au sujet de l'importante question que nous venons d'effleurer; on pourra consulter à cet égard les travaux de Cauchy sur cette matière, et un beau Mémoire de M. Puiseux inséré dans le tome XV du *Journal de M. Liouville.*

Après les fonctions algébriques viennent les fonctions transcendantes; chacune de celles qu'on veut introduire en analyse doit être définie avec précision. Considérons la série

$$a_0 + a_1 z + a_2 z^2 + \ldots + a_n z^n + \ldots,$$

ordonnée par rapport aux puissances de z; si l'on pose

$$z = \rho(\cos\omega + \sqrt{-1}\sin\omega), \quad a_n = \alpha_n(\cos\varphi_n + \sqrt{-1}\sin\varphi_n),$$

et que les deux séries

$$\alpha_0\cos\varphi_0 + \alpha_1\rho\cos(\omega+\varphi_1) + \alpha_2\rho^2\cos(2\omega+\varphi_2) + \ldots,$$
$$\alpha_0\sin\varphi_0 + \alpha_1\rho\sin(\omega+\varphi_1) + \alpha_2\rho^2\sin(2\omega+\varphi_2) + \ldots,$$

soient convergentes pour certaines valeurs de ρ et de ω, la série en z sera convergente entre les mêmes limites et la somme $F(z)$ vers laquelle elle converge pourra être considérée comme une fonction de z; la fonction dont il s'agit est alors définie par la formule

$$F(z) = a_0 + a_1 z + a_2 z^2 + \ldots;$$

c'est de cette manière que nous avons procédé plus haut pour définir les fonctions e^z, $\cos z$, $\sin z$.

Enfin, en exécutant les opérations de l'algèbre sur des fonctions déjà définies, on en obtiendra de nouvelles; telles sont les fonctions tang z, cot z, séc z, coséc z, dont nous nous sommes occupé au n° 15.

Quant aux fonctions inverses log z, arc sin z, ..., elles se trouvent exprimées par des symboles à valeurs multiples, et on doit leur appliquer la remarque que nous avons faite à l'occasion des fonctions algébriques non rationnelles. Par exemple, les diverses valeurs de log z sont données par la formule

$$\log z = \log \rho + (\omega + 2k\pi)\sqrt{-1},$$

où l'on peut toujours supposer ω compris entre $-\pi$ et $+\pi$, et en posant

$$\log z = \log \rho + \omega\sqrt{-1},$$

on aura la plus simple des fonctions bien déterminées susceptibles d'être représentées par la notation log z.

Les fonctions algébriques non rationnelles et les fonctions log z, arc sin z, ..., appartiennent à la classe des fonctions implicites u déterminées par une équation telle que

$$F(u, z) = c,$$

dont le premier membre est une fonction bien déterminée des deux variables z et u et irréductible à la forme $u - f(z)$, $f(z)$ étant une fonction bien déterminée. Cette équation peut admettre, pour chaque valeur de z, un nombre fini ou infini de racines u, qui varient avec z; mais pour pouvoir considérer l'une de ces racines u en particulier comme une fonction de z, il est nécessaire de la distinguer avec soin des autres racines dont quelques-unes peuvent devenir égales à celles que l'on veut étudier, pour certaines valeurs particulières de z.

40. La définition de la continuité donnée au n° **1** est applicable aux fonctions d'une variable imaginaire. Ainsi :

Une fonction bien définie $f(z)$ de la variable $z = x + y\sqrt{-1}$ est dite continue pour les valeurs de z dont les parties réelles sont comprises entre x_0 et X, et les coefficients de $\sqrt{-1}$ entre y_0 et Y, lorsque, pour chacune de ces valeurs de z, le module *ou la valeur numérique de la différence*

$$\Delta f(z) = f(z + \Delta z) - f(z)$$

décroît indéfiniment en même temps que le module de Δz *c'est-à-dire devient infiniment petit avec* Δz.

On voit par cette définition que les fonctions entières sont continues pour toutes les valeurs de z; la fonction e^z est également continue pour toutes les valeurs de z, car on a n° 15)

$$e^{z+\Delta z} - e^z = e^z(e^{\Delta z} - 1) = e^z\left(\frac{\Delta z}{1} + \frac{\Delta z^2}{1.2} + \ldots\right),$$

et il est évident que le facteur entre parenthèses devient infiniment petit avec Δz; la même chose a lieu à l'égard des fonctions $\cos z$ et $\sin z$, qui ne sont autre chose que des sommes d'exponentielles.

Les fonctions rationnelles non entières, et les fonctions $\operatorname{tang} z$, $\cot z$, $\operatorname{séc} z$, $\operatorname{coséc} z$, ne deviennent discontinues qu'en passant par l'infini.

Mais il n'en est pas de même à l'égard des fonctions irrationnelles, et comme la continuité joue le rôle principal dans le développement des fonctions en séries, il est nécessaire de bien fixer les idées à cet égard en étudiant complétement un cas très-simple.

Ainsi que nous l'avons déjà dit, la variable

$$z = x + y\sqrt{-1} = \rho(\cos\omega + \sqrt{-1}\sin\omega)$$

peut prendre toutes les valeurs possibles en se bornant à donner à ρ les valeurs comprises entre 0 et ∞, et à ω les valeurs comprises entre $-\pi$ et $+\pi$. D'après cela, une fonction continue de z doit varier par degrés insensibles avec ρ et ω, et en outre, si ε désigne un angle réel infiniment petit, la différence des valeurs que prend la fonction pour

$$z = \rho[\cos(-\pi + \varepsilon) + \sqrt{-1}\sin(-\pi + \varepsilon)]$$

et

$$z = \rho[\cos(\pi - \varepsilon) + \sqrt{-1}\sin(\pi - \varepsilon)]$$

doit être infiniment petite, puisque la différence de ces valeurs de z, savoir $2\rho\sqrt{-1}\sin\varepsilon$ est elle-même infiniment petite; il est évident que réciproquement ces deux conditions assurent la continuité. On voit sans peine que la seconde condition peut être exprimée en disant que la fonction considérée prend des valeurs égales pour $\omega = -\pi$ et $\omega = +\pi$.

Cela posé, considérons l'expression

$$(1+z)^m,$$

où m désigne une fraction commensurable dont le dénominateur est supérieur à 1; si l'on fait

$$z = \rho(\cos\omega + \sqrt{-1}\sin\omega), \quad 1+z = r(\cos\psi + \sqrt{-1}\sin\psi),$$

ψ étant assujetti, de même que ω, à rester entre les limites $-\pi$ et $+\pi$ sans jamais atteindre la limite inférieure, on aura

$$r\cos\psi = 1 + \rho\cos\omega, \quad r\sin\psi = \rho\sin\omega,$$

d'où

$$r = \sqrt{1 + 2\rho\cos\omega + \rho^2}, \ \cos\psi = \frac{1+\rho\cos\omega}{r}, \ \sin\psi = \frac{\rho\sin\omega}{r},$$

équations qui déterminent complétement le module r et l'argument ψ. D'après cela, les valeurs de l'expression $(1+z)^m$ seront

$$r^m(\cos m\psi + \sqrt{-1}\sin m\psi)(\cos 2mk\pi + \sqrt{-1}\sin 2mk\pi),$$

k étant un entier. On peut prendre pour définir la fonction que nous voulons considérer, l'équation

$$(1+z)^m = r^m(\cos m\psi + \sqrt{-1}\sin m\psi),$$

et je dis que cette fonction sera continue tant que le module de z sera inférieur à 1, tandis que si ce module prend des valeurs supérieures à 1, la fonction pourra devenir et deviendra effectivement discontinue.

En effet, les formules précédentes montrent que r, $\cos\psi$, $\sin\psi$, et par suite ψ, varient par degrés insensibles si ρ et ω varient elles-mêmes par degrés insensibles, et cela quelles que soient les valeurs que l'on attribue à ρ; mais si ρ est inférieur à 1, on voit que $\cos\psi$ est toujours positif, d'où il suit que ψ reste compris entre $-\frac{\pi}{2}$ et $+\frac{\pi}{2}$, et comme on a $\sin\psi = 0$ pour $\omega = \pm\pi$, l'angle ψ s'annule pour $\omega = -\pi$ et pour $\omega = +\pi$. On voit par là que la fonction $(1+z)^m$ varie par degrés insensibles avec ρ et ω; elle a d'ailleurs la même valeur, ρ restant le même, pour $\omega = -\pi$ et pour $\omega = +\pi$, donc elle est fonction continue de z.

Supposons maintenant que z prenne des valeurs dont le module soit supérieur à 1. Si l'on donne à ω les valeurs $-(\pi-\varepsilon)$ et $+(\pi-\varepsilon)$, ε étant un infiniment petit, puis que l'on fasse tendre ε vers zéro, dans l'un et l'autre cas $\cos\psi$ tendra vers la limite -1, et $\sin\psi$ vers la limite zéro; mais dans le premier cas $\sin\psi$ atteint sa limite en passant par des valeurs négatives, tandis que dans le second cas le sinus est positif avant d'arriver à sa limite; il s'ensuit évidemment que l'on a $\psi = -\pi$ pour $\omega = -\pi$ et $\psi = +\pi$ pour $\omega = +\pi$. Par conséquent la fonction $(1+z)^m$ prend pour $\omega = -\pi$ et pour $\omega = +\pi$ deux valeurs dont la différence est $2\,r^m \sin m\pi\sqrt{-1}$; cette différence ne se réduit à zéro que si m est un nombre entier, donc dans tout autre cas la fonction est discontinue.

Les mêmes considérations font voir que la fonction $\log(1+z)$ reste fonction continue pour toutes les valeurs de z dont le module est inférieur à 1, mais qu'elle devient discontinue lorsque z prend des valeurs dont le module surpasse l'unité.

41. La définition des dérivées relative au cas d'une variable réelle est applicable si la variable devient imaginaire; on aura donc, par définition,

$$f'(z) = \lim \frac{f(z+\Delta z) - f(z)}{\Delta z}$$

$$= \lim \frac{f(x+y\sqrt{-1}+\Delta x+\Delta y\sqrt{-1}) - f(x+y\sqrt{-1})}{\Delta x + \Delta y\sqrt{-1}}$$

lorsque $\Delta z = \Delta x + \Delta y\sqrt{-1}$ tend vers zéro, ce qui exige que Δx et Δy tendent simultanément vers zéro.

On dit qu'une variable est fonction de plusieurs autres, lorsqu'elle prend une valeur déterminée quand on attribue à celles-ci des valeurs déterminées. Partant de cette définition, Cauchy a considéré toute fonction $\varphi(x, y)$ des deux variables réelles x et y comme une fonction de $x + y\sqrt{-1}$ ou de z. La dérivée $\frac{d\varphi(x, y)}{dz}$, savoir

$$\frac{d\varphi(x, y)}{dz} = \lim \frac{\varphi(x + \Delta x, y + \Delta y) - \varphi(x, y)}{\Delta x + \Delta y\sqrt{-1}},$$

est alors généralement indéterminée et sa valeur dépend de la limite $\frac{dy}{dx}$ vers laquelle converge le rapport $\frac{\Delta y}{\Delta x}$ quand Δx et Δy tendent vers zéro. A ce point de vue, il y a lieu de distinguer les fonctions en deux classes, suivant qu'elles ont une dérivée unique ou une infinité de dérivées; nous nous bornons à indiquer cette conception, dont nous ne chercherons à tirer aucune conséquence.

Les règles de la différentiation des fonctions algébriques n'ont à subir aucune modification, lorsque la variable devient imaginaire; il s'ensuit que ces fonctions ont des dérivées déterminées. La même chose a lieu à l'égard des fonctions exponentielles, logarithmiques ou circulaires, car les règles relatives à ces fonctions reposent uniquement sur ce fait, que les expressions $\frac{e^h - 1}{h}$, $\frac{\sin h}{h}$ tendent vers l'unité quand h tend vers zéro, et cela résulte immédiatement des définitions des fonctions e^z et $\sin z$ pour une variable imaginaire z. On voit donc que toutes les fonctions composées avec les *fonctions élémentaires* de l'analyse auront une dérivée unique déterminée, et dans ce qui va suivre nous ne considérerons que de telles fonctions.

42. Soit $f(z)$ une fonction de la variable $z = x + y\sqrt{-1}$, continue entre certaines limites et ayant pour dérivée $f'(z)$; $f(z)$ peut être considérée comme une fonction de x et de y, et l'on aura

$$\frac{df(z)}{dx} = \lim \frac{\Delta f(z)}{\Delta x} = \lim \frac{\Delta f(z)}{\Delta z} \lim \frac{\Delta z}{\Delta x} = f'(z)\frac{dz}{dx},$$
$$\frac{df(z)}{dy} = \lim \frac{\Delta f(z)}{\Delta y} = \lim \frac{\Delta f(z)}{\Delta z} \lim \frac{\Delta z}{\Delta y} = f'(z)\frac{dz}{dy},$$

d'ailleurs

$$\frac{dz}{dx}=1, \quad \frac{dz}{dy}=\sqrt{-1},$$

donc on a

$$\frac{df(z)}{dx}+\sqrt{-1}\,\frac{df(z)}{dy}=0.$$

Si l'on remplace z par $x+y\sqrt{-1}$ dans $f(z)$, et que l'on fasse

$$f(z)=\varphi(x,y)+\sqrt{-1}\,\psi(x,y),$$

φ et ψ désignant des fonctions réelles, l'équation précédente devient

$$\left(\frac{d\varphi}{dx}+\sqrt{-1}\,\frac{d\psi}{dx}\right)-\left(\frac{d\psi}{dy}-\frac{d\varphi}{dy}\sqrt{-1}\right)=0,$$

et elle se décompose en deux autres, savoir

$$\frac{d\varphi}{dx}=\frac{d\psi}{dy}, \quad \frac{d\psi}{dx}=-\frac{d\varphi}{dy},$$

qui indiquent que les expressions

$$\varphi(x,y)\,dy+\psi(x,y)\,dx \quad \text{et} \quad \varphi(x,y)\,dx-\psi(x,y)\,dy$$

sont des différentielles exactes. Mais si l'on fait la somme de ces expressions après avoir multiplié la première par $\sqrt{-1}$, on trouve

$$\left[\varphi(x,y)+\sqrt{-1}\,\psi(x,y)\right]\left(dx+dy\sqrt{-1}\right)=f(z)\,dz,$$

d'où il suit que $f(z)\,dz$ est la différentielle exacte d'une fonction des deux variables x et y; en d'autres termes, la différentielle $f(z)\,dz$ *admet une intégrale* lorsque z est imaginaire, comme lorsque z est réelle.

43. Supposons que la fonction $f(z)$ reste continue pour toutes les valeurs de z dont le module ρ est compris entre 0 et une limite R. Remplaçons z par $\rho(\cos\omega+\sqrt{-1}\sin\omega)$ ou $\rho e^{\omega\sqrt{-1}}$ dans l'expression $f(z)\,dz$, on aura

$$\begin{aligned} f(z)\,dz &= f\left(\rho e^{\omega\sqrt{-1}}\right)e^{\omega\sqrt{-1}}\,d\rho+\sqrt{-1}\,f\left(\rho e^{\omega\sqrt{-1}}\right)\rho e^{\omega\sqrt{-1}}\,d\omega, \\ &= \varphi(\rho,\omega)\,d\rho+\psi(\rho,\omega)\,d\omega. \end{aligned}$$

Cette expression étant une différentielle exacte, on aura par la formule (1) du n° 37

$$\int_0^R [\varphi(\rho, +\pi) - \varphi(\rho, -\pi)]\, d\rho = \int_{-\pi}^{+\pi} [\psi(R, \omega) - \psi(o, \omega)]\, d\omega;$$

mais comme la fonction $f(z)$ est supposée continue pour tout module de z inférieur à R, on a $\varphi(\rho, +\pi) = \varphi(\rho, -\pi)$ et le premier membre de la formule précédente se réduit à zéro. En outre, $\psi(o, \omega)$ est nul, puisque la fonction ψ contient ρ en facteur; on a donc simplement

$$\int_{-\pi}^{+\pi} \psi(R, \omega)\, d\omega = o, \quad \text{ou} \quad \int_{-\pi}^{+\pi} R\, e^{\omega\sqrt{-1}} f(R\, e^{\omega\sqrt{-1}})\, d\omega = o,$$

ou encore

$$(1) \qquad \int_{-\pi}^{+\pi} Z f(Z)\, d\omega = o,$$

la valeur de Z étant

$$(2) \qquad Z = R\, e^{\omega\sqrt{-1}},$$

et cette formule (1) suppose seulement, nous le répétons, que la fonction $f(z)$ reste continue pour les valeurs de z dont le module est inférieur à R, la continuité étant entendue comme nous l'avons expliqué plus haut.

Désignons maintenant par $F(z)$ une fonction qui reste continue pour toutes les valeurs de z dont le module est inférieur à R, et par x une constante réelle ou imaginaire dont le module soit lui-même compris entre o et R, la fonction

$$(3) \qquad f(z) = \frac{F(z) - F(x)}{z - x}$$

restera continue, comme $F(z)$, pour toutes les valeurs de z dont le module est inférieur à R; il ne saurait effectivement se présenter de discontinuité qu'au moment où z atteint la valeur x; la fonction $f(z)$ prend alors la valeur $\lim \dfrac{F(x+h) - F(x)}{h}$ ou $F'(x)$, quantité qui est nécessairement finie, d'après notre hypothèse, comme on va le voir tout à l'heure. En appliquant la formule (1) à la fonction $f(z)$ définie par l'équation (3), il vient

$$\int_{-\pi}^{+\pi} \frac{Z}{Z-x} [F(Z) - F(x)]\, d\omega = 0,$$

ou

$$(4) \qquad F(x) \int_{-\pi}^{+\pi} \frac{Z}{Z-x}\, d\omega = \int_{-\pi}^{+\pi} \frac{Z}{Z-x} F(Z)\, d\omega.$$

Mais on a

$$(5) \qquad \frac{Z}{Z-x} = 1 + \frac{x}{Z} + \frac{x^2}{Z^2} + \ldots + \frac{x^{\mu-1}}{Z^{\mu-1}} + \frac{x^{\mu}}{Z^{\mu}} \cdot \frac{Z}{Z-x},$$

d'où

$$\int_{-\pi}^{+\pi} \frac{Z}{Z-x} d\omega = \int_{-\pi}^{+\pi} d\omega + \frac{x}{R} \int_{-\pi}^{+\pi} e^{-\omega\sqrt{-1}}\, d\omega + \ldots$$
$$+ \frac{x^{\mu-1}}{R^{\mu-1}} \int_{-\pi}^{+\pi} e^{-(\mu-1)\omega\sqrt{-1}}\, d\omega + \frac{x^{\mu}}{R^{\mu}} \int_{-\pi}^{+\pi} \frac{Z}{Z-x} e^{-\mu\omega\sqrt{-1}}\, d\omega;$$

comme le module de x est inférieur à R, il est évident que le dernier terme du second membre tend vers zéro, quand μ augmente indéfiniment; en outre, le premier terme est égal à 2π et tous les suivants sont nuls; il résulte de là que le premier membre de l'équation (4) se réduit à $2\pi F(x)$, et l'on a en conséquence

$$(6) \qquad F(x) = \frac{1}{2\pi} \int_{-\pi}^{+\pi} \frac{Z}{Z-x} F(Z)\, d\omega.$$

Pour établir cette formule, nous avons admis que $F'(x)$ ne pouvait être infinie pour une valeur de x dont le module est inférieur à R; nous allons actuellement le démontrer. Supposons que $F'(x)$ puisse être infinie pour diverses valeurs de x dont les modules soient compris entre 0 et R et soit $ae^{\alpha\sqrt{-1}}$ celle de ces valeurs qui a le plus grand module. La formule (6) subsistera sans difficulté pour les valeurs de x dont les modules sont compris entre a et R, et en la différentiant, on aura encore

$$(7) \qquad F'(x) = \frac{1}{2\pi} \int_{-\pi}^{+\pi} \frac{Z}{(Z-x)^2} F(Z)\, d\omega.$$

Donnons à x dans cette formule l'argument α et faisons tendre le module de cette variable vers la limite a; le second membre restera évidemment fini et tendra vers une limite déterminée; par conséquent, le premier membre, qui est toujours égal au second, tendra vers la même limite et ne pourra devenir infini, comme on l'a supposé.

Il résulte de là que la formule (6) exige seulement que le module de x soit inférieur au module R.

Formule de Maclaurin.

44. Cauchy a tiré de la formule (6) le beau théorème suivant:

La fonction F(x) *sera développable en série convergente ordonnée suivant les puissances ascendantes de* x, *si le module de la variable réelle ou imaginaire* x *conserve une valeur inférieure à celle pour laquelle la fonction* F(x) *cesse d'être continue.*

Pour démontrer ce théorème, il suffit de remplacer dans la formule (6) du numéro précédent $\frac{Z}{Z-x}$ par sa valeur tirée de la formule (5), il vient alors

$$\left\{\begin{aligned} F(x) &= \frac{1}{2\pi}\int_{-\pi}^{+\pi} F(Z)\,d\omega + x\,\frac{1}{2\pi}\int_{-\pi}^{+\pi}\frac{F(Z)}{Z}\,d\omega + \ldots \\ &\quad + x^{\mu-1}\,\frac{1}{2\pi}\int_{-\pi}^{+\pi}\frac{F(Z)}{Z^{\mu-1}}\,d\omega + x^{\mu}\,\frac{1}{2\pi}\int_{-\pi}^{+\pi}\frac{Z}{Z-x}\,\frac{F(Z)}{Z^{\mu}}\,d\omega. \end{aligned}\right. \tag{1}$$

Le terme complémentaire tend vers zéro quand μ augmente indéfiniment, car ce terme est égal à

$$\frac{1}{2\pi}\,\frac{x^{\mu}}{R^{\mu}}\int_{-\mu}^{+\pi}\frac{Z}{Z-x}\,F(Z)\,e^{-\mu\omega\sqrt{-1}}\,d\omega;$$

le facteur $\left(\frac{x}{R}\right)^{\mu}$ tend vers zéro et l'intégrale que multiplie ce facteur conserve une valeur finie. On a donc

$$F(x) = \frac{1}{2\pi}\int_{-\pi}^{+\pi} F(Z)\,d\omega + x\,\frac{1}{2\pi}\int_{-\pi}^{+\pi}\frac{F(Z)}{Z}\,d\omega + x^{2}\,\frac{1}{2\pi}\int_{-\pi}^{+\pi}\frac{F(Z)}{Z^{2}}\,d\omega + \ldots \tag{2}$$

La formule (2) démontre le théorème énoncé, la formule (1)

donne en outre l'expression du reste quand on s'arrête à un terme quelconque.

Cela posé, si l'on différentie n fois l'équation (6) du numéro précédent par rapport à x, on obtient

$$(3)\quad \frac{d^n F(x)}{dx^n} = F^n(x) = 1.2\ldots n \frac{1}{2\pi}\int_{-\pi}^{+\pi} \frac{Z}{(Z-x)^{n+1}} F(Z)\, d\omega;$$

en faisant $x=0$ dans cette formule, ainsi que dans la formule (6) du n° 43, il vient

$$(4)\quad F(0) = \frac{1}{2\pi}\int_{-\pi}^{+\pi} F(Z)\, d\omega,\quad \frac{F^n(0)}{1.2\ldots n} = \frac{1}{2\pi}\int_{-\pi}^{+\pi} \frac{F(Z)}{Z^n} d\omega,$$

et, au moyen de ces équations, la formule (2) devient

$$(5)\qquad F(x) = F(0) + \frac{x}{1} F'(0) + \frac{x^2}{1.2} F''(0) + \ldots,$$

ce qui n'est autre chose que la formule de Maclaurin.

Corollaire. *La dérivée d'un ordre quelconque de la fonction* $F(x)$ *est développable en série convergente ordonnée suivant les puissances ascendantes de* x, *tant que cette fonction est elle-même développable de cette manière.*

Effectivement, si l'on différentie n fois par rapport à x la formule

$$\frac{Z}{Z-x} = 1 + \frac{x}{Z} + \frac{x^2}{Z^2} + \ldots + \frac{x^\mu}{Z^\mu} + \ldots,$$

on aura

$$\frac{Z^{n+1}}{(Z-x)^{n+1}} = 1 + \frac{n+1}{1}\frac{x}{Z} + \frac{(n+1)(n+2)}{1.2}\frac{x^2}{Z^2} + \ldots,$$

formule dont le second membre est encore une série convergente et qui n'est au surplus que la formule du binôme pour le cas d'un exposant entier et négatif. Si l'on multiplie les deux membres par $\frac{F(Z)}{Z^n} d\omega$ et qu'on intègre ensuite de $\omega = -\pi$ à $\omega = +\pi$, on aura, par la formule (3),

$$F^n(x) = 1.2\ldots n \frac{1}{2\pi}\int_{-\pi}^{+\pi} \frac{F(Z)}{Z^n} d\omega + 1.2\ldots(n+1)\frac{x}{1}\frac{1}{2\pi}\int_{-\pi}^{+\pi}\frac{F(Z)}{Z^{n+1}} d\omega + \ldots$$

ou, à cause des formules (4),

$$F^n(x) = F^n(0) + \frac{x}{1} F^{n+1}(0) + \frac{x^2}{1.2} F^{n+2}(0) + \ldots.$$

Remarque. Dans la démonstration de ce corollaire, nous avons fait usage du théorème suivant : *Si u_0, u_1, u_2,..., sont des fonctions d'une variable réelle ω et que pour les valeurs de ω comprises entre ω_0 et ω_1, la série $u_0 + u_1 + u_2 + \ldots$ converge vers une limite déterminée u, la série $\int_{\omega_0}^{\omega_1} u_0 d\omega + \int_{\omega_0}^{\omega_1} u_1 d\omega + \ldots$ convergera vers la limite $\int_{\omega_0}^{\omega_1} u\, d\omega$.* Le cas où les termes de la série sont imaginaires se ramène immédiatement au cas où ces termes sont réels; il suffit, en effet, de considérer à part les parties réelles et les parties imaginaires. Cela posé, soit R_n le reste de la série $u_0 + u_1 + \ldots$ dont tous les termes sont réels, on aura $u = u_0 + u_1 + \ldots + u_{n-1} + R_n$ et $\int_{\omega_0}^{\omega_1} u\, d\omega = \int_{\omega_0}^{\omega_1} u_0\, d\omega + \ldots + \int_{\omega_0}^{\omega_1} u_{n-1}\, d\omega + \int_{\omega_0}^{\omega_1} R_n\, d\omega$. Soit R'_n la plus grande des valeurs absolues que prend R_n quand ω varie de ω_0 à ω_1, la valeur absolue de $\int_{\omega_0}^{\omega_1} R_n\, d\omega$ sera moindre que $R'_n\,(\omega_1 - \omega_0)$, quantité qui s'annule pour $n = \infty$; donc $\int_{\omega_0}^{\omega_1} R_n\, d\omega$ tend vers zéro quand n augmente indéfiniment.

45. Les fonctions $(1+z)^m$ et $\log(1+z)$ définies comme nous l'avons fait plus haut, étant continues pour les valeurs de z dont le module est inférieur à 1, on aura pour ces valeurs

$$(1+z)^m = 1 + \frac{m}{1} z + \frac{m(m-1)}{1.2} z^2 + \ldots,$$

$$\log(1+z) = \frac{z}{1} - \frac{z^2}{2} + \frac{z^3}{3} \ldots;$$

nous avons démontré précédemment cette dernière formule en faisant usage de considérations particulières à la fonction $\log(1+z)$.

Les fonctions e^z, $\cos z$, $\sin z$, restent continues pour toutes les valeurs de z, donc elles sont toujours développables en séries convergentes ; mais il faut remarquer que ces développements en séries sont, pour nous, l'expression même de la définition des fonctions dont nous parlons ; il n'y a donc aucune conséquence à tirer relativement à celles-ci. Il y aurait lieu à un théorème concernant la fonction e^z, par exemple, si l'on prenait pour définition de e^z l'équation

$$e^z = e^{x+y\sqrt{-1}} = e^x \cos y + \sqrt{-1}\, e^x \sin y.$$

Les fonctions $\frac{1}{e^z - 1}$, $\frac{z}{2} \cot \frac{z}{2}$ ne cessent d'être continues qu'en devenant infinies, la première pour des valeurs de z multiples de $2\pi\sqrt{-1}$, la seconde pour des valeurs de z multiples de 2π ; donc ces fonctions sont développables en séries convergentes pour toutes les valeurs réelles ou imaginaires de z dont le module est inférieur à 2π.

Les fonctions $z^{\frac{p}{q}}$, $\log z$, $e^{\frac{1}{z}}$ sont discontinues pour une valeur nulle du module ; et elles ne sont développables en séries ordonnées suivant les puissances entières et ascendantes de z, pour aucune valeur de cette variable.

Formule de Lagrange.

46. Soient x une constante réelle donnée, t une variable réelle ou imaginaire, et considérons l'équation

$$z = x + t f(z), \tag{1}$$

dans laquelle z désigne une inconnue et $f(z)$ une fonction continue de z indépendante de x et de t. Cette équation aura un nombre limité ou illimité de racines z suivant que la fonction $f(z)$ sera algébrique ou transcendante ; pour $t = 0$, l'une de ces racines se réduira à x et les autres deviendront infinies. Pour que l'équation (1) ait deux racines égales, il faut qu'elle soit vérifiée en même temps que sa dérivée prise par rapport à z, savoir

$$1 = t f'(z), \tag{2}$$

et en éliminant t entre les équations (1) et (2), on aura

$$z = x + \frac{f(z)}{f'(z)}. \tag{3}$$

Les racines de cette équation (3) sont indépendantes de t; désignons-les par $\alpha_1 e^{\alpha_1\sqrt{-1}}$, $a_2 e^{\alpha_2\sqrt{-1}}, \ldots$ et portons-les successivement dans l'équation (2), on aura

$$t = \frac{1}{f'\left(a_1 e^{\alpha_1\sqrt{-1}}\right)}, \qquad t = \frac{1}{f'\left(a_2 e^{\alpha_2\sqrt{-1}}\right)}, \ldots,$$

formules qui font connaître les valeurs qu'il faut attribuer à t, pour que deux des racines de l'équation (1) soient égales entre elles. Désignons par R le module de celle de ces valeurs qui a le plus petit module, il est évident que l'équation (1) n'aura point de racines égales tant que le module de la variable t restera inférieur à R, et par conséquent les racines de cette équation ne pourront vérifier l'équation (2).

Cela posé, je dis que si le module de t reste compris entre o et R, les racines de l'équation (1) varieront par degrés insensibles avec t. En effet, donnons à t une valeur t_0 dont le module soit plus grand que zéro et plus petit que R, et désignons par z_0 l'une des racines de l'équation (1), on aura $t_0 = \dfrac{z_0 - x}{f(z_0)}$ et si, en prenant pour Δz_0 une quantité infiniment petite, on détermine Δt_0 par l'équation $t_0 + \Delta t_0 = \dfrac{z_0 + \Delta z_0 - x}{f(z_0 + \Delta z_0)}$, il est clair que l'équation (1) aura pour racine $z_0 + \Delta z_0$ lorsqu'on donnera à t la valeur $t_0 + \Delta t_0$. La différence de nos deux valeurs de t est

$$\Delta t_0 = \frac{z_0 + \Delta z_0 - x}{f(z_0 + \Delta z_0)} - \frac{z_0 - x}{f(z_0)} = \frac{1 - t\left[f(z_0 + \Delta z_0) - f(z_0)\right]}{f(z_0 + \Delta z_0)} \Delta z_0,$$

et comme la fonction $f(z)$ est supposée continue, la formule de Maclaurin lui est applicable; on a donc, en négligeant les infiniment petits du deuxième ordre,

$$\Delta t_0 = \frac{1 - t_0 f'(z_0)}{f(z_0)} \Delta z_0, \quad \text{d'où} \quad \Delta z_0 = \frac{f(z_0)}{1 - t_0 f'(z_0)} \Delta t.$$

le dénominateur $1 - t_0 f'(z_0)$ ne pouvant être nul, on voit que si la valeur t_0 produit une racine z_0, la valeur $t_0 + \Delta t_0$ produira une racine $z_0 + \Delta z_0$, dont la différence à z_0 deviendra infiniment petite avec Δt_0.

Mais toutes les racines de l'équation (1) deviennent infinies pour $t = 0$, à l'exception d'une seule qui se réduit à x; celle-ci peut être considérée, d'après ce qui précède, comme une fonction continue de t pour toutes les valeurs de cette variable dont le module est inférieur à R, et, pour ces valeurs, elle est développable en série convergente, par la formule de Maclaurin.

47. Désignant donc par z la fonction qui vient d'être définie, on aura

$$(4)\quad z = z_0 + \frac{t}{1}\left(\frac{dz}{dt}\right)_0 + \frac{t^2}{1.2}\left(\frac{d^2z}{dt^2}\right)_0 + \frac{t^3}{1.2.3}\left(\frac{d^3z}{dt^3}\right)_0 + \dots,$$

z_0, $\left(\frac{dz}{dt}\right)_0, \dots$ exprimant les valeurs que prennent z, $\frac{dz}{dt}, \dots$ pour $t = 0$. Et, si $F(z)$ désigne une fonction continue de z, indépendante de t et de x, on aura plus généralement

$$(5)\quad F(z) = F(z_0) + \frac{t}{1}\left(\frac{dF(z)}{dt}\right)_0 + \frac{t^2}{1.2}\left(\frac{d^2F(z)}{dt^2}\right)_0 + \dots.$$

Il nous reste à calculer les coefficients de ce développement. Pour cela, considérons ici le paramètre x comme une variable. Si l'on différentie l'équation (1) d'abord par rapport à t, puis par rapport à x, il vient

$$(6)\quad [1 - tf'(z)]\frac{dz}{dt} = f(z), \quad [1 - tf'(z)]\frac{dz}{dx} = 1,$$

d'où l'on tire

$$(7)\quad \frac{dz}{dt} = f(z)\frac{dz}{dx}.$$

D'après cela, la différentielle totale dz de z, sera

$$dz = \frac{dz}{dx}dx + \frac{dz}{dt}dt = \frac{dz}{dx}dx + f(z)\frac{dz}{dx}dt,$$

et si l'on multiplie les deux membres par une fonction arbitraire $\varphi(z)$ de z, il viendra

$$\varphi(z)\,dz = \varphi(z)\frac{dz}{dx}\,dx + f(z)\varphi(z)\frac{dz}{dx}\,dt;$$

le premier membre de cette équation étant une différentielle exacte, la même chose a lieu à l'égard du second membre, et l'on a, en conséquence,

$$(8)\qquad \frac{d\left[\varphi(z)\frac{dz}{dx}\right]}{dt} = \frac{d\left[f(z)\varphi(z)\frac{dz}{dx}\right]}{dx};$$

cette formule (8) nous montre que si l'on a à prendre la dérivée par rapport à t d'une expression de la forme $\varphi(z)\frac{dz}{dx}$, il suffira de multiplier cette expression par $f(z)$ et de prendre la dérivée du produit par rapport à x. Différentions cette équation (8) $n-2$ fois par rapport à t, on pourra dans le second membre intervertir l'ordre des différentiations relatives à t et x, et l'on aura

$$\frac{d^{n-1}\left[\varphi(z)\frac{dz}{dx}\right]}{dt^{n-1}} = \frac{d}{dx}\,\frac{d^{n-2}\left[f(z)\varphi(z)\frac{dz}{dx}\right]}{dt^{n-2}},$$

mais, dans le second membre, chaque différentiation relative à t peut être remplacée par une différentiation relative à x, pourvu qu'on introduise d'abord un facteur $f(z)$; on aura donc

$$\frac{d^{n-1}\left[\varphi(z)\frac{dz}{dx}\right]}{dt^{n-1}} = \frac{d^{n-1}\left[f(z)^{n-1}\varphi(z)\frac{dz}{dx}\right]}{dx^{n-1}},$$

et si l'on fait

$$\varphi(z) = f(z)\,F'(z),$$

d'où, à cause de l'équation (7),

$$\varphi(z)\frac{dz}{dx} = F'(z)\frac{dz}{dt} = \frac{dF(z)}{dt},$$

il viendra

$$(9)\qquad \frac{d^n F(z)}{dt^n} = \frac{d^{n-1}\left[(fz)^n F'(z)\dfrac{dz}{dx}\right]}{dx^{n-1}}.$$

Faisons maintenant $t = 0$, on aura, par l'équation (1),

$$z_0 = x, \quad F(z_0) = F(x),$$

puis, par les équations (6),

$$\left(\frac{dz}{dx}\right)_0 = 1, \quad \left(\frac{dz}{dt}\right)_0 = f(x),$$

d'où

$$\left[\frac{dF(z)}{dt}\right]_0 = F'(z_0)\left(\frac{dz}{dt}\right)_0 = f(x)F'(x),$$

enfin l'équation (9) donne

$$\left[\frac{d^n F(z)}{dt^n}\right]_0 = \frac{d^{n-1}(fx)^n F'(x)}{dx^{n-1}};$$

en sorte que la formule (5) devient

$$(10)\ F(z) = F(x) + \frac{t}{1} f(x)F'(x) + \frac{t^2}{1.2}\frac{d[f(x)]^2 F'(x)}{dx} + \ldots$$
$$+ \frac{t^n}{1.2\ldots n}\frac{d^{n-1}[f(x)]^n F'(x)}{dx^{n-1}} + \ldots;$$

c'est la formule connue sous le nom de formule de Lagrange.

Si la fonction $F(z)$ se réduit à z, on a

$$(11)\ z = x + \frac{t}{1} f(x) + \frac{t^2}{1.2}\frac{d(fx)^2}{dx} + \ldots + \frac{t^n}{1.2\ldots n}\frac{d^{n-1}(fx)^n}{dx^{n-1}} + \ldots$$

48. Proposons-nous, par exemple, de trouver la fonction continue z, définie par l'équation

$$z = x + tz^m,$$

m étant un nombre entier positif. L'équation (3) se réduit ici à

$$z = x + \frac{z}{m}, \quad \text{d'où} \quad z = \frac{mx}{m-1},$$

l'équation (2) donne ensuite

$$t = \frac{(m-1)^{m-1}}{m^m x^{m-1}},$$

et nous devons nous borner à donner à t des valeurs dont le module soit inférieur à la valeur numérique de

$$R = \pm \frac{(m-1)^{m-1}}{m^m x^{m-1}};$$

la valeur de z donnée par la formule (11) devient alors :

$$z = x + x^m t + \frac{2m}{1.2} x^{2m-1} t^2 + \frac{3m(3m-1)}{1.2.3} x^{3m-2} t^3 + \ldots$$
$$+ \frac{nm(nm-1)\ldots(nm-n+2)}{1.2\ldots n} x^{nm-n+1} t^n + \ldots .$$

Le terme général de cette série a pour valeur

$$u_n = \frac{nm(nm-1)\ldots(nm-n+2)}{1.2\ldots n} x^{nm-n+2} t^n,$$

et l'on en déduit

$$\frac{u_{n+1}}{u_n} = \frac{1}{n+1} \frac{(nm+m)(nm+m-1)\ldots(nm+1)}{(nm-n+2)\ldots(nm-n+m)} x^{m-1} t;$$

la limite de ce rapport pour $n = \infty$ est égale à

$$\frac{m^m}{(m-1)^{m-1}} x^{m-1} t, \quad \text{ou} \quad \text{à} \pm \frac{t}{R},$$

et l'on reconnaît ainsi par les règles ordinaires de l'algèbre que notre série n'est convergente que pour les valeurs de t dont le module est inférieur à R.

49. *Autre application de la formule de Lagrange.* La formule de Lagrange est souvent utile pour le développement des fonctions explicites. Nous allons en donner un exemple. Supposons qu'on veuille développer la fonction $\frac{(\zeta - t)^m}{(1-t)^{n+1}}$ suivant les puissances croissantes de t.

En appliquant la formule de Lagrange à l'équation

(1) $$z = \zeta + t f(z),$$

où z désigne une fonction des variables ζ et t, et $f(z)$ une fonction quelconque de z, il vient

$$F(z) = \sum \frac{t^n}{1.2\ldots n} \frac{d^{n-1}[F'(\zeta) f(\zeta)^n]}{d\zeta^{n-1}},$$

et, en différentiant par rapport à ζ,

$$(2) \qquad F'(z)\frac{dz}{d\zeta} = \sum \frac{t^n}{1.2\ldots n} \frac{d^n[F'(\zeta) f(\zeta)^n]}{d\zeta^n}.$$

Maintenant soient

$$F'(z) = z^m \quad \text{et} \quad f(z) = z - 1,$$

l'équation (1) donnera

$$z = \frac{\zeta - t}{1 - t}, \quad \frac{dz}{d\zeta} = \frac{1}{1 - t},$$

et, par suite, l'équation (2) devient

$$\frac{(\zeta - t)^m}{(1 - t)^{m+1}} = \sum \frac{t^n}{1.2\ldots n} \frac{d^n \zeta^m (\zeta - 1)^n}{d\zeta^n}.$$

Sur l'intégration des équations aux dérivées partielles du premier ordre, linéaires par rapport à ces dérivées.

50. La méthode suivante, due à Ampère et légèrement modifiée par Cauchy, est préférable à celle dont Lacroix a fait usage.

Considérons d'abord le cas de deux variables indépendantes. Soient P, Q et V trois fonctions données des variables x, y, z; la dernière variable z étant considérée comme fonction des deux autres, posons

$$(1) \qquad dz = p\,dx + q\,dy,$$

et considérons l'équation aux dérivées partielles

$$(2) \qquad Pp + Qq = V.$$

Si l'une des quantités P, Q se réduit à zéro, l'équation s'intègre à la manière des équations différentielles ordinaires et nous faisons abstraction de ce cas. Le problème qui consiste à trouver la fonction inconnue z, susceptible de satisfaire à l'équation (2), n'est pas déterminé; mais il le devient, si l'on exige que z soit assujettie en outre à se réduire à une fonction donnée $f(y)$ de y, lorsqu'on donne à x la valeur particulière x_0. C'est ce que l'on reconnaît immédiatement quand on cherche à développer la fonction z en série ordonnée par rapport aux puissances ascendantes de $x - x_0$ au moyen de la formule de Taylor.

Ainsi nous nous proposons de trouver une fonction $z = F(x, y)$ des deux variables x, y, qui satisfasse à l'équation (2) et qui soit telle que l'on ait en même temps

$$x = x_0, \quad z = f(y).$$

La méthode d'Ampère consiste dans un changement de variable; introduisons une fonction actuellement indéterminée y_0 des deux variables x et y; on pourra considérer inversement y comme fonction de y_0 et de x, et z deviendra elle-même fonction de x et de y_0; on aura dès lors par l'équation (1)

$$\frac{dz}{dx} = p + q\frac{dy}{dx}, \qquad \frac{dz}{dy_0} = q\frac{dy}{dy_0},$$

on tire de là les valeurs suivantes de p et de q,

$$p = \frac{dz}{dx} - \frac{\left(\dfrac{dz}{dy_0}\right)}{\left(\dfrac{dy}{dy_0}\right)}\frac{dy}{dx}, \qquad q = \frac{\left(\dfrac{dz}{dy_0}\right)}{\left(\dfrac{dy}{dy_0}\right)},$$

et en les substituant dans l'équation (2), il vient

$$(3) \qquad \frac{dy}{dy_0}\left(P\frac{dz}{dx} - V\right) + \frac{dz}{dy_0}\left(Q - P\frac{dy}{dx}\right) = 0.$$

Désignons par P', Q', V' les valeurs que prennent P, Q, V quand on y remplace z par sa valeur inconnue, mais bien déterminée en x et y; l'équation (3) deviendra

$$(4) \qquad \frac{dy}{dy_0}\left(P'\frac{dz}{dx} - V'\right) + \frac{dz}{dy_0}\left(Q' - P'\frac{dy}{dx}\right) = 0,$$

et il est clair que les équations (3) et (4) doivent être satisfaites par les mêmes valeurs de y, z fonctions de x et de y_0; mais comme la fonction de x et y que nous avons désignée par y_0 est arbitraire et que réciproquement y est une fonction indéterminée de x et de y_0, on peut assujettir y à satisfaire à l'équation

$$(5) \qquad P' \frac{dy}{dx} - Q' = 0,$$

et en outre à se réduire pour $x = x_0$ à une fonction quelconque donnée de y_0, à y_0 par exemple. Cela posé, $\frac{dy}{dy_0}$ n'étant pas nulle, l'équation (5) réduit l'équation (4) à

$$(6) \qquad P' \frac{dz}{dx} - V' = 0.$$

La fonction inconnue $z = F(x, y)$ est donc telle, que y et z considérées comme fonctions de x et de y_0 satisfont aux deux équations simultanées aux dérivées partielles

$$(7) \qquad P \frac{dy}{dx} - Q = 0, \quad P \frac{dz}{dx} - V = 0,$$

et se réduisent respectivement, pour $x = x_0$, à y_0 et $f(y_0)$ ou z_0. Mais les équations (7) ne renfermant point la variable indépendante y_0, elles doivent être traitées comme des équations différentielles ordinaires; ces équations sont toutes deux comprises dans la formule

$$(8) \qquad \frac{dx}{P} = \frac{dy}{Q} = \frac{dz}{V};$$

et pour résoudre le problème proposé, il suffira de les intégrer de manière que l'on ait simultanément $x = y_0$, $y = y_0$, $z = z_0$. Resolvant ensuite les intégrales par rapport à y_0 et z_0, et portant les valeurs obtenues dans l'équation

$$(9) \qquad z_0 = f(y_0),$$

on aura la solution demandée, qui renfermera une fonction arbitraire $f(y_0)$.

Supposons que l'on ait trouvé les intégrales générales des équations (8) avec deux constantes arbitraires α et β, et soient

$$\alpha = f_1(x, y, z), \quad \beta = f_2(x, y, z)$$

ces intégrales résolues par rapport aux constantes. D'après ce qui vient d'être dit, il faudra résoudre les équations

$$f_1(x_0, y_0, z_0) = \alpha, \quad f_2(x_0, y_0, z_0) = \beta,$$

par rapport à y_0 et z_0 et substituer les valeurs trouvées dans l'équation (9); mais si l'on considère $f(y_0)$ comme une fonction arbitraire, le résultat de la substitution sera simplement une relation arbitraire

$$\varphi(\alpha, \beta) = 0,$$

entre α et β. L'intégrale de la proposée pourra donc se mettre sous la forme

$$\varphi[f_1(x, y, z), f_2(x, y, z)] = 0,$$

φ désignant une fonction arbitraire.

51. La même méthode s'applique sans difficulté au cas de trois ou d'un plus grand nombre de variables indépendantes. Considérons, par exemple, le cas de trois variables indépendantes x, y, z; la variable u étant fonction de x, y, z, posons

$$du = p\,dx + q\,dy + r\,dz, \tag{1}$$

et soit l'équation proposée

$$Pp + Qq + Rr = V, \tag{2}$$

dans laquelle P, Q, R, V sont des fonctions données de x, y, z, u. Il s'agit de trouver une fonction $u = F(x, y, z)$ de x, y, z qui satisfasse généralement à l'équation (2) et qui pour $x = x_0$ se réduise à une fonction donnée $f(y, z)$ de y et de z; énoncé en ces termes, le problème est complétement déterminé.

Introduisons deux fonctions indéterminées y_0 et z_0 de x, y, z; on pourra considérer y et z comme fonctions de x, y_0, z_0; par suite u deviendra fonction des mêmes variables, et l'on aura par l'équation (1),

$$\frac{du}{dx} = p + q\frac{dy}{dx} + r\frac{dz}{dx},$$

$$\frac{du}{dy_0} = q\frac{dy}{dy_0} + r\frac{dz}{dy_0},$$

$$\frac{du}{dz_0} = q\frac{dy}{dz_0} + r\frac{dz}{dz_0}.$$

On tire de là les valeurs suivantes de p, q, r,

$$q = \frac{Y}{X}, \quad r = \frac{Z}{X}, \quad p = \frac{X\frac{du}{dx} - Y\frac{du}{dy} - Z\frac{du}{dz}}{X},$$

en posant, pour abréger,

$$X = \frac{dy}{dy_0}\frac{dz}{dz_0} - \frac{dy}{dz_0}\frac{dz}{dy_0},$$

$$Y = \frac{du}{dy_0}\frac{dz}{dz_0} - \frac{du}{dz_0}\frac{dz}{dy_0},$$

$$Z = \frac{du}{dz_0}\frac{dy}{dy_0} - \frac{du}{dy_0}\frac{dy}{dz_0},$$

et si l'on porte ces valeurs de p, q, r dans l'équation (2), elle devient

$$(3)\quad X\left(P\frac{du}{dx} - V\right) + Y\left(Q - P\frac{dy}{dx}\right) + Z\left(R - P\frac{dz}{dx}\right) = 0.$$

Désignons par P', Q', R', V' ce que deviendraient P, Q, R, V si l'on remplaçait u par sa valeur inconnue $F(x, y, z)$; faisons cette substitution dans (3), il viendra

$$(4)\quad X\left(P'\frac{du}{dx} - V'\right) + Y\left(Q' - P'\frac{dy}{dx}\right) + Z\left(R' - P'\frac{dz}{dx}\right) = 0,$$

et il est clair que les mêmes valeurs de y, z, u fonctions de x, y_0, z_0 doivent satisfaire aux équations (3) et (4). Mais les fonctions de x, y, z que nous avons introduites et désignées par y_0, z_0 sont arbitraires, et, inversement, y et z sont des fonctions indéterminées de x, y_0, z_0; ces fonctions deviendront au contraire complétement déterminées si on les assujettit à satisfaire généralement aux équations

$$(5) \qquad P' \frac{dy}{dx} - Q' = 0, \quad P' \frac{dz}{dx} - R' = 0,$$

et à se réduire en outre, pour $x = x_0$, à des fonctions arbitraires de y_0 et de z_0, à y_0 et à z_0 respectivement, par exemple. Alors, comme les quantités $\frac{Y}{X}$, $\frac{Z}{X}$, qui expriment les valeurs de q et r, ne peuvent être généralement infinies, les équations (5) réduisent l'équation (4) à

$$(6) \qquad P' \frac{du}{dx} - V' = 0$$

Il suit de là que la fonction inconnue $u = F(x, y, z)$ est telle, que les valeurs de y, z, u, considérées comme fonctions des variables indépendantes x, y_0, z_0, satisfont généralement aux trois équations simultanées aux dérivées partielles

$$(7) \quad P \frac{dy}{dx} - Q = 0, \quad P \frac{dz}{dx} - R = 0, \quad P \frac{du}{dx} - V = 0,$$

et se réduisent en outre, pour $x = x_0$, à y_0, z_0, $f(y_0, z_0) = u_0$ respectivement.

Les équations (7) ne renfermant point les variables independantes y_0 et z_0, elles doivent être traitées comme des équations différentielles ordinaires, et on peut les comprendre dans la seule formule

$$(8) \qquad \frac{dx}{P} = \frac{dy}{Q} = \frac{dz}{R} = \frac{du}{V}.$$

Pour avoir la solution du problème proposé, il suffira donc d'intégrer les équations (8) de manière que les variables x, y, z, u se réduisent simultanément à x_0, y_0, z_0, u_0; résolvant ensuite les intégrales obtenues par rapport à y_0, z_0, u_0, on portera les valeurs trouvées dans l'équation

$$(9) \qquad u_0 = f(x_0, y_0, z_0).$$

Supposons que l'on ait trouvé les intégrales générales des équations (8) renfermant trois constantes arbitraires α, β, γ, et soient

$$\alpha = f_1(x, y, z, u), \quad \beta = f_2(x, y, z, u), \quad \gamma = f_3(x, y, z, u),$$

les valeurs obtenues en résolvant ces intégrales par rapport à α, β, γ. Pour avoir la solution de notre problème défini comme nous l'avons fait, il faudra tirer des équations

$$f_1(x_0, y_0, z_0, u_0) = \alpha,$$
$$f_2(x_0, y_0, z_0, u_0) = \beta,$$
$$f_3(x_0, y_0, z_0, u_0) = \gamma,$$

les valeurs de y_0, z_0 et u_0, pour les porter dans l'équation (9). Mais si l'on considère la fonction f de cette équation comme une fonction arbitraire, le résultat de l'élimination sera simplement une relation arbitraire

$$(10) \qquad \varphi(\alpha, \beta, \gamma) = 0$$

entre α, β, γ. Cette relation (10), où α, β, γ représentent les fonctions f_1, f_2, f_3, peut donc être regardée comme exprimant l'intégrale générale de l'équation (2).

Sur le passage des différences finies aux différentielles.

52. De même que

$$\frac{df(x)}{dx} = \lim \frac{f(x+h) - f(x)}{h} = \lim \frac{\Delta f(x)}{h} \quad (\text{pour } h = 0),$$

de même on a aussi, quel que soit n,

$$\frac{d^n f(x)}{dx^n} = \lim \frac{\Delta^n f(x)}{h^n} \quad (\text{pour } h = 0),$$

$\Delta^n f(x)$ exprimant la $n^{\text{ième}}$ différence de $f(x)$.

La plupart des auteurs regardent ce fait comme évident ou n'en donnent que des démonstrations défectueuses; cette proposition résulte immédiatement du développement de la différence $\Delta^n f(x)$ en série ordonnée par rapport aux puissances de h, développement que Lacroix établit au n° 391; mais l'auteur en fait usage au n° 389 pour démontrer la formule de Taylor. Or, en suivant la marche tracée par Lacroix lui-même, on peut établir d'une manière élémentaire la proposition dont il s'agit, et sans supposer en aucune façon le théorème de Taylor. Il suffit en effet de remarquer que les expressions

$$\frac{1}{f(x)}\Delta^n f(x) \quad \text{et} \quad \frac{1}{f^k(x)}\frac{d^k \Delta^n f(x)}{dh^k}$$

se réduisent, pour $h = 0$, à des quantités numériques indépendantes de la nature de la fonction $f(x)$. Alors si l'on fait

$$f(x) = e^x, \quad \text{d'où} \quad \Delta f(x) = e^x(e^h - 1),$$

et généralement

$$\Delta^n f(x) = e^x(e^h - 1)^n = e^x(h^n + \ldots),$$

on voit tout de suite que l'on aura, pour $h = 0$,

$$\Delta^n f(x) = 0, \qquad \frac{d\Delta^n f(x)}{dh} = 0, \ldots,$$

$$\frac{d^{n-1}\Delta^n f(x)}{dh^{n-1}} = 0, \quad \frac{d^n \Delta^n f(x)}{dh^n} = 1.2\ldots n f^n(x).$$

Si donc on cherche, par les règles ordinaires, la vraie valeur que prend le rapport

$$\frac{\Delta^n f(x)}{h^n} \text{ (pour } h = 0\text{)},$$

on trouvera que cette valeur est $f^n(x)$, et l'on a en conséquence

$$\lim \frac{\Delta^n f(x)}{h^n} = f^n(x) \text{ (pour } h = 0\text{)}.$$

Ainsi que nous l'avons dit plus haut, Lacroix démontre la formule de Taylor en partant du résultat qui précède; la marche qu'il suit est certainement la plus naturelle, mais sa démonstration manque absolument de rigueur. Aussi croyons-nous faire une chose utile en présentant ici la remarquable démonstration publiée par M. Caqué dans le tome X du *Journal de Liouville*, et qui repose sur les mêmes principes.

Démonstration de la formule de Taylor, par M. J. Caqué.

53. Soit $y=f(x)$ une fonction donnée de x, et désignons par $y_1, y_2, \ldots$ les valeurs qu'elle prend quand x augmente successivement de la constante Δx, en sorte que $y_k=f(x+k\,\Delta x)$. En représentant par $\Delta^n y_k$ la différence $n^{\text{ième}}$ de y_k, on a, quels que soient n et k,

$$\text{(A)}\qquad \Delta^n y_k=\Delta^n y+(\Delta^{n+1}y+\Delta^{n+1}y_1+\ldots+\Delta^{n+1}y_{k-1}),$$

équation qui n'est, en effet, que la différence $n^{\text{ième}}$ de l'équation évidente

$$y_k=y+\Delta y+\Delta y_1+\ldots+\Delta y_{k-1}.$$

Cette dernière, en remplaçant k par m et posant $m\,\Delta x=h$, donne aussi

$$(1)\quad f(x+h)=f(x)+(\Delta y+\Delta y_1+\ldots+\Delta y_{m-2}+\Delta y_{m-1}).$$

Mais, si dans l'équation (A) on fait $n=1$, puis successivement $k=1$, $k=2, \ldots$, $k=m-1$, on aura des valeurs de Δy_1, $\Delta y_2, \ldots$, Δy_{m-1}, qui, portées dans l'équation (1), nous donneront, réduction faite,

$$(2)\left\{\begin{aligned} &f(x+h)=f(x)+m\,\Delta y\\ &+[(m-1)\Delta^2 y+(m-2)\Delta^2 y_1+\ldots+2\Delta^2 y_{m-3}+\Delta^2 y_{m-2}].\end{aligned}\right.$$

On pourrait reprendre de nouveau l'équation (A), y poser $n=2$, puis successivement $k=1$, $k=2, \ldots$, $k=m-2$, et reporter dans l'équation (2) les valeurs de $\Delta^2 y_1$, $\Delta^2 y_2, \ldots$, $\Delta^2 y_{m-2}$ ainsi obtenues; en réduisant, on aurait

$$(3)\left\{\begin{aligned} &f(x+h)=f(x)+m\,\Delta y+\frac{m(m-1)}{1.2}\Delta^2 y\\ &+\left[\frac{(m-1)(m-2)}{1.2}\Delta^3 y+\frac{(m-2)(m-3)}{1.2}\Delta^3 y_1+\ldots\right.\\ &\qquad\qquad\left.+3\,\Delta^3 y_{m-4}+\Delta^3 y_{m-3}\right].\end{aligned}\right.$$

Et l'on pourrait continuer ce mode d'élimination qui conduirait finalement à la formule

$$(4)\quad \left\{\begin{aligned} f(x+h) = f(x) + m\Delta y + \frac{m(m-1)}{1.2}\Delta^2 y + \ldots \\ + \frac{m(m-1)\ldots(m-n+1)}{1.2\ldots n}\Delta^n y + \mathrm{R}_n, \end{aligned}\right.$$

R_n remplaçant la quantité suivante, dans laquelle, en général, C_n^{m-g} représente le nombre des combinaisons de $m-g$ lettres n à n :

$$\mathrm{R}_n = \mathrm{C}_n^{m-1}\Delta^{n+1}y + \mathrm{C}_n^{m-2}\Delta^{n+1}y_1 + \mathrm{C}_n^{m-3}\Delta^{n+1}y_2 + \ldots$$
$$+ \mathrm{C}_n^{n+1}\Delta^{n+1}y_{m-n-2} + \mathrm{C}_n^{n}\Delta^{n+1}y_{m-n-1}.$$

Mais sans avoir même besoin de passer par l'équation (3), nous allons prouver directement que l'équation (4) a toujours lieu.

D'abord elle est vérifiée pour $n=1$, puisqu'elle coïncide alors avec l'équation (2). Pour démontrer généralement l'équation (4), il suffit donc de faire voir que, si elle est exacte pour une valeur de n, elle l'est encore pour la valeur suivante.

Dans l'équation (A), remplaçons n par $n+1$, puis posons successivement $k=1$, $k=2, \ldots$, $k=m-n-1$; les divers résultats, multipliés par des facteurs convenables, forment le tableau suivant :

$$\mathrm{C}_n^{m-1}\Delta^{n+1}y = \mathrm{C}_n^{m-1}\Delta^{n+1}y,$$

$$\mathrm{C}_n^{m-2}\Delta^{n+1}y_1 = \mathrm{C}_n^{m-2}\Delta^{n+1}y + \mathrm{C}_n^{m-2}\Delta^{n+2}y,$$

$$\mathrm{C}_n^{m-3}\Delta^{n+1}y_2 = \mathrm{C}_n^{m-3}\Delta^{n+1}y + \mathrm{C}_n^{m-3}\Delta^{n+2}y + \mathrm{C}_n^{m-3}\Delta^{n+2}y_1,$$

. . . .

. . . .

$$\mathrm{C}_n^{n+1}\Delta^{n+1}y_{m-n-2} = \mathrm{C}_n^{n+1}\Delta^{n+1}y + \mathrm{C}_n^{n+1}\Delta^{n+2}y + \mathrm{C}_n^{n+1}\Delta^{n+2}y_1 + \ldots$$
$$+ \mathrm{C}_n^{n+1}\Delta^{n+2}y_{m-n-3},$$

$$\mathrm{C}_n^{n}\Delta^{n+1}y_{m-n-1} = \mathrm{C}_n^{n}\Delta^{n+1}y + \mathrm{C}_n^{n}\Delta^{n+2}y + \mathrm{C}_n^{n}\Delta^{n+2}y_1 + \ldots$$
$$+ \mathrm{C}_n^{n}\Delta^{n+2}y_{m-n-3} + \mathrm{C}_n^{n}\Delta^{n+2}y_{m-n-2}.$$

En faisant la somme des premiers membres, on reproduit la valeur de R_n; on peut donc écrire que cette quantité est égale à la somme des seconds membres; celle-ci se présentera sous une forme plus simple en faisant usage de ce théorème d'algèbre :

« La somme des nombres des combinaisons n à n, de $m-g$, » $m-g-1, \ldots, n+1$, n lettres, est égale au nombre des » combinaisons $n+1$ à $n+1$ de $m-g+1$ lettres. »

Conséquemment on aura

$$R_n = C_{n+1}^{m}\Delta^{n+1}y + R_{n+1}$$

$$= \frac{m(m-1)\ldots(m-n+1)(m-n)}{1.2\ldots n(n+1)}\Delta^{n+1}y + R_{n+1},$$

en posant, pour abréger,

$$R_{n+1} = C_{n+1}^{m-1}\Delta^{n+2}y + C_{n+1}^{m-2}\Delta^{n+2}y_1 + \ldots$$

$$+ C_{n+1}^{n+2}\Delta^{n+2}y_{m-n-3} + C_{n+1}^{n+1}\Delta^{n+2}y_{m-n-2}.$$

Or cette valeur de R_n, mise dans l'équation (4), donne le même résultat que la substitution de $n+1$ à n dans la même équation; donc l'équation (4) a lieu généralement.

54. Si, dans l'équation (4), on remplace m par sa valeur tirée de $m\Delta x = h$, on trouve aisément

$$f(x+h) = f(x) + h\frac{\Delta y}{\Delta x} + \frac{h(h-\Delta x)}{1.2}\frac{\Delta^2 y}{\Delta x^2} + \ldots$$

$$+ \frac{h(h-\Delta x)\ldots[h-(n-1)\Delta x]}{1.2\ldots n}\frac{\Delta^n y}{\Delta x^n} + R_n.$$

Le terme complémentaire R_n peut évidemment se mettre sous cette forme

$$\Delta x^{n+1}\left(C_n^{m-1}\frac{\Delta^{n+1}y}{\Delta x^{n+1}} + C_n^{m-2}\frac{\Delta^{n+1}y_1}{\Delta x^{n+1}} + \ldots + C_n^{n}\frac{\Delta^{n+1}y_{m-n-1}}{\Delta x^{n+1}}\right),$$

de sorte qu'en représentant par M la somme des termes entre parenthèses, divisée par la somme C_n^{m-1} + etc. de leurs coefficients, il vient

$$R_n = \Delta x^{n+1}(C_n^{m-1} + C_n^{m-2} + \ldots + C_n^n)M,$$

c'est-à-dire, en vertu d'un théorème déjà invoqué,

$$R_n = \Delta x^{n+1} C_{n+1}^m M;$$

en mettant donc pour C_{n+1}^m son expression connue, et remplaçant dans cette dernière m par $\frac{h}{\Delta x}$, nous aurons enfin

$$R_n = \frac{h(h-\Delta x)\ldots(h-n\Delta x)}{1.2\ldots(n+1)}M,$$

d'où

$$(5)\left\{\begin{aligned} &f(x+h) = f(x) + \frac{h}{1}\frac{\Delta y}{\Delta x} + \ldots \\ &+ \frac{h(h-\Delta x)\ldots[h-(n-1)\Delta x]}{1.2\ldots n}\frac{\Delta^n y}{\Delta x^n} + \frac{h(h-\Delta x)\ldots(h-n\Delta x)}{1.2\ldots(n+1)}M. \end{aligned}\right.$$

Revenons sur l'expression de M, savoir,

$$M = \frac{C_n^{m-1}\frac{\Delta^{n+1}y}{\Delta x^{n+1}} + C_n^{m-2}\frac{\Delta^{n+1}y_1}{\Delta x^{n+1}} + \ldots + C_n^n\frac{\Delta^{n+1}y_{m-n-1}}{\Delta x^{n+1}}}{C_n^{m-1} + C_n^{m-2} + \ldots + C_n^n}.$$

Nous voyons que cette quantité est une moyenne entre les quotients

$$\frac{\Delta^{n+1}y}{\Delta x^{n+1}}, \quad \frac{\Delta^{n+1}y_1}{\Delta x^{n+1}}, \ldots, \quad \frac{\Delta^{n+1}y_{m-n-1}}{\Delta x^{n+1}},$$

de manière qu'elle est toujours comprise entre le plus grand et le plus petit d'entre eux; il suffit donc, pour que M soit finie, que tous le soient, et alors la remarque que nous venons de faire fournit des limites simples de R_n ou du terme complémentaire de la formule (5).

55. Quand on prend la valeur de Δx infiniment petite, les quotients $\frac{\Delta^k y}{\Delta x^k}$ deviennent les dérivées $f^k(x)$, et les numérateurs des coefficients de l'équation (5) deviennent les puis-

sances entières et croissantes de h. La quantité y_{m-n-1} devient $f(x+h)$. Les quotients dont la quantité M dépend se réduisent donc aux valeurs de $f^{n+1}(z)$, en faisant varier z de x à $x+h$. Donc, si dans cet intervalle $f^{n+1}(z)$ reste finie, M le sera aussi, puisqu'elle est toujours comprise entre la plus grande et la plus petite valeur de cette dérivée.

De plus, si $f^{n+1}(z)$ est continue, elle atteindra au moins une fois la valeur de M, et l'on pourra poser

$$M = f^{n+1}(x+\Theta h),$$

en désignant par Θ une quantité positive plus petite que l'unité. Ainsi on retrouve par cette méthode la formule connue

$$f(x+h) = f(x) + hf'(x) + \frac{h^2}{1.2}f''(x) + \ldots + \frac{h^n}{1.2\ldots n}f^n(x) + \frac{h^{n+1}}{1.2\ldots n(n+1)}f^{n+1}(x+\Theta h).$$

NOTE II.

SUR L'INTÉGRATION DES ÉQUATIONS AUX DÉRIVÉES PARTIELLES DU PREMIER ORDRE.

§ I.

1. Le problème qui constitue le calcul intégral des équations aux dérivées partielles est aujourd'hui complétement résolu, pour ce qui concerne les équations du premier ordre, c'est-à-dire que l'intégration d'une telle équation peut toujours être ramenée, quel que soit le nombre des variables indépendantes, à l'intégration d'un système d'équations différentielles ordinaires simultanées. Parmi les méthodes propres à atteindre ce but, il faut surtout distinguer celles de Jacobi et de Cauchy ; nous prendrons ici pour point de départ l'analyse de Cauchy, mais nous présenterons en même temps des développements étendus relatifs à une difficulté inhérente à cette analyse et qui ont été, de notre part, l'objet d'une communication récente à l'Académie des Sciences (*).

2. Considérons d'abord le cas de deux variables indépendantes, et soit

$$F(x, y, z, p, q) = 0 \tag{1}$$

l'équation proposée, dans laquelle z désigne une fonction inconnue des deux variables indépendantes x et y, et où p et q représentent respectivement les dérivées partielles $\frac{dz}{dx}$, $\frac{dz}{dy}$.

Il s'agit de trouver une valeur de z qui satisfasse à l'équation (1) pour toutes les valeurs de x et de y, et qui, pour une valeur donnée x_0 de x, se réduise à une fonction arbitraire

(*) *Comptes rendus des séances de l'Académie des Sciences* (séances des 7 et 28 octobre 1861).

donnée $f(y)$ de y. Ainsi l'on doit avoir en même temps

$$x = x_0, \quad z = f(y), \quad q = \frac{df(y)}{dy} = f'(y);$$

le problème, énoncé en ces termes, est complétement déterminé.

Introduisons, avec Cauchy, une fonction actuellement indéterminée y_0 de x et de y ; on pourra considérer y comme une fonction de x et de y_0, et alors z, p, q seront aussi des fonctions de ces mêmes variables. On aura donc

$$dy = \frac{dy}{dx}\,dx + \frac{dy}{dy_0}\,dy_0,$$

$$dz = \frac{dz}{dx}\,dx + \frac{dz}{dy_0}\,dy_0,$$

et si l'on porte ces valeurs de dz et de dy dans l'équation

$$dz = p\,dx + q\,dy,$$

qui exprime la définition de p et de q, il viendra

$$\frac{dz}{dx}\,dx + \frac{dz}{dy_0}\,dy_0 = p\,dx + q\left(\frac{dy}{dx}\,dx + \frac{dy}{dy_0}\,dy_0\right).$$

Cette équation ayant lieu, quelles que soient les différentielles dx et dy_0, on a

$$(2) \qquad \frac{dz}{dx} = p + q\,\frac{dy}{dx},$$

$$(3) \qquad \frac{dz}{dy_0} = q\,\frac{dy}{dy_0}.$$

Si l'on différentie l'équation (2) par rapport à y_0, l'équation (3) par rapport à x, et que l'on retranche ensuite les deux résultats obtenus l'un de l'autre, il viendra

$$(4) \qquad \frac{dp}{dy_0} = \frac{dq}{dx}\,\frac{dy}{dy_0} - \frac{dq}{dy_0}\,\frac{dy}{dx}.$$

Cela posé, désignons par

$$dF = X\,dx + Y\,dy + Z\,dz + P\,dp + Q\,dq$$

la différentielle totale du premier membre de l'équation (1), on aura, en différentiant cette équation par rapport à y_0,

$$(5)\qquad Y\frac{dy}{dy_0}+Z\frac{dz}{dy_0}+P\frac{dp}{dy_0}+Q\frac{dq}{dy_0}=0,$$

et, si l'on porte dans cette équation (5) les valeurs de $\frac{dz}{dy_0}$ et de $\frac{dp}{dy_0}$ tirées des équations (3) et (4), on aura

$$(6)\qquad \left(Y+Zq+P\frac{dq}{dx}\right)\frac{dy}{dy_0}+\left(Q-P\frac{dy}{dx}\right)\frac{dq}{dy_0}=0.$$

Or, la fonction de x et de y_0 qui représente y et que nous avons introduite est jusqu'ici indéterminée, et nous pouvons en disposer de manière qu'elle satisfasse à l'équation

$$(7)\qquad P\frac{dy}{dx}-Q=0,$$

en concevant que l'on ait remplacé dans P et dans Q, z, p et q par leurs valeurs inconnues, mais déterminées en x et y. La fonction y ne sera pas entièrement déterminée par la condition qui lui est imposée de satisfaire à l'équation (7), mais elle le deviendra, si on l'assujettit en outre à se réduire, pour $x=x_0$, à une certaine fonction donnée de y_0; nous prendrons pour cette fonction donnée la quantité y_0 elle-même. Ainsi l'on aura en même temps

$$x=x_0,\quad y=y_0,\quad z=z_0,\quad q=q_0,\quad p=p_0,$$

en posant, pour abréger,

$$z_0=f(y_0),\quad q_0=f'(y_0),$$

et en déterminant p_0 par l'équation

$$F(x_0,y_0,z_0,p_0,q_0)=0,$$

qui n'est autre chose que l'équation (1) dans laquelle on remplace x, y, z, p, q respectivement par x_0, y_0, z_0, p_0, q_0.

L'équation (7) réduit l'équation (6) à

$$(8)\qquad Y+Zq+P\frac{dq}{dx}=0;$$

en sorte que le problème proposé est ramené à trouver quatre fonctions y, z, p, q des deux variables indépendantes x et y_0, qui satisfassent généralement aux cinq équations (1), (2), (3) (7) et (8), et qui se réduisent respectivement à y_0, z_0, p_0, q_0 pour $x = x_0$; nous ne parlons pas de l'équation (4), parce qu'elle résulte, comme on l'a vu, des équations (2) et (3).

3. Mais les équations (1), (2), (7), (8) suffisent pour la détermination des inconnues y, z, p, q; l'équation (3) est donc surabondante et il faut qu'elle se trouve vérifiée d'elle-même. Voici comment Cauchy a démontré cet important théorème.

Supposons que des équations (1), (2), (7), (8) on ait tiré pour y, z, p, q des valeurs déterminées fonctions de x et de y_0 et qui se réduisent respectivement à y_0, z_0, p_0, q_0 pour $x = x_0$; les deux membres de l'équation (3) seront aussi des fonctions déterminées de x et de y_0, et en désignant par I leur différence, on aura

$$(9) \qquad \frac{dz}{dy_0} = q_0 \frac{dy}{dy_0} + \mathrm{I}.$$

Si l'on différentie cette équation par rapport à x, et qu'on en retranche ensuite l'équation (2) préalablement différentiée par rapport à y_0, on aura, au lieu de l'équation (4),

$$(10) \qquad \frac{dp}{dy_0} = \left(\frac{dq}{dx}\frac{dy}{dy_0} - \frac{dq}{dy_0}\frac{dy}{dx}\right) + \frac{d\mathrm{I}}{dx},$$

et en portant dans l'équation (5) les valeurs de $\frac{dz}{dy_0}$ et de $\frac{dp}{dy_0}$ tirées des équations (9) et (10), il viendra

$$(11) \left(\mathrm{Y} + \mathrm{Z}q + \mathrm{P}\frac{dq}{dx}\right)\frac{dy}{dy_0} + \left(\mathrm{Q} - \mathrm{P}\frac{dy}{dx}\right)\frac{dq}{dy_0} + \mathrm{P}\frac{d\mathrm{I}}{dx} + \mathrm{Z}\mathrm{I} = 0,$$

enfin, à cause des équations (7) et (8), cette équation se réduit à

$$\mathrm{P}\frac{d\mathrm{I}}{dx} + \mathrm{Z}\mathrm{I} = 0, \quad \text{ou} \quad \frac{1}{\mathrm{I}}\frac{d\mathrm{I}}{dx} = -\frac{\mathrm{Z}}{\mathrm{P}}.$$

La quantité $-\frac{\mathrm{Z}}{\mathrm{P}}$ étant exprimée en fonction de x et de y_0, si l'intégrale $-\int_{x_0}^{x} \frac{Z}{P}\,dx$ a une valeur finie et déterminée, on tirera de l'équation précédente

$$(12) \qquad \log\frac{I}{I_0} = -\int_{x_0}^{x} \frac{Z}{P}\,dx, \qquad I = I_0\,e^{-\int_{x_0}^{x}\frac{Z}{P}dx},$$

en désignant par I_0 la valeur que prend I pour $x = x_0$. Mais comme l'hypothèse $x = x_0$ réduit $\frac{dz}{dy_0}$ à q_0 et $\frac{dy}{dy_0}$ à 1, l'équation (9) montre que $I_0 = 0$, et, par suite, à cause de l'équation (12), on aura généralement

$$I = 0.$$

Nous examinerons dans le paragraphe suivant le cas singulier où l'intégrale $\int_{x_0}^{x} \frac{Z}{P}\,dx$ cesse d'avoir une valeur finie et déterminée.

4. D'après ce qui précède, nous n'avons à nous occuper que des équations (1), (2), (7) et (8). On peut même, si l'on veut, remplacer l'équation (1) par sa différentielle relative à x; cette différentielle n'a pas en effet plus de généralité que l'équation (1), puisque les valeurs de y, z, p, q doivent se réduire à y_0, z_0, p_0, q_0, pour $x = x_0$. Or la différentielle en question est

$$X + Y\frac{dy}{dx} + Z\frac{dz}{dx} + P\frac{dp}{dx} + Q\frac{dq}{dx} = 0,$$

et, en y remplaçant $\frac{dz}{dx}$, Q et Y par les valeurs tirées des équations (2), (7) et (8), elle se réduit à

$$(13) \qquad X + Zp + P\frac{dp}{dx} = 0.$$

Le problème est donc ramené à trouver, au moyen de quatre des équations (1), (2), (7), (8), (13), des valeurs de y, z, p, q

fonctions de x et de y_0 qui se réduisent respectivement à y_0, z_0, p_0, q_0 pour $x = x_0$.

Les équations (2), (7), (8), (13) forment en réalité un système de quatre équations simultanées aux dérivées partielles; mais parce que ces équations ne renferment pas la variable indépendante y_0, elles doivent être traitées comme des équations différentielles ordinaires; elles sont comprises dans la formule unique

$$\frac{dx}{P} = \frac{dy}{Q} = \frac{dz}{Pp + Qq} = \frac{-dp}{X + Zp} = \frac{-dq}{Y + Zq}; \tag{14}$$

et l'une d'elles, nous devons le répéter, peut être remplacée par l'équation (1).

Si le premier membre de l'équation (1) est linéaire par rapport aux dérivées p et q, comme sa différentielle prise en ne faisant varier que p et q est $P\,dp + Q\,dq$, P et Q seront indépendantes de p et q, et F aura la forme $Pp + Qq - V$, V étant comme P et Q fonction de x, y, z. Dans ce cas, les deux premières des équations contenues dans la formule (14), savoir

$$\frac{dx}{P} = \frac{dy}{Q} = \frac{dz}{V},$$

permettent, sans le secours des autres, de déterminer les valeurs de y, z en fonction de x et y_0. On est ainsi ramené, dans le cas des équations linéaires par rapport aux dérivées, à la règle que nous avons rappelée dans la Note I.

5. Supposons donc que des équations (14) on ait tiré des valeurs de y, z, p, q se réduisant à y_0, z_0, p_0, q_0, pour $x = x_0$; soient

$$\left\{\begin{array}{l} y = f_1(x, y_0, z_0, q_0), \\ z = f_2(x, y_0, z_0, q_0), \\ p = f_3(x, y_0, z_0, q_0), \\ q = f_4(x, y_0, z_0, q_0), \end{array}\right. \tag{15}$$

ces valeurs; nous n'écrivons pas la lettre p_0 dans ces expressions, parce qu'on peut toujours supposer que l'on ait substitué sa valeur tirée de $F(x_0, y_0, z_0, p_0, q_0) = 0$; quant à x_0, c'est une valeur numérique déterminée dont il n'y a pas à s'occuper.

Les deux premières équations (15) donnent la solution du problème proposé, en y remplaçant z_0 par $f(y_0)$ et q_0 par $f'(y_0)$. Si l'on attribue à la fonction $f(y_0)$ une forme déterminée, et que l'on puisse éliminer y_0 entre les deux équations dont nous parlons, on aura l'expression de la fonction inconnue z en x et y. Mais si la fonction $f(y_0)$ ou z_0 reste indéterminée, l'élimination de y_0 sera impossible, à moins que les valeurs de y et de z ne soient l'une et l'autre indépendantes de q_0; dans ce cas, si l'on résout les deux premières équations (15) par rapport à y_0 et z_0, on obtiendra des expressions de la forme

$$y_0 = \psi(x, y, z), \qquad z_0 = \varphi(x, y, z),$$

et la solution du problème sera donnée par l'équation

$$\varphi = f(\psi),$$

d'où l'on conclut, comme on sait, que l'équation proposée (1) est nécessairement linéaire par rapport aux dérivées p et q.

Si l'on fait abstraction de ce cas d'une équation linéaire, je dis qu'aucune des expressions de y et de z ne peut être indépendante de q_0. En effet, portons dans l'équation (3) les valeurs de y, z, q tirées des équations (15), on aura

$$\left(\frac{df_2}{dy_0} + \frac{df_2}{dz_0} q_0 + \frac{df_2}{dq_0}\frac{dq_0}{dy_0}\right) - f_4\left(\frac{df_1}{dy_0} + \frac{df_1}{dz_0} q_0 + \frac{df_1}{dq_0}\frac{dq_0}{dy_0}\right) = 0;$$

cette équation doit avoir lieu identiquement, et par suite les termes multipliés par $\frac{dq_0}{dy_0}$ doivent se détruire. On a donc encore identiquement

$$\frac{df_2}{dq_0} - f_4 \frac{df_1}{dq_0} = 0;$$

le facteur $f_4 = q$ ne peut être nul généralement, d'où il suit que si l'une des quantités $\frac{df_1}{dq_0}$, $\frac{df_2}{dq_0}$ est identiquement nulle, l'autre doit l'être aussi; donc les deux fonctions f_1 et f_2 dépendent l'une et l'autre de q_0 où elles sont l'une et l'autre indépendantes de cette quantité : ce dernier cas ne peut avoir lieu, comme on l'a vu plus haut, que si l'équation proposée est linéaire par rapport aux dérivées p et q.

Cela posé, si l'on élimine q_0 entre les deux premières équations (15), on obtiendra une équation qui pourra tenir lieu de la seconde d'entre elles et que je représenterai par

$$(16) \qquad V(x, y, z, y_0, z_0) = 0, \quad \text{ou} \quad V = 0.$$

Si l'on prend la différentielle totale de cette équation et que l'on y remplace dz_0 par $q_0 dy_0$, dz par $p dx + q dy$, il viendra

$$\left(\frac{dV}{dx} + p\frac{dV}{dz}\right)dx + \left(\frac{dV}{dy} + q\frac{dV}{dz}\right)dy + \left(\frac{dV}{dy_0} + q_0\frac{dV}{dz_0}\right)dy_0 = 0;$$

mais la première équation (15) donne

$$dy = \frac{df_1}{dx}dx + \left(\frac{df_1}{dy_0} + \frac{df_1}{dz_0}q_0 + \frac{df_1}{dq_0}\frac{dq_0}{dy_0}\right)dy_0;$$

si l'on porte cette valeur de dy dans l'équation précédente, il ne restera plus que les deux seules différentielles indépendantes dx et dy_0; en égalant donc à zéro les coefficients de celles-ci, on aura

$$\left(\frac{dV}{dx} + p\frac{dV}{dz}\right) + \left(\frac{dV}{dy} + q\frac{dV}{dz}\right)\frac{df_1}{dx} = 0,$$

$$\left(\frac{dV}{dy} + q\frac{dV}{dz}\right)\left(\frac{df_1}{dy_0} + \frac{df_1}{dz_0}q_0 + \frac{df_1}{dq_0}\frac{dq_0}{dy_0}\right) + \left(\frac{dV}{dy_0} + q_0\frac{dV}{dz_0}\right) = 0.$$

Ces équations doivent devenir identiques si l'on y remplace y, z, p, q par les valeurs tirées des formules (15); or celles-ci ne contiennent pas la quantité arbitraire $\frac{dq_0}{dy_0}$, il est donc nécessaire que cette quantité disparaisse de la dernière équation. Comme nous faisons abstraction du cas où l'équation proposée (1) est linéaire, $\frac{df_1}{dq_0}$ ne peut être nul, il faut donc que $\frac{dV}{dy} + q\frac{dV}{dz}$ s'annule, auquel cas on a simultanément par les équations précédentes,

$$(17) \qquad \frac{dV}{dy_0} + q_0 \frac{dV}{dz_0} = 0,$$

et

$$(18) \qquad \frac{dV}{dx} + p \frac{dV}{dz} = 0, \quad \frac{dV}{dy} + q \frac{dV}{dz} = 0.$$

Les équations (16), (17) et (18) deviennent ainsi identiques en vertu des équations (15); elles déterminent d'ailleurs les valeurs de y, z, p, q, et par suite elles peuvent suppléer les équations (15).

Ainsi, en particulier, si l'on remplace, dans V, z_0 par $f(y_0)$, l'intégrale cherchée de l'équation (1) sera le résultat de l'élimination de y_0 entre les deux équations

$$(19) \qquad V = 0, \quad \left(\frac{dV}{dy_0}\right) = 0,$$

$\left(\frac{dV}{dy_0}\right)$ désignant la dérivée de V prise par rapport à y_0, mais en considérant z_0 comme fonction de y_0. Donc, pour avoir cette intégrale, il suffit de déterminer la fonction V que l'on obtiendra en éliminant p, q, p_0, q_0 entre les quatre intégrales des équations (14) et l'équation $F(x_0, y_0, z_0, p_0, q_0) = 0$.

6. C'est ici l'occasion de faire remarquer que la seule équation

$$V = 0$$

constitue une solution de l'équation proposée (1), si l'on y regarde y_0 et z_0 comme deux constantes arbitraires.

En effet, dans la solution générale que nous venons de développer, on reconstruit l'équation proposée (1) en éliminant y_0 et z_0 entre les équations (16) et (18). Or, si, au lieu de regarder y_0 et z_0 comme des variables assujetties à vérifier l'équation (17), on considère ces quantités comme des constantes, il est clair que les équations (18) subsisteront et continueront avec l'équation (16) à reproduire l'équation (1) par l'élimination de y_0 et de z_0. Cette équation (16) qui renferme ainsi deux constantes arbitraires, constitue ce que Lagrange a nommé une intégrale complète de l'équation (1).

7. Pour donner une application de ce qui précède, considérons l'équation

$$z - apq = 0,$$

où a désigne une constante. On a ici

$$X=0, Y=0, Z=1, P=-aq, Q=-ap, Pp+Qq=-2apq=-2z,$$

et les équations à intégrer sont

$$\frac{dx}{aq}=\frac{dy}{ap}=\frac{dz}{2z}=\frac{dp}{p}=\frac{dq}{q};$$

on trouve immédiatement les quatre intégrales suivantes :

$$\frac{p}{p_0}=\frac{q}{q_0}=\frac{\sqrt{z}}{\sqrt{z_0}}, \quad \frac{x-x_0}{aq_0}=\frac{y-y_0}{ap_0}=\frac{\sqrt{z}-\sqrt{z_0}}{\sqrt{z_0}},$$

et on élimine tout de suite p_0 et q_0, entre les deux dernières en faisant usage de l'équation $z_0 - ap_0q_0 = 0$; on a en effet

$$\frac{(\sqrt{z}-\sqrt{z_0})^2}{z_0}=\frac{(x-x_0)(y-y_0)}{a^2p_0q_0}=\frac{(x-x_0)(y-y_0)}{az_0}.$$

Si donc on fait

$$V=a[\sqrt{z}-\sqrt{f(y_0)}]^2-(x-x_0)(y-y_0),$$

l'intégrale cherchée, de l'équation $z=apq$, sera le résultat de l'élimination de y_0, entre les équations

$$V=0; \quad \frac{dV}{dy_0}=0.$$

§ II.

8. Dans tout ce qui précède, nous avons supposé que l'intégrale $\int_{x_0}^{x}\frac{Z}{P}dx$ conserve une valeur finie et déterminée; nous allons nous occuper ici de cette intégrale.

Supposons, pour abréger, que l'on ait résolu l'équation (16) par rapport à z et que l'on en ait tiré la valeur $z=M$, M étant une fonction donnée de x, y, y_0, z_0. Les équations (16) et (17) qui fournissent la solution cherchée de l'équation (1) seront plus simplement

(20) $$z = \mathrm{M},$$

(21) $$\frac{d\mathrm{M}}{dy_0} + q_0 \frac{d\mathrm{M}}{dz_0} = 0,$$

et les équations (18) qui donnent les valeurs de p et de q seront

(22) $$p = \frac{d\mathrm{M}}{dx}, \quad q = \frac{d\mathrm{M}}{dy}.$$

Pour reconstruire l'équation proposée (1), il faut éliminer y_0 et z_0 entre les équations (20) et (22); par conséquent la différentielle totale $d\mathrm{F}$ du premier membre de cette équation s'obtiendra en ajoutant les différentielles totales de $\mathrm{M} - z$, $\frac{d\mathrm{M}}{dx} - p$, $\frac{d\mathrm{M}}{dy} - q$, respectivement multipliées par des facteurs λ, μ, ν susceptibles de faire disparaître les différentielles dy_0 et dz_0 qui doivent ici être regardées comme indépendantes; on aura donc

$$d\mathrm{F} = \left(\lambda \frac{d\mathrm{M}}{dx} + \mu \frac{d^2\mathrm{M}}{dx^2} + \nu \frac{d^2\mathrm{M}}{dx\,dy}\right) dx + \left(\lambda \frac{d\mathrm{M}}{dy} + \mu \frac{d^2\mathrm{M}}{dx\,dy} + \nu \frac{d^2\mathrm{M}}{dy^2}\right) dy - \lambda\, dz - \mu\, dp - \nu\, dq,$$

et les facteurs λ, μ, ν devront vérifier les deux équations suivantes :

(24) $$\begin{cases} \lambda \dfrac{d\mathrm{M}}{dy_0} + \mu \dfrac{d^2\mathrm{M}}{dx\,dy_0} + \nu \dfrac{d^2\mathrm{M}}{dy\,dy_0} = 0, \\ \lambda \dfrac{d\mathrm{M}}{dz_0} + \mu \dfrac{d^2\mathrm{M}}{dx\,dz_0} + \nu \dfrac{d^2\mathrm{M}}{dy\,dz_0} = 0. \end{cases}$$

De l'équation (23), on tire

$$-\frac{\mathrm{Z}}{\mathrm{P}} = -\frac{\lambda}{\mu},$$

et, à cause des équations (24),

$$-\frac{\mathrm{Z}}{\mathrm{P}} = \frac{\dfrac{d^2\mathrm{M}}{dx\,dy_0}\dfrac{d^2\mathrm{M}}{dy\,dz_0} - \dfrac{d^2\mathrm{M}}{dx\,dz_0}\dfrac{d^2\mathrm{M}}{dy\,dy_0}}{\dfrac{d\mathrm{M}}{dy_0}\dfrac{d^2\mathrm{M}}{dy\,dz_0} - \dfrac{d\mathrm{M}}{dz_0}\dfrac{d^2\mathrm{M}}{dy\,dy_0}}.$$

Pour avoir l'intégrale dont nous avons besoin, il faut remplacer dans cette expression y par sa valeur tirée de l'équation (21), multiplier ensuite par dx, et intégrer entre les limites x_0 et x; or on peut éviter l'élimination de y en procédant comme il suit. Si l'on ajoute au numérateur de l'expression précédente de $-\frac{\mathrm{Z}}{\mathrm{P}}$ et que l'on en retranche ensuite la quantité

$$\frac{\left(\frac{d\mathrm{M}}{dy_0}\right)}{\left(\frac{d\mathrm{M}}{dz_0}\right)}\cdot\frac{d^2\mathrm{M}}{dx\,dz_0}\,\frac{d^2\mathrm{M}}{dy\,dz_0},$$

il vient

$$-\frac{\mathrm{Z}}{\mathrm{P}}\,dx = \frac{\frac{d^2\mathrm{M}}{dx\,dz_0}\left(\frac{d\mathrm{M}}{dy_0}\frac{d^2\mathrm{M}}{dy\,dz_0}-\frac{d\mathrm{M}}{dz_0}\frac{d^2\mathrm{M}}{dy\,dy_0}\right)dx+\frac{d^2\mathrm{M}}{dy\,dz_0}\left(\frac{d\mathrm{M}}{dz_0}\frac{d^2\mathrm{M}}{dx\,dy_0}-\frac{d\mathrm{M}}{dy_0}\frac{d^2\mathrm{M}}{dx\,dz_0}\right)dx,}{\frac{d\mathrm{M}}{dz_0}\left(\frac{d\mathrm{M}}{dy_0}\frac{d^2\mathrm{M}}{dy\,dz_0}-\frac{d\mathrm{M}}{dz_0}\frac{d^2\mathrm{M}}{dy\,dy_0}\right)};$$

mais en différentiant, dans l'hypothèse où x et y sont seules variables, l'équation (21) mise sous la forme

$$\frac{\left(\frac{d\mathrm{M}}{dy_0}\right)}{\left(\frac{d\mathrm{M}}{dz_0}\right)}+q_0=0,$$

il vient

$$\left(\frac{d\mathrm{M}}{dz_0}\frac{d^2\mathrm{M}}{dx\,dy_0}-\frac{d\mathrm{M}}{dy_0}\frac{d^2\mathrm{M}}{dx\,dz_0}\right)dx=\left(\frac{d\mathrm{M}}{dy_0}\frac{d^2\mathrm{M}}{dy\,dz_0}-\frac{d\mathrm{M}}{dz_0}\frac{d^2\mathrm{M}}{dy\,dy_0}\right)dy,$$

ce qui réduit l'expression précédente de $-\frac{\mathrm{Z}}{\mathrm{P}}\,dx$ à

$$-\frac{\mathrm{Z}}{\mathrm{P}}\,dx=\frac{d\log\frac{d\mathrm{M}}{dz_0}}{dx}\,dx+\frac{d\log\frac{d\mathrm{M}}{dz_0}}{dy}\,dy=d\log\frac{d\mathrm{M}}{dz_0}.$$

Comme la fonction M doit se réduire à z_0 pour $x=x_0$ et $y=y_0$, il s'ensuit que, dans la même hypothèse, $\frac{d\mathrm{M}}{dz_0}$ se réduit à l'unité. On aura donc, en intégrant l'équation précédente entre les limites x_0 et x,

$$(24) \qquad -\int_{x_0}^{x} \frac{Z}{P} dx = \log \frac{dM}{dz_0}.$$

9. L'analyse développée dans le § I se trouve en défaut lorsque l'intégrale $\int_{x_0}^{x} \frac{Z}{P} dx$ cesse d'avoir une valeur finie et déterminée. Ainsi que l'a remarqué M. Bertrand, cette circonstance se présente, non pas seulement dans quelques cas particuliers, mais dans le cas le plus général. Et en effet il suffit généralement d'attribuer une forme convenable à la fonction $f(y)$ ou $f(y_0)$ ou z, pour que l'intégrale dont il s'agit devienne infinie. Mais je dis que :

Si pour une forme particulière de la fonction $f(y)$ l'intégrale $\int_{x_0}^{x} \frac{Z}{P} dx$ cesse d'avoir une valeur finie et déterminée, les formules que nous avons établies deviennent illusoires et sont impropres à fournir la solution du problème proposé. Celle-ci est donnée dans ce cas par l'intégrale complète de Lagrange qui accompagne l'intégrale générale.

On voit, en effet, par l'équation (24), que si l'intégrale $\int_{-x_0}^{x} \frac{Z}{P} dx$ cesse d'avoir une valeur finie et déterminée pour une certaine forme de la fonction $f(y)$, la dérivée partielle $\frac{dM}{dz_0}$ devient nulle, infinie ou indéterminée après la substitution de la valeur de y tirée de l'équation (21). Mais alors il est évident qu'on ne saurait tirer de cette équation (21) une valeur déterminée de y se réduisant à y_0 pour $x = x_0$, puisque la double hypothèse $x = x_0$, $y = y_0$ doit réduire $\frac{dM}{dz_0}$ à l'unité. De ce qu'il est impossible de tirer de l'équation (21) une valeur déterminée de y se réduisant à y_0 pour $x = x_0$, il faut conclure que l'hypothèse $x = x_0$ fait disparaître y du premier membre de cette équation, et, parce que celle-ci est satisfaite quand on fait à la fois $x = x_0$, $y = y_0$, il est évident qu'elle est vérifiée identiquement, quel que soit y, quand on y fait $x = x_0$. Il résulte de là que y_0 disparaît de l'équation (20) quand on fait $x = x_0$, car la dérivée du second membre par rapport à y_0 est identiquement nulle; cette équation donnera donc, dans cette hypothèse de $x = x_0$,

$$z = f(y),$$

puisque nous savons qu'elle a lieu identiquement quand on fait $y = y_0$, $z = z_0$, et que l'on a $z_0 = f(y_0)$. Concluons donc que dans le cas particulier dont nous nous occupons, la solution du problème proposé sera donnée, non plus par le système des équations (20) et (21), mais par la seule équation (20).

10. Nous éclaircirons ce qui précède par un exemple. Soit l'équation

$$\mathrm{F} = pz - pqy - aq = 0,$$

où a désigne une constante donnée. On a ici

$$\mathrm{X} = 0,\quad \mathrm{Y} = -pq,\quad \mathrm{Z} = p,\quad \mathrm{P} = z - qy = \frac{aq}{p},\quad \mathrm{Q} = -py + a = -\frac{pz}{q};$$

les équations simultanées à intégrer sont

$$\frac{-p\,dx}{aq} = \frac{q\,dy}{pz} = \frac{dz}{pqy} = \frac{dp}{p^2} = \frac{dq}{0};$$

et on en tire sans difficulté

$$q = q_0,\quad \frac{1}{p^2} = \frac{1}{p_0^2} + \frac{2(x - x_0)}{aq_0},\quad \frac{z}{p} = \frac{z_0}{p_0} + (x - x_0),\quad \frac{y}{p} = \frac{y_0}{p_0} - \frac{x - x_0}{q_0},$$

d'où, en remplaçant p_0 par sa valeur $\dfrac{aq_0}{z_0 - q_0 y_0}$,

$$y = \frac{y_0(z_0 - q_0 y_0) - a(x - x_0)}{\sqrt{(z_0 - q_0 y_0)^2 + 2aq_0(x - x_0)}},$$

$$z = \frac{z_0(z_0 - q_0 y_0) + aq_0(x - x_0)}{\sqrt{(z_0 - q_0 y_0)^2 + 2aq_0(x - x_0)}},$$

$$p = \frac{aq_0}{\sqrt{(z_0 - q_0 y_0)^2 + 2aq_0(x - x_0)}},$$

$$q = q_0;$$

telles sont les valeurs de y, z, p, q en fonction de x, y_0, z_0, q_0. On a ensuite

$$-\frac{Z}{P} = -\frac{p^2}{aq} = -\frac{aq_0}{(z_0 - q_0 y_0)^2 + 2aq_0(x - x_0)}$$

et

$$-\int_{x_0}^{x} \frac{Z}{P}\,dx = \log \frac{z_0 - q_0 y_0}{\sqrt{(z_0 - q_0 y_0)^2 + 2aq_0(x - x_0)}}.$$

On voit que l'intégrale $\int_{x_0}^{x} \frac{Z}{P}\,dx$ devient infinie si l'on a

$$z_0 - q_0 y_0 = 0 \quad \text{ou} \quad \frac{dz_0}{dy_0} = \frac{z_0}{y_0};$$

dans ce cas, la valeur de z_0 est

$$z_0 = \alpha y_0, \quad \text{d'où} \quad q_0 = \alpha,$$

α désignant une constante arbitraire.

Mais, si l'on suppose à z_0 cette valeur, nos formules deviennent illusoires, car elles donnent pour y et pour z les valeurs

$$y = -\sqrt{\frac{a}{2\alpha}(x - x_0)}, \quad z = \sqrt{\frac{a\alpha}{2}(x - x_0)},$$

qui sont indépendantes de y_0.

Éliminons q_0 entre les deux équations qui donnent les valeurs de y et de z. On tire de ces équations

$$z + q_0 y = \frac{z_0^2 - q_0^2 y_0^2}{\sqrt{(z_0 - q_0 y_0)^2 + 2aq_0(x - x_0)}},$$

$$z - q_0 y = \sqrt{(z_0 - q_0 y_0)^2 + 2aq_0(x - x_0)};$$

et par la multiplication,

$$z^2 - z_0^2 = q_0^2(y^2 - y_0^2),$$

au moyen de quoi la deuxième équation, élevée au carré, se réduit à

$$q_0(y^2 - y_0^2) = (yz - y_0 z_0) + a(x - x_0).$$

L'élimination de q_0 entre ces deux dernières équations se fait immédiatement; on trouve

$$(y^2-y_0^2)(z^2-z_0^2)-[(yz-y_0z_0)+a(x-x_0)]^2=0,$$

ou

$$z^2-2\left[z_0-\frac{a(x-x_0)}{y_0}\right]\frac{y}{y_0}z+\frac{y^2}{y_0^2}z_0^2-\frac{2a(x-x_0)}{y_0}z_0+\frac{a^2(x-x_0)^2}{y_0^2}=0;$$

c'est l'équation que nous avons désignée en général par $V=0$; on en tire

$$z=\left[z_0-\frac{a(x-x_0)}{y_0}\right]\frac{y}{y_0}+\sqrt{\left(1-\frac{y^2}{y_0^2}\right)\left(\frac{x-x_0}{y_0}\right)\left(2az_0-a^2\frac{x-x_0}{y_0}\right)},$$

formule dont le second membre est la quantité désignée par M. On vérifie aisément que l'équation

$$\frac{dM}{dy_0}+q_0\frac{dM}{dz_0}=0$$

donne la valeur de y obtenue précédemment, et en substituant cette valeur dans la dérivée $\frac{dM}{dz_0}$ on trouve

$$\frac{dM}{dz_0}=\frac{z_0-q_0y_0}{\sqrt{(z_0+q_0y_0)^2+2aq_0(x-x_0)}},$$

ce qui s'accorde avec les résultats généraux déduits de notre théorie.

Si l'on pose $z_0=\alpha y_0$ dans notre équation $z=M$, elle devient

$$z=\left[\alpha-\frac{a(x-x_0)}{y_0^2}\right]y+\sqrt{\left(1-\frac{y^2}{y_0^2}\right)\left(\frac{x-x_0}{y_0}\right)\left(2\alpha ay_0-a^2\frac{x-x_0}{y_0}\right)};$$

cette valeur de z satisfait à l'équation proposée en regardant α et y_0 comme des constantes arbitraires; d'ailleurs elle se réduit à

$$z=\alpha y,$$

pour $x=x_0$; donc elle donne bien la solution du problème proposé, dans le cas où l'on suppose la fonction $f(y)$ égale à αy.

§ III.

11. La méthode de Cauchy s'étend au cas d'un nombre quelconque de variables indépendantes; nous allons développer le cas où ce nombre est égal à 3, on verra sans peine que nos raisonnements ont une généralité absolue.

Soit donc

$$F(x, y, z, u, p, q, r) = 0 \tag{1}$$

l'équation proposée, dans laquelle u est une fonction inconnue des trois variables indépendantes x, y, z et où p, q, r désignent les dérivées partielles $\frac{du}{dx}, \frac{du}{dy}, \frac{du}{dz}$.

Il s'agit de trouver une fonction u qui satisfasse généralement à l'équation (1) et qui, pour $x = x_0$, se réduise à une fonction donnée $f(y, z)$ des deux variables y et z. Ainsi l'on aura en même temps

$$x = x_0, \quad u = f(y, z), \quad q = \frac{df(y, z)}{dy}, \quad r = \frac{df(y, z)}{dz}.$$

Nous introduirons ici deux fonctions actuellement indéterminées y_0, z_0 des variables x, y, z, en sorte qu'on pourra considérer inversement y et z comme fonctions de x, y_0, z_0; et alors u, p, q, r seront aussi des fonctions de x, y_0, z_0. Donc, à cause de

$$du = p\,dx + q\,dy + r\,dz,$$

on aura

$$\frac{du}{dx} = p + q\frac{dy}{dx} + r\frac{dz}{dx}, \tag{2}$$

$$\frac{du}{dy_0} = q\frac{dy}{dy_0} + r\frac{dz}{dy_0}, \tag{3}$$

$$\frac{du}{dz_0} = q\frac{dy}{dz_0} + r\frac{dz}{dz_0}. \tag{4}$$

Différentions les équations (2) et (3) par rapport à x et retranchons respectivement les équations résultantes de celles qu'on obtient en différentiant l'équation (2) par rapport à y_0 et par rapport à z_0, on aura

$$\frac{dp}{dy_0} = \left(\frac{dq}{dx}\frac{dy}{dy_0} - \frac{dq}{dy_0}\frac{dy}{dx}\right) + \left(\frac{dr}{dx}\frac{dz}{dy_0} - \frac{dr}{dy_0}\frac{dz}{dx}\right), \tag{5}$$

$$\frac{dp}{dz_0} = \left(\frac{dq}{dx}\frac{dy}{dz_0} - \frac{dq}{dz_0}\frac{dy}{dx}\right) + \left(\frac{dr}{dx}\frac{dz}{dz_0} - \frac{dr}{dz_0}\frac{dz}{dx}\right). \tag{6}$$

Désignons maintenant par

$$dF = X\,dx + Y\,dy + Z\,dz + U\,du + P\,dp + Q\,dq + R\,dr$$

la différentielle totale du premier membre de l'équation (1); on aura, en différentiant cette équation (1) par rapport à y_0 et par rapport à z_0,

$$(7)\qquad Y\frac{dy}{dy_0} + Z\frac{dz}{dy_0} + U\frac{du}{dy_0} + P\frac{dp}{dy_0} + Q\frac{dq}{dy_0} + R\frac{dr}{dy_0} = 0,$$

$$(8)\qquad Y\frac{dy}{dz_0} + Z\frac{dz}{dz_0} + U\frac{du}{dz_0} + P\frac{dp}{dz_0} + Q\frac{dq}{dz_0} + R\frac{dr}{dz_0} = 0,$$

et si l'on porte dans ces équations (7) et (8) les valeurs de $\frac{du}{dy_0}$, $\frac{du}{dz_0}$, $\frac{dp}{dy_0}$, $\frac{dp}{dz_0}$ tirées des équations (3), (4), (5), (6), il viendra

$$(9)\quad \left(Y + Uq + P\frac{dq}{dx}\right)\frac{dy}{dy_0} + \left(Z + Ur + P\frac{dr}{dx}\right)\frac{dz}{dy_0} + \left(Q - P\frac{dy}{dx}\right)\frac{dq}{dy_0} + \left(R - P\frac{dz}{dx}\right)\frac{dr}{dy_0} =$$

$$(10)\quad \left(Y + Uq + P\frac{dq}{dx}\right)\frac{dy}{dz_0} + \left(Z + Ur + P\frac{dr}{dx}\right)\frac{dz}{dz_0} + \left(Q - P\frac{dy}{dx}\right)\frac{dq}{dz_0} + \left(R - P\frac{dz}{dx}\right)\frac{dr}{dz_0} =$$

Or, comme les fonctions de x, y_0, z_0 qui expriment les valeurs de y et de z sont entièrement indéterminées, nous pouvons les assujettir à satisfaire aux deux équations

$$(11)\qquad Q - P\frac{dy}{dx} = 0,$$

$$(12)\qquad R - P\frac{dz}{dx} = 0,$$

et à se réduire en outre pour $x = x_0$ à des fonctions quelconques données de y_0 et de z_0. Nous choisirons, pour ces fonctions données, les quantités y_0, z_0 elles-mêmes, en sorte que l'on aura en même temps

$$x = x_0,\quad y = y_0,\quad z = z_0,\quad u = u_0,\quad p = p_0,\quad q = q_0,\quad r = r_0,$$

en posant

$$u_0 = f(y_0, z_0),\quad q_0 = \frac{df(y_0, z_0)}{dy_0},\quad r_0 = \frac{df(y_0, z_0)}{dz_0},$$

et en désignant par p_0 une quantité déterminée par l'équation

$$F(x_0, y_0, z_0, u_0, p_0, q_0, r_0) = 0.$$

Les équations (11) et (12) réduisent les équations (9) et (10) à

$$(13)\quad \begin{cases} \left(Y + Uq + P\dfrac{dq}{dx}\right)\dfrac{dy}{dy_0} + \left(Z + Ur + P\dfrac{dr}{dx}\right)\dfrac{dz}{dy_0} = 0, \\ \left(Y + Uq + P\dfrac{dq}{dx}\right)\dfrac{dy}{dz_0} + \left(Z + Ur + P\dfrac{dr}{dx}\right)\dfrac{dz}{dz_0} = 0. \end{cases}$$

On ne saurait avoir

$$(14)\quad \frac{dy}{dy_0}\frac{dz}{dz_0} - \frac{dy}{dz_0}\frac{dz}{dy_0} = 0,$$

car autrement il existerait une relation entre x, y, z. On a, en effet,

$$dy = \frac{dy}{dx}dx + \frac{dy}{dy_0}dy_0 + \frac{dy}{dz_0}dz_0,$$

$$dz = \frac{dz}{dx}dx + \frac{dz}{dy_0}dy_0 + \frac{dz}{dz_0}dz_0;$$

si l'on retranche ces équations l'une de l'autre, après les avoir multipliées respectivement par $\dfrac{dz}{dz_0}$ et $\dfrac{dy}{dz_0}$, il viendra, à cause de (14),

$$\frac{dz}{dz_0}dy - \frac{dy}{dz_0}dz = \left(\frac{dy}{dx}\frac{dz}{dz_0} - \frac{dz}{dx}\frac{dy}{dz_0}\right)dx,$$

équation qui suppose une relation entre x, y, z, car les dérivées $\dfrac{dz}{dz_0}$ et $\dfrac{dy}{dz_0}$ ne peuvent être nulles en même temps.

D'après cela les équations (13) donneront

$$(15)\quad Y + Uq + P\frac{dq}{dx} = 0,$$

$$(16)\quad Z + Ur + P\frac{dr}{dx} = 0;$$

en sorte que le problème proposé est ramené à trouver six fonctions y, z, u, p, q, r des variables x, y_0, z_0, qui satisfassent aux huit équations (1), (2), (3), (4), (11), (12), (15), (16) et qui se réduisent simultanément à y_0, z_0, u_0, p_0, q_0, r_0, pour $x = x_0$.

12. Mais les équations (1), (2), (11), (12), (15), (16) suffisent pour la complète détermination des inconnues y, z, u, p, q, r; il faut donc que les équations (3) et (4) soient satisfaites d'elles-mêmes, et c'est ce qu'on peut établir aisément en répétant le raisonnement dont nous avons déjà fait usage au § I. Supposons donc qu'on ait tiré des équations (1), (2), (11), (12), (15), (16) des valeurs de y, z, u, p, q, r fonctions de x, y_0, z_0, et se réduisant respectivement à y_0, z_0, u_0, p_0, q_0, r_0 pour $x = x_0$. Désignons par I et J les différences entre les deux membres des équations (3) et (4), on aura

$$(17) \qquad \frac{du}{dy_0} = q\frac{dy}{dy_0} + r\frac{dz}{dy_0} + \mathrm{I},$$

$$(18) \qquad \frac{du}{dz_0} = q\frac{dy}{dz_0} + r\frac{dz}{dz_0} + \mathrm{J}.$$

Si l'on différentie ces équations par rapport à x et qu'on en retranche ensuite respectivement les équations qu'on obtient en différentiant les équations (2) par rapport à y_0 et par rapport à z_0, on aura, au lieu des équations (5) et (6),

$$(19) \; \frac{dp}{dy_0} = \left(\frac{dq}{dx}\frac{dy}{dy_0} - \frac{dq}{dy_0}\frac{dy}{dx}\right) + \left(\frac{dr}{dx}\frac{dz}{dy_0} - \frac{dr}{dy_0}\frac{dz}{dx}\right) + \frac{d\mathrm{I}}{dx},$$

$$(20) \; \frac{dp}{dz_0} = \left(\frac{dq}{dx}\frac{dy}{dz_0} - \frac{dq}{dz_0}\frac{dy}{dx}\right) + \left(\frac{dr}{dx}\frac{dz}{dz_0} - \frac{dr}{dz_0}\frac{dz}{dx}\right) + \frac{d\mathrm{J}}{dx}.$$

Si l'on porte ensuite dans les équations (7) et (8) les valeurs de $\frac{du}{dy_0}$, $\frac{du}{dz_0}$, $\frac{dp}{dy_0}$, $\frac{dp}{dz_0}$ tirées des équations (17), (18), (19), (20), on aura deux équations qui ne différeront des équations (9) et (10) respectivement qu'en ce que leurs premiers membres contiendront les nouveaux termes $\mathrm{P}\frac{d\mathrm{I}}{dx} + \mathrm{UI}$ et $\mathrm{P}\frac{d\mathrm{J}}{dx} + \mathrm{UJ}$. Et comme tous les autres termes des équations que nous considérons disparaissent en vertu des équations (11), (12), (15), (16), on aura simplement

$$\mathrm{P}\frac{d\mathrm{I}}{dx}+\mathrm{UI}=0,$$

$$\mathrm{P}\frac{d\mathrm{J}}{dx}+\mathrm{UJ}=0,$$

d'où l'on tire

$$\mathrm{I}=\mathrm{I}_0\, e^{-\int_{x_0}^{x}\frac{\mathrm{U}}{\mathrm{P}}dx}, \quad \mathrm{J}=\mathrm{J}_0\, e^{-\int_{x_0}^{x}\frac{\mathrm{U}}{\mathrm{P}}dx},$$

en désignant par I_0 et J_0 les valeurs de I et de J pour $x=x_0$. On reconnaît immédiatement que I_0 et J_0 sont nuls et l'on a par conséquent

$$\mathrm{I}=0,\quad \mathrm{J}=0,$$

pourvu que l'intégrale $\int_{x_0}^{x}\frac{\mathrm{U}}{\mathrm{P}}dx$ conserve une valeur finie et déterminée.

13. D'après ce qui précède, il nous suffit de considérer les six équations (1), (2), (11), (12), (15), (16). On peut même remplacer l'équation (1) par sa différentielle relative à x, savoir :

$$\mathrm{X}+\mathrm{Y}\frac{dy}{dx}+\mathrm{Z}\frac{dz}{dx}+\mathrm{U}\frac{du}{dx}+\mathrm{P}\frac{dp}{dx}+\mathrm{Q}\frac{dq}{dx}+\mathrm{R}\frac{dr}{dx}=0,$$

qui, en remplaçant $\frac{du}{dx}$, Q, R, Y, Z, par leurs valeurs tirées des équations (2), (11), (12), (15), (16), devient

$$\mathrm{X}+\mathrm{U}p+\mathrm{P}\frac{dp}{dx}=0. \tag{21}$$

Le problème est donc ramené à trouver au moyen de six des sept équations (1), (2), (11), (12), (15), (16), (21) des valeurs de y, z, u, p, q, r se réduisant respectivement à y_0, z_0, u_0, p_0, q_0, r_0 pour $x=x_0$.

Les équations (2), (11), (12), (15), (16), (21) sont en réalité aux dérivées partielles, mais comme elles ne renferment point les variables y_0, z_0, on doit les traiter comme des équations différentielles ordinaires. Ces équations sont comprises dans la formule unique

$$(22)\qquad \frac{dx}{P}=\frac{dy}{Q}=\frac{dz}{R}=\frac{du}{Pp+Qq+Rr}=\frac{-dp}{X+Up}=\frac{-dq}{Y+Uq}=\frac{-dr}{Z+Ur},$$

et l'une d'elles peut être remplacée par l'équation (1).

Si le premier membre de l'équation proposée est linéaire par rapport aux dérivées p, q, r, les quantités P, Q, R sont indépendantes de ces dérivées, et l'on a $F=Pp+Qq+Rr-V$, V étant comme P, Q, R fonction de x, y, z, u. Dans ce cas les trois premières des équations contenues dans la formule (14), savoir

$$\frac{dx}{P}=\frac{dy}{Q}=\frac{dz}{R}=\frac{du}{V},$$

permettent, sans le secours des autres, de déterminer y, z, u en fonction de x, y_0 et z_0. On est ainsi ramené pour le cas des équations linéaires à la règle connue (*voir* Note I).

14. Supposons que de six des sept équations comprises dans les formules (1) et (22) on ait tiré des valeurs de y, z, u, p, q, r se réduisant respectivement à y_0, z_0, u_0, p_0, q_0, r_0, pour $x=x_0$; soient

$$(23)\qquad \begin{cases} y=f_1(x,y_0,z_0,u_0,q_0,r_0),\\ z=f_2(x,y_0,z_0,u_0,q_0,r_0),\\ u=f_3(x,y_0,z_0,u_0,q_0,r_0),\\ p=f_4(x,y_0,z_0,u_0,q_0,r_0),\\ q=f_5(x,y_0,z_0,u_0,q_0,r_0),\\ r=f_6(x,y_0,z_0,u_0,q_0,r_0),\end{cases}$$

ces valeurs; nous supposons que p_0 ait été remplacé dans ces expressions par la valeur tirée de l'équation $F(x_0,y_0,z_0,p_0,q_0,r_0)=0$. Les trois premières équations du système (23) donneront la solution du problème proposé, si l'on y remplace u_0, q_0, r_0 par $f(y_0,z_0)$, $\dfrac{df(y_0,z_0)}{dy_0}$, $\dfrac{df(y_0,z_0)}{dz_0}$; mais l'élimination de y_0 et de z_0 entre ces trois équations ne sera possible en général que si l'on attribue à la fonction f une forme déterminée.

Si l'équation proposée (1) n'est pas linéaire par rapport aux dérivées p, q, r, les valeurs precédentes de y, z, u ne peuvent être toutes les trois indépendantes de q_0 et de r_0; car si cela avait lieu, on pourrait tirer des trois premières équations (23) des valeurs de y_0, z_0, u_0 de la forme

$$y_0 = \varphi(x, y, z, u), \quad z_0 = \psi(x, y, z, u), \quad u_0 = \varpi(x, y, z, u),$$

et l'intégrale cherchée de l'équation (1) serait

$$\varpi = f(\varphi, \psi),$$

forme qui ne peut convenir qu'à l'intégrale d'une équation linéaire. Nous ferons en conséquence abstraction de ce cas.

15. Au moyen des formules (23), les équations (3) et (4) deviennent

$$\left(\frac{df_3}{dy_0} + \frac{df_3}{du_0} q_0 + \frac{df_3}{dq_0}\frac{dq_0}{dy_0} + \frac{df_3}{dr_0}\frac{dr_0}{dy_0}\right) = f_5\left(\frac{df_1}{dy_0} + \frac{df_1}{du_0} q_0 + \frac{df_1}{dq_0}\frac{dq_0}{dy_0} + \frac{df_1}{dr_0}\frac{dr_0}{dy_0}\right)$$
$$+ f_6\left(\frac{df_2}{dy_0} + \frac{df_2}{du_0} q_0 + \frac{df_3}{dq_0}\frac{dq_0}{dy_0} + \frac{df_2}{dr_0}\frac{dr_0}{dy_0}\right),$$
$$\left(\frac{df_3}{dz_0} + \frac{df_0}{dy_0} r_0 + \frac{df_3}{dq_0}\frac{dq_0}{dz_0} + \frac{df_3}{dr_0}\frac{dr_0}{dz_0}\right) = f_5\left(\frac{df_1}{dz_0} + \frac{df_1}{du_0} r_0 + \frac{df_1}{dq_0}\frac{dq_0}{dz_0} + \frac{df_1}{dr_0}\frac{dr_0}{dz_0}\right)$$
$$+ f_6\left(\frac{df_2}{dz_0} + \frac{df_2}{du_0} r_0 + \frac{df_2}{dq_0}\frac{dq_0}{dz_0} + \frac{df_2}{dr_0}\frac{dr_0}{dz_0}\right);$$

ces équations doivent être identiques; par suite les termes qui contiennent les dérivées $\frac{dq_0}{dy_0}$, $\frac{dq_0}{dz_0} = \frac{dr_0}{dy_0}$, $\frac{dr_0}{dz_0}$ doivent se détruire mutuellement; on a donc

$$(24)\quad \begin{cases} \dfrac{df_3}{dy_0} + q_0\dfrac{df_3}{du_0} = f_5\left(\dfrac{df_1}{dy_0} + q_0\dfrac{df_1}{du_0}\right) + f_6\left(\dfrac{df_2}{dy_0} + q_0\dfrac{df_2}{du_0}\right), \\ \dfrac{df_3}{dz_0} + r_0\dfrac{df_3}{du_0} = f_5\left(\dfrac{df_1}{dz_0} + r_0\dfrac{df_1}{du_0}\right) + f_6\left(\dfrac{df_2}{dz_0} + r_0\dfrac{df_2}{du_0}\right), \\ \dfrac{df_3}{dq_0} = f_5\dfrac{df_1}{dq_0} + f_6\dfrac{df_2}{dq_0}, \\ \dfrac{df_3}{dr_0} = f_5\dfrac{df_1}{dr_0} + f_6\dfrac{df_2}{dr_0}. \end{cases}$$

Les deux dernières équations de ce système montrent que si les expressions de deux des variables y, z, u sont indépendantes de q_0 ou de r_0, la troisième expression est elle-même indépendante de q_0 ou de r_0. Plus généralement, on déduit des deux dernières équations (24)

$$\frac{df_2}{dq_0}\frac{df_3}{dr_0}-\frac{df_2}{dr_0}\frac{df_3}{dq_0}=-f_5\left(\frac{df_1}{dq_0}\frac{df_2}{dr_0}-\frac{df_1}{dr_0}\frac{df_2}{dq_0}\right)$$
$$\frac{df_3}{dq_0}\frac{df_1}{dr_0}-\frac{df_3}{dr_0}\frac{df_1}{dq_0}=-f_6\left(\frac{df_1}{dq_0}\frac{df_2}{dr_0}-\frac{df_1}{dr_0}\frac{df_2}{dq_0}\right),$$

d'où il suit que si l'un des déterminants

$$\frac{df_2}{dq_0}\frac{df_3}{dr_0}-\frac{df_2}{dr_0}\frac{df_3}{dq_0},\quad \frac{df_3}{dq_0}\frac{df_1}{dr_0}-\frac{df_3}{dr_0}\frac{df_1}{dq_0},\quad \frac{df_1}{dq_0}\frac{df_2}{dr_0}-\frac{df_1}{dr_0}\frac{df_2}{dq_0},$$

est nul, les deux autres sont nécessairement nuls.

16. Nous supposerons d'abord que ces déterminants ne sont pas nuls; dans ce cas deux quelconques des trois premières équations (23) peuvent être résolues par rapport à q_0 et r_0. Faisant donc l'élimination de q_0 et de r_0 entre ces trois équations, on aura une équation résultante que je représenterai par

$$V(x, y, z, u, y_0, z_0, u_0)=0 \quad \text{ou} \quad V=0. \tag{25}$$

Prenons la différentielle totale de cette équation (25) et remplaçons dans cette différentielle du_0 par $q_0 dy_0 + r_0 dz_0$, du par $pdx + qdy + rdz$,

il viendra

$$(26)\ \left\{\begin{aligned}&\left(\frac{dV}{dx}+p\frac{dV}{du}\right)dx+\left(\frac{dV}{dy}+q\frac{dV}{du}\right)dy+\left(\frac{dV}{dz}+r\frac{dV}{du}\right)dz\\&\qquad+\left(\frac{dV}{dy_0}+q_0\frac{dV}{du_0}\right)dy_0+\left(\frac{dV}{dz_0}+r_0\frac{dV}{du_0}\right)dz_0=0;\end{aligned}\right.$$

mais les deux premières équations (3) donnent

$$dy=\frac{df_1}{dx}dx+\left(\frac{df_1}{dy_0}+\frac{df_1}{du_0}q_0+\frac{df_1}{dq_0}\frac{dq_0}{dy_0}+\frac{df_1}{dr_0}\frac{dr_0}{dy_0}\right)dy_0+\left(\frac{df_1}{dz_0}+\frac{df_1}{du_0}r_0+\frac{df_1}{dq_0}\frac{dq_0}{dz_0}+\frac{df_1}{dr_0}\frac{dr_0}{dz_0}\right)dz_0$$
$$dz=\frac{df_2}{dx}dx+\left(\frac{df_2}{dy_0}+\frac{df_2}{du_0}q_0+\frac{df_2}{dq_0}\frac{dq_0}{dy_0}+\frac{df_2}{dr_0}\frac{dr_0}{dy_0}\right)dy_0+\left(\frac{df_2}{dz_0}+\frac{df_2}{du_0}r_0+\frac{df_2}{dq_0}\frac{dq_0}{dz_0}+\frac{df_2}{dr_0}\frac{dr_0}{dz_0}\right)dz_0$$

portant ces valeurs de dy et dz dans l'équation (26) et égalant ensuite à zéro les coefficients des différentielles restantes

dx, dy_0, dz_0, il viendra

$$
(27)\quad \left\{
\begin{aligned}
&\left(\frac{dV}{dx}+p\frac{dV}{du}\right)+\left(\frac{dV}{dy}+q\frac{dV}{du}\right)\frac{df_1}{dx}+\left(\frac{dV}{dz}+r\frac{dV}{du}\right)\frac{df_2}{dx}=0,\\
&\left(\frac{dV}{dy_0}+q_0\frac{dV}{du_0}\right)+\left(\frac{dV}{dy}+q\frac{dV}{du}\right)\left(\frac{df_1}{dy_0}+\frac{df_1}{du_0}q_0+\frac{df_1}{dq_0}\frac{dq_0}{dy_0}+\frac{df_1}{dr_0}\frac{dr_0}{dy_0}\right)\\
&\qquad+\left(\frac{dV}{dz}+r\frac{dV}{du}\right)\left(\frac{df_2}{dy_0}+\frac{df_2}{du_0}q_0+\frac{df_2}{dq_0}\frac{dq_0}{dy_0}+\frac{df_2}{dr_0}\frac{dr_0}{dy_0}\right)=0,\\
&\left(\frac{dV}{dz_0}+r_0\frac{dV}{du_0}\right)+\left(\frac{dV}{dy}+q\frac{dV}{du}\right)\left(\frac{df_1}{dz_0}+\frac{df_1}{du_0}r_0+\frac{df_1}{dq_0}\frac{dq_0}{dz_0}+\frac{df_1}{dr_0}\frac{dr_0}{dz_0}\right)\\
&\qquad+\left(\frac{dV}{dz}+r\frac{dV}{du}\right)\left(\frac{df_2}{dz_0}+\frac{df_2}{du_0}r_0+\frac{df_2}{dq_0}\frac{dq_0}{dz_0}+\frac{df_2}{dr_0}\frac{dr_0}{dz_0}\right)=0.
\end{aligned}
\right.
$$

Ces équations (27) doivent être identiques en vertu des équations (23), et comme celles-ci ne renferment pas les dérivées $\frac{dq_0}{dy_0}$, $\frac{dq_0}{dz_0}=\frac{dr_0}{dy_0}$, $\frac{dr_0}{dz_0}$, il faut que les termes multipliés par ces dérivées dans les deux dernières équations (27) se détruisent mutuellement, ce qui exige que l'on ait

$$
\begin{aligned}
&\left(\frac{dV}{dy}+q\frac{dV}{du}\right)\frac{df_1}{dq_0}+\left(\frac{dV}{dz}+r\frac{dV}{du}\right)\frac{df_2}{dq_0}=0,\\
&\left(\frac{dV}{dy}+q\frac{dV}{du}\right)\frac{df_1}{dr_0}+\left(\frac{dV}{dz}+r\frac{dV}{du}\right)\frac{df_2}{dr_0}=0,
\end{aligned}
$$

et, comme, par hypothèse, le déterminant $\frac{df_1}{dq_0}\frac{df_2}{dr_0}-\frac{df_1}{dr_0}\frac{df_2}{dq_0}$ n'est pas nul, on aura nécessairement

$$
(28)\qquad \frac{dV}{dy}+q\frac{dV}{du}=0,\quad \frac{dV}{dz}+r\frac{dV}{du}=0,
$$

et les équations (27) donneront ensuite

$$
(29)\quad \frac{dV}{dx}+p\frac{dV}{du}=0,\quad \frac{dV}{dy_0}+q_0\frac{dV}{du_0}=0,\quad \frac{dV}{dz_0}+r_0\frac{dV}{du_0}=0.
$$

Les équations (25), (28), (29) déterminent les valeurs de y, z, u, p, q, r, et en conséquence elles peuvent suppléer les équations (23). En particulier si l'on remplace u_0 par $f(y_0, z_0)$, l'intégrale demandée de l'équation (1) sera le résultat de l'élimination de y_0 et de z_0 entre les trois équations

$$(30)\qquad V=0,\quad \left(\frac{dV}{dy_0}\right)=0,\quad \left(\frac{dV}{dz_0}\right)=0,$$

en désignant ici par $\left(\frac{dV}{dy_0}\right)$ et $\left(\frac{dV}{dz_0}\right)$ les dérivées partielles de V prises par rapport à y_0 et z_0, après la substitution de $f(y_0, z_0)$ à u_0.

17. On voit que la seule équation

$$V=0$$

satisfait à l'équation proposée (1), si l'on y regarde y_0, z_0, u_0 comme des constantes arbitraires. En effet, dans la solution générale que nous venons de développer, on reconstruit l'équation proposée en éliminant y_0, z_0 et u_0 entre l'équation (25), les équations (28) et la première équation (29). Or, si, au lieu de considérer y_0, z_0, u_0 comme des variables assujetties à satisfaire aux deux dernières équations (29), on traite ces quantités comme des constantes, il est clair que les valeurs de p, q, r tirées de l'équation (25) seront données par les mêmes équations qui continueront avec l'équation (25) à reproduire l'équation (1). Cette équation (25), qui renferme trois constantes arbitraires, est l'intégrale complète associée à l'intégrale générale qui est représentée par les équations (30).

On voit aussi que l'équation proposée (1) est satisfaite 1° par l'équation qui résulte de l'élimination de y_0 entre les deux seules équations

$$V=0,\quad \left(\frac{dV}{dy_0}\right)=0,$$

si l'on y regarde z_0 comme une constante arbitraire; 2° par l'équation qui résulte de l'élimination de z_0 entre

$$V=0,\quad \left(\frac{dV}{dz_0}\right)=0,$$

si l'on regarde y_0 comme une constante arbitraire. Car, pour le calcul des dérivées p, q, r, l'hypothèse de z_0 ou de y_0 constante équivaut évidemment à l'hypothèse de $\left(\frac{dV}{dz_0}\right)=0$ ou de $\left(\frac{dV}{dy_0}\right)=0$. Chacune des deux solutions particulières que l'on obtient ainsi renferme une fonction arbitraire, mais cette fonction ne dépend que d'une seule quantité variable.

Enfin, si l'on considère y_0 et z_0 comme des paramètres liés entre eux par une relation quelconque, on aura encore une solution de l'équation (1) en éliminant, par le moyen de cette relation, y_0 et z_0 entre les deux équations

$$V=0, \quad \left(\frac{dV}{dy_0}\right)+\left(\frac{dV}{dz_0}\right)\frac{dz_0}{dy_0}=0.$$

Tous les résultats qui précèdent sont compris dans un théorème plus général que nous établirons plus loin.

18. Comme application de ce qui précède, considérons l'équation

$$u-apqr=0,$$

dans laquelle a désigne une constante. On a ici

$$X=0, \quad Y=0, \quad Z=0, \quad U=1, P=-aqr, \quad Q=-apr, \quad R=-apq,$$

$$Pp+Qq+Rr=-3apqr=-3u,$$

les équations à intégrer sont

$$\frac{dx}{aqr}=\frac{dy}{apr}=\frac{dz}{apq}=\frac{du}{3u}=\frac{dp}{p}=\frac{dq}{q}=\frac{dr}{r},$$

et l'on trouve de suite les intégrales

$$\frac{p}{p_0}=\frac{q}{q_0}=\frac{r}{r_0}=\frac{\sqrt[3]{u}}{\sqrt[3]{u_0}}, \quad \frac{x-x_0}{aq_0r_0}=\frac{y-y_0}{ap_0r_0}=\frac{z-z_0}{ap_0q_0}=\frac{1}{2}\frac{u^{\frac{2}{3}}-u_0^{\frac{2}{3}}}{u_0^{\frac{2}{3}}}.$$

Chassant p_0 au moyen de l'équation $u_0-ap_0q_0r_0=0$, il vient

$$y-y_0=\frac{u_0}{aq_0^2r_0}(x-x_0),$$

$$z-z_0=\frac{u_0}{aq_0r_0^2}(x-x_0),$$

$$\left(u^{\frac{2}{3}}-u_0^{\frac{2}{3}}\right)^3=\frac{8u_0^2}{a^3q_0^3r_0^3}(x-x_0)^3.$$

L'élimination de q_0 et de r_0 entre ces trois équations se fait immédiatement; on trouve

$$a\left(u^{\frac{2}{3}}-u_0^{\frac{2}{3}}\right)^3=8(x-x_0)(y-y_0)(z-z_0),$$

et si l'on pose

$$V=a\left\{u^{\frac{2}{3}}-[f(y_0,z_0)]^{\frac{2}{3}}\right\}^3-8(x-x_0)(y-y_0)(z-z_0),$$

l'intégrale générale de l'équation proposée sera le résultat de l'élimination de y_0 et de z_0 entre les trois équations

$$V=0,\quad \frac{dV}{dy_0}=0,\quad \frac{dV}{dz_0}=0;$$

on aura en outre les solutions particulières suivantes: 1° $V=0$ dans l'hypothèse de y_0, z_0, $u_0=f(y_0,z_0)$ constantes; 2° $V=0$, $\frac{dV}{dy_0}=0$ dans l'hypothèse de z_0 constante; 3° $V=0$, $\frac{dV}{dz_0}=0$ dans l'hypothèse de y_0 constante; 4° $V=0$, $\frac{dV}{dy_0}+\frac{dV}{dz_0}\varphi'(y_0)=0$, dans l'hypothèse de $z_0=\varphi(y_0)$.

19. Revenons maintenant aux équations (24), et supposons que les déterminants

$$\frac{df_2}{dq_0}\frac{df_3}{dr_0}-\frac{df_2}{dr_0}\frac{df_3}{dq_0},\quad \frac{df_3}{dq_0}\frac{df_1}{dr_0}-\frac{df_3}{dr_0}\frac{df_1}{dq_0},\quad \frac{df_1}{dq_0}\frac{df_2}{dr_0}-\frac{df_1}{dr_0}\frac{df_2}{dq_0}$$

soient nuls. Nous avons vu que si les fonctions f_1 et f_2 sont l'une et l'autre indépendantes de q_0 et de r_0, la fonction f_3 est aussi indépendante des mêmes quantités et que cette circonstance se présente seulement dans le cas où l'équation proposée est linéaire, cas dont nous avons fait abstraction. Nous pouvons donc supposer que f_1 dépend de l'une au moins des quantités q_0 et r_0; alors, de ce que les déterminants dont il s'agit sont nuls, il résulte que f_3 et f_2 sont des fonctions de f_1 qui peuvent d'ailleurs contenir, dans leur expression, x, y_0, z_0. Soit donc

$$(31)\qquad f_3=\psi(f_1,x,y_0,z_0,u_0),\quad f_2=\varphi(f_1,x,y_0,z_0,u_0);$$

en portant ces valeurs dans les équations (24), et en remarquant que, d'après notre hypothèse, l'une au moins des dérivées $\frac{df_1}{dq_0}$, $\frac{df_1}{dr_0}$ est différente de zéro, on aura

$$\frac{d\psi}{df_1} = f_5 + f_6 \frac{d\varphi}{df_1},$$

puis

$$\frac{d\psi}{dy_0} + q_0 \frac{d\psi}{du_0} = f_6\left(\frac{d\varphi}{dy_0} + q_0 \frac{d\varphi}{du_0}\right),$$

$$\frac{d\psi}{dz_0} + r_0 \frac{d\psi}{du_0} = f_6\left(\frac{d\varphi}{dz_0} + r_0 \frac{d\varphi}{du_0}\right),$$

et en éliminant f_6 entre ces deux dernières, il vient

$$(32)\quad \left(\frac{d\psi}{dy_0}\frac{d\varphi}{dz_0} - \frac{d\psi}{dz_0}\frac{d\varphi}{dy_0}\right) + q_0\left(\frac{d\psi}{du_0}\frac{d\varphi}{dz_0} - \frac{d\psi}{dz_0}\frac{d\varphi}{du_0}\right) + r_0\left(\frac{d\psi}{dy_0}\frac{d\varphi}{du_0} - \frac{d\psi}{du_0}\frac{d\varphi}{dy_0}\right) = 0.$$

Les déterminants

$$\frac{d\psi}{dy_0}\frac{d\varphi}{dz_0} - \frac{d\psi}{dz_0}\frac{d\varphi}{dy_0},\quad \frac{d\psi}{du_0}\frac{d\varphi}{dz_0} - \frac{d\psi}{dz_0}\frac{d\varphi}{du_0},\quad \frac{d\psi}{dy_0}\frac{d\varphi}{du_0} - \frac{d\psi}{du_0}\frac{d\varphi}{dy_0},$$

ne peuvent être nuls tous les trois, car si cela avait lieu, on déduirait des équations (31) une relation déterminée entre x, f_1, f_2, f_3 ou entre x, y, z, u. Donc, à cause de l'équation (32), l'un au moins des deux derniers déterminants est différent de zéro, et en conséquence les équations (31) pourront être résolues soit par rapport à u_0 et z_0, soit par rapport à u_0 et y_0; nous admettrons la première hypothèse, et nous poserons

$$(33)\quad \begin{cases} u_0 = \Psi(x, y, z, u, y_0), \\ z_0 = \Phi(x, y, z, u, y_0). \end{cases}$$

Ces équations peuvent, dans le cas qui nous occupe, être substituées à la deuxième et à la troisième des équations (23). Si on les différentie, puis que l'on remplace du_0 par $q_0 dy_0 + r_0 dz_0$, du par $p dx + q dy + r dz$, et qu'ensuite on élimine dz entre les équations résultantes, il vient

$$(34)\quad \left\{\begin{aligned}&\left(\frac{\frac{d\Psi}{dx}+p\frac{d\Psi}{du}}{\frac{d\Psi}{dz}+r\frac{d\Psi}{du}}-\frac{\frac{d\Phi}{dx}+p\frac{d\Phi}{du}}{\frac{d\Phi}{dz}+r\frac{d\Phi}{du}}\right)dx+\left(\frac{\frac{d\Psi}{dy}+q\frac{d\Psi}{du}}{\frac{d\Psi}{dz}+r\frac{d\Psi}{du}}-\frac{\frac{d\Phi}{dy}+q\frac{d\Phi}{du}}{\frac{d\Phi}{dz}+r\frac{d\Phi}{du}}\right)dy\\&+\left(\frac{\frac{d\Psi}{dy_0}-q_0}{\frac{d\Psi}{dz}+r\frac{d\Psi}{du}}-\frac{\frac{d\Phi}{dy_0}}{\frac{d\Phi}{dz}+r\frac{d\Phi}{du}}\right)dy_0-\left(\frac{r_0}{\frac{d\Psi}{dz}+r\frac{d\Psi}{du}}-\frac{1}{\frac{d\Phi}{dz}+r\frac{d\Phi}{du}}\right)dz_0=0\end{aligned}\right.$$

Si l'on remplace dans cette équation (34) dy par sa valeur tirée de la première équation (23), savoir

$$y=f_1(x, y_0, z_0, q_0, r_0),$$

les coefficients des différentielles restantes dx, dy_0, dz_0 seront identiquement nuls en vertu des équations (23). Or la fonction f_1 dépend, comme nous l'avons vu, de l'une au moins des quantités q_0, r_0; donc l'expression de dy contiendra les dérivées $\frac{dq_0}{dy_0}$, $\frac{dq_0}{dz_0}$ ou $\frac{dr_0}{dy_0}$, $\frac{dr_0}{dz_0}$; ces dérivées doivent en conséquence disparaître d'elles-mêmes, et cela ne peut arriver que si le coefficient de dy est identiquement nul dans l'équation (34). Donc les coefficients des quatre différentielles sont nuls et en les égalant à zéro on obtiendra quatre équations qui, avec les deux équations (33), formeront un système équivalent au système (23). Les quatre équations dont nous venons de parler peuvent s'écrire comme il suit :

$$(35)\qquad \frac{\frac{d\Psi}{dx}+p\frac{d\Psi}{du}}{\frac{d\Phi}{dx}+p\frac{d\Phi}{du}}=\frac{\frac{d\Psi}{dy}+q\frac{d\Psi}{du}}{\frac{d\Phi}{dy}+q\frac{d\Phi}{du}}=\frac{\frac{d\Psi}{dz}+r\frac{d\Psi}{du}}{\frac{d\Phi}{dz}+r\frac{d\Phi}{du}}=r_0,$$

$$(36)\qquad q_0+r_0\frac{d\Phi}{dy_0}=\frac{d\Psi}{dy_0}.$$

L'équation (36) donnera la valeur de y, et les équations (35) détermineront p, q, r.

On voit que l'équation (36) n'est autre chose que la dérivée de la première équation (33) par rapport à y_0, prise en regardant u_0 comme fonction de y_0 et de z_0, et z_0 comme une fonction de y_0 déterminée par la deuxième équation (33). Si donc on pose

$$(37)\qquad V = f[y_0, \Phi(x, y, z, u, y_0)] - \Psi(x, y, z, u, y_0),$$

l'intégrale cherchée de l'équation (1) sera le résultat de l'élimination de y_0 entre les deux équations

$$(38)\qquad V = 0, \quad \frac{dV}{dy_0} = 0.$$

20. On reconstruit l'équation proposée (1) en éliminant y_0 entre les deux premières des équations contenues dans la formule (35); il s'ensuit que la seule équation

$$(39)\qquad V = 0$$

satisfait à l'équation proposée si l'on y regarde y_0 comme une constante arbitraire. En effet, en différentiant l'équation (39) dans cette hypothèse, on reproduit les deux premières équations (35), et celles-ci continueront à reproduire l'équation proposée par l'élimination de y_0.

Cette solution (39), qui s'adjoint ici à l'intégrale générale (38), renferme une fonction arbitraire; mais il faut remarquer que cette fonction arbitraire ne dépend que de la seule quantité variable Φ.

21. Pour donner un exemple du cas que nous venons d'examiner, considérons l'équation

$$F = p + rz - q^2 = 0;$$

on a ici

$$P = 1, \quad Q = -2q, \quad R = z, \quad X = 0, \quad Y = 0, \quad Z = r, \quad U = 0,$$

et les équations qu'il faut intégrer sont

$$\frac{dx}{1} = \frac{-dy}{2q} = \frac{dz}{z} = \frac{-du}{q^2} = \frac{dp}{0} = \frac{dq}{0} = \frac{-dr}{r};$$

on en tire immédiatement

$$p = p_0, \quad q = q_0,$$

puis

$$y - y_0 = -2q_0(x - x_0), \quad z = z_0 e^{x-x_0}, \quad u - u_0 = -q_0^2(x - x_0)$$

et

$$r = r_0 e^{-(x-x_0)}.$$

On a donc, entre $x, y, z, u, y_0, z_0, u_0$ les deux équations

$$u - u_0 = -\frac{(y - y_0)^2}{4(x - x_0)}, \quad z = z_0 e^{x-x_0},$$

et, par conséquent, si l'on pose

$$V = u - f(y_0, z e^{-(x-x_0)}) - \frac{(y - y_0)^2}{4(x - x_0)},$$

l'intégrale cherchée de l'équation proposée sera le résultat de l'élimination de y_0 entre les deux équations

$$V = 0, \quad \frac{dV}{dy_0} = 0;$$

on vérifie en effet facilement que la seconde équation donne la valeur de y, qui a été écrite plus haut.

Enfin si l'on regarde y_0 comme une constante arbitraire, l'équation $V = 0$ fournira une nouvelle solution de l'équation proposée.

§ IV.

22. Dans ce paragraphe nous allons nous occuper de l'intégrale $\int_{x_0}^{x} \frac{U}{P} dx$ et étudier les cas où elle cesse d'avoir une valeur finie et déterminée.

Nous examinerons d'abord le cas où l'intégrale cherchée de l'équation (1) est représentée par un système d'équations de la forme

$$V = 0, \quad \frac{dV}{dy_0} + q_0 \frac{dV}{du_0} = 0, \quad \frac{dV}{dz_0} + r_0 \frac{dV}{du_0} = 0;$$

nous supposerons, pour abréger, que la première équation soit résolue par rapport à u et l'on aura plus simplement

$$(40)\qquad u=\mathrm{M},\quad \frac{d\mathrm{M}}{dy_0}+q_0\frac{d\mathrm{M}}{du_0}=0,\quad \frac{d\mathrm{M}}{dz_0}+r_0\frac{d\mathrm{M}}{du_0}=0;$$

M étant une fonction donnée de x, y, z, y_0, z_0, u_0; les valeurs de p, q, r seront ensuite données par les équations

$$(41)\qquad p=\frac{d\mathrm{M}}{dx},\quad q=\frac{d\mathrm{M}}{dy},\quad r=\frac{d\mathrm{M}}{dz}.$$

Pour reconstruire l'équation proposée (1), il faut éliminer y_0, z_0, u_0 entre les équations (41) et la première équation (40); par conséquent la différentielle totale $d\mathrm{F}$ du premier membre de cette équation s'obtiendra en ajoutant les différentielles totales de $\mathrm{M}-u$, $\frac{d\mathrm{M}}{dx}-p$, $\frac{d\mathrm{M}}{dy}-q$, $\frac{d\mathrm{M}}{dz}-r$, respectivement multipliées par des facteurs λ, μ, ν, ρ susceptibles de faire disparaître les différentielles dy_0, dz_0, du_0, qui doivent être regardées ici comme indépendantes. On aura donc

$$(42)\qquad \left\{\begin{aligned} d\mathrm{F} = &\left(\lambda\frac{d\mathrm{M}}{dx}+\mu\frac{d^2\mathrm{M}}{dx^2}+\nu\frac{d^2\mathrm{M}}{dx\,dy}+\rho\frac{d^2\mathrm{M}}{dx\,dz}\right)dx\\ &+\left(\lambda\frac{d\mathrm{M}}{dy}+\mu\frac{d^2\mathrm{M}}{dx\,dy}+\nu\frac{d^2\mathrm{M}}{dy^2}+\rho\frac{d^2\mathrm{M}}{dy\,dz}\right)dy\\ &+\left(\lambda\frac{d\mathrm{M}}{dz}+\mu\frac{d^2\mathrm{M}}{dx\,dz}+\nu\frac{d^2\mathrm{M}}{dy\,dz}+\rho\frac{d^2\mathrm{M}}{dz^2}\right)dz\\ &-\lambda\,du-\mu\,dp-\nu\,dq-\rho\,dr, \end{aligned}\right.$$

et les facteurs λ, μ, ν, ρ devront satisfaire aux trois équations suivantes:

$$(43)\qquad \left\{\begin{aligned} &\lambda\frac{d\mathrm{M}}{dy_0}+\mu\frac{d^2\mathrm{M}}{dx\,dy_0}+\nu\frac{d^2\mathrm{M}}{dy\,dy_0}+\rho\frac{d^2\mathrm{M}}{dz\,dy_0}=0,\\ &\lambda\frac{d\mathrm{M}}{dz_0}+\mu\frac{d^2\mathrm{M}}{dx\,dz_0}+\nu\frac{d^2\mathrm{M}}{dy\,dz_0}+\rho\frac{d^2\mathrm{M}}{dz\,dz_0}=0,\\ &\lambda\frac{d\mathrm{M}}{du_0}+\mu\frac{d^2\mathrm{M}}{dx\,du_0}+\nu\frac{d^2\mathrm{M}}{dy\,du_0}+\rho\frac{d^2\mathrm{M}}{dz\,du_0}=0. \end{aligned}\right.$$

On tire de l'équation (42)

$$\frac{\mathrm{U}}{\mathrm{P}}\,dx = -\frac{\lambda}{\mu}\,dx, \tag{44}$$

et les équations (43) donnent, par l'élimination de λ, à cause des deux dernières équations (40),

$$(45)\begin{cases} \mu\left(\dfrac{d^2\mathrm{M}}{dx\,dy_0}+q_0\dfrac{d^2\mathrm{M}}{dx\,du_0}\right)+\nu\left(\dfrac{d^2\mathrm{M}}{dy\,dy_0}+q_0\dfrac{d^2\mathrm{M}}{dy\,du_0}\right)+\rho\left(\dfrac{d^2\mathrm{M}}{dz\,dy_0}+q_0\dfrac{d^2\mathrm{M}}{dz\,du_0}\right)=0,\\ \mu\left(\dfrac{d^2\mathrm{M}}{dx\,dz_0}+r_0\dfrac{d^2\mathrm{M}}{dx\,du_0}\right)+\nu\left(\dfrac{d^2\mathrm{M}}{dy\,dz_0}+r_0\dfrac{d^2\mathrm{M}}{dz\,du_0}\right)+\rho\left(\dfrac{d^2\mathrm{M}}{dz\,dz_0}+q_0\dfrac{d^2\mathrm{M}}{dz\,du_0}\right)=0. \end{cases}$$

Or si l'on considère y et z comme des fonctions de x déterminées par les deux dernières équations (40), il est clair que les équations (45) seront satisfaites en posant

$$\mu = dx, \quad \nu = dy, \quad \rho = dz,$$

puisqu'elles expriment alors les différentielles des équations (40); l'équation (44) nous donne en conséquence

$$-\frac{\mathrm{U}}{\mathrm{P}}\,dx = -\lambda;$$

la dernière des équations (43) donne ensuite

$$-\lambda = \frac{d\log\dfrac{d\mathrm{M}}{du_0}}{dx}\,dx + \frac{d\log\dfrac{d\mathrm{M}}{du_0}}{dy}\,dy + \frac{d\log\dfrac{d\mathrm{M}}{du_0}}{dz}\,dz = d\log\frac{d\mathrm{M}}{du_0}.$$

Et, comme la dérivée $\dfrac{d\mathrm{M}}{du_0}$ doit se réduire à l'unité quand on fait $x=x_0$, $y=y_0$, $z=z_0$, puisque M se réduit alors à u_0, on aura

$$-\int_{x_0}^{x}\frac{\mathrm{U}}{\mathrm{P}}\,dx = \log\frac{d\mathrm{M}}{du_0}. \tag{46}$$

23. On voit par là que l'intégrale $\displaystyle\int_{x_0}^{x}\frac{\mathrm{U}}{\mathrm{P}}\,dx$ ne peut devenir infinie ou indéterminée que si l'on attribue à la fonction

$f(y, z)$ une forme telle, que la dérivée $\frac{dM}{du_0}$ devienne nulle, infinie ou indéterminée après la substitution des valeurs de y et de z tirées des deux dernières équations (40). Mais alors il est évident qu'on ne saurait tirer de ces équations des valeurs déterminées de y et de z se réduisant à y_0 et à z_0 pour $x = x_0$, puisque l'hypothèse $x = x_0$, $y = y_0$, $z = z_0$ doit réduire $\frac{dM}{du_0}$ à l'unité; les formules générales deviennent donc nécessairement illusoires et la solution du problème proposé doit être fournie dans ce cas par l'une des intégrales subsidiaires qui accompagnent l'intégrale générale et que nous avons rencontrées dans notre analyse.

Si l'hypothèse $x = x_0$ fait disparaître y et z des deux dernières équations (40), ces équations se réduiront à des identités, car elles sont satisfaites quand on pose simultanément $x = x_0, y = y_0, z = z_0$; il s'ensuit que la première équation (40), savoir $u = M$, ne contiendra plus y_0 et z_0 quand on y fera $x = x_0$, puisque ses dérivées relatives à y_0 et à z_0 deviennent alors identiquement nulles. Et, comme cette équation $u = M$ est satisfaite quand on pose

$$x = x_0, \quad y = y_0, \quad z = z_0, \quad u = u_0 = f(y_0, z_0),$$

elle se réduira généralement pour $x = x_0$ à $u = f(y, z)$, et en conséquence elle fournira la solution du problème proposé, solution qui contiendra deux constantes arbitraires y_0 et z_0.

Supposons maintenant que l'hypothèse $x = x_0$ ne fasse pas disparaître à la fois y et z de l'une et de l'autre des deux dernières équations (40). On pourra tirer de l'une de ces équations la valeur de l'une des variables y et z, et si l'on porte cette valeur dans l'autre équation, celle-ci se réduira nécessairement à une identité pour $x = x_0$. Je dis alors que si l'on considère l'une des variables y_0, z_0 comme une fonction arbitraire de l'autre, que l'on fasse par exemple $z_0 = \varphi(y_0)$, et que l'on désigne par $\varphi'(y_0)$ la dérivée de $\varphi(y_0)$, la solution cherchée de l'équation (1) sera le résultat de l'élimination de y_0, z_0, u_0 entre les quatre équations

$$(47)\quad u = \mathrm{M},\quad \left(\frac{d\mathrm{M}}{dy_0} + q_0\frac{d\mathrm{M}}{du_0}\right) + \left(\frac{d\mathrm{M}}{dz_0} + r_0\frac{d\mathrm{M}}{du_0}\right)\varphi'(y_0) = 0,$$

$$(48)\quad u_0 = f(y_0, z_0),\quad z_0 = \varphi(y_0);$$

cette solution renferme comme on voit une fonction arbitraire φ, et si l'on suppose qu'on ait remplacé dans M, u_0 et z_0 par leurs valeurs tirées des équations (48), les équations (47) pourront s'écrire plus simplement

$$u = \mathrm{M},\quad \left(\frac{d\mathrm{M}}{dy_0}\right) = 0.$$

Les équations (47) fournissent, comme on l'a déjà dit (n° **17**), une solution de l'équation proposée (1); par conséquent, pour établir ce que nous venons d'avancer, il suffit de prouver que les équations (47) et (48) donnent par l'élimination de y_0, z_0, u_0, une valeur de u qui se réduit à $f(y, z)$ pour $x = x_0$.

Dans l'hypothèse où nous nous sommes placé, les deux dernières équations (40) et la deuxième équation (47) se réduisent pour $x = x_0$ à une seule et même équation; par conséquent, lorsqu'on donne à x cette valeur particulière x_0, les équations (47) peuvent être remplacées par les équations (40), dont les deux dernières, nous devons le répéter, rentrent l'une dans l'autre. Or, je dis que si, après avoir remplacé u_0 par $f(y_0, z_0)$, on tire la valeur de z_0 de l'une des deux dernières équations (40), pour la porter dans la première $u = \mathrm{M}$, le résultat de la substitution sera indépendant de y_0. En effet, après cette substitution, la dérivée de M relative à y_0 est

$$\left(\frac{d\mathrm{M}}{dy_0} + q_0\frac{d\mathrm{M}}{du_0}\right) + \left(\frac{d\mathrm{M}}{dz_0} + r_0\frac{d\mathrm{M}}{du_0}\right)\frac{dz_0}{dy_0},$$

$\frac{dz_0}{dy_0}$ exprimant ici la dérivée de z_0 relative à y_0 tirée de l'une des deux dernières équations (40), en y considérant y_0 et z_0 comme seules variables. Mais l'expression précédente est identiquement nulle en vertu des équations (40); donc l'élimination de y_0 fait disparaître en même temps z_0. Et alors il est évident que l'équation $u = M$ se réduit à $u = f(y, z)$ pour $x = x_0$, puisque les équations (40) sont identiquement vérifiées quand on y fait simultanément $x = x_0$, $y = y_0$, $z = z_0$, $u = f(y_0, z_0)$.

24. Pour montrer un exemple très-simple de l'analyse qui précède, considérons l'équation

$$F = \frac{1}{u} - \frac{1}{p} - \frac{1}{q} - \frac{1}{r} = 0;$$

on a ici

$$X = 0,\quad Y = 0,\quad Z = 0,\quad U = -\frac{1}{u^2},\quad P = \frac{1}{p^2},\quad Q = \frac{1}{q^2},\quad R = \frac{1}{r^2}$$

et

$$-\frac{U}{P} = \frac{p^2}{u^2}.$$

Les équations différentielles à intégrer sont

$$p^2 dx = q^2 dy = r^2 dz = u du = \frac{u^2 dp}{p} = \frac{u^2 dq}{q} = \frac{u^2 dr}{r};$$

on en tire

$$\frac{u}{u_0} = \frac{p}{p_0} = \frac{q}{q_0} = \frac{r}{r_0},$$

$$\frac{\sqrt{x - x_0}}{\frac{1}{p_0}} = \frac{\sqrt{y - y_0}}{\frac{1}{q_0}} = \frac{\sqrt{z - z_0}}{\frac{1}{r_0}} = \frac{\sqrt{\log \frac{u}{u_0}}}{\frac{1}{u_0}},$$

et à cause de $\frac{1}{u_0} = \frac{1}{p_0} + \frac{1}{q_0} + \frac{1}{r_0}$, on obtient immédiatement l'équation $u = M$, savoir :

$$\sqrt{\log \frac{u}{u_0}} = \sqrt{x - x_0} + \sqrt{y - y_0} + \sqrt{z - z_0},$$

ou

$$u = u_0 e^{(\sqrt{x - x_0} + \sqrt{y - y_0} + \sqrt{z - z_0})^2}.$$

On aura donc la solution générale demandée en joignant à cette équation celles que l'on en déduit en la différentiant par rapport à y_0 et à z_0; on obtient ainsi

$$q_0 - u_0 \frac{\sqrt{x-x_0}+\sqrt{y-y_0}+\sqrt{z-z_0}}{\sqrt{y-y_0}} = 0,$$

$$r_0 - u_0 \frac{\sqrt{x-x_0}+\sqrt{y-y_0}+\sqrt{z-z_0}}{\sqrt{z-z_0}} = 0,$$

résultat qu'il est facile de vérifier au moyen des valeurs écrites plus haut. L'intégrale $-\int_{x_0}^{x} \frac{U}{P}\,dx$ a ici pour valeur

$$-\int_{x_0}^{x} \frac{U}{P}\,dx = \int_{x_0}^{x} \frac{p^2}{u^2}\,dx = \int_{x_0}^{x} \frac{p_0^2}{u_0^2}\,dx = \frac{p_0^2}{u_0^2}(x-x_0),$$

ou, en remplaçant p_0 par sa valeur en fonction de q_0, r_0 et u_0,

$$-\int_{x_0}^{x} \frac{U}{P}\,dx = \frac{q_0^2 r_0^2}{[q_0 r_0 - (q_0+r_0)u_0]^2}(x-x_0).$$

On trouve pour $\log \frac{dM}{du_0}$ la même valeur, comme il est facile de s'en assurer. Cette valeur devient infinie quelle que soit x, si l'on a

$$\frac{1}{u_0} = \frac{1}{q_0} + \frac{1}{r_0},$$

et on voit de suite que, dans ce cas, nos formules générales sont illusoires. La solution demandée est alors donnée, d'après notre théorie, par l'équation qui résulte de l'élimination de y_0, z_0, u_0, entre

$$u = u_0 e^{(\sqrt{x-x_0}+\sqrt{y-y_0}+\sqrt{z-z_0})^2}$$

$$\left(q_0 - u_0 \frac{\sqrt{x-x_0}+\sqrt{y-y_0}+\sqrt{z-z_0}}{\sqrt{y-y_0}}\right) + \varphi'(y_0)\left(r_0 - u_0 \frac{\sqrt{x-x_0}+\sqrt{y-y_0}+\sqrt{z-z_0}}{\sqrt{z-z_0}}\right) = 0$$

$$u_0 = f(y_0, z_0),$$

$$z_0 = \varphi(y_0).$$

On se trouve placé dans le cas particulier que nous examinons, si l'on prend

$$u_0 = e^{(\sqrt{y_0}+\sqrt{z_0})^2};$$

la deuxième des équations du système précédent est alors satisfaite pour $x = x_0$ en posant

$$\frac{z}{z_0} = \frac{y}{y_0},$$

et l'on trouve sans difficulté que la valeur de u se réduit, dans la même hypothèse, à

$$u = e^{(\sqrt{y}+\sqrt{z})}.$$

25. Considérons maintenant le cas où la solution générale demandée de l'équation (1) ne se présente pas comme une équation résultant de l'élimination de deux variables y_0, z_0 entre une équation donnée et ses dérivées prises par rapport à y_0 et par rapport à z_0. Nous avons vu que, dans ce cas, l'intégrale demandée résulte de l'élimination de y_0 et de z_0 entre trois équations telles que

$$(49)\quad \left\{\begin{aligned} &u_0 = \Psi(x, y, z, u, y_0),\\ &z_0 = \Phi(x, y, z, u, y_0),\\ &q_0 + r_0\frac{d\Phi}{dy_0} = \frac{d\Psi}{dy_0},\end{aligned}\right.$$

où Ψ et Φ désignent des fonctions données; les valeurs de p, q, r sont ensuite données par les trois équations

$$(50)\quad p + \frac{\frac{d\Psi}{dx} - r_0\frac{d\Phi}{dx}}{\frac{d\Psi}{du} - r_0\frac{d\Phi}{du}} = 0\quad q + \frac{\frac{d\Psi}{dy} - r_0\frac{d\Phi}{dy}}{\frac{d\Psi}{du} - r_0\frac{d\Phi}{du}} = 0,\quad r + \frac{\frac{d\Psi}{dz} - r_0\frac{d\Phi}{dz}}{\frac{d\Psi}{du} - r_0\frac{d\Phi}{du}} = 0,$$

et l'on peut évidemment reconstruire l'équation différentielle proposée en éliminant y_0 et r_0 entre les trois équations (50), ou y_0, r_0 et Ω entre les quatre équations

$$(51)\quad \left\{\begin{aligned} &p + \Omega\left(\frac{d\Psi}{dx} - r_0\frac{d\Phi}{dx}\right) = 0, \qquad q + \Omega\left(\frac{d\Psi}{dy} - r_0\frac{d\Phi}{dy}\right) = 0,\\ &r + \Omega\left(\frac{d\Psi}{dz} - r_0\frac{d\Phi}{dz}\right) = 0, \quad -1 + \Omega\left(\frac{d\Psi}{du} - r_0\frac{d\Phi}{du}\right) = 0.\end{aligned}\right.$$

Si l'on ajoute les différentielles totales des équations (51), après les avoir multipliées respectivement par des facteurs λ, μ, ν, ρ propres à faire disparaître dy_0, dr_0, $d\Omega$, on reproduira la différentielle $d\mathrm{F}$ du premier membre de l'équation proposée, et l'on aura en conséquence

$$\mathrm{P}=\lambda$$

et

$$\begin{aligned}\mathrm{U}=\lambda\Omega\left(\frac{d^2\Psi}{dx\,du}-r_0\frac{d^2\Phi}{dx\,du}\right)+\mu\,\Omega\left(\frac{d^2\Psi}{dy\,du}-r_0\frac{d^2\Phi}{dy\,du}\right)\\+\nu\Omega\left(\frac{d^2\Psi}{dz\,du}-r_0\frac{d^2\Phi}{dz\,du}\right)+\rho\,\Omega\left(\frac{d^2\Psi}{du^2}-r_0\frac{d^2\Phi}{du^2}\right);\end{aligned}$$

à cause de la dernière équation (50), on peut écrire

$$(52)\qquad -\frac{\mathrm{U}}{\mathrm{P}}\lambda=\lambda\frac{d\log\Omega}{dx}+\mu\frac{d\log\Omega}{dy}+\nu\frac{d\log\Omega}{dz}+\rho\frac{d\log\Omega}{du}.$$

Quant aux facteurs λ, μ, ν, ρ, ils doivent satisfaire aux trois équations

$$\lambda\frac{d\Psi}{dx}+\mu\frac{d\Psi}{dy}+\nu\frac{d\Psi}{dz}+\rho\frac{d\Psi}{du}=0,$$

$$\lambda\frac{d\Phi}{dx}+\mu\frac{d\Phi}{dy}+\nu\frac{d\Phi}{dz}+\rho\frac{d\Phi}{du}=0,$$

$$\begin{aligned}\lambda\left(\frac{d^2\Psi}{dx\,dy_0}-r_0\frac{d^2\Phi}{dx\,dy_0}\right)+\mu\left(\frac{d^2\Psi}{dy\,dy_0}-r_0\frac{d^2\Phi}{dy\,dy_0}\right)\\+\nu\left(\frac{d^2\Psi}{dz\,dy_0}-r_0\frac{d^2\Phi}{dz\,dy_0}\right)+\rho\left(\frac{d^2\Psi}{du\,dy_0}-r_0\frac{d^2\Phi}{du\,dy_0}\right)=0,\end{aligned}$$

et il est évident que ces équations sont satisfaites en posant

$$\lambda=dx,\quad \mu=dy,\quad \nu=dz,\quad \rho=du,$$

les différentielles dx, dy, dz, du se rapportant au cas où l'on considère y, z, u comme des fonctions de x déterminées par les équations (49). En conséquence, l'équation (52) donne

$$-\frac{\mathrm{U}}{\mathrm{P}}dx=\frac{d\log\Omega}{dx}dx+\frac{d\log\Omega}{dy}dy+\frac{d\log\Omega}{dx}dz+\frac{d\log\Omega}{du}du=d\log\Omega,$$

et par suite

$$(53)\qquad -\int_{x_0}^{x} \frac{\mathrm{U}}{\mathrm{P}}\,dx = \log\Omega = -\log\left(\frac{d\Psi}{du} - r_0\frac{d\Phi}{du}\right),$$

en remarquant que $\frac{d\Psi}{du}$ et $\frac{d\Phi}{du}$ se réduisent respectivement à 1 et à zéro pour $x = x_0$, puisque les équations (49) deviennent identiques pour $x = x_0$, $y = y_0$, $z = z_0$, $u = u_0$.

26. On voit que l'intégrale $\int_{x_0}^{x} \frac{\mathrm{U}}{\mathrm{P}}\,dx$ ne peut cesser d'avoir une valeur finie et déterminée que si l'on attribue à la fonction $f(y, z)$ une forme telle, que la fonction $\frac{d\Psi}{du} - r_0\frac{d\Phi}{du}$ devienne nulle, infinie ou indéterminée, quel que soit x; mais puisque cette quantité doit se réduire à l'unité, pour $x = x_0$, par les conditions mêmes du problème, les équations (49) deviennent nécessairement illusoires. Si donc on tire des deux premières équations de ce système les valeurs de u et de z pour les porter dans la troisième, celle-ci sera impropre à déterminer une valeur de y se réduisant à y_0 pour $x = x_0$; l'hypothèse $x = x_0$ fera donc disparaître y, et en conséquence l'équation dont nous parlons se réduira à une identité, puisque les trois équations (49) sont vérifiées en posant $x = x_0$, $y = y_0$, $z = z_0$, $u = u_0$. En d'autres termes, la troisième équation du système (49) est vérifiée identiquement pour $x = x_0$, en vertu des deux autres; or l'élimination de z_0 entre ces trois équations conduit évidemment à deux équations de la forme $u = \mathrm{M}$, $\left(\frac{d\mathrm{M}}{dy_0}\right) = 0$, M étant une fonction de x, y, z et de y_0, et puisque la seconde doit avoir lieu identiquement pour $x = x_0$ en vertu de la première, il est évident que l'hypothèse $x = x_0$ fait disparaître y_0 de M. Enfin l'équation $u = \mathrm{M}$ étant satisfaite pour $x = x_0$, $y = y_0$, $z = z_0$, $u = f(y_0, z_0)$, elle donnera généralement $u = f(y, z)$ pour $x = x_0$. Donc, dans le cas qui nous occupe, la solution du problème proposé est fournie par les deux premières équa-

tions du système (49), ou, ce qui revient au même, par l'équation unique

$$(54)\qquad f[y_0, \Phi(x, y, z, u, y_0)] = \Psi(x, y, z, u, y_0),$$

qui renferme une constante arbitraire y_0.

27. Pour donner un exemple de ce cas, considérons l'équation

$$F = 2q(p-r)^2 - u = 0.$$

On a ici

$$X = 0,\quad Y = 0,\quad Z = 0,\quad U = -1,\quad P = 4q(p-r),$$
$$Q = 2(p-r)^2,\quad R = -4q(p-r),$$

et les équations différentielles à intégrer sont

$$\frac{dx}{4q(p-r)} = \frac{dy}{2(p-r)^2} = \frac{-dz}{4q(p-r)} = \frac{du}{3u} = \frac{dp}{p} = \frac{dq}{q} = \frac{dr}{r}.$$

On tire de là

$$\frac{u^{\frac{1}{3}}}{u_0^{\frac{1}{3}}} = \frac{p}{p_0} = \frac{q}{q_0} = \frac{r}{r_0},$$

puis

$$\frac{x-x_0}{2q_0(p_0-r_0)} = \frac{y-y_0}{(p_0-r_0)^2} = -\frac{z-z_0}{2q_0(p_0-r_0)} = \frac{u^{\frac{2}{3}} - u_0^{\frac{2}{3}}}{u_0^{\frac{2}{3}}},$$

et en remplaçant $p_0 - r_0$ par sa valeur $\sqrt{\frac{2q_0}{u_0}}$, il vient

$$y - y_0 = \frac{\sqrt{u_0}}{(2q_0)^{\frac{3}{2}}}(x-x_0),\quad z - z_0 = -(x-x_0),\quad u^{\frac{2}{3}} - u_0^{\frac{2}{3}} = \frac{u_0^{\frac{1}{6}}}{\sqrt{2q_0}}(x-x_0).$$

On a ensuite

$$-\int_{x_0}^{x} \frac{U}{P}\,dx = \int_{x_0}^{x} \frac{dx}{4q(p-r)} = \frac{1}{2}\int_{x_0}^{x} \frac{dx}{\sqrt{2u_0q_0} + x - x_0},$$

ou

$$-\int_{x_0}^{x} \frac{U}{P}\,dx = \log \frac{\sqrt{\sqrt{2u_0q_0} + x - x_0}}{\sqrt{u_0q_0}}.$$

Cette intégrale devient infinie quel que soit x si l'on a

$$q_0 = 0,$$

c'est-à-dire si u_0 ou $f(y_0, z_0)$ se réduit à une fonction $\varphi(z_0)$ de z_0 seule, et il est évident que nos formules deviennent illusoires. Mais, dans le cas général, ces formules donnent, par l'élimination de q_0,

$$u_0^{\frac{2}{3}} = u^{\frac{2}{3}} - (x - x_0)^{\frac{2}{3}} (y - y_0)^{\frac{1}{3}}, \quad z_0 = z + (x - x_0),$$

et l'intégrale cherchée de l'équation proposée sera le résultat de l'élimination de y_0 entre l'équation

$$[f(y_0, z + x - x_0)]^{\frac{2}{3}} = u^{\frac{2}{3}} - (x - x_0)^{\frac{2}{3}} (y - y_0)^{\frac{1}{3}},$$

et sa dérivée prise par rapport à y_0. Dans le cas où la fonction $f(y, z)$ se réduit à une fonction $\varphi(z)$ de z seule, la solution demandée est donnée, d'après notre théorie, par la seule équation précédente qui devient

$$u^{\frac{2}{3}} = (x - x_0)^{\frac{2}{3}} (y - y_0)^{\frac{1}{3}} + [\varphi(z + x - x_0)]^{\frac{2}{3}};$$

on voit que cette valeur de u se réduit bien à $\varphi(z)$ pour $x = x_0$.

§ V.

28. L'analyse développée dans les paragraphes précédents montre que, dans le cas de deux variables indépendantes, l'intégrale générale d'une équation aux dérivées partielles est le résultat de l'élimination d'une variable y_0 dont dépend une fonction arbitraire entre deux équations dont l'une est la dérivée de l'autre par rapport à y_0. Il n'y a d'exception qu'à l'égard des équations linéaires relativement aux dérivées partielles; l'intégrale est alors représentée par une équation unique où figure une fonction arbitraire.

Dans le cas de trois variables indépendantes, il peut se présenter trois cas : 1° l'intégrale générale est représentée par le système de trois équations dont deux sont les dérivées de la troisième par rapport à deux variables auxiliaires y_0, z_0; 2° l'intégrale générale est représentée par le système de deux équations dont l'une est la dérivée de l'autre par rapport à une variable auxiliaire y_0; 3° enfin l'intégrale générale est représentée par une équation contenant une fonction arbitraire de deux variables. On a vu que ce troisième cas ne peut se présenter que si l'équation proposée est linéaire par rapport aux dérivées.

Ces différentes formes sous lesquelles se présente ainsi l'intégrale générale d'une équation aux dérivées partielles sont inhérentes à la méthode que nous avons adoptée. On peut toujours, en effet, représenter l'intégrale générale d'une équation aux dérivées partielles du premier ordre, dans le cas d'un nombre quelconque n de variables indépendantes, par un système de n équations dont l'une renferme $n-1$ variables auxiliaires avec une fonction arbitraire de ces variables, et dont les $n-1$ autres sont les dérivées de la première par rapport aux auxiliaires.

Soit, en effet, l'équation

$$F(x, y, z, \ldots, u, p, q, r, \ldots) = 0 \tag{1}$$

dans laquelle u désigne une fonction des n variables indépendantes $x, y, z, \ldots$, et où $p, q, r, \ldots$, représentent les dérivées partielles de u par rapport à $x, y, z, \ldots$, respectivement. Supposons que l'on ait trouvé une *intégrale complète* de cette équation, c'est-à-dire une solution renfermant n constantes arbitraires $\alpha, \beta, \gamma, \ldots, \delta$. Soient

$$V(x, y, z, \ldots, u, \alpha, \beta, \gamma, \ldots, \delta) = 0, \tag{2}$$

cette intégrale complète. On en tirera

$$\frac{dV}{dx} + p\frac{dV}{du} = 0, \quad \frac{dV}{dy} + q\frac{dV}{du} = 0, \quad \frac{dV}{dz} + r\frac{dV}{du} = 0, \ldots, \tag{3}$$

et l'on reconstruira évidemment l'équation (1) en éliminant les n arbitraires $\alpha, \beta, \gamma, \ldots, \delta$ entre les équations (2) et (3).

Supposons maintenant que l'on remplace l'arbitraire δ par une fonction arbitraire

$$\delta = f(\alpha, \beta, \gamma, \ldots)$$

des $n-1$ autres et que l'on considère celles-ci comme des variables. Il est évident que les équations (3) subsisteront, si l'on assujettit les arbitraires devenues variables à satisfaire aux $n-1$ équations

$$(4) \qquad \frac{dV}{d\alpha} = 0, \quad \frac{dV}{d\beta} = 0, \quad \frac{dV}{d\gamma} = 0, \ldots,$$

et par conséquent le système formé par les équations (2) et (4) représentera une solution de l'équation proposée contenant une fonction arbitraire de $n-1$ variables.

29. Considérons, par exemple, l'équation linéaire

$$z = px + qy,$$

dans laquelle z est une fonction inconnue des variables x et y, et où p et q représentent les dérivées $\frac{dz}{dx}$, $\frac{dz}{dy}$. On satisfait à cette équation en posant

$$z = \alpha x + \beta y,$$

α et β étant des constantes arbitraires; cette dernière équation est donc une intégrale complète, et si l'on remplace β par $f(\alpha)$, l'intégrale générale sera le résultat de l'élimination de α entre

$$z = \alpha x + y f(\alpha), \quad x + y f'(\alpha) = 0.$$

On peut retrouver, au moyen de ces équations, la forme de l'intégrale à laquelle conduit l'application de la méthode ordinaire. En effet, d'après la seconde équation, la fonction arbitraire $f'(\alpha)$ est une fonction de $\frac{y}{x}$, α et $f(\alpha)$ sont donc aussi des fonctions de $\frac{y}{x}$, et la première de nos deux équations donne alors

$$\frac{z}{x} = \varphi\left(\frac{y}{x}\right),$$

φ désignant une fonction arbitraire.

NOTE III.

SUR QUELQUES FORMULES NOUVELLES ET LEUR APPLICATION A LA THÉORIE DES LIGNES ET DES SURFACES COURBES.

Cette Note est le résumé de deux Mémoires publiés l'un dans le tome XVI du *Journal de Mathématiques pures et appliquées,* l'autre dans les tomes XLI et XLII des *Comptes rendus des séances de l'Académie des Sciences.*

Quelques-uns des résultats contenus dans le premier paragraphe font partie d'une lettre que j'ai écrite, il y a plusieurs années, à M. Liouville, et qu'il m'a fait l'honneur d'insérer dans une des Notes qu'il a publiées avec la cinquième édition du chef-d'œuvre de Monge, l'*Application de l'Analyse à la Géométrie.*

§ I.

Formules relatives aux lignes courbes.

1. Considérons une courbe à double courbure rapportée à trois axes de coordonnées rectangulaires. Soient M un point de cette courbe; MT la tangente en M ; MN la normale *principale,* c'est-à-dire celle qui est située dans le plan osculateur et avec laquelle coïncide le rayon de courbure; ML l'axe du plan osculateur. Je désignerai par (α, β, γ), (ξ, υ, ζ), (λ, μ, ν) les angles formés avec les axes coordonnés par les droites MT, MN, ML respectivement; par ds la différentielle de l'arc terminé en M ; par $d\varepsilon$ et $d\eta$ les angles de contingence et de torsion; enfin, par ρ et r les rayons de courbure et de torsion, lesquels ont pour valeurs, comme on sait,

$$(1) \qquad \rho = \frac{ds}{d\varepsilon}, \quad r = \frac{ds}{d\eta}.$$

Je me propose d'indiquer ici quelques formules par lesquelles on simplifie notablement la solution de diverses questions relatives à la théorie des lignes et des surfaces courbes. Ces formules permettent d'exprimer les différentielles des divers ordres des cosinus des trois angles α, ξ, λ, ou β, υ, μ, ou γ, ζ, ν, par des fonctions linéaires de ces mêmes cosinus dont les coefficients ne contiennent que ds, r, ρ et leurs différentielles. Je donnerai ensuite quelques exemples qui suffiront pour montrer le parti que l'on peut tirer de ces formules.

Rappelons d'abord les formules connues

$$(2)\qquad \begin{cases} d\varepsilon = \sqrt{(d\cos\alpha)^2 + (d\cos\beta)^2 + (d\cos\gamma)^2}, \\ d\eta = \sqrt{(d\cos\lambda)^2 + (d\cos\mu)^2 + (d\cos\nu)^2}, \end{cases}$$

$$(3)\qquad \begin{cases} \cos\xi = \dfrac{d\cos\alpha}{d\varepsilon} = \rho\,\dfrac{d\cos\alpha}{ds}, \\[2ex] \cos\upsilon = \dfrac{d\cos\beta}{d\varepsilon} = \rho\,\dfrac{d\cos\beta}{ds}, \\[2ex] \cos\zeta = \dfrac{d\cos\gamma}{d\varepsilon} = \rho\,\dfrac{d\cos\gamma}{ds}; \end{cases}$$

d'où l'on tire

$$(4)\qquad \begin{cases} d\cos\alpha = \cos\xi\,\dfrac{ds}{\rho}, \\[2ex] d\cos\beta = \cos\upsilon\,\dfrac{ds}{\rho}, \\[2ex] d\cos\gamma = \cos\zeta\,\dfrac{ds}{\rho}. \end{cases}$$

2. En vertu des équations (3), les équations

$$\cos\alpha\cos\xi + \cos\beta\cos\upsilon + \cos\gamma\cos\zeta = 0,$$
$$\cos\lambda\cos\xi + \cos\mu\cos\upsilon + \cos\nu\cos\zeta = 0,$$

deviennent

$$(5)\qquad \begin{cases} \cos\alpha\, d\cos\alpha + \cos\beta\, d\cos\beta + \cos\gamma\, d\cos\gamma = 0, \\ \cos\lambda\, d\cos\alpha + \cos\mu\, d\cos\beta + \cos\nu\, d\cos\gamma = 0. \end{cases}$$

D'ailleurs, en différentiant les suivantes :

$$\cos\alpha\cos\lambda + \cos\beta\cos\mu + \cos\gamma\cos\nu = 0,$$
$$\cos^2\lambda + \cos^2\mu + \cos^2\nu = 1,$$

et ayant égard à la seconde des équations (5), il vient

$$(6)\quad \begin{cases} \cos\alpha\, d\cos\lambda + \cos 6\, d\cos\mu + \cos\gamma\, d\cos\nu = 0, \\ \cos\lambda\, d\cos\lambda + \cos\mu\, d\cos\mu + \cos\nu\, d\cos\nu = 0. \end{cases}$$

On voit que les équations (6) ne diffèrent des équations (5) qu'en ce que $d\cos\alpha$, $d\cos 6$, $d\cos\gamma$ y sont remplacées par $d\cos\lambda$, $d\cos\mu$, $d\cos\nu$; d'où l'on conclut que les premières différentielles sont proportionnelles aux dernières : on a donc

$$(7)\qquad \frac{d\cos\lambda}{d\cos\alpha} = \frac{d\cos\mu}{d\cos 6} = \frac{d\cos\nu}{d\cos\gamma} = \frac{d\eta}{d\varepsilon} = \frac{\rho}{r}.$$

Ces équations (7) démontrent le théorème suivant :

Si α et λ désignent les angles formés avec une droite fixe D *par la tangente et par l'axe du plan osculateur en un point* M *d'une courbe à double courbure, le rapport*

$$\frac{d\cos\lambda}{d\cos\alpha}$$

est indépendant de la droite D, *et sa valeur est égale au rapport de la première courbure à la seconde* (*).

Des équations (4) et (7) on déduit

$$(8)\quad \begin{cases} d\cos\lambda = \cos\xi\,\dfrac{ds}{r}, \\ d\cos\mu = \cos\upsilon\,\dfrac{ds}{r}, \\ d\cos\nu = \cos\zeta\,\dfrac{ds}{r}. \end{cases}$$

(*) M. Bertrand, à qui j'avais communiqué ce théorème, l'a proposé comme exercice aux élèves de l'École Normale. L'un d'eux, M. Guiraudet, lui a remis la démonstration géométrique suivante, qui est d'une extrême simplicité :

« La direction qui fait avec les axes des angles dont les cosinus sont pro- » portionnels à $d\cos\alpha$, $d\cos 6$, $d\cos\gamma$, est celle du rayon de courbure. Si l'on » mène par l'origine deux parallèles aux axes des deux plans osculateurs infi- » niment voisins, et que l'on prenne sur ces parallèles des longueurs OM, OM' » égales à l'unité, la ligne MM' qui joindra leurs extrémités fera avec les axes » des angles dont les cosinus sont proportionnels à $d\cos\lambda$, $d\cos\mu$, $d\cos\nu$. » Ainsi, pour prouver notre théorème, il suffit de montrer le parallélisme de ces » deux directions. Or cela est évident, car le plan parallèle aux axes de deux » plans osculateurs voisins est parallèle au plan normal de la courbe proposée, » et la droite MM' située dans ce plan est évidemment perpendiculaire à l'axe » du plan osculateur, et, par suite, parallèle au rayon de courbure. »

3. De l'équation

$$\cos^2\xi + \cos^2\alpha + \cos^2\lambda = 1,$$

on tire, en différentiant,

$$d\cos\xi = -\cos\alpha\,\frac{d\cos\alpha}{\cos\xi} - \cos\lambda\,\frac{d\cos\lambda}{\cos\xi},$$

et, à cause des équations (4) et (8),

$$d\cos\xi = -(\cos\alpha\,d\varepsilon + \cos\lambda\,d\eta)$$
$$= -\left(\frac{\cos\alpha}{\rho} + \frac{\cos\lambda}{r}\right)ds;$$

on a donc les trois nouvelles équations

$$(9)\quad \begin{cases} d\cos\xi = -\left(\dfrac{\cos\alpha}{\rho} + \dfrac{\cos\lambda}{r}\right)ds, \\ d\cos\upsilon = -\left(\dfrac{\cos\beta}{\rho} + \dfrac{\cos\mu}{r}\right)ds, \\ d\cos\zeta = -\left(\dfrac{\cos\gamma}{\rho} + \dfrac{\cos\nu}{r}\right)ds; \end{cases}$$

d'où l'on tire

$$(10)\quad (d\cos\xi)^2 + (d\cos\upsilon)^2 + (d\cos\zeta)^2 = \left(\frac{1}{\rho^2} + \frac{1}{r^2}\right)ds^2$$

Divisant les équations (9) par ds, différentiant ensuite, et ayant égard aux équations (4) et (8), on obtient les suivantes :

$$(11)\quad \begin{cases} d\dfrac{d\cos\xi}{ds} = -\left(\dfrac{1}{\rho^2} + \dfrac{1}{r^2}\right)\cos\xi\,ds - \left(\cos\alpha\,d\dfrac{1}{\rho} + \cos\lambda\,d\dfrac{1}{r}\right), \\ d\dfrac{d\cos\upsilon}{ds} = -\left(\dfrac{1}{\rho^2} + \dfrac{1}{r^2}\right)\cos\upsilon\,ds - \left(\cos\beta\,d\dfrac{1}{\rho} + \cos\mu\,d\dfrac{1}{r}\right), \\ d\dfrac{d\cos\zeta}{ds} = -\left(\dfrac{1}{\rho^2} + \dfrac{1}{r^2}\right)\cos\zeta\,ds - \left(\cos\gamma\,d\dfrac{1}{\rho} + \cos\nu\,d\dfrac{1}{r}\right). \end{cases}$$

4. Des formules qui précèdent, découlent immédiatement deux théorèmes remarquables. Le premier de ces théorèmes, qu'on établit facilement par des considérations géométriques,

a été démontré analytiquement par M. Puiseux (*voir* le tome VI du *Journal de M. Liouville*). Il consiste en ce que *l'hélice ordinaire est la seule courbe dont les deux courbures sont constantes*. Le second théorème est dû à M. Bertrand, qui l'a démontré géométriquement; il consiste en ce que *les courbes dont les deux courbures ont un rapport constant sont des hélices tracées sur un cylindre à base quelconque*.

Le premier des deux théorèmes dont il vient d'être question résulte immédiatement des équations (11), qui, en faisant, pour abréger,

$$\frac{1}{m^2} = \frac{1}{\rho^2} + \frac{1}{r^2},$$

et prenant ds pour la différentielle constante, donnent, si r et ρ sont constants,

$$(12)\qquad \begin{cases} \dfrac{d^2 \cos\xi}{ds^2} = -\dfrac{1}{m^2}\cos\xi, \\[2mm] \dfrac{d^2 \cos\upsilon}{ds^2} = -\dfrac{1}{m^2}\cos\upsilon, \\[2mm] \dfrac{d^2 \cos\zeta}{ds^2} = -\dfrac{1}{m^2}\cos\zeta. \end{cases}$$

En intégrant, on a

$$(13)\qquad \begin{cases} \cos\xi = \cos a \cos\dfrac{s}{m} + \cos a' \sin\dfrac{s}{m}, \\[2mm] \cos\upsilon = \cos b \cos\dfrac{s}{m} + \cos b' \sin\dfrac{s}{m}, \\[2mm] \cos\zeta = \cos c \cos\dfrac{s}{m} + \cos c' \sin\dfrac{s}{m}, \end{cases}$$

en désignant par a, b, c, a', b', c' les angles formés avec les axes par deux droites arbitraires D et D' perpendiculaires entre elles. Si x, y, z représentent les coordonnées de la courbe, on a

$$\cos\xi = \rho\frac{d\cos\alpha}{ds} = \rho\frac{d^2x}{ds^2};$$

les équations (13) donnent alors, en intégrant,

$$(14)\quad \begin{cases} \rho\dfrac{dx}{ds}=m\left(\cos a\sin\dfrac{s}{m}-\cos a'\cos\dfrac{s}{m}\right)+n\cos a'', \\ \rho\dfrac{dy}{ds}=m\left(\cos b\sin\dfrac{s}{m}-\cos b'\cos\dfrac{s}{m}\right)+n\cos b'', \\ \rho\dfrac{dz}{ds}=m\left(\cos c\sin\dfrac{s}{m}-\cos c'\cos\dfrac{s}{m}\right)+n\cos c'', \end{cases}$$

où n désigne le radical $\sqrt{\rho^2-m^2}$, et a'', b'', c'' les angles formés avec les axes par une droite D″ perpendiculaire aux droites D et D′. Si l'on fait coïncider les droites rectangulaires D, D′, D″ avec les axes des x, des y et des z, les équations (14) se réduiront à

$$\rho\frac{dx}{ds}=m\sin\frac{s}{m},$$

$$\rho\frac{dy}{ds}=-m\cos\frac{s}{m},$$

$$\rho\frac{dz}{ds}=n;$$

d'où, en intégrant,

$$x-x_0=-\frac{m^2}{\rho}\cos\frac{s}{m},$$

$$y-y_0=-\frac{m^2}{\rho}\sin\frac{s}{m},$$

$$z-z_0=\frac{n}{\rho},$$

ou, en transportant l'origine au point arbitraire (x_0, y_0, z_0) et éliminant s,

$$(15)\qquad x=-\frac{m^2}{\rho}\cos\frac{z}{mn},\quad y=-\frac{m^2}{\rho}\sin\frac{z}{mn}.$$

Ce sont les équations de l'hélice ordinaire.

5. Le second des deux théorèmes dont il a été question au numéro précédent, se démontre très-facilement en faisant usage des équations (7). Nous nous proposons de trouver les

courbes dont les deux courbures ont un rapport constant k. On a

$$d\eta = k\,d\varepsilon, \tag{16}$$

et, par suite, en vertu des équations (7),

$$\left\{\begin{aligned} &d\cos\lambda - k\,d\cos\alpha = 0,\\ &d\cos\mu - k\,d\cos\beta = 0,\\ &d\cos\nu - k\,d\cos\gamma = 0; \end{aligned}\right. \tag{17}$$

réciproquement, l'une des équations (17) entraîne l'équation (16). En intégrant, on a

$$\begin{aligned} \cos\lambda - k\cos\alpha &= \text{constante},\\ \cos\mu - k\cos\beta &= \text{constante},\\ \cos\nu - k\cos\gamma &= \text{constante}; \end{aligned}$$

la somme des carrés des premiers membres ayant pour valeur $1 + k^2$, on aura

$$\begin{aligned} \cos\lambda - k\cos\alpha &= \sqrt{1+k^2}\cos\alpha',\\ \cos\mu - k\cos\beta &= \sqrt{1+h^2}\cos\beta',\\ \cos\nu - k\cos\gamma &= \sqrt{1+h^2}\cos\gamma', \end{aligned}$$

ou bien

$$\left\{\begin{aligned} \cos\lambda &= k\cos\alpha + \sqrt{1+k^2}\cos\alpha',\\ \cos\mu &= k\cos\beta + \sqrt{1+k^2}\cos\beta',\\ \cos\nu &= k\cos\gamma + \sqrt{1+k^2}\cos\gamma'; \end{aligned}\right. \tag{18}$$

α', β, γ' étant les angles formés avec les axes par une droite fixe arbitraire. Si l'on prend cette droite pour axe des z, les équations (18) deviennent

$$\left\{\begin{aligned} \cos\lambda &= k\cos\alpha,\\ \cos\mu &= k\cos\beta,\\ \cos\nu &= k\cos\gamma + \sqrt{1+k^2}; \end{aligned}\right. \tag{19}$$

élevant au carré ces équations (19) et ajoutant les résultats, on a

$$\cos\gamma = \frac{-k}{\sqrt{1+k^2}}, \tag{20}$$

d'où

$$\cos\nu = \frac{1}{\sqrt{1+h^2}}. \tag{21}$$

L'équation (20) montre que la tangente à la courbe considérée fait un angle constant avec l'axe des z; c'est donc une hélice tracée sur le cylindre qui la projette sur le plan des xy.

Il est facile de voir que, réciproquement pour toute hélice, c'est-à-dire pour toute courbe qui satisfait à l'équation (20), l'équation (16) a lieu. En effet, γ étant constant, les équations (3) montrent que $\cos\zeta$ est nul, donc la normale principale est constamment perpendiculaire à l'axe des z : alors l'équation (20) entraîne l'équation (21) à cause de

$$\cos^2\zeta + \cos^2\gamma + \cos^2\nu = 1.$$

D'après cela, on a

$$\cos^2\lambda + \cos^2\mu = \frac{h^2}{1+h^2},$$

$$\cos^2\alpha + \cos^2\beta = \frac{1}{1+h^2},$$

$$\cos\alpha\cos\lambda + \cos\beta\cos\mu = \frac{h}{1+h^2};$$

en ajoutant ces équations, après avoir multiplié la seconde par h^2 et la troisième par $-2h$, il vient

$$(\cos\lambda - h\cos\alpha)^2 + (\cos\mu - h\cos\beta)^2 = 0,$$

d'où l'on conclut les équations (19), et, par suite, les équations (17) et (16).

Il est facile d'établir maintenant que la projection sur le plan des xy de la courbe qu'on vient d'étudier, est un cercle si les deux rayons de courbure et de torsion sont eux-mêmes constants, ce qui donnera une nouvelle démonstration du théorème établi au n° 4.

En effet, à cause des équations (19), les équations (9) donnent

$$d\cos\xi = -\left(\frac{1}{\rho} + \frac{h}{r}\right)\cos\alpha\, ds = -\frac{r^2+\rho^2}{\rho r^2}\, dx,$$

$$d\cos\nu = -\left(\frac{1}{\rho} + \frac{h}{r}\right)\cos\beta\, ds = -\frac{r^2+\rho^2}{\rho r^2}\, dy;$$

d'où, en intégrant et désignant par x_0, y_0 deux constantes,

$$x - x_0 = - \frac{\rho r^2}{r^2 + \rho^2} \cos\xi,$$

$$y - y_0 = - \frac{\rho r^2}{r^2 + \rho^2} \cos\upsilon.$$

Élevant au carré et ajoutant, il vient, à cause de $\cos\zeta = 0$,

$$(x - x_0)^2 + (y - y_0)^2 = \left(\frac{\rho r^2}{r^2 + \rho^2}\right)^2,$$

ce qu'il fallait démontrer.

6. L'équation du plan normal en un point M (x, y, z) d'une courbe à double courbure, est

$$(22) \quad (x_1 - x)\cos\alpha + (y_1 - y)\cos\beta + (z_1 - z)\cos\gamma = 0.$$

Différentions cette équation par rapport à la variable indépendante dont x, y, z, α, β, γ, etc., sont fonctions, on aura

$$(x_1 - x)\,d\cos\alpha + (y_1 - y)\,d\cos\beta + (z_1 - z)\,d\cos\gamma = ds,$$

ou

$$(23) \quad (x_1 - x)\cos\xi + (y_1 - y)\cos\upsilon + (z_1 - z)\cos\zeta = \rho.$$

Le système des équations (22) et (23) appartient à l'intersection du plan normal au point M et du plan normal *infiniment voisin*, ou, si l'on veut, à l'axe du cercle osculateur qu'on nomme aussi *droite polaire*. En différentiant de même l'équation (23), il vient

$$(x_1 - x)\,d\cos\xi + (y_1 - y)\,d\cos\upsilon + (z_1 - z)\,d\cos\zeta = d\rho,$$

car $dx\cos\xi + dy\cos\upsilon + dz\cos\zeta$ est nulle; en faisant usage des équations (9) et ayant égard à l'équation (22), la dernière équation devient

$$(24) \quad (x_1 - x)\cos\lambda + (y_1 - y)\cos\mu + (z_1 - z)\cos\nu = - r\frac{d\rho}{ds}.$$

Le système des équations (22), (23), (24) représente l'intersection de trois plans normaux infiniment voisins, c'est-à-dire le centre de la sphère osculatrice au point M. Si l'on ajoute ces trois équations, après les avoir multipliées respectivement, d'abord par $\cos\alpha$, $\cos\xi$, $\cos\lambda$, puis par $\cos\beta$, $\cos\upsilon$, $\cos\mu$, puis enfin par $\cos\gamma$, $\cos\zeta$, $\cos\nu$, il vient

$$(25)\quad \begin{cases} x_1 - x = \rho\cos\xi - r\dfrac{d\rho}{ds}\cos\lambda, \\ y_1 - y = \rho\cos\upsilon - r\dfrac{d\rho}{ds}\cos\mu, \\ z_1 - z = \rho\cos\zeta - r\dfrac{d\rho}{ds}\cos\nu. \end{cases}$$

En élevant les équations (25) au carré, et désignant par R le rayon de la sphère osculatrice, on a

$$(26)\quad R^2 = \rho^2 + r^2\frac{d\rho^2}{ds^2}.$$

De là résulte ce théorème :

Si une courbe est tracée sur une sphère, la quantité $\rho^2 + r^2\dfrac{d\rho^2}{ds^2}$ *est constante en chaque point et égale au carré du rayon de la sphère.*

Réciproquement :

Si en chaque point d'une courbe la quantité $\rho^2 + r^2\dfrac{d\rho^2}{ds^2}$ *est constante, la courbe est sphérique, à moins que son rayon de courbure* ρ *ne soit constant.*

Pour démontrer ce théorème, il suffit de différentier les équations (25). On trouve ainsi, en se servant des formules données précédemment,

$$(27)\quad \begin{cases} dx_1 = -\left[\dfrac{\rho}{r}ds + d\left(r\dfrac{d\rho}{ds}\right)\right]\cos\lambda, \\ dy_1 = -\left[\dfrac{\rho}{r}ds + d\left(r\dfrac{d\rho}{ds}\right)\right]\cos\mu, \\ dz_1 = -\left[\dfrac{\rho}{r}ds + d\left(r\dfrac{d\rho}{ds}\right)\right]\cos\nu. \end{cases}$$

Ainsi la condition pour que le centre de la sphère osculatrice soit le même pour les différents points de la courbe est

$$\frac{\rho}{r}ds + d\left(r\frac{d\rho}{ds}\right) = 0;$$

elle n'est pas satisfaite si $\rho =$ une constante. Elle devient intégrable en la multipliant par $2r\frac{d\rho}{ds}$, et l'on trouve

$$\rho^2 + r^2\frac{d\rho^2}{ds^2} = \text{constante},$$

équation qui est satisfaite par $\rho =$ une constante. En excluant ce cas, on voit que si la précédente équation a lieu, les quantités x_1, y_1, z_1, R sont constantes pour tous les points de la courbe proposée; cette dernière est donc tout entière située sur une sphère fixe (*).

Les équations (27) peuvent servir à démontrer ce théorème

(*) M. Bertrand m'a donné de ces résultats une démonstration géométrique fort simple, fondée sur des considérations dont il a déjà plusieurs fois fait usage. Je crois devoir la transcrire ici :

« Nommons ρ le rayon de courbure d'une courbe, s' l'arc de la courbe lieu » de ses centres de courbure : le triangle infinitésimal formé par l'arc ds', la » normale principale qui aboutit à l'une de ses extrémités, et la perpendiculaire abaissée sur cette normale par l'autre extrémité de ds', montre que le » cosinus de l'angle formé par l'arc s' avec le rayon ρ est égal à $\frac{d\rho}{ds'}$. Si l'on re» marque que le rayon ρ est tangent à la surface développable lieu des axes des » cercles osculateurs sur laquelle est situé l'arc ds', et qu'il coupe à angle droit » la génératrice correspondante, on en conclut que $\frac{d\rho}{ds'}$ est aussi le sinus de l'an» gle que ds' forme avec cette génératrice, et que, par suite, $d\rho$ est la distance » de l'une des extrémités de ds' à la génératrice qui passe par l'autre extrémité; » mais l'angle de deux génératrices égal à l'angle de deux plans osculateurs de » la courbe proposée, est mesuré par $\frac{ds}{r}$, en désignant par ds l'arc infiniment » petit de cette courbe et par $\frac{1}{r}$ sa seconde courbure. Si donc on nomme u la » distance de l'arc ds' au point où se coupent les deux axes consécutifs, on aura

$$d\rho = u\frac{ds}{r}, \quad u = r\frac{d\rho}{ds}.$$

» Or le rayon ρ, la distance u et le rayon R de la sphère osculatrice forment » évidemment un triangle rectangle; donc

$$R^2 = \rho^2 + r^2\frac{d\rho^2}{ds^2}.$$

» Si l'on porte sur des normales à une courbe une longueur constante, la courbe connu, que *le lieu des centres des sphères osculatrices d'une courbe quelconque est l'arête de rebroussement de la surface développable lieu des droites polaires ou axes des cercles osculateurs.*

S'il s'agit d'une courbe dont le rayon de courbure ρ est constant, mais seulement dans ce cas, les équations (25) se réduisent à

$$x_1 - x = \rho \cos \xi,$$
$$y_1 - y = \rho \cos \upsilon,$$
$$z_1 - z = \rho \cos \zeta;$$

ce qui montre que le centre de la sphère osculatrice coïncide avec le centre de courbure; d'où l'on conclut ce théorème:

Si une courbe à double courbure a son rayon de courbure constant, le lieu des centres de courbure se confond avec l'arête de rebroussement de la surface enveloppe des plans normaux, et réciproquement.

7. Considérons une courbe située sur une sphère de rayon a et dont le centre est à l'origine des coordonnées; on aura

$$\rho^2 + r^2 \frac{d\rho^2}{ds^2} = a^2, \tag{28}$$

et, comme les coordonnées x_1, y_1, z_1 sont constamment nulles, les équations (25) deviennent

$$(29)\quad \begin{cases} x = -\rho \cos \xi + r\dfrac{d\rho}{ds}\cos \lambda, \\ y = -\rho \cos \upsilon + r\dfrac{d\rho}{ds}\cos \mu, \\ z = -\rho \cos \zeta + r\dfrac{d\rho}{ds}\cos \nu. \end{cases}$$

» lieu de leurs extrémités les coupe toutes à angle droit; si donc R est constant, » l'arête de rebroussement de la surface développable doit, *si elle ne se réduit pas » à un point*, couper à angle droit les normales de la courbe proposée qui passent par les différents points, ces normales sont donc perpendiculaires à l'axe » des cercles osculateurs et sont, par conséquent, des normales principales; » R se confond donc avec ρ, et l'on a

$$\rho = \text{constante. »}$$

Il est facile de voir que les courbes sphériques de courbure constante sont des cercles. En effet, si ρ est constant, l'équation (28) montre que l'on a $r=\infty$ ou $\rho=a$. Dans le premier cas, il est évident que la courbe est une circonférence, puisqu'elle est plane. Dans le second cas, où $\rho=a$, les équations (29) donnent.

$$x=-a\cos\xi,\quad y=-a\cos\upsilon,\quad z=-a\cos\zeta.$$

D'ailleurs, en prenant l'arc s de la courbe pour variable indépendante, $\cos\xi$, $\cos\upsilon$, $\cos\zeta$ sont proportionnels à d^2x, d^2y, d^2z; on a donc

$$yd^2z-zd^2y=0,\quad zd^2x-xd^2z=0,\quad xd^2y-yd^2x=0.$$

Intégrant et désignant par A, B, C des constantes, il vient

$$ydz-zdy=A\,ds,\quad zdx-xdz=B\,ds,\quad xdy-ydx=C\,ds;$$

enfin, en ajoutant ces équations respectivement multipliées par x, y, z, il vient

$$Ax+By+Cz=0,$$

qui est l'équation du plan d'un grand cercle.

La recherche des courbes sphériques dont le rayon de torsion r est constant, présente plus de difficulté. Je me bornerai à montrer que ce problème dépend de l'intégration d'une seule équation différentielle du deuxième ordre.

Si r est constant, l'équation (28) s'intègre, et donne

$$\rho=a\sin\frac{s-s_0}{r},$$

ou simplement,

$$\rho=a\sin\frac{s}{r},$$

puisque l'origine des arcs s est arbitraire. On déduit de là

$$r\frac{d\rho}{ds}=a\cos\frac{s}{r},$$

et les équations (29) donnent

$$(30)\quad \begin{cases} \dfrac{x}{a} = \cos\dfrac{s}{r}\cos\lambda - r\sin\dfrac{s}{r}\dfrac{d\cos\lambda}{ds}, \\ \dfrac{y}{a} = \cos\dfrac{s}{r}\cos\mu - r\sin\dfrac{s}{r}\dfrac{d\cos\mu}{ds}, \\ \dfrac{z}{a} = \cos\dfrac{s}{r}\cos\nu - r\sin\dfrac{s}{r}\dfrac{d\cos\nu}{ds}. \end{cases}$$

Le problème est ainsi ramené à exprimer $\cos\lambda$, $\cos\mu$, $\cos\nu$ en fonction de s, car les équations (30) donneront ensuite x, y, z en fonction de cette variable.

La première des équations (9), savoir,

$$d\cos\xi = -\left(\frac{\cos\alpha}{\rho} + \frac{\cos\lambda}{r}\right) ds,$$

donne, à cause de

$$\cos\xi = r\frac{d\cos\lambda}{ds} \quad \text{et} \quad \cos\alpha = \sqrt{1-\cos^2\lambda-\cos^2\xi},$$

et en prenant toujours s pour variable indépendante,

$$r^2\frac{d^2\cos\lambda}{ds^2} + \cos\lambda + \frac{r}{\rho}\sqrt{1-\cos^2\lambda - r^2\left(\frac{d\cos\lambda}{ds}\right)^2} = 0,$$

ou, en remplaçant ρ par sa valeur $a\sin\dfrac{s}{r}$,

$$a\sin\frac{s}{r}\left(r^2\frac{d^2\cos\lambda}{ds^2} + \cos\lambda\right) + r\sqrt{1-\cos^2\lambda - r^2\left(\frac{d\cos\lambda}{ds}\right)^2} = 0.$$

On peut prendre pour unité le rayon r de torsion, et l'on voit alors que l'équation différentielle du deuxième ordre

$$(31)\quad a\sin s\left(\frac{d^2\varphi}{ds^2} + \varphi\right) + \sqrt{1-\varphi^2-\frac{d\varphi^2}{ds^2}} = 0$$

est satisfaite par $\varphi = \cos\lambda$, $= \cos\mu$, $= \cos\nu$.

En combinant l'équation (31) avec celle qu'on en déduit par la différentiation, on obtient une équation linéaire du troisième ordre, mais l'intégration de cette équation paraît offrir de grandes difficultés.

8. Dans un Mémoire inséré au tome XV du *Journal de M. Liouville*, M. Bertrand a démontré que les normales *principales* d'une courbe à double courbure donnée ne peuvent être les normales principales d'une autre courbe, à moins qu'il n'existe une relation linéaire entre les deux courbures de la courbe donnée. On démontre ce théorème d'une manière très-simple et très-élégante en faisant usage des formules obtenues plus haut.

Soient x, y, z les coordonnées rectangulaires de la courbe donnée, et cherchons la condition pour que les normales principales de cette courbe soient aussi celles d'une autre courbe. Désignons par x_1, y_1, z_1 les coordonnées de cette deuxième courbe, par ds_1 la différentielle de l'arc, et $d\varepsilon_1$ l'angle de contingence.

On doit avoir, a étant une constante,

$$x_1 = x + a\cos\xi, \tag{32}$$

$$d\,\frac{dx_1}{ds_1} = \cos\xi\, d\varepsilon_1. \tag{33}$$

Différentiant l'équation (32), il vient, à cause de $dx = ds\cos\alpha$,

$$dx_1 = \left[\left(1 - \frac{a}{\rho}\right)\cos\alpha - \frac{a}{r}\cos\lambda\right] ds;$$

de cette équation et des deux autres semblables relatives aux axes des y et des z, on déduit

$$ds_1 = \sqrt{\left(1 - \frac{a}{\rho}\right)^2 + \frac{a^2}{r^2}}\, ds = \mathrm{R}\, ds;$$

on a, d'après cela,

$$\frac{dx_1}{ds_1} = \frac{1}{\mathrm{R}}\left[\left(1 - \frac{a}{\rho}\right)\cos\alpha - \frac{a}{r}\cos\lambda\right]:$$

différentiant cette dernière équation et comparant le résultat avec l'équation (33), il vient

$$(34)\quad \begin{cases} \left[\frac{1}{\rho} - a\left(\frac{1}{\rho^2} + \frac{1}{r^2}\right) - R\frac{d\varepsilon_1}{ds}\right] ds \cos\xi \\ -\left[ad\frac{1}{\rho} + \left(1 - \frac{a}{\rho}\right)\frac{dR}{R}\right]\cos\alpha - \left(ad\frac{1}{r} - \frac{a}{r}\frac{dR}{R}\right)\cos\lambda = 0. \end{cases}$$

Il est évident que cette équation aura lieu encore si l'on remplace α, λ, ξ par β, μ, ν ou par γ, ν, ζ respectivement ; d'où il suit que les coefficients de $\cos\xi$, $\cos\alpha$, $\cos\lambda$ sont nuls. On a donc

$$(35)\quad \begin{cases} d\varepsilon_1 = \left[\frac{1}{\rho} - a\left(\frac{1}{\rho^2} + \frac{1}{r^2}\right)\right]\frac{ds}{R}, \\ ad\frac{1}{\rho} + \left(1 - \frac{a}{\rho}\right)\frac{dR}{R} = 0, \\ d\frac{1}{r} - \frac{1}{r}\frac{dR}{R} = 0. \end{cases}$$

Ces équations (35) sont le résultat de l'élimination de x_1, y_1, z_1, entre les équations (32), (33) et les quatre semblables relatives aux axes des y et des z. Les deux dernières ne contiennent que ρ et r, car

$$R = \sqrt{\left(1 - \frac{a}{\rho}\right)^2 + \frac{a^2}{r^2}},$$

et elles conduisent au même résultat par l'intégration. On déduit de l'une ou de l'autre

$$(36)\quad \frac{a}{\rho} + \frac{b}{r} = 1,$$

b désignant la constante arbitraire. Telle est la condition à laquelle doit satisfaire la courbe donnée pour que ses normales principales appartiennent à une autre courbe. Quant à la première des équations (35), elle fait connaître l'angle de contingence $d\varepsilon_1$ de la seconde courbe.

§ II.

Sur les lignes de courbure des surfaces.

9. Considérons une courbe C située sur une surface S. Désignons par α, β, γ les angles que forme avec trois axes

rectangulaires, la tangente à la courbe C au point (x, y, z); par ξ, υ, ζ et λ, μ, ν, les angles formés avec les mêmes axes par la normale principale et par l'axe du plan osculateur. Soient aussi $d\varepsilon$ et $d\eta$ les angles de contingence et de torsion. Les onze angles qui viennent d'être définis et les coordonnées x, y, z doivent être considérés comme des fonctions d'un paramètre dont les diverses valeurs répondent aux différents points de la courbe C.

Soient $\alpha', 6', \gamma'$ les angles formés avec les axes par la normale de la surface S au point (x, y, z) de la courbe C. On peut assigner une courbe C′ dont les points correspondent aux points de la courbe C et telle que la tangente au point (x', y', z') qui correspond à (x, y, z) fasse avec les axes les angles $\alpha', 6', \gamma'$. Si la courbe C est une ligne de courbure de la surface S′, les normales à cette surface aux différents points de la courbe C forment une surface développable dont l'arête de rebroussement peut être prise pour la courbe C′. Dans tous les cas, la courbe C′ étant définie comme il vient d'être dit, nous désignerons par ξ', υ', ζ' et λ', μ', ν' les angles que forment avec les axes la normale principale et l'axe du plan osculateur de cette courbe C′; par $d\varepsilon'$ et $d\eta'$ les angles de contingence et de torsion.

Cela posé, on peut écrire les trois groupes suivants de formules par lesquelles les angles ω et ϖ se trouvent complétement définis.

$$(1)\quad \left\{\begin{aligned} &\cos\alpha\cos\alpha' + \cos 6\cos 6' + \cos\gamma\cos\gamma' = 0,\\ &\cos\alpha\cos\xi' + \cos 6\cos\upsilon' + \cos\gamma\cos\zeta' = \sin\omega,\\ &\cos\alpha\cos\lambda' + \cos 6\cos\mu' + \cos\gamma\cos\nu' = \cos\omega;\end{aligned}\right.$$

$$(2)\quad \left\{\begin{aligned} &\cos\xi\cos\alpha' + \cos\upsilon\cos 6' + \cos\zeta\cos\gamma' = -\sin\varpi,\\ &\cos\xi\cos\xi' + \cos\upsilon\cos\upsilon' + \cos\zeta\cos\zeta' = -\cos\varpi\cos\omega,\\ &\cos\xi\cos\lambda' + \cos\upsilon\cos\mu' + \cos\zeta\cos\nu' = \cos\varpi\sin\omega;\end{aligned}\right.$$

$$(3)\quad \left\{\begin{aligned} &\cos\lambda\cos\alpha' + \cos\mu\cos 6' + \cos\nu\cos\gamma' = \cos\varpi,\\ &\cos\lambda\cos\xi' + \cos\mu\cos\upsilon' + \cos\nu\cos\zeta' = -\sin\varpi\cos\omega,\\ &\cos\lambda\cos\lambda' + \cos\mu\cos\mu' + \cos\nu\cos\nu' = +\sin\varpi\sin\omega.\end{aligned}\right.$$

La différentiation de ces équations conduit aux trois suivantes :

$$(4)\quad \begin{cases} \sin\omega\, d\varepsilon' = \sin\varpi\, d\varepsilon, \\ d\eta' + d\omega = -\cos\varpi\, d\varepsilon, \\ d\varpi = d\eta + \cos\omega\, d\varepsilon'. \end{cases}$$

10. La dernière équation (4) fournit un théorème remarquable. Je dis d'abord que si la courbe C est une ligne de courbure de la surface S, l'angle $\omega = 90^\circ$, et réciproquement. Désignons en effet par X, Y, Z les coordonnées d'un point quelconque de la normale menée à la surface S par le point (x, y, z) de la courbe C, et par R la distance des deux points (X, Y, Z), (x, y, z), on aura

$$X - x + R\cos\alpha' = 0,\quad Y - y + R\cos 6' = 0,\quad Z - z + R\cos\gamma' = 0;$$

pour exprimer que cette normale est rencontrée au point (X, Y, Z) par la normale menée à S en un point infiniment voisin de (x, y, z) pris comme celui-ci sur la courbe C, il suffira de différentier les équations précédentes en considérant X, Y, Z et R comme constantes. On a ainsi

$$R\cos\xi' d\varepsilon' = ds\cos\alpha,\quad R\cos\upsilon' d\varepsilon' = ds\cos 6,\quad R\cos\zeta' d\varepsilon' = ds\cos\gamma,$$

d'où

$$R\, d\varepsilon' = ds,$$

et

$$\cos\xi' = \cos\alpha,\quad \cos\upsilon' = \cos 6,\quad \cos\zeta' = \cos\gamma.$$

Les formules (1) montrent que ces dernières équations équivalent à

$$\sin\omega = 1,\quad \text{ou}\quad \cos\omega = 0,\quad \text{ou}\quad \omega = 90^\circ.$$

D'après cela, et en se reportant aux formules (4), on voit que l'équation

$$d\varpi = d\eta$$

exprime la condition nécessaire et suffisante pour que C soit une ligne de courbure de S. Mais ϖ désigne évidemment [première équation (3)] l'angle que le plan osculateur de C fait avec le plan tangent de S, ou avec la surface S elle-même. On peut donc énoncer le théorème suivant, dû à Lancret :

L'angle de torsion d'une ligne de courbure d'une surface est la différentielle de l'angle que fait avec la surface le plan osculateur de la ligne de courbure.

Et réciproquement,

Une ligne tracée sur une surface est une ligne de courbure de la surface, si l'angle de torsion est la différentielle de l'angle que fait avec la surface le plan osculateur de la ligne.

Si l'on suppose que la courbe C soit plane, on a $d\eta = 0$ et, par suite, l'équation $d\varpi = d\eta$ donne $\varpi =$ constante. On a donc le théorème suivant qui est un cas particulier du précédent et que Joachimsthal a démontré directement:

Si une ligne de courbure d'une surface est plane, le plan de cette ligne de courbure coupe la surface partout sous le même angle.

Et réciproquement,

Si un plan coupe une surface partout sous le même angle, l'intersection est une ligne de courbure de la surface.

On peut encore déduire de ce qui précède une propriété curieuse. La courbe C étant ligne de courbure de S, on a, comme on a vu, $\omega = 90^\circ$ et par suite $d\omega = 0$; les deux premières équations (4) donnent alors

$$d\varepsilon' = \sin\varpi\, d\varepsilon, \quad d\eta' = -\cos\varpi\, d\varepsilon, \quad \frac{d\varepsilon'}{d\eta'} = -\tang\varpi,$$

ce qui montre que $\frac{d\varepsilon'}{d\eta'}$ est constant si la courbe C est plane. On a donc ce théorème:

Si une ligne de courbure d'une surface est plane, les normales de la surface aux points de la ligne de courbure forment une surface développable dont l'arête de rebroussement jouit de la propriété que ses deux courbures ont un rapport constant. Cette arête de rebroussement est donc une hélice tracée sur un cylindre à base quelconque.

11. Supposons que la courbe C soit l'intersection de la surface S par une autre surface S_1; désignons par ω_1, ϖ_1, ε'_1 et η'_1 les valeurs qu'il faut mettre au lieu de ω, ϖ, ε', η' quand on substitue S_1 à S. On aura

$$d\varpi = d\eta + \cos\omega\, d\varepsilon', \quad d\varpi_1 = d\eta + \cos\omega_1\, d\varepsilon'.$$

d'où, en faisant $\varpi - \varpi_1 = V$,

$$dV = \cos\omega\, d\varepsilon' - \cos\omega_1\, d\varepsilon'_1.$$

Il est aisé de voir que V est l'angle sous lequel se coupent les surfaces S et S_1, car le cosinus de cet angle est la somme des produits des cosinus des angles que font les normales aux surfaces S et S_1 avec trois axes rectangulaires quelconques. Si l'on prend pour ceux-ci les trois droites (α, β, γ), (ξ, υ, ζ), (λ, μ, ν), on trouve immédiatement que le cosinus dont il s'agit est égal à $\cos\varpi\cos\varpi_1 + \sin\varpi\sin\varpi_1$, c'est-à-dire égal à $\cos(\varpi - \varpi_1)$.

Si la courbe C est ligne de courbure de S et de S_1, $\cos\omega$ et $\cos\omega_1$ sont nuls, on a donc

$$dV = 0 \quad \text{et} \quad V = \text{constante}.$$

Réciproquement si V est constante et si l'un des cosinus $\cos\omega$ et $\cos\omega_1$ est nul, l'autre est aussi necessairement nul. On a donc ce théorème :

Si l'intersection de deux surfaces est une ligne de courbure de chacune d'elles, ces deux surfaces se coupent partout sous le même angle.

Et réciproquement,

Si deux surfaces se coupent partout sous le même angle et si l'intersection est une ligne de courbure de l'une des surfaces, elle sera aussi une ligne de courbure de l'autre surface.

Supposons que l'une des deux surfaces se réduise à un plan ou à une sphère ; toute ligne plane ou sphérique peut être considérée comme une ligne de courbure du plan ou de la sphère sur laquelle elle se trouve. On a donc ce théorème qui comprend l'un de ceux énoncés précédemment :

Si une ligne de courbure d'une surface est plane ou sphérique, le plan ou la sphère qui contient cette ligne, coupe la surface partout sous le même angle.

Et réciproquement,

Si un plan ou une sphère coupe une surface partout sous le même angle, l'intersection est une ligne de courbure de la surface.

On peut ajouter la proposition suivante :

Une ligne de courbure d'une surface ne peut être ligne géodésique sur cette surface que si elle est plane, et dans ce cas il faut encore que le plan de la ligne de courbure soit normal à la surface ; cette condition est évidemment suffisante.

En effet, reprenons les équations (4). Pour que la courbe C soit ligne géodésique de S, il faut et il suffit que ϖ soit égal constamment à 90° ; on a alors $d\varpi = 0$, et la troisième équation (2) devient

$$d\eta + \cos\omega\, d\varepsilon' = 0.$$

Pour que cette ligne géodésique soit ligne de courbure, il faut que $\cos\omega = 0$ et par suite $d\eta = 0$.

§ III.

Recherche des surfaces dont les lignes de courbure de l'un des systèmes sont planes ou sphériques.

12. *Sur les trajectoires orthogonales d'un plan mobile.* La recherche des surfaces pour lesquelles les lignes de l'une des courbures sont situées dans des plans normaux à la surface, se ramène immédiatement à la détermination des trajectoires orthogonales d'un plan mobile. L'intégration dont dépend la solution de ce problème peut être effectuée d'une manière très-élégante au moyen des formules que nous avons établies dans le § I; c'est ce que je me propose de montrer ici.

Désignons par x, y, z des coordonnées rectangulaires; par α, β, γ; ξ, υ, ζ; λ, μ, ν les angles formés avec les axes par la tangente de la trajectoire orthogonale du plan mobile, par la normale principale (direction du rayon de courbure) et par l'axe du plan osculateur. Soient aussi ds la différentielle de l'arc de la trajectoire, $d\varepsilon$ l'angle de deux tangentes infiniment voisines, et $d\eta$ l'angle de deux plans osculateurs infiniment voisins. On aura ces trois formules relatives à l'axe des x,

$$(1)\qquad \left\{\begin{aligned} d\cos\alpha &= \cos\xi\, d\varepsilon,\\ d\cos\lambda &= \cos\xi\, d\eta,\\ d\cos\zeta &= -\cos\alpha\, d\varepsilon - \cos\lambda\, d\eta,\end{aligned}\right.$$

et six autres semblables relatives aux axes des y et des z; on a, en outre,

$$(2)\qquad \begin{cases} d\varepsilon = \sqrt{(d\cos\alpha)^2 + (d\cos\beta)^2 + (d\cos\gamma)^2},\\ d\eta = \sqrt{(d\cos\lambda)^2 + (d\cos\mu)^2 + (d\cos\nu)^2}.\end{cases}$$

Cela posé, l'équation du plan mobile sera

$$(3)\qquad x\cos\alpha + y\cos\beta + z\cos\gamma = u,$$

où l'on doit considérer α, β, γ et u comme des fonctions d'un paramètre variable t; et, pour obtenir les trajectoires orthogonales, il faudra intégrer les équations

$$(4)\qquad dx = ds\cos\alpha,\quad dy = ds\cos\beta,\quad dz = ds\cos\gamma.$$

A cet effet, nous poserons

$$(5)\qquad x\cos\lambda + y\cos\mu + z\cos\nu = \mathrm{U};$$

en différentiant deux fois cette équation (5), et ayant égard aux équations (1) et (4), il vient

$$(6)\qquad x\cos\xi + y\cos\upsilon + z\cos\zeta = \frac{d\mathrm{U}}{d\eta},$$

$$(7)\qquad x\cos\alpha + y\cos\beta + z\cos\gamma = -\frac{d\eta}{d\varepsilon}\left[\mathrm{U} + \frac{d\frac{d\mathrm{U}}{d\eta}}{d\eta}\right].$$

La comparaison des équations (3) et (7) donne

$$(8)\qquad \frac{d\frac{d\mathrm{U}}{d\eta}}{d\eta} + \mathrm{U} = -u\frac{d\varepsilon}{d\eta}.$$

Sans fixer la quantité que nous choisissons pour le paramètre t, nous pouvons prendre η pour variable indépendante, et poser

$$(9)\qquad u\frac{d\eta}{d\varepsilon} = \varphi(\eta) + \varphi''(\eta),$$

φ'' désignant la deuxième dérivée de la fonction φ; alors l'intégrale de l'équation (8) est

$$(10)\qquad \mathrm{U} = \mathrm{A}\sin\eta + \mathrm{B}\cos\eta - \varphi(\eta),$$

A et B étant deux constantes arbitraires.

Il résulte de là que, si l'on pose

$$(11)\quad V = x\cos\lambda + y\cos\mu + z\cos\nu + \varphi(\eta) - A\sin\eta - B\cos\eta,$$

les équations (5), (6) et (7) qui appartiennent à la trajectoire du plan mobile seront équivalentes aux trois suivantes :

$$(12)\qquad V = 0,\quad \frac{dV}{dt} = 0,\quad \frac{d^2V}{dt^2} = 0,$$

car les termes qui proviennent de la variation de x, y, z dans V et dans $\frac{dV}{dt}$ se détruisent mutuellement.

Nous ferons

$$\cos\lambda = \frac{t}{\sqrt{1+t^2+f^2(t)}},\qquad \cos\mu = \frac{f(t)}{\sqrt{1+t^2+f^2(t)}},$$

$$\cos\nu = \frac{1}{\sqrt{1+t^2+f^2(t)}},$$

d'où il résulte

$$(13)\qquad \eta = \int \frac{\sqrt{1+f'^2+(f-tf')^2}}{1+t^2+f^2}\,dt,$$

en désignant par f une fonction du paramètre t et par f' la dérivée de cette fonction. Si, en outre, on met dans l'équation (11), $F(t)$ au lieu de $\varphi(\eta)$, θ et $\Phi(\theta)$ au lieu de A et B, il vient

$$(14)\quad V = \frac{z + tx + f(t)y}{\sqrt{1+t^2+f^2}} + F(t) - \theta\sin\eta - \Phi(\theta)\cos\eta,$$

où η représente la valeur donnée par l'équation (13). Et si l'on élimine t et θ entre les équations

$$(15)\qquad V = 0,\quad \frac{dV}{dt} = 0,\quad \frac{d^2V}{dt^2} = 0,$$

on obtiendra l'équation générale des surfaces pour lesquelles les lignes de l'une des courbures sont dans des plans normaux à la surface ; les équations (15) renferment trois fonctions arbitraires, f, F et Φ. Il est clair que notre analyse exclut le cas où les lignes de la deuxième courbure sont planes.

On peut obtenir un résultat plus simple encore dans le cas particulier où les plans des lignes de la première courbure passent par un point fixe. En plaçant l'origine des coordonnées en ce point, on a $u=0$, et la fonction φ de l'équation (10) est nulle. Si l'on pose

$$W = V\sin\eta + \frac{dV}{d\eta}\cos\eta,$$

on pourra aux équations (12), c'est-à-dire aux équations (5), (6) et (7), substituer les trois

$$W=0, \quad \frac{dW}{dt}=0, \quad x^2+y^2+z^2=A^2+B^2,$$

dont la dernière s'obtient en ajoutant (5), (6), (7) après les avoir élevées au carré. Or, en désignant par $f(t)$ une fonction du paramètre t et faisant

$$\frac{\cos\lambda\sin\eta+\cos\xi\cos\eta}{t} = \frac{\cos\mu\sin\eta+\cos\upsilon\cos\eta}{f(t)} = \frac{\cos\nu\sin\eta+\cos\zeta\cos\eta}{1},$$

la valeur de W se réduit à $\frac{z+tx+fy}{\sqrt{1+t^2+f^2}}-A$; si donc on pose

$$A=\Phi(A^2+B^2),$$

et qu'on remplace A^2+B^2 par $x^2+y^2+z^2$, ce qui donne

$$W=\frac{z+tx+fy}{\sqrt{1+t^2+f^2}}-\Phi(x^2+y^2+z^2),$$

l'équation de la surface que nous considérons sera le résultat de l'élimination de t entre les deux équations

$$W=0, \quad \frac{dW}{dt}=0,$$

qui renferment les deux fonctions arbitraires f et Φ. On retrouve ainsi, dans ce cas particulier, l'une des surfaces étudiées par Monge.

13. *Sur les trajectoires orthogonales d'une sphère mobile.* La recherche des surfaces dont les lignes de l'une des courbures sont situées sur des sphères normales à la surface, se ramène immédiatement à la détermination des trajectoires ortho-

gonales d'une sphère mobile, et ce dernier problème se réduit lui-même très-aisément à la détermination des trajectoires orthogonales d'un plan mobile, question dont nous venons de donner la solution. C'est ce que je me propose d'établir ici (*).

Soit

$$(1) \qquad (x-a)^2+(y-b)^2+(z-c)^2=r^2$$

l'équation d'une sphère en coordonnées rectangulaires; a, b, c, r désignent des fonctions d'un paramètre variable t. Les trajectoires orthogonales de cette sphère mobile auront pour équations différentielles

$$(2) \qquad \frac{dx}{x-a}=\frac{dy}{y-b}=\frac{dz}{z-c}.$$

Soient α, 6, γ les angles formés avec les axes par une droite arbitraire variable avec le paramètre t; désignons aussi par u une nouvelle fonction de t et posons

$$(3) \qquad da=rud\frac{\cos\alpha}{u}, \quad db=rud\frac{\cos 6}{u}, \quad dc=rud\frac{\cos\gamma}{u}.$$

Enfin, au lieu des variables x, y, z, prenons-en trois autres x_1, y_1, z_1 telles que l'on ait

$$\left\{\begin{aligned} x&=a+r\left(\frac{2ux_1}{x_1^2+y_1^2+z_1^2}-\cos\alpha\right),\\ y&=b+r\left(\frac{2uy_1}{x_1^2+y_1^2+z_1^2}-\cos 6\right),\\ z&=c+r\left(\frac{2uz_1}{x_1^2+y_1^2+z_1^2}-\cos\gamma\right),\end{aligned}\right.$$

(*) M. Ossian Bonnet s'est occupé le premier de la recherche des surfaces dont il s'agit ici. Mais les formules qu'il a données me paraissent trop compliquées pour qu'on puisse en tirer parti; aussi je crois faire une chose utile en publiant le résultat si simple que j'ai obtenu. On verra d'ailleurs que l'analyse dont je fais usage s'applique sans difficulté au cas général, non encore résolu, des surfaces dont les lignes de l'une des courbures sont sphériques.

d'où l'on tire, en ayant égard à l'équation (1),

$$(5)\quad \begin{cases} x_1 = \dfrac{u(x-a+r\cos\alpha)}{(x-a)\cos\alpha+(y-b)\cos\beta+(z-c)\cos\gamma+r}, \\ y_1 = \dfrac{u(y-b+r\cos\beta)}{(x-a)\cos\alpha+(y-b)\cos\beta+(z-c)\cos\gamma+r}, \\ z_1 = \dfrac{u(z-c+r\cos\gamma)}{(x-a)\cos\alpha+(y-b)\cos\beta+(z-c)\cos\gamma+r}. \end{cases}$$

Au moyen des équations (3) et (4) les équations (1) et (2) se réduisent aux suivantes :

$$(6)\qquad x_1\cos\alpha+y_1\cos\beta+z_1\cos\gamma=u,$$

$$(7)\qquad \frac{dx_1}{\cos\alpha}=\frac{dy_1}{\cos\beta}=\frac{dz_1}{\cos\gamma}:$$

on voit que si l'on considère x_1, y_1, z_1, comme des coordonnées rectangulaires, les équations (7) appartiendront aux trajectoires orthogonales du plan mobile représenté par l'équation (6).

14. Nous conserverons toutes les notations dont nous avons fait usage au n° 12. Ainsi nous désignerons par ξ, υ, ζ; λ, μ, ν les angles formés avec les axes par le rayon de courbure et par l'axe du plan osculateur de la trajectoire du plan (6); par $d\varepsilon$ l'angle de deux tangentes infiniment voisines et par $d\eta$ l'angle de deux plans osculateurs infiniment voisins. Désignant en outre par A et B deux constantes arbitraires, et posant

$$u\frac{d\varepsilon}{d\eta}=\varphi(\eta)+\varphi''(\eta),$$

$$\mathrm{U}=\mathrm{A}\sin\eta+\mathrm{B}\cos\eta-\varphi(\eta),$$

les trajectoires orthogonales du plan (6) seront représentées par l'équation (6) jointe aux deux

$$(8)\qquad x_1\cos\lambda+y_1\cos\mu+z_1\cos\nu=\mathrm{U},$$

$$(9)\qquad x_1\cos\xi+y_1\cos\upsilon+z_1\cos\zeta=\frac{d\mathrm{U}}{d\eta}.$$

Si, dans les équations (8) et (9) on remplace x_1, y_1, z_1 par leurs valeurs tirées de (5), on aura deux nouvelles équations qui, jointes à l'équation (1), feront connaître les trajectoires orthogonales de la sphère (1). Enfin, si l'on exprime A et B en fonction d'un paramètre θ et d'une fonction arbitraire de ce paramètre, les mêmes trois équations représenteront les surfaces dont les lignes de l'une des courbures sont situées sur des sphères normales à la surface. Les équations que nous formons ainsi contiennent seize quantités fonctions du paramètre t, savoir : a, b, c, r, u ou $\varphi(\eta)$ et les onze angles α, 6, γ; ξ, υ, ζ; λ, μ, ν; ε et η. Toutes ces seize quantités peuvent s'exprimer immédiatement, dans le cas général, en fonction du paramètre t et de trois fonctions arbitraires de ce paramètre; cela peut se faire d'une infinité de manières; le choix du paramètre et des fonctions arbitraires doit être subordonné aux convenances du cas particulier que l'on veut étudier.

Considérons, par exemple, le cas où les sphères qui contiennent les lignes de courbure ont leurs centres en ligne droite. On pourra faire ici

$$a=0, \quad b=0, \quad \cos\alpha=0, \quad \cos 6=0, \quad \cos\gamma=1;$$

alors les équations (7) se réduisent à

$$dx_1=0, \quad dy_1=0,$$

et nous pouvons poser

$$(1) \qquad x_1^2+y_1^2=F\left(\frac{y_1}{x_1}\right),$$

F désignant une fonction arbitraire. Faisant ensuite

$$c=t, \quad u=\sqrt{-f(t)},$$

on a

$$r=\frac{2f(t)}{f'(t)},$$

et si l'on pose

$$V=\frac{z-t-\sqrt{x^2+y^2+(z-t)^2}}{z-t+\sqrt{x^2+y^2+(z-t)^2}}f(t)-F\left(\frac{y}{x}\right),$$

l'équation (10) se réduit à $V = 0$ en vertu de (5). La surface que nous considérons ici sera donc représentée par l'équation $V = 0$ jointe à l'équation (1); il est aisé d'assurer qu'elle peut l'être aussi par les deux équations

$$V = 0, \quad \frac{dV}{dt} = 0,$$

résultat que j'ai donné déjà dans mon Mémoire *sur les surfaces dont toutes les lignes de courbure sont planes ou sphériques*.

Remarquons encore le cas où les sphères qui contiennent les lignes de courbure ont seulement leurs centres dans un même plan. Ce cas se ramène immédiatement, d'après ce qui précède, au cas des surfaces dont les lignes de l'une des courbures sont dans des plans parallèles à une droite fixe et normaux à la surface.

15. *Sur les surfaces dont les lignes de l'une des courbures sont sphériques.* Soient x, y, z des coordonnées rectangulaires et a, b, c, r, l des fonctions d'un paramètre t, dont la dernière l contient le facteur $\sqrt{-1}$. Si l'on pose

$$dz = p\,dx + q\,dy,$$

l'équation différentielle des surfaces dont il s'agit sera le résultat de l'élimination du paramètre t entre les deux équations

$$(1) \qquad (x-a)^2 + (y-b)^2 + (z-c)^2 = r^2 - l^2,$$

$$(2) \qquad -(x-a)p - (y-b)q + (z-c) = l\sqrt{-1-p^2-q^2}.$$

Soient x_0, y_0, z_0, v_0 quatre fonctions inconnues de t, assujetties à vérifier les équations

$$(3) \qquad (x_0-a)^2 + (y_0-b)^2 + (z_0-c)^2 + (v_0-l)^2 = r^2,$$

$$(4) \qquad \frac{dx_0}{x_0-a} = \frac{dy_0}{y_0-b} = \frac{dz_0}{z_0-c} = \frac{dv_0}{v_0-l},$$

et posons

$$(5) \quad V = (x_0-a)(x-a) + (y_0-b)(y-b) + (z_0-c)(z-c) - l(v_0-l) - r^2.$$

Il est aisé de s'assurer que l'équation $V = 0$ satisfait à l'équation (2); elle sera donc une *intégrale complète* de celle-ci, si les valeurs de x_0, y_0, z_0, v_0 tirées des équations (3) et (4) renferment dans leurs expressions deux constantes arbitraires. Si, en outre, on exprime les deux constantes dont il s'agit en fonction d'un paramètre θ et d'une fonction arbitraire de ce paramètre, l'intégrale générale de l'équation (2) sera le résultat de l'élimination de θ entre les deux équations

$$V = 0, \quad \frac{dV}{d\theta} = 0. \tag{6}$$

Enfin l'équation intégrale des surfaces dont nous nous occupons sera le résultat de l'élimination de t et θ entre les équations (1) et (6).

Soient a_1, b_1, c_1, l_1 et u cinq fonctions de t, choisies de manière que l'on ait

$$a_1^2 + b_1^2 + c_1^2 + l_1^2 = 1, \tag{7}$$

$$da = rud\frac{a_1}{u}, \quad db = rud\frac{b_1}{u}, \quad dc = rud\frac{c_1}{u}, \quad dl = rud\frac{l_1}{u}, \tag{8}$$

et prenons, au lieu de x_0, y_0, z_0, v_0, quatre nouvelles variables x_1, y_1, z_1, v_1, telles que

$$\left\{\begin{aligned} x_0 &= a + r\left(\frac{2ux_1}{x_1^2 + y_1^2 + z_1^2 + v_1^2} - a_1\right), \\ y_0 &= b + r\left(\frac{2uy_1}{x_1 + y_1^2 + z_1^2 + v_1^2} - b_1\right), \\ z_0 &= c + r\left(\frac{2uz_1}{x_1^2 + y_1^2 + z_1^2 + v_1^2} - c_1\right), \\ v_0 &= l + r\left(\frac{2uv_1}{x_1^2 + y_1^2 + z_1^2 + v_1^2} - l_1\right). \end{aligned}\right. \tag{9}$$

Au moyen des équations (7), (8), (9), les équations (3) et (4) se réduisent à

$$a_1x_1 + b_1y_1 + c_1z_1 + l_1v_1 = u, \tag{10}$$

$$\frac{dx_1}{a_1} = \frac{dy_1}{b_1} = \frac{dz_1}{c_1} = \frac{dv_1}{l_1}; \tag{11}$$

et la question est ramenée à trouver des valeurs de x_1, y_1, z_1, v_1, qui satisfassent à ces équations et qui renferment dans leurs expressions deux constantes arbitraires.

Remarquons d'abord le cas où les sphères qui contiennent les lignes de courbure ont leurs centres dans le même plan. En prenant ce plan pour celui des xy, on a $c = 0$, puis on peut faire $c_1 = 0$ et $z_1 = 0$, ou $=$ une constante. On voit alors que le problème est immédiatement ramené à la détermination des trajectoires orthogonales d'un plan mobile.

16. Considérons maintenant le cas général. Nous poserons

$$\frac{a_1}{\sqrt{1-l_1^2}} = \cos\alpha, \quad \frac{b_1}{\sqrt{1-l_1^2}} = \cos\beta, \quad \frac{c_1}{\sqrt{1-l_1^2}} = \cos\gamma;$$

$$\frac{l_1}{\sqrt{1-l_1^2}} = l'\sqrt{-1}, \quad \frac{u}{\sqrt{1-l_1^2}} = u';$$

en outre, pour n'avoir dans nos formules que des quantités réelles, nous remplacerons v_1 par $v_1\sqrt{-1}$. Les équations (10) et (11) deviennent alors

$$x_1\cos\alpha + y_1\cos\beta + z_1\cos\gamma = l'v_1 + u', \tag{12}$$

$$\frac{dx_1}{\cos\alpha} = \frac{dy_1}{\cos\beta} = \frac{dz_1}{\cos\gamma} = \frac{dv_1}{l'}. \tag{13}$$

On peut regarder α, β, γ comme les angles que fait avec les axes la tangente d'une courbe arbitraire; nous désignerons par ξ, υ, ζ; λ, μ, ν les angles formés avec les mêmes axes par le rayon de courbure et par l'axe du plan osculateur de cette courbe arbitraire; par $d\varepsilon$ l'angle de deux tangentes infiniment voisines, et par $d\eta$ l'angle de deux plans osculateurs infiniment voisins.

Cela posé, pour intégrer les équations (13), nous poserons

$$x_1\cos\lambda + y_1\cos\mu + z_1\cos\nu = U. \tag{14}$$

Différentiant trois fois cette équation et ayant égard aux équations (12) et (13), ainsi qu'aux formules des nos 12 et suivants, il vient

$$(15) \qquad x_1 \cos\xi + y_1 \cos\upsilon + z_1 \cos\zeta = \frac{dU}{d\eta},$$

$$(16) \qquad v_1 = -\frac{u'}{l'} - \frac{1}{l'}\frac{d\eta}{d\varepsilon}\left(\frac{d^2U}{d\eta^2} + U\right),$$

$$(17) \qquad \frac{1}{l'}\frac{d\eta}{d\varepsilon}\frac{dv_1}{d\eta} + \frac{d\eta}{d\varepsilon}\frac{d}{d\eta}\left[\frac{d\eta}{d\varepsilon}\left(\frac{d^2U}{d\eta^2} + U\right)\right] + \frac{dU}{d\eta} = 0,$$

$d\eta$ étant prise pour la différentielle constante. Posons, pour abréger,

$$\mathfrak{F}(U) = \left(\frac{1}{l'^2} - 1\right)\frac{d\eta}{d\varepsilon}\frac{d}{d\eta}\left[\frac{d\eta}{d\varepsilon}\left(\frac{d^2U}{d\eta^2} + U\right)\right] - \frac{1}{l'^3}\frac{dl'}{d\eta}\left(\frac{d\eta}{d\varepsilon}\right)^2\left(\frac{d^2U}{d\eta^2} + U\right) - \frac{dU}{d\eta};$$

si l'on tire de l'équation (16) la valeur de $\frac{dv_1}{d\eta}$ pour la porter dans l'équation (17), on obtiendra

$$(18) \qquad \mathfrak{F}(U) = -\frac{1}{l'}\frac{d\eta}{d\varepsilon}\frac{d\frac{u'}{l'}}{d\eta}.$$

Désignant par $\varphi(\eta)$ une fonction arbitraire, nous poserons

$$(19) \qquad u' = -l'\int l'\frac{d\varepsilon}{d\eta}\mathfrak{F}(\varphi)\,d\eta,$$

et, en faisant

$$U = U_1 + \varphi(\eta),$$

l'équation (18) se réduit à

$$(20) \qquad \mathfrak{F}(U_1) = 0.$$

Cette équation devient intégrable, si on la multiplie par le facteur $2\left(\frac{d^2U_1}{d\eta^2} + U_1\right)$ et l'on obtient, en intégrant,

$$(21) \qquad \left(\frac{1}{l'^2} - 1\right)\left(\frac{d\eta}{d\varepsilon}\right)^2\left(\frac{d^2U_1}{d\eta^2} + U_1\right)^2 - \left(\frac{dU_1}{d\eta}\right)^2 - U_1^2 = \text{constante}.$$

Nous pouvons supposer la constante nulle, car il suffit pour notre objet que l'expression de U_1 renferme deux constantes arbitraires; alors si l'on désigne par A une constante arbitraire, par η_0 une valeur initiale quelconque de η, par e la base des logarithmes népériens, et que l'on pose

$$U_1 = A e^{\int_{\eta_0}^{\eta} \frac{U_2^2 - 1}{2U_2} d\eta},$$

l'équation (21) devient

$$(22) \qquad \frac{dU_2}{d\eta} + \frac{U_2^2 + 1}{2} = \frac{\frac{d\varepsilon}{d\eta}}{\sqrt{\frac{1}{l'^2} - 1}} U_2.$$

Désignons par $\psi(\eta)$ une fonction arbitraire, par $\psi'(\eta)$ la dérivée de cette fonction, et déterminons l' par l'équation

$$(23) \qquad \psi'(\eta) + \frac{\psi^2(\eta) + 1}{2} = \frac{\frac{d\varepsilon}{d\eta}}{\sqrt{\frac{1}{l'^2} - 1}} \psi(\eta);$$

posons aussi

$$U_2 = \frac{1}{U_3} + \psi(\eta),$$

l'équation (22) devient

$$(24) \qquad \frac{dU_3}{d\eta} - \frac{\psi^2 - 2\psi' - 1}{2\psi} U_3 - \frac{1}{2} = 0.$$

Cette équation (24) est linéaire, et l'on en tire immédiatement

$$U_3 = e^{\int_{\eta_0}^{\eta} \frac{\psi^2 - 2\psi' - 1}{2\psi} d\eta} \left[B + \frac{1}{2} \int_{\eta_0}^{\eta} e^{-\int_{\eta_0}^{\eta} \frac{\psi^2 - 2\psi' - 1}{2\psi} d\eta} d\eta \right],$$

B étant une constante arbitraire.

On obtiendra donc ainsi sans difficulté une valeur de U renfermant deux constantes arbitraires A et B; la valeur de U étant connue, l'équation (16) donnera v_1, et l'on aura ensuite x_1, y_1, z_1 au moyen des équations (12), (14) et (15).

Si l'on pose

$$\frac{\cos\lambda}{t} = \frac{\cos\mu}{f(t)} = \frac{\cos\nu}{1},$$

on pourra exprimer immédiatement les angles λ, μ, ν; ξ, υ, ζ; α, β, γ; η et ε en fonction du paramètre t et de la fonction arbitraire $f(t)$; si l'on met ensuite $\Phi(t)$ et $\Psi(t)$ au lieu de $\varphi(\eta)$ et $\psi(\eta)$, et que l'on désigne enfin la quantité r par $F(t)$, toutes les quantités qui figurent dans nos équations pourront s'exprimer facilement au moyen du paramètre t et des quatre fonctions arbitraires $f(t)$, $F(t)$, $\Phi(t)\Psi(t)$. Le problème que nous nous étions proposé se trouve donc résolu dans toute sa généralité. Il reste nombre de détails à examiner; je les étudierai ailleurs.

Il faut remarquer un cas particulier qui, par sa nature, se distingue essentiellement du cas général; je veux parler du cas de $r=0$. En changeant l en $l\sqrt{-1}$, les équations (1) et (2) deviennent

$$(x-a)^2+(y-b)^2+(z-c)^2=l^2,$$
$$-p(x-a)-q(y-b)+(z-c)=l\sqrt{1+p^2+q^2};$$

en éliminant l, il vient

$$[(x-a)+p(z-c)]^2+[(y-b)+q(z-c)]^2+[q(x-a)-p(y-b)]^2=0,$$

et pour obtenir une surface réelle, il faut que l'on ait

$$x-a+p(z-c)=0, \quad (y-b)+q(z-c)=0.$$

Si donc M désigne l'expression $(x-a)^2+(y-b)^2+(z-c)^2-l^2$, on aura $\dfrac{dM}{dt}=0$, et notre surface, qui est alors représentée par les équations

$$M=0, \quad \frac{dM}{dt}=0,$$

sera l'enveloppe d'une sphère mobile et variable de grandeur. Les lignes de courbure sphériques sont ici des circonférences.

Si le cas de $r=0$ échappe à notre analyse, les surfaces à lignes de courbure circulaires n'en sont pas moins données par notre méthode générale. Ces surfaces correspondent effectivement à l'intégrale complète de l'équation (2) qui nous a servi de point de départ; je dois même ajouter que c'est par la considération à priori des surfaces à lignes de courbure circulaires que j'ai été conduit à l'intégrale complète dont il s'agit.

17. *Sur les surfaces dont les lignes de l'une des courbures sont planes.* Au moyen de la transformation dite *par rayons vecteurs réciproques*, on passe immédiatement des surfaces dont les lignes de l'une des courbures sont sphériques aux surfaces dont les lignes de l'une des courbures sont planes (*). La recherche de ces dernières surfaces, déjà faite par M. Ossian Bonnet, est donc comprise implicitement dans ce qui précède; mais il n'est pas sans intérêt de remarquer que cette recherche se ramène immédiatement à l'intégration des équations (13) du n° 16. Effectivement, x, y, z désignant des coordonnées rectangulaires, α, β, γ, u, l des fonctions d'un paramètre t, si l'on pose $dz = p\,dx + q\,dy$, l'équation différentielle des surfaces dont il s'agit sera le résultat de l'élimination du paramètre t entre les équations

$$(1) \qquad x\cos\alpha + y\cos\beta + z\cos\gamma = u,$$

$$(2) \qquad -p\cos\alpha - q\cos\beta + \cos\gamma = l\sqrt{1+p^2+q^2}.$$

Soient x_1, y_1, z_1, v_1 quatre fonctions inconnues de t, assujetties à vérifier les équations

$$(3) \qquad x_1\cos\alpha + y_1\cos\beta + z_1\cos\gamma = lv_1 + u,$$

$$(4) \qquad \frac{dx_1}{\cos\alpha} = \frac{dy_1}{\cos\beta} = \frac{dz_1}{\cos\gamma} = \frac{dv_1}{l},$$

et posons

$$V = (x-x_1)^2 + (y-y_1)^2 + (z-z_1)^2 - v_1^2;$$

l'équation $V = 0$ satisfera à l'équation (2), et elle en sera une intégrale complète si les valeurs de x_1, y_1, z_1, v_1 tirées des équations (3) et (4) renferment dans leurs expressions deux constantes arbitraires. Le problème est donc ramené à l'intégration des équations (4), intégration qui se trouve effectuée dans le numéro précédent.

(*) Il suffit effectivement de supposer que les sphères qui contiennent les lignes de courbure passent toutes par un même point, et de prendre ce point pour centre de transformation.

§ IV.

Sur l'intégration d'une certaine classe d'équations différentielles simultanées; par M. Ossian Bonnet (*).

18. M. J.-A. Serret a intégré le premier, dans le cas général, l'équation aux différentielles partielles du premier ordre qui représente les surfaces à lignes d'une des courbures sphériques. La méthode dont il s'est servi repose sur la détermination de quatre fonctions x, y, z, v d'une variable ω renfermant deux constantes arbitraires et vérifiant: 1° les trois équations différentielles

$$\frac{dx}{x-a} = \frac{dy}{y-b} = \frac{dz}{z-c} = \frac{dv}{v-n};$$

2° l'équation en termes finis

$$(x-a)^2 + (y-b)^2 + (z-c)^2 + (v-u)^2 = r^2,$$

où a, b, c, n, r expriment cinq fonctions entièrement arbitraires de ω.

M. Serret a d'ailleurs résolu d'une manière très-élégante ce dernier problème en s'aidant des formules relatives à la théorie des courbes gauches qui déjà avaient permis de traiter plusieurs questions importantes.

Je me propose dans cette Note de généraliser les résultats de M. Serret et de faire voir que l'on peut déterminer les valeurs *les plus générales* des p fonctions x, y, ..., t, u, v d'une variable ω qui vérifient: 1° les $p-1$ équations différentielles

$$(1) \qquad \frac{dx}{x-a} = \frac{dy}{y-b} = \cdots \frac{dt}{t-l} = \frac{du}{u-m} = \frac{dv}{v-n};$$

2° l'équation en termes finis

$$(2) \quad (x-a)^2 + (y-b)^2 + \ldots + (t-l)^2 + (u-m)^2 + (v-n)^2 = r^2,$$

où a, b, ..., l, m, n, r expriment $p+1$ fonctions entièrement arbitraires de ω.

(*) Nous croyons utile de faire connaître ici l'extension remarquable que M. Ossian Bonnet a donnée à la méthode développée dans le paragraphe précédent (L'article que nous reproduisons textuellement est extrait des *Comptes rendus des séances de l'Académie des Sciences*, t. LIII, p. 971.)

Substituons d'abord, comme le fait M. Serret, aux p fonctions arbitraires $a, b, \ldots, l, m, n$, d'autres fonctions $a_1, b_1, \ldots, l_1, m_1, r_1$ liées aux premières et à r par les relations

$$da = \frac{rr_1}{\sqrt{1+a_1^2+b_1^2+\ldots+m_1^2}}\, d.\frac{a_1}{r_1}, \quad db = \frac{rr_1}{\sqrt{1+a_1^2+b_1^2+\ldots+m_1^2}}\, d.\frac{b_1}{r_1}, \ldots,$$

$$dm = \frac{rr_1}{\sqrt{1+a_1^2+b_1^2+\ldots+m_1^2}}\, d.\frac{m_1}{r_1}, \quad dn = \frac{rr_1}{\sqrt{1+a_1^2+b_1^2+\ldots+m_1^2}}\, d.\frac{1}{r_1}.$$

Remplaçons en outre les inconnues $x, y, \ldots, t, u, v$ par les inconnues $x_1, y_1, \ldots, t_1, u_1, v_1$, telles que

$$x = a + \frac{r}{\sqrt{1+a_1^2+b_1^2+\ldots+m_1^2}}\left(\frac{2r_1x_1}{x_1^2+y_1^2+\ldots+v_1^2} - a_1\right),$$

$$y = b + \frac{r}{\sqrt{1+a_1^2+b_1^2+\ldots+m_1^2}}\left(\frac{2r_1y_1}{x_1^2+y_1^2+\ldots+v_1^2} - b_1\right),$$

. . . .

$$v = n + \frac{r}{\sqrt{1+a_1^2+b_1^2+\ldots+m_1^2}}\left(\frac{2r_1v_1}{x_1^2+y_1^2+\ldots+v_1^2} - 1\right);$$

les équations (1) et (2) deviendront

$$(3) \qquad \frac{dx_1}{a_1} = \frac{dy_1}{b_1} = \ldots = \frac{du_1}{m_1} = dv_1,$$

$$(4) \qquad a_1x_1 + b_1y_1 + \ldots + m_1u_1 + v_1 = r_1,$$

d'où l'on tire par l'élimination de v_1 :

$$(5)\left\{\begin{aligned}
&(1+a_1^2+b_1^2+\ldots+m_1^2)dx_1 = a_1(dr_1 - x_1da_1 - y_1db_1 - \ldots - u_1dm_1),\\
&(1+a_1^2+b_1^2+\ldots+m_1^2)dy_1 = b_1(dr_1 - x_1da_1 - y_1db_1 - \ldots - u_1dm_1),\\
&\ldots\ldots\ldots\ldots\ldots\ldots\ldots\ldots\ldots\ldots\ldots\ldots\\
&(1+a_1^2+b_1^2+\ldots+m_1^2)du_1 = m_1(dr_1 - x_1da_1 - y_1db_1 - \ldots - u_1dm_1).
\end{aligned}\right.$$

Les équations précédentes étant linéaires, elles pourront être intégrées complétement, lorsqu'on saura déterminer les intégrales générales des équations

$$(6)\left\{\begin{aligned}
&(1+a_1^2+b_1^2+\ldots+m_1^2)dx_2 = -a_1(x_2da_1 + y_2db_1 + \ldots + u_2dm_1),\\
&(1+a_1^2+b_1^2+\ldots+m_1^2)dy_2 = -b_1(x_2da_1 + y_2db_1 + \ldots + u_2dm_1),\\
&\ldots\ldots\ldots\ldots\ldots\ldots\ldots\ldots\ldots\ldots\ldots\ldots\\
&(1+a_1^2+b_1^2+\ldots+m_1^2)du_2 = -m_1(x_2da_1 + y_2db_1 + \ldots + u_2dm_1);
\end{aligned}\right.$$

obtenues en négligeant les termes tout connus dans les équations (5). Or, en posant

$$\frac{dx_2}{a_1} = \frac{dy_2}{b_1} = \ldots = \frac{du_2}{m_1} = dv_2,$$

on trouve aisément

$$a_1 x_2 + b_1 y_2 + \ldots + m_1 u_2 + v_2 = \alpha,$$
$$x_2^2 + y_2^2 + \ldots + u_2^2 + (v_2 - \alpha)^2 = \beta,$$

α et β étant des constantes arbitraires, d'où en éliminant v_2

$$x_2^2 + y_2^2 + \ldots + u_2^2 + (a_1 x_2 + b_1 y_2 + \ldots + m_1 u_2)^2 = \beta.$$

On conclut de là que les équations (6) peuvent être remplacées par les suivantes :

$$(7)\left\{\begin{aligned} &\frac{dx_2}{a_1} = \frac{dy_2}{b_1} = \ldots = \frac{dt_2}{l_1} = \frac{du_2}{m_1}, \\ &x_2^2 + y_2^2 + \ldots + t_2^2 + u_2^2 + (a_1 x_2 + b_1 y_2 + \ldots + l_1 t_2 + m_1 u_2)^2 = \beta. \end{aligned}\right.$$

Nous ferons la constante arbitraire β égale à zéro, les équations

$$(8)\left\{\begin{aligned} &\frac{dx_2}{a_1} = \frac{dy_2}{b_1} = \ldots = \frac{dt_2}{l_1} = \frac{du_2}{m_1}, \\ &x_2^2 + y_2^2 + \ldots + t_2^2 + u_2^2 + (a_1 x_2 + b_1 y_2 + \ldots + l_1 t_2 + m_1 u_2)^2 = 0 \end{aligned}\right.$$

auxquelles se réduiront les équations (7), seront moins générales que les équations (6), mais elles définiront $p-2$ intégrales particulières des équations (6). Or on sait que, lorsqu'on a un système d'équations linéaires du premier ordre et sans second membre, si l'on connaît un nombre d'intégrales particulières inférieur d'une unité au nombre des équations ou des inconnues, on peut déterminer les intégrales générales par des quadratures. Toute la question est donc ramenée à trouver les valeurs les plus générales de $x_2, y_2, \ldots, t_2, u_2$ qui vérifient les équations (8).

Je fais

$$x_2 = hx_3, \quad y_2 = hy_3, \ldots, \quad t_2 = ht_3, \quad u_2 = hu_3,$$

avec la condition

$$(9) \qquad x_3^2 + y_3^2 + \ldots + t_3^2 + u_3^2 = 1;$$

les équations (8) donneront

$$(10) \qquad dh\left(\frac{x_3}{a_1} - \frac{y_3}{b_1}\right) + h\left(\frac{dx_3}{a_1} - \frac{dy_3}{b_1}\right) = 0,$$

$$(11) \qquad \left\{\begin{array}{l} \dfrac{\dfrac{du_3}{m_1} - \dfrac{dx_3}{a_1}}{\dfrac{u_3}{m_1} - \dfrac{x_3}{a_1}} = \dfrac{\dfrac{du_3}{m_1} - \dfrac{dy_3}{b_1}}{\dfrac{u_3}{m_1} - \dfrac{y_3}{b_1}} = \ldots = \dfrac{\dfrac{du_3}{m_1} - \dfrac{dt_3}{l_1}}{\dfrac{u_3}{m_1} - \dfrac{t_3}{l_1}} \\ a_1 x_3 + b_1 y_3 + \ldots + l_1 t_3 + m_1 u_3 = i, \end{array}\right.$$

l'équation (10) donne immédiatement h avec une constante arbitraire quand x_3 et y_3 sont connus. Il suffit donc de trouver les valeurs les plus générales de $x_3, y_3, \ldots, t_3, u_3$ qui vérifient l'équation (9) et les équations (11). Pour cela, je pose

$$x_3 = \frac{2x_4}{1 + x_4^2 + y_4^2 + \ldots + t_4^2}, \quad y_3 = \frac{2y_4}{1 + x_4^2 + y_4^2 + \ldots + t_4^2}, \ldots,$$

$$t_3 = \frac{2t_4}{1 + x_4^2 + y_4^2 + \ldots + t_4^2}; \quad u_3 = \frac{1 - x_4^2 - y_4^2 - \ldots - t_4^2}{1 + x_4^2 + y_4^2 + \ldots + t_4^2},$$

ce qui permet de laisser de côté la condition (9); puis, pour abréger, je fais

$$\frac{a_1}{m_1 + i} = a_2, \quad \frac{b_1}{m_1 + i} = b_2, \ldots, \quad \frac{l_1}{m_1 + i} = l_2,$$

$$\frac{1 + a_1^2 + b_1^2 + \ldots + l_1^2 + m_1^2}{(m_1 + i)^2} = r_2,$$

les équations (11) se changent en celles-ci;

$$\frac{dx_4}{x_4 - a_2} = \frac{dy_4}{y_4 - b_2} = \ldots = \frac{dt_4}{t_4 - l_2},$$

$$(x_4 - a_2)^2 + (y_4 - b_2)^2 + \ldots + (t_4 - l_2)^2 = r_2^2,$$

qui sont comprises dans le même type que les équations proposées, mais qui renferment deux variables de moins. On peut donc diminuer ainsi de deux unités le nombre des variables autant de fois que l'on veut et parvenir aux cas les plus simples que l'on sait traiter.

NOTE IV.

SUR LES INTÉGRALES EULÉRIENNES.

1. Legendre a désigné sous le nom d'intégrales eulériennes les deux intégrales définies

$$\int_0^1 x^{p-1}(1-x)^{q-1}\,dx, \quad \int_0^\infty e^{-x}x^{p-1}\,dx,$$

qui ont été étudiées pour la première fois par Euler et qui ont fait depuis l'objet des recherches d'un grand nombre de géomètres. La première intégrale dépend des deux paramètres p et q, nous la désignerons avec Binet par la notation $B(p, q)$; la deuxième intégrale ne dépend que du seul paramètre p et nous la représenterons avec Legendre par le symbole $\Gamma(p)$. On aura en conséquence

$$B(p, q) = \int_0^1 x^{p-1}(1-x)^{q-1}\,dx, \tag{1}$$

$$\Gamma(p) = \int_0^\infty e^{-x}x^{p-1}\,dx, \tag{2}$$

e désignant ici, comme à l'ordinaire, la base des logarithmes népériens.

Les fonctions $B(p, q)$ sont dites intégrales eulériennes de première espèce et les fonctions $\Gamma(p)$ intégrales de seconde espèce. Pour que ces fonctions restent finies, il faut et il suffit que les paramètres p et q soient positifs ou au moins que leur partie réelle soit positive, s'ils sont imaginaires.

On peut donner aux intégrales B une autre forme qu'il est utile d'indiquer. Si l'on pose

$$x = \frac{y}{1+y}, \quad 1-x = \frac{1}{1+y}, \quad dx = \frac{dy}{(1+y)^2},$$

dans la formule (1), l'intégrale relative à y devra être prise entre les limites 0 et ∞ ; on aura donc, en remettant x au lieu de y,

$$(3) \qquad B(p, q) = \int_0^\infty \frac{x^{p-1}}{(1+x)^{p+q}}\,dx,$$

ou encore

$$B(p, q) = \int_0^1 \frac{x^{p-1}\,dx}{(1+x)^{p+q}} + \int_1^\infty \frac{x^{p-1}\,dx}{(1+x)^{p+q}};$$

si dans la deuxième intégrale on remplace x par $\frac{1}{x}$, dx par $-\frac{dx}{x^2}$, les limites qui étaient 1 et ∞ deviendront 1 et 0 et on pourra les renverser en changeant le signe de l'intégrale. On aura donc

$$B(p, q) = \int_0^1 \frac{x^{p-1}\,dx}{(1+x)^{p+q}} + \int_0^1 \frac{x^{q-1}\,dx}{(1+x)^{p+q}},$$

ou

$$(4) \qquad B(p, q) = \int_0^1 \frac{x^{p-1}+x^{q-1}}{(1+x)^{p+q}}\,dx.$$

Cette formule (4) montre que la fonction $B(p, q)$ est symétrique par rapport aux deux quantités p et q dont elle dépend, en sorte que l'on a

$$B(p, q) = B(q, p);$$

au surplus cette propriété peut aussi être reconnue sur la formule (1), car si l'on y change x en $1-x$, on transforme immédiatement $B(p, q)$ en $B(q, p)$.

Nous allons montrer que les fonctions $B(p, q)$ peuvent s'exprimer par des fonctions Γ, en sorte qu'il n'y aura plus à s'occuper que de ces dernières.

2. Si l'on désigne par m une constante positive et que dans la formule (2) on pose $x = mx'$, il vient

$$(5) \qquad \Gamma(p) = m^p \int_0^\infty e^{-mx'} x'^{p-1}\,dx',$$

d'où

$$\frac{1}{m^p} = \frac{1}{\Gamma(p)} \int_0^{\infty} e^{-mx'} x'^{p-1} dx',$$

formule dont on fait en analyse un fréquent usage et qui va nous servir pour résoudre la question que nous avons en vue. Effectivement, on a d'après cette formule

$$\frac{1}{(1+x)^{p+q}} = \frac{1}{\Gamma(p+q)} \int_0^{\infty} e^{-(1+x)x'} x'^{p+q-1} dx';$$

donc la formule (3) peut s'écrire comme il suit:

$$B(p, q) = \frac{1}{\Gamma(p+q)} \int_0^{\infty} x^{p-1} dx \int_0^{\infty} e^{-(1+x)x'} x'^{p+q-1} dx'.$$

Le second membre de cette formule est une intégrale double; il est permis d'intervertir l'ordre des intégrations et l'on peut écrire

$$B(p, q) = \frac{1}{\Gamma(p+q)} \int_0^{\infty} e^{-x'} x'^{q-1} dx' . x'^p \int_0^{\infty} e^{-x'x} x^{p-1} dx;$$

mais, d'après la formule (5), $x'^p \int_0^{\infty} e^{-x'x} x^{p-1} dx$ est égale à $\Gamma(p)$; on aura donc

$$B(p, q) = \frac{\Gamma(p)}{\Gamma(p+q)} \int_0^{\infty} e^{-x'} x'^{q-1} dx',$$

ou

$$(6) \qquad B(p, q) = \frac{\Gamma(p)\,\Gamma(q)}{\Gamma(p+q)},$$

ce qui est le résultat annoncé. Nous passerons maintenant à l'examen des principales propriétés des fonctions de deuxième espèce.

3. *Première propriété des fonctions* Γ. Si l'on intègre par parties la différentielle $x^{p-1} \times e^{-x} dx$, il vient

$$\int x^{p-1} e^{-x} dx = - x^{p-1} e^{-x} + (p-1) \int e^{-x} x^{p-2} dx.$$

Si l'on a $p > 1$, la partie intégrée disparaît aux deux limites 0 et ∞, et l'on a

$$\int_0^\infty e^{-x} x^{p-1} dx = (p-1) \int_0^\infty e^{-x} x^{p-2} dx,$$

c'est-à-dire

$$\Gamma(p) = (p-1)\Gamma(p-1); \tag{7}$$

cette équation exprime la première propriété des fonctions Γ; on en déduit immédiatement, en désignant par m un entier inférieur à p,

$$\Gamma(p) = (p-1)(p-2)\ldots(p-m)\Gamma(p-m), \tag{8}$$

d'où il suit que si la fonction Γ est connue pour toutes les valeurs de l'argument p comprises entre 0 et 1 ou, plus généralement, comprises entre deux entiers consécutifs, la même fonction sera aussi connue pour toutes les autres valeurs réelles de l'argument.

Si p est un nombre entier et que l'on fasse $m = p - 1$ dans l'équation (8), il viendra

$$\Gamma(p) = 1.2.3\ldots(p-1)\Gamma(1);$$

mais comme l'intégrale $\int e^{-x} dx$ est égale à $-e^{-x} + \text{const.}$, on a

$$\int_0^\infty e^{-x} dx = \Gamma(1) = 1; \tag{9}$$

donc

$$\Gamma(p) = 1.2.3\ldots(p-1), \tag{10}$$

en sorte que si p est un nombre entier supérieur à 1, $\Gamma(p)$ se réduit au produit des $p-1$ premiers nombres entiers.

4. *Deuxième propriété des fonctions* Γ. La propriété que nous allons établir permet de réduire à $\frac{1}{2}$ l'intervalle d'une unité dans lequel il est nécessaire d'effectuer le calcul de la fonction Γ; elle donne, par exemple, les valeurs de cette

fonction comprises entre $\frac{1}{2}$ et 1 lorsque l'on connaît les valeurs comprises entre 0 et $\frac{1}{2}$.

Remarquons d'abord que l'équation (6) donne sans difficulté la valeur de $\Gamma\left(\frac{1}{2}\right)$; si en effet on pose $p=q=\frac{1}{2}$, on aura par les formules (6) et (3), en se rappelant que $\Gamma(1)=1$,

$$\Gamma^2\left(\frac{1}{2}\right)=B\left(\frac{1}{2},\frac{1}{2}\right)=\int_0^\infty \frac{dx}{\sqrt{x}(1+x)},$$

ou, en changeant x en x^2, dx en $2x\,dx$,

$$\Gamma^2\left(\frac{1}{2}\right)=2\int_0^\infty \frac{dx}{1+x^2}=2\cdot\frac{\pi}{2}=\pi,$$

d'où

$$\Gamma\left(\frac{1}{2}\right)=\sqrt{\pi}. \tag{11}$$

C'est le résultat auquel Lacroix est arrivé par une voie différente au n° 430 (page 79), car, en faisant $p=\frac{1}{2}$ dans la formule (2) et écrivant x^2 au lieu de x, on a

$$\Gamma\left(\frac{1}{2}\right)=2\int_0^\infty e^{-x^2}dx=\int_{-\infty}^{+\infty} e^{-x^2}dx.$$

Mais la formule (11) n'est qu'un cas particulier de celle que nous nous proposons d'obtenir. Si dans la formule (6) on fait $q=1-p$, p étant supposé ici compris entre 0 et 1, il vient, à cause de $\Gamma(1)=1$,

$$\Gamma(p)\Gamma(1-p)=B(p,1-p),$$

et à cause de la formule (4),

$$\Gamma(p)\Gamma(1-p)=\int_0^1 \frac{x^{p-1}+x^{-p}}{1+x}dx.$$

Supposons que p soit une fraction ayant pour dénominateur l'entier n et posons $x = z^{2n}$, il viendra

$$\Gamma(p)\Gamma(1-p) = \int_0^1 2n \frac{z^{2np-1} + z^{2n(1-p)-1}}{1+z^{2n}}\,dz;$$

le produit np étant un entier, la quantité qui multiplie dz sous le signe $\int$ est une fraction rationnelle dont le dénominateur a un degré supérieur à celui du numérateur; en décomposant cette fraction en fractions simples, il vient

$$\Gamma(p)\Gamma(1-p) = \sum_{i=0}^{i=n-1} \int_0^1 \frac{4\sin(2i+1)p\pi \sin\frac{2i+1}{2n}\pi}{\left(z - \cos\frac{2i+1}{2n}\pi\right)^2 + \sin^2\frac{2i+1}{2n}\pi}\,dz;$$

posons

$$z - \cos\frac{2i+1}{2n}\pi = \sin\frac{2i+1}{2n}\pi \operatorname{tang}\varphi, \quad dz = \sin\frac{2i+1}{2n}\pi\frac{d\varphi}{\cos^2\varphi},$$

φ étant un angle qui croît de

$$\frac{2i+1}{2n}\pi - \frac{\pi}{2} \quad \text{à} \quad \frac{2i+1}{2n}\frac{\pi}{2}$$

quand z croît de 0 à 1; l'intégrale relative à z qui figure sous le signe $\sum$ deviendra

$$4\sin(2i+1)p\pi \int_{\frac{2i+1}{2n}\pi - \frac{\pi}{2}}^{\frac{2i+1}{2n}\frac{\pi}{2}} d\varphi \quad \text{ou} \quad 2\pi\left(1 - \frac{2i+1}{2n}\right)\sin(2i+1)p\pi;$$

et en écrivant $n-1-i$ au lieu de i, on aura

$$\Gamma(p)\,\Gamma(1-p) = -\frac{\pi}{n}\sum_{i=0}^{i=n-1}(2i+1)\sin(2i+1)p\pi.$$

Cela posé, on connaît la formule qui donne la somme des

cosinus de n arcs en progression arithmétique, savoir :

$$\sum_{i=0}^{i=n-1} \cos(a+ih) = \frac{\sin\frac{nh}{2}\cos\left(a+\frac{n-1}{2}h\right)}{\sin\frac{h}{2}}$$

(voir ma *Trigonométrie*, p. 22). En faisant $h=2a$, il vient

$$\sum_{i=0}^{i=n-1} \cos(2i+1)a = \frac{\sin 2na}{2\sin a},$$

formule qui, différentiée par rapport à a, donne

$$-\sum_{i=0}^{i=n-1} (2i+1)\sin(2i+1)a = n\frac{\cos 2na}{\sin a} - \frac{\sin 2na \cos a}{\sin^2 a};$$

si l'on fait $a=p\pi$ et qu'on observe que $2np\pi$ est un multiple entier de la circonférence, on verra que le second membre de la formule précédente se réduit à $\frac{n}{\sin p\pi}$; on aura donc

$$(12) \qquad \Gamma(p)\Gamma(1-p) = \frac{\pi}{\sin p\pi}.$$

Telle est la formule qui exprime la deuxième propriété de la fonction Γ et dont l'équation (11) se tire immédiatement en faisant $p=\frac{1}{2}$.

La démonstration que nous venons de présenter n'exige, comme on le voit, que les principes les plus élémentaires ; elle suppose que p est un nombre commensurable, mais la formule (12) s'étend naturellement à toutes les valeurs réelles et positives de p, à cause de la continuité de la fonction $\Gamma(p)$; on voit que cette formule donnera $\Gamma(p)$ pour les valeurs de p comprises entre $\frac{1}{2}$ et 1 si l'on connaît cette fonction pour les valeurs de p comprises entre 0 et $\frac{1}{2}$.

5. *Troisième propriété des fonctions* Γ. Si l'on suppose $q=p$, la formule (1) donne

$$B(p, p)=\int_0^1 \left[\frac{1}{4}-\left(\frac{1}{2}-x\right)^2\right]^{p-1} dx.$$

On voit que le coefficient de dx sous le signe $\int$ prend des valeurs égales quand x reçoit les valeurs $\frac{1}{2}+h$ et $\frac{1}{2}-h$ également distantes de $\frac{1}{2}$; il s'ensuit que dans la formule précédente on pourra prendre $\frac{1}{2}$ au lieu de 1 pour limite supérieure, pourvu qu'on double le résultat. On aura ainsi

$$B(p, p)=2\int_0^{\frac{1}{2}} \left[\frac{1}{4}-\left(\frac{1}{2}-x\right)^2\right]^{p-1} dx.$$

Si l'on fait maintenant $\frac{1}{2}-x=\frac{1}{2}\sqrt{y}$, $dx=-\frac{1}{4}\frac{dy}{\sqrt{y}}$, les limites de l'intégrale relative à y seront 1 et 0; en renversant ces limites et changeant le signe du résultat, on aura

$$B(p, p)=\frac{1}{2^{2p-1}}\int_0^1 y^{-\frac{1}{2}}(1-y)^{p-1}dy,$$

c'est-à-dire

$$B(p, p)=\frac{1}{2^{2p-1}}B\left(\frac{1}{2}, p\right), \tag{13}$$

et si en faisant usage de la formule (6) on remplace les B par leurs valeurs en Γ, puis qu'on se rappelle que $\Gamma\left(\frac{1}{2}\right)=\sqrt{\pi}$, il viendra

$$\Gamma(p)\Gamma\left(p+\frac{1}{2}\right)=\frac{\pi^{\frac{1}{2}}}{2^{2p-1}}\Gamma(2p). \tag{14}$$

Cette équation (14) exprime la troisième propriété des fonctions Γ; elle est contenue dans une autre beaucoup plus générale que nous établirons bientôt.

6. *Représentation de la fonction* $\log \Gamma(x)$ *par une intégrale définie.* Si l'on différentie la formule

$$\Gamma(x) = \int_0^\infty e^{-\alpha} \alpha^{x-1}\, d\alpha,$$

et qu'on représente par $\Gamma'(x)$ la différentielle de $\Gamma(x)$ divisée par dx, il vient

$$\Gamma'(x) = \int_0^\infty e^{-\alpha} \alpha^{x-1} \log \alpha\, d\alpha,$$

la caractéristique log désignant ici un logarithme népérien. La formule (5), où l'on fait $p = 1$, donne

$$\frac{1}{\alpha} = \int_0^\infty e^{-\alpha z}\, dz;$$

si l'on multiplie cette formule par $d\alpha$ et qu'on l'intègre ensuite entre les limites 1 et α, on aura

$$\log \alpha = \int_0^\infty \frac{e^{-z} - e^{-\alpha z}}{z}\, dz;$$

en remplaçant $\log \alpha$ par cette valeur dans l'expression précédente de $\Gamma'(x)$, il vient

$$\Gamma'(x) = \int_0^\infty e^{-\alpha} \alpha^{x-1}\, d\alpha \int_0^\infty \frac{e^{-z} - e^{-\alpha z}}{z}\, dz;$$

le second membre de cette formule est une intégrale double; on peut intervertir l'ordre des intégrations et écrire

$$\Gamma'(x) = \int_0^\infty \frac{dz}{z}\left[e^{-z}\int_0^\infty e^{-\alpha} \alpha^{x-1}\, d\alpha - \int_0^\infty e^{-(1+z)\alpha} \alpha^{x-1}\, d\alpha\right].$$

La première des intégrales qui figurent dans la parenthèse est $\Gamma(x)$; la deuxième a pour valeur, d'après la formule (5),

$\frac{\Gamma(x)}{(1+z)^x}$. On a donc

$$\Gamma'(x)=\Gamma(x)\int_0^\infty \left[e^{-z}-\frac{1}{(1+z)^x}\right]\frac{dz}{z},$$

ou, en divisant par $\Gamma(x)$,

$$\frac{d\log\Gamma(x)}{dx}=\int_0^\infty \left[e^{-z}-(1+z)^{-x}\right]\frac{dz}{z};$$

si l'on multiplie les deux membres par dx et que l'on intègre ensuite entre les limites 1 et x, il viendra, à cause de $\log\Gamma(1)=\log 1=0$,

$$\log\Gamma(x)=\int_0^\infty \left[(x-1)e^{-z}-\frac{(1+z)^{-1}-(1+z)^{-x}}{\log(1+z)}\right]\frac{dz}{z}.$$

On peut simplifier cette expression de $\log\Gamma(x)$ en opérant comme il suit : en faisant $x=2$, il vient, à cause de $\log\Gamma(2)=\log 1=0$,

$$0=\int_0^\infty \left[e^{-z}-\frac{z(1+z)^{-2}}{\log(1+z)}\right]\frac{dz}{z},$$

et si l'on multiplie cette équation par $x-1$, puis qu'on la retranche ensuite de la précédente, il viendra

$$\log\Gamma(x)=\int_0^\infty \left[(x-1)(1+z)^{-2}-\frac{(1+z)^{-1}-(1+z)^{-x}}{z}\right]\frac{dz}{\log(1+z)};$$

enfin, si l'on pose $\log(1+z)=\alpha$; $z=e^\alpha-1$, l'intégrale relative à α devra être prise entre les mêmes limites 0 et ∞, et l'on aura définitivement

$$(15)\qquad \log\Gamma(x)=\int_0^\infty \left[(x-1)e^{-\alpha}-\frac{e^{-\alpha}-e^{-\alpha x}}{1-e^{-\alpha}}\right]\frac{d\alpha}{\alpha}.$$

7. *Développement de la fonction* $\log\Gamma(x)$ *en série.* Si l'on différentie l'équation (15), il vient

$$(16)\qquad \frac{d\log\Gamma(x)}{dx}=\int_0^\infty \left(\frac{e^{-\alpha}}{\alpha}-\frac{e^{-\alpha x}}{1-\alpha^{-\alpha}}\right)d\alpha,$$

et en différentiant de nouveau,

$$\frac{d^2 \log \Gamma(x)}{dx^2} = \int_0^\infty \frac{\alpha e^{-\alpha x}}{1-e^{-\alpha}} d\alpha;$$

remplaçant le facteur $\frac{1}{1-e^{-\alpha}}$ par sa valeur

$$1+e^{-\alpha}+e^{-2\alpha}+e^{-3\alpha}+\ldots,$$

il vient

$$\frac{d^2\log\Gamma(x)}{dx^2} = \int_0^\infty e^{-\alpha x}\alpha\, d\alpha + \int_0^\infty e^{-\alpha(x+1)}\alpha\, d\alpha + \int_0^\infty e^{-\alpha(x+2)}\alpha\, d\alpha + \ldots,$$

ou, en évaluant chaque terme au moyen de la formule (5),

$$(17) \qquad \frac{d^2\log\Gamma(x)}{dx^2} = \frac{1}{x^2} + \frac{1}{(x+1)^2} + \frac{1}{(x+2)^2} + \frac{1}{(x+3)^2} + \ldots,$$

formule dont le second membre est une série qui reste convergente, quel que soit x.

Si l'on intègre les différents termes de la formule (17) multipliée par dx entre les limites 1 et x, on aura

$$(18) \qquad \frac{d\log\Gamma(x)}{dx} = -C + \left(1-\frac{1}{x}\right) + \left(\frac{1}{2}-\frac{1}{x+1}\right) + \left(\frac{1}{3}-\frac{1}{x+2}\right) + \ldots,$$

et la série qui figure dans le second membre sera convergente comme celle d'où elle est tirée par l'intégration; quant à la quantité $-C$, elle est évidemment égale à la valeur que prend pour $x=1$ la dérivée $\frac{d\log\Gamma(x)}{dx}$, et l'on aura, par l'équation (16),

$$(19) \qquad C = \int_0^\infty \left(\frac{1}{1-e^{-\alpha}} - \frac{1}{\alpha}\right) e^{-\alpha}\, d\alpha;$$

cette quantité C est connue sous le nom de *constante d'Euler;* nous verrons tout à l'heure comment on peut calculer sa valeur.

Si l'on intègre entre les limites 1 et x la formule (18) multipliée par dx, il viendra, à cause de $\log \Gamma(1) = 0$,

$$(20)\quad \left\{\begin{aligned} \log\Gamma(x) = -C(x-1) + \left(\frac{x-1}{1} - \log\frac{x}{1}\right) \\ + \left(\frac{x-1}{2} - \log\frac{x+1}{2}\right) + \ldots + \left(\frac{x-1}{m} - \log\frac{x+m-1}{m}\right) + \ldots, \end{aligned}\right.$$

formule dont le second membre est une série convergente comme celle de la formule (18). On peut se débarrasser aisément de la constante C; si en effet on pose $x = 2$ dans la formule (20), il vient

$$(21)\quad \left\{\begin{aligned} 0 = -C + \left(\frac{1}{1} - \log\frac{2}{1}\right) + \left(\frac{1}{2} - \log\frac{3}{2}\right) + \ldots \\ + \left(\frac{1}{m} - \log\frac{m+1}{m}\right) + \ldots, \end{aligned}\right.$$

et si l'on retranche de l'équation (20) le produit de l'équation (21) par $x - 1$, on aura

$$(22)\quad \left\{\begin{aligned} \log\Gamma(x) = \left[(x-1)\log\frac{2}{1} - \log\frac{x}{1}\right] \\ + \left[(x-1)\log\frac{3}{2} - \log\frac{x+1}{2}\right] + \ldots \\ + \left[(x-1)\log\frac{m+1}{m} - \log\frac{x+m-1}{m}\right] + \ldots, \end{aligned}\right.$$

ou, pour abréger,

$$(23)\quad \log\Gamma(x) = \sum_{m=1}^{m=\infty} \left[(x-1)\log\left(1+\frac{1}{m}\right) - \log\left(1+\frac{x-1}{m}\right)\right].$$

Désignons par $\log(1+\varepsilon_m)$ la somme des termes qui suivent le $m^{\text{ième}}$ dans la série (22) ou (23); comme cette série est convergente, la quantité ε_m s'annulera par $m = \infty$, et l'on aura

$$\log\Gamma(x) = \left[(x-1)\log\frac{2}{1} - \log\frac{x}{1}\right] + \ldots$$

$$+ \left[(x-1)\log\frac{m+1}{m} - \log\frac{x+m-1}{m}\right] + \log(1+\varepsilon_m),$$

ou, en revenant des logarithmes aux nombres,

$$\Gamma(x) = \frac{(1.2\ldots m)\,m^{x-1}}{x(x+1)\ldots(x+m-1)}\left(1+\frac{1}{m}\right)^{x-1}(1+\varepsilon_m);$$

comme le facteur $\left(1+\frac{1}{m}\right)^{x-1}$ se réduit à 1 pour $m=\infty$, on peut le supposer compris dans $1+\varepsilon_m$ et écrire

$$(24)\qquad \Gamma(x) = \frac{(1.2\ldots m)\,m^{x-1}}{x(x+1)\ldots(x+m-1)}(1+\varepsilon_m),$$

c'est-à-dire que l'on a

$$(25)\quad \Gamma(x) = \lim \frac{(1.2\ldots m)\,m^{x-1}}{x(x+1)\ldots(x+m-1)},\quad \text{pour } m=\infty.$$

Remarquons encore que la formule (21) donne pour la constante d'Euler

$$C = \lim\left(1+\frac{1}{2}+\frac{1}{3}+\ldots+\frac{1}{m}-\log m\right),\quad \text{pour } m=\infty.$$

8. *Développement de la fonction* $\log\Gamma(1+x)$ *en série convergente ordonnée suivant les puissances croissantes de* x *pour les valeurs de* x *comprises entre* -1 *et* $+1$. Si l'on change x en $x+1$ dans la formule (17), il vient

$$\frac{d^2\log\Gamma(1+x)}{dx^2} = \frac{1}{(x+1)^2}+\frac{1}{(x+2)^2}+\frac{1}{(x+3)^2}+\ldots,$$

et, en différentiant $n-2$ fois,

$$\frac{1}{1.2\ldots n}\frac{d^n\log\Gamma(1+x)}{dx^n} = \frac{(-1)^n}{n}\left[\frac{1}{(x+1)^n}+\frac{1}{(x+2)^n}+\ldots\right];$$

si l'on pose généralement

$$S_n = 1+\frac{1}{2^n}+\frac{1}{3^n}+\frac{1}{4^n}+\ldots,$$

on aura, pour $x=0$,

$$\frac{1}{1.2\ldots n}\frac{d^n\log\Gamma(1+x)}{dx^n} = (-1)^n\frac{S_n}{n},$$

si n est > 1, et l'on a d'ailleurs, dans la même hypothèse,

$$\frac{d \log \Gamma(1+x)}{dx} = -C, \quad \log \Gamma(1+x) = 0;$$

la formule de Maclaurin donnera donc, pour les valeurs de x comprises entre -1 et $+1$,

$$(26) \qquad \log \Gamma(1+x) = -Cx + S_2 \frac{x^2}{2} - S_3 \frac{x^3}{3} + S_4 \frac{x^4}{4} - \ldots;$$

cette formule n'est pas commode pour le calcul, parce que les sommes S décroissent peu rapidement, mais on peut obtenir des séries plus convergentes; si à la dernière équation on ajoute la suivante

$$0 = -\log(1+x) + x - \frac{x^2}{2} + \frac{x^3}{3} - \frac{x^4}{4} + \ldots,$$

il viendra

$$(27) \left\{ \begin{aligned} \log \Gamma(1+x) &= -\log(1+x) + (1-C)x \\ &+ \frac{1}{2}(S_2 - 1)x^2 - \frac{1}{3}(S_3 - 1)x^3 + \ldots; \end{aligned} \right.$$

les termes de cette série décroissent assez rapidement, mais on peut encore augmenter sa convergence. Si l'on change x en $-x$ dans la formule précédente, il vient

$$(28) \left\{ \begin{aligned} \log \Gamma(1-x) &= -\log(1-x) - (1-C)x \\ &+ \frac{1}{2}(S_2 - 1)x^2 + \frac{1}{3}(S_3 - 1)x^3 + \ldots. \end{aligned} \right.$$

Mais on a

$$\Gamma(1+x) = x\Gamma(x), \quad \Gamma(x)\Gamma(1-x) = \frac{\pi}{\sin \pi x},$$

et, en multipliant,

$$\Gamma(1+x)\Gamma(1-x) = \frac{\pi x}{\sin \pi x},$$

d'où

$$\log \Gamma(1+x) + \log \Gamma(1-x) = \log \frac{\pi x}{\sin \pi x}.$$

Ajoutant cette équation avec l'équation (27), retranchant ensuite l'équation (28), et divisant le résultat par 2, il vient

$$(29)\quad\left\{\begin{aligned}\log\Gamma(1+x) &= \frac{1}{2}\log\frac{\pi x}{\sin\pi x}-\frac{1}{2}\log\frac{1+x}{1-x}+(1-C)x\\ &\quad-(S_3-1)\frac{x^3}{3}-(S_5-1)\frac{x^5}{5}-(S_7-1)\frac{x^7}{7}-\ldots\end{aligned}\right.$$

D'après les propriétés démontrées plus haut, la fonction Γ sera connue pour toutes les valeurs positives de l'argument si l'on connaît cette fonction pour les valeurs comprises entre o et $\frac{1}{2}$, ou entre $\frac{1}{2}$ et 1, ou entre 1 et $1+\frac{1}{2}$, ou etc.; or l'équation (29) permet de calculer très-rapidement $\log\Gamma(1+x)$ pour les valeurs de x comprises entre o et $\frac{1}{2}$. Dans son *Traité des fonctions elliptiques*, Legendre a donné avec seize décimales les valeurs de S_n depuis $n=2$ jusqu'à $n=35$.

Si dans la formule (29) on fait $x=1$ et $x=\frac{1}{2}$, ce qui donne $\Gamma(x+1)=1$ et $\Gamma(x+1)=\frac{1}{2}\sqrt{\pi}$, on aura deux équations qui pourront servir au calcul de la constante C; on trouve, en observant que $\log\frac{\pi x}{\sin\pi x}+\log(1-x)=0$ pour $x=1$,

$$1-C=\frac{1}{2}\log 2+\frac{1}{3}(S_3-1)+\frac{1}{5}(S_5-1)+\frac{1}{7}(S_7-1)+\ldots,$$

$$1-C=\log\frac{3}{2}+\frac{1}{3.4}(S_3-1)+\frac{1}{5.16}(S_5-1)+\frac{1}{7.64}(S_7-1)+\ldots;$$

quatorze sommes S suffisent, par ces formules, pour obtenir C avec quinze décimales; on trouve ainsi

$$(30)\qquad C=0,57721\ 56649\ 01532\ 8;$$

nous ferons connaître, dans la Note suivante, un procédé plus expéditif pour calculer cette constante, procédé qui n'exige pas le calcul préalable des sommes S.

9. *Évaluation de la fonction* $\frac{d\log\Gamma(x)}{dx}$ *dans le cas où* x *est*

un nombre commensurable. La fonction $\frac{d\log\Gamma(x)}{dx}$ peut s'exprimer, sous forme finie, par un nombre limité de termes, toutes les fois que x est un nombre commensurable. Si, en effet, on ajoute les deux équations (16) et (19), il vient

$$\frac{d\log\Gamma(x)}{dx}+C=\int_0^x \frac{e^{-\alpha}-e^{-\alpha x}}{1-e^{-\alpha}}\,d\alpha,$$

ou, en posant $e^{-\alpha}=z$,

$$(31)\qquad \frac{d\log\Gamma(x)}{dx}+C=\int_0^1 \frac{1-z^{x-1}}{1-z}\,dz;$$

si l'on a $x=\frac{m}{n}$, m et n étant entiers, et que l'on fasse $z=\alpha^n$, il viendra

$$\frac{d\log\Gamma(x)}{dx}=-C+n\int_0^1 \frac{\alpha^{n-1}-\alpha^{m-1}}{1-\alpha^n}\,d\alpha \left(\text{pour } x=\frac{m}{n}\right);$$

la différentielle sous le signe $\int$ est ici une fraction rationnelle, et, par conséquent, son intégrale pourra s'exprimer par des quantités algébriques, logarithmiques ou circulaires. Par exemple, on aura

$$\frac{d\log\Gamma(x)}{dx}=-C-2\int_0^1 \frac{d\alpha}{1+\alpha}=-C+\log 4 \left(\text{pour } x=\frac{1}{2}\right).$$

Si la quantité x se réduit à un nombre entier, la formule (31) donne

$$\frac{d\log\Gamma(x)}{dx}+C=\int_0^1 (1+z+z^2+\ldots+z^{x-2})\,dz,$$

c'est-à-dire

$$(32)\qquad \frac{d\log\Gamma(x)}{dx}+C=1+\frac{1}{2}+\frac{1}{3}+\ldots+\frac{1}{x-1};$$

la somme contenue dans le second membre de cette formule est connue sous le nom de *suite harmonique*.

10. *Détermination du minimum de la fonction* $\Gamma(x)$. L'équation (17) montre que la fonction $\frac{d^2\log\Gamma(x)}{dx^2}$ est positive pour toutes les valeurs de la variable x supposée réelle et positive; en conséquence, la fonction $\frac{d\log\Gamma(x)}{dx}$ ou $\frac{\Gamma'(x)}{\Gamma(x)}$ est constamment croissante; d'ailleurs on voit par l'équation (18) que cette dernière fonction est égale à $-\infty$ pour $x=0$, et à $+\infty$ pour $x=+\infty$. Il suit de là que la dérivée $\Gamma'(x)$ ne peut s'annuler qu'une seule fois, et par suite que la fonction $\Gamma(x)$ n'offre qu'un seul minimum. Ce minimum a lieu nécessairement pour une valeur de x comprise entre 1 et 2, puisque l'on a $\Gamma(2)=\Gamma(1)$; quand x est infiniment petit, la fonction $\Gamma(x)=\frac{\Gamma(x+1)}{x}=\frac{1}{x}$ est infinie; quand x croît jusqu'à ∞, $\Gamma(x)$ décroît jusqu'à ce qu'elle ait atteint son minimum, et elle croît ensuite jusqu'à ∞.

Si l'on veut obtenir la valeur de x qui répond au minimum de $\Gamma(1+x)$, il suffira de déterminer la racine positive unique de l'équation $\Gamma'(1+x)=0$ ou $\frac{d\log\Gamma(1+x)}{dx}=0$. Cette équation, d'après la formule (27), est

$$0=-\frac{1}{1+x}+(1-C)+(S_2-1)x-(S_3-1)x^2+\ldots;$$

on reconnaît facilement que la racine est comprise entre 0,4 et 0,5, et l'on trouve par les méthodes d'approximation connues

$$1+x=1,4616321\ldots;$$

on obtient ensuite, en faisant usage de la formule (27) ou de la formule (28),

$$\log\text{vulg}\,\Gamma(1+x)=\bar{1},9472392,$$

d'où

$$\Gamma(1+x)=0,8856032.$$

11. *Remarque sur l'interpolation de la fonction numérique* $1.2.3\ldots(x-1)$.

Puisque l'on a

$$\Gamma(x)=1.2.3\ldots(x-1),$$

quand x est un nombre entier, la fonction $\Gamma(x)$ peut servir, ainsi que Lacroix en a fait la remarque (n° 434, p. 84), à l'interpolation de la suite dont le terme général est $1.2.3\ldots(x-1)$. La formule précédente exprime en effet ce produit par le moyen d'une fonction continue de x dans laquelle la variable est susceptible de recevoir toutes les valeurs réelles positives et même toutes les valeurs imaginaires dont la partie réelle est positive. Mais la formule (23) ou (25) fournit un mode d'interpolation beaucoup plus général, puisqu'elle permet d'exprimer le produit $1.2.3\ldots(x-1)$ par une fonction continue de x, dans laquelle la variable peut recevoir une valeur réelle ou imaginaire quelconque. Comme ce résultat est d'une extrême importance, il n'est pas hors de propos de faire voir que les considérations les plus élémentaires conduisent immédiatement aux formules (23) et (25), lorsque l'on cherche à interpoler la fonction numérique $1.2.3\ldots(x-1)$

Soient donc x et m deux nombres entiers positifs, les $x-1$ fractions

$$\frac{m}{m+1},\quad \frac{m}{m+2},\ldots,\quad \frac{m}{m+x-1},$$

tendront vers l'unité si m tend vers l'infini, x restant constant; il en sera donc de même du produit de ces $x-1$ fractions, et l'on aura

$$\frac{m^{x-1}}{(m+1)(m+2)\ldots(m+x-1)}=\frac{1}{1+\varepsilon_m},$$

ε_m étant une quantité qui s'annule pour $m=\infty$; multipliant les deux termes de la fraction du premier membre par $1.2\ldots m$ et chassant le dénominateur $1+\varepsilon_m$, il vient

$$1=\frac{(1.2.3\ldots m)m^{x-1}}{1.2.3\ldots(m+x-1)}(1+\varepsilon_m),$$

et en multipliant les deux membres par $1.2.3\ldots(x-1)$, on a

$$1.2.3\ldots(x-1)=\frac{(1.2.3\ldots m)m^{x-1}}{x(x+1)\ldots(m+x-1)}(1+\varepsilon_m)$$

ou

$$1.2.3\ldots(x-1)=\lim\frac{(1.2.3\ldots m)m^{x-1}}{x(x+1)\ldots(m+x-1)}\text{(pour } m=\infty\text{)}.$$

C'est précisément la formule (25) dans le cas de x entier, et l'on en déduit sans difficulté la formule (23).

Dans les recherches qu'il a entreprises sur cet objet, Gauss a pris la formule (25) pour l'expression générale de la définition de $\Gamma(x)$, et M. Liouville, adoptant ensuite le même point de vue, est parvenu à plusieurs résultats intéressants (*); on voit, par ce qui précède, combien cette marche est naturelle. D'après l'analyse que nous avons développée, le second membre de la formule (23) est une série qui reste convergente par toutes les valeurs positives de x, et par conséquent dans la même hypothèse le second membre de la formule (25) tend vers une limite déterminée. Mais pour justifier la nouvelle définition des fonctions Γ, il est nécessaire d'établir que la même chose a lieu pour toutes les valeurs négatives ou imaginaires de x. On voit d'abord sur la formule (25) que $\Gamma(x)$ est infinie lorsque x est égal à zéro ou à un nombre entier négatif quelconque; ce cas étant mis de côté, je dis que la série de la formule (23) est toujours convergente. En effet, le terme général dans lequel on suppose m supérieur au module de $x-1$, est

$$(x-1)\left(\frac{1}{m}-\frac{1}{2m^2}+\ldots\right)-\left[\frac{x-1}{m}-\frac{(x-1)^2}{2m^2}+\ldots\right]$$

ou

$$\frac{(x-1)(x-2)}{2m^2}(1+\varepsilon_m),$$

ε_m désignant une quantité qui s'annule pour $m=\infty$; il résulte de là qu'à partir d'un rang suffisamment éloigné, les termes de la série (23) décroissent comme les termes de la série $\sum\frac{1}{m^2}$; donc cette série est toujours convergente, et par suite le second membre de la formule (25) tend vers une limite finie et déterminée.

12. *Démonstrations nouvelles des propriétés de la fonction*

(*) Voir sur cet objet une Note de M. Liouville, insérée au tome XVII du *Journal de Mathématiques pures et appliquées.*

$\Gamma(x)$. Les propriétés de la fonction Γ établies plus haut découlent immédiatement comme on va voir de la formule (25).

Première propriété. On a

$$\Gamma(x) = \frac{(1.2\ldots m)\,m^{x-1}}{x(x+1)\ldots(x+m-1)}(1+\varepsilon_m),$$

$$\Gamma(x+1) = \frac{(1.2\ldots m)\,m^{x}}{(x+1)\ldots(x+m)}(1+\varepsilon'_m),$$

d'où, en divisant,

$$\frac{\Gamma(x+1)}{\Gamma(x)} = x \cdot \frac{m}{x+m}\,\frac{1+\varepsilon'_m}{1+\varepsilon_m},$$

et, en faisant $m=\infty$, il vient

$$\Gamma(x+1) = x\Gamma(x),$$

ce qui est la première propriété de la fonction Γ.

Deuxième propriété. Si l'on multiplie entre elles les deux équations

$$\Gamma(x) = \frac{(1.2\ldots m)\,m^{x-1}}{x(x+1)\ldots(x+m-1)}(1+\varepsilon_m),$$

$$\Gamma(1-x) = \frac{(1.2\ldots m)\,m^{-x}}{(1-x)(2-x)\ldots(m-x)}(1+\varepsilon'_m),$$

il vient

$$\Gamma(x)\Gamma(1-x) = \frac{\left(1+\frac{x}{m}\right)(1+\varepsilon_m)(1+\varepsilon'_m)}{x\left(1-\frac{x^2}{1^2}\right)\left(1-\frac{x^2}{2^2}\right)\ldots\left(1-\frac{x^2}{m^2}\right)};$$

si l'on fait $m=\infty$, le numérateur se réduit à 1 et le dénominateur à $\frac{1}{\pi}\sin\pi x$, à cause de la formule connue

$$\sin z = z\left(1-\frac{z^2}{\pi^2}\right)\left(1-\frac{z^2}{4\pi^2}\right)\left(1-\frac{z^2}{9\pi^3}\right)\ldots;$$

on a donc

$$\Gamma(x)\Gamma(1-x) = \frac{\pi}{\sin\pi x},$$

ou, en multipliant les deux membres de cette formule par x,

$$\Gamma(1+x)\Gamma(1-x)=\frac{\pi x}{\sin \pi x}. \tag{33}$$

Troisième propriété. La troisième propriété de la fonction Γ n'a été démontrée au nº 5 que dans un cas particulier, nous allons l'établir ici dans toute sa généralité.

Soient x une quantité réelle ou imaginaire quelconque, n et i deux entiers positifs; si dans la formule (24) on remplace x par $x+\frac{i}{n}$, il vient

$$\Gamma\left(x+\frac{i}{n}\right)=\frac{(1.2\ldots m)\,m^{x+\frac{i}{n}-1}}{\left(x+\frac{i}{n}\right)\left(x+\frac{i}{n}+1\right)\cdots\left(x+\frac{i}{n}+m-1\right)}(1+\varepsilon_m);$$

si l'on donne à i les n valeurs $0, 1, 2, \ldots, n-1$, et que l'on multiplie entre elles les égalités résultantes, il vient

$$\Gamma(x)\Gamma\left(x+\frac{1}{n}\right)\Gamma\left(x+\frac{2}{n}\right)\cdots\Gamma\left(x+\frac{n-1}{n}\right)=\frac{(1.2\ldots m)^n\, m^{nx-\frac{n+1}{2}}\, n^{mn}}{nx(nx+1)\ldots(nx+mn-1)}(1+\varepsilon_m),$$

ε_m désignant toujours une quantité qui s'annule pour $m=\infty$. Mais l'équation (24) donne aussi, en remplaçant x par nx, et écrivant mn au lieu de m,

$$\Gamma(nx)=\frac{(1.2\ldots mn)(mn)^{nx-1}}{nx(nx+1)\ldots(nx+mn-1)}(1+\varepsilon'_m);$$

des deux équations précédentes on tire

$$\frac{\Gamma(x)\Gamma\left(x+\frac{1}{n}\right)\Gamma\left(x+\frac{2}{n}\right)\cdots\Gamma\left(x+\frac{n-1}{n}\right)}{n^{-nx}\Gamma(nx)}=\frac{(1.2\ldots m)^2\, n^{mn+1}}{(1.2\ldots mn)\,m^{\frac{n-1}{2}}}(1+\varepsilon m),$$

ε_m désignant encore une quantité qui s'annule pour $m=\infty$. La limite du second membre de cette formule est une fonction de n indépendante de x; en la désignant par $\varphi(n)$, on aura

$$\Gamma(x)\Gamma\left(x+\frac{1}{n}\right)\Gamma\left(x+\frac{2}{n}\right)\cdots\Gamma\left(x+\frac{n-1}{n}\right)=n^{-nx}\Gamma(nx)\varphi(n), \tag{34}$$

la fonction $\varphi(n)$ étant définie par la formule

$$\varphi(n) = \lim \frac{(1.2\ldots m)^n n^{mn+1}}{(1.2\ldots mn) m^{\frac{n-1}{2}}} \quad (\text{pour } m = \infty).$$

Si l'on fait

$$\psi(m) = \frac{1.2.3\ldots m}{m^{m+\frac{1}{2}}},$$

on pourra écrire aussi

$$\varphi(n) = \sqrt{n} \lim \frac{[\psi(m)]^n}{\psi(mn)} = \sqrt{n}\, A_n,$$

en posant, pour abréger,

$$A_n = \lim \frac{[\psi(m)]^n}{\psi(mn)};$$

on a aussi, en changeant m en $2m$,

$$A_n = \lim \frac{[\psi(2m)]^n}{\psi(2mn)},$$

puis

$$A_n = \frac{A_n^2}{A_n} = \lim \frac{[\psi(m)]^{2n}}{[\psi(mn)]^2} : \lim \frac{[\psi(2m)]^n}{\psi(2mn)} = \lim \left[\frac{\psi(m)^2}{\psi(2m)}\right]^n : \lim \frac{[\psi(mn)]^2}{\psi(2mn)};$$

mais les quantités $\lim \frac{[\psi(m)]^2}{\psi(2m)}$ et $\lim \frac{[\psi(mn)]^2}{\psi(2mn)}$ sont égales à A_2; donc on a

$$A_n = A_2^{n-1} \quad \text{et} \quad \varphi(n) = \sqrt{n}\, A_2^{n-1};$$

quant à la constante A_2, sa valeur est

$$A_2 = \frac{\varphi(2)}{\sqrt{2}} = \lim \frac{(1.2.3\ldots m)^2 2^{2m+\frac{1}{2}}}{(1.2.3\ldots 2m) m^{\frac{1}{2}}} = \lim \sqrt{4 \frac{2}{1}\frac{2}{3}\frac{4}{3}\frac{4}{5}\cdots\frac{2m-2}{2m-1}\frac{2m}{2m-1}};$$

d'après le théorème de Wallis (*voir* page 78) la quantité sous le radical a pour limite $4\frac{\pi}{2}$ ou 2π; on a donc

$$A_2 = \sqrt{2\pi},$$

par suite

$$\varphi(n) = n^{\frac{1}{2}}(2\pi)^{\frac{n-1}{2}},$$

et

$$(35)\quad \Gamma(x)\Gamma\left(x+\frac{1}{n}\right)\cdots\Gamma\left(x+\frac{n-1}{n}\right) = (2\pi)^{\frac{n-1}{2}} n^{-nx+\frac{1}{2}}\Gamma(nx).$$

Telle est l'équation qui exprime la troisième propriété de la fonction Γ; en y faisant $n=2$, il vient

$$\Gamma(x)\Gamma\left(x+\frac{1}{2}\right) = \pi^{\frac{1}{2}} 2^{-2x+1}\Gamma(2x),$$

ce qui s'accorde avec le résultat que nous avons obtenu au n° 5.

La démonstration que nous venons de présenter de la formule (35) est directe et indépendante des autres propriétés de la fonction Γ. Pour déterminer la constante A_2, on aurait pu se servir utilement de la relation $\Gamma\left(\frac{1}{2}\right)=\sqrt{\pi}$; ainsi en faisant $x=\frac{1}{2}$ et $n=2$ dans la formule (34), on aurait eu

$$\sqrt{\pi} = \frac{1}{2}\varphi(2) = \frac{1}{2}\sqrt{2}A_2, \quad \text{d'où} \quad A_2=\sqrt{2\pi},$$

comme nous l'avons trouvé autrement. Enfin on peut obtenir très-simplement la fonction $\varphi(n)$ comme le fait Legendre, en se servant de la deuxième propriété des fonctions Γ; posons en effet $x=0$ dans la formule (34), après avoir remplacé $\Gamma(x)$ par $\frac{\Gamma(x+1)}{x}$ et $\Gamma(nx)$ par $\frac{\Gamma(nx+1)}{nx}$, il viendra

$$\frac{1}{n}\varphi(n) = \Gamma\left(\frac{1}{n}\right)\Gamma\left(\frac{2}{n}\right)\cdots\Gamma\left(\frac{n-1}{n}\right),$$

ou, en renversant les facteurs,

$$\frac{1}{n}\varphi(n) = \Gamma\left(\frac{n-1}{n}\right)\Gamma\left(\frac{n-2}{n}\right)\cdots\Gamma\left(\frac{1}{n}\right);$$

multipliant ces deux valeurs de $\frac{1}{n}\varphi(n)$, et observant que $\Gamma\left(\frac{i}{n}\right)\Gamma\left(\frac{n-i}{n}\right)=\frac{\pi}{\sin\frac{i\pi}{n}}$, on aura

$$\varphi^2(n)=\frac{n^2\pi^{n-1}}{\sin\frac{\pi}{n}\sin\frac{2\pi}{n}\cdots\sin\frac{(n-1)\pi}{n}};$$

mais on sait que le dénominateur de cette expression est égal à $\frac{n}{2^{n-1}}$, donc

$$\varphi^2(n)=n(2\pi)^{n-1} \quad \text{et} \quad \varphi(n)=\sqrt{n}(2\pi)^{\frac{n-1}{2}},$$

comme nous l'avons trouvé plus haut.

Pour compléter l'exposition de la théorie des intégrales eulériennes, il nous reste à faire connaître la formule de Stirling, par laquelle on peut évaluer le produit $1.2.3\ldots x$ ou la fonction $\Gamma(x+1)$ quand x est un très-grand nombre. Cette importante question fera l'objet de la Note suivante.

NOTE V.

SUR L'ÉVALUATION APPROCHÉE DU PRODUIT $1.2.3\ldots x$, LORSQUE x EST UN TRÈS-GRAND NOMBRE, SUR LA FORMULE DE STIRLING ET SUR LES NOMBRES DE BERNOULLI (*).

1. La formule de Stirling exprime, comme on sait, la somme des logarithmes des x premiers nombres entiers, ou plus généralement le logarithme de l'intégrale eulérienne de seconde espèce $\Gamma(x+1)$, par le moyen d'une série essentiellement divergente, et qui cependant peut être employée avec avantage pour le calcul numérique. Cette formule remarquable a fait dans ces dernières années l'objet des recherches de plusieurs géomètres, parmi lesquels on doit citer Cauchy, Binet, M. Malmsten et M. Liouville.

Les démonstrations les plus simples de la formule de Stirling reposent sur la détermination préalable de la dérivée $\frac{d\log\Gamma(x+1)}{dx}$, en sorte que l'intégration introduit une constante arbitraire dans l'expression de la fonction $\log\Gamma(x+1)$. Pour déterminer cette constante, on peut employer divers procédés, et l'on y parvient, en particulier, en se servant de la formule connue de Wallis, comme l'ont fait Lacroix (p. 86) et M. Liouville. Or cette simple formule de Wallis suffit à elle seule pour établir complétement celle de Stirling, et la déduction est si facile, que la deuxième formule peut être regardée avec raison comme une transformée de la première; c'est ce que je me propose de faire voir dans cette Note.

(*) J'ai communiqué à l'Académie des Sciences, dans la séance du 2 avril 1860, les résultats que renferme la première partie de cette Note.

2. La formule de Wallis est (*voir* n° 435, p. 86)

$$\frac{\pi}{2}=\frac{2}{1}\cdot\frac{2}{3}\cdot\frac{4}{3}\cdot\frac{4}{5}\cdot\frac{6}{5}\cdot\frac{6}{7}\cdots\frac{2x-2}{2x-3}\,\frac{2x-2}{2x-1}\,\frac{2x}{2x-1}\ (\text{pour } x=\infty),$$

et elle prend cette forme très-simple

$$(1)\qquad \frac{[\varphi(x)]^2}{\varphi(2x)}=1\ (\text{pour } x=\infty),$$

si l'on extrait la racine carrée de chacun de ses membres, et que l'on désigne par $\varphi(x)$ l'expression

$$\frac{1.2.3\ldots x}{\sqrt{2\pi}\,x^{x+\frac{1}{2}}},$$

ou le produit de cette expression par une exponentielle de la forme a^x, a étant une constante quelconque; on pourra donc poser, en désignant par e la base des logarithmes népériens,

$$(2)\qquad \varphi(x)=\frac{1.2.3\ldots x}{\sqrt{2\pi}\,e^{-x}\,x^{x+\frac{1}{2}}}.$$

On tire de là

$$(3)\quad \frac{\varphi(x)}{\varphi(x+1)}=\frac{1}{e}\left(1+\frac{1}{x}\right)^{x+\frac{1}{2}}=e^{-1+\left(x+\frac{1}{2}\right)\log\left(1+\frac{1}{x}\right)},$$

formule où la caractéristique *log* exprime un logarithme népérien. Or, tant que le nombre x est plus grand que 1, on a, en désignant par θ' et θ'' des quantités comprises entre 0 et 1,

$$\log\left(1+\frac{1}{x}\right)=\frac{1}{x}-\frac{\theta'}{2x^2}=\frac{1}{x}-\frac{1}{2x^2}+\frac{\theta''}{3x^3},$$

et par conséquent,

$$\left(x+\frac{1}{2}\right)\log\left(1+\frac{1}{x}\right)=1+\left(\frac{\theta''}{3}-\frac{\theta'}{4}\right)\frac{1}{x^2}=1+\frac{\theta}{x^2},$$

θ désignant une quantité comprise entre -1 et $+1$; donc

$$\frac{\varphi(x)}{\varphi(x+1)}=e^{\frac{\theta}{x^2}};$$

on aura aussi, en changeant x en $x+1$, $x+2,\ldots, 2x-1$, et en désignant par $\theta_1, \theta_2, \ldots, \theta_{2x-1}$ des quantités comprises entre -1 et $+1$,

$$\frac{\varphi(x+1)}{\varphi(x+2)} = e^{\frac{\theta_1}{(x+1)^2}}, \ldots, \quad \frac{\varphi(2x-1)}{\varphi(2x)} = e^{\frac{\theta_{2x-1}}{(2x-1)^2}}.$$

En multipliant entre elles toutes ces équations et la précé dente, et en observant que la valeur absolue de la somme

$\frac{\theta}{x^2} + \frac{\theta_1}{(x+1)^2} + \ldots + \frac{\theta_{2x-1}}{(2x-1)^2}$ est moindre que $\frac{1}{x^2} \times x$ ou $\frac{1}{x}$,

on pourra écrire

$$\frac{\varphi(x)}{\varphi(2x)} = e^{\frac{\Theta}{x}},$$

Θ étant une quantité comprise entre -1 et $+1$; et si x devient infini, on aura

$$(4) \qquad \frac{\varphi(x)}{\varphi(2x)} = 1 \quad (\text{pour } x = \infty).$$

Si maintenant on divise l'équation (1) par l'équation (4), il viendra

$$(5) \qquad \varphi(x) = 1 \quad (\text{pour } x = \infty),$$

c'est-à-dire, à cause de la formule (2),

$$(6) \qquad 1.2.3\ldots x = \sqrt{2\pi}\, e^{-x} x^{x+\frac{1}{2}} (1+\varepsilon_x),$$

en désignant par ε_x une quantité qui s'annule pour $x = \infty$.

3. Posons, comme dans la Note précédente,

$$\Gamma(x+1) = 1.2.3\ldots x,$$

on peut obtenir très-simplement l'expression complète du produit $\Gamma(x+1)$, ou, ce qui revient au même, celle du logarithme népérien $\log \Gamma(x+1)$. On a d'abord, par la formule (2),

$$(7)\quad \log \Gamma(x+1) = \frac{1}{2}\log 2\pi - x + \left(x+\frac{1}{2}\right)\log x + \log \varphi(x),$$

et l'on a ensuite identiquement

$$\log \varphi(x) = \log \frac{\varphi(x)}{\varphi(x+1)} + \log \frac{\varphi(x+1)}{\varphi(x+2)} + \ldots + \frac{\log \varphi(x+m)}{\log \varphi(x+m+1)} + \log \varphi(x+m+1);$$

mais si l'entier m croît indéfiniment, $\varphi(x+m+1)$ tend vers l'unité, d'après la formule (5), et son logarithme tend vers zéro; on a donc

$$\log \varphi(x) = \sum_{m=0}^{m=\infty} \log \frac{\varphi(x+m)}{\varphi(x+m+1)},$$

ou, d'après la formule (3),

$$(8)\quad \log \varphi(x) = \sum_{m=0}^{m=\infty} \left[\left(x+m+\frac{1}{2}\right)\log\left(1+\frac{1}{x+m}\right) - 1\right],$$

et l'on aura en conséquence

$$(9)\quad \left\{\begin{aligned} \log \Gamma(x+1) &= \frac{1}{2}\log 2\pi - x + \left(x+\frac{1}{2}\right)\log x \\ &+ \sum_{m=0}^{m=\infty} \left[\left(x+m+\frac{1}{2}\right)\log\left(1+\frac{1}{x+m}\right) - 1\right]. \end{aligned}\right.$$

Cette formule, qui a été déjà rencontrée par Gudermann, se déduit presque immédiatement, comme on le voit, de la simple formule de Wallis.

4. Toute l'analyse précédente suppose que x est un entier positif; mais le second membre de l'équation (9) est une fonction dans laquelle x est susceptible de recevoir une valeur quelconque; en exceptant le cas où x est un entier négatif, la série qui figure dans la formule (9) est toujours convergente; car ses termes, comme il est aisé de s'en assurer, décroissent comme ceux de la série $\sum \frac{1}{m^2}$. Cela posé, je dis

que la formule (9) subsiste, quel que soit x, en se conformant à la définition générale que nous avons donnée de la fonction Γ. Cette définition est exprimée par la formule (23) de la Note précédente, qui donne, en remplaçant x par $x+1$ et écrivant, sous le signe $\sum$, $m+1$ au lieu de m,

$$(10)\quad \log\Gamma(x+1)=\sum_{m=0}^{m=\infty}\left[x\log\left(1+\frac{1}{m+1}\right)-\log\left(1+\frac{x}{m+1}\right)\right].$$

Pour prouver l'identité des valeurs de $\log\Gamma(x+1)$ données par les équations (9) et (10), il suffit de différentier deux fois ces équations; on tire de l'une et de l'autre

$$\frac{d^2\log\Gamma(x+1)}{dx^2}=\sum_{m=0}^{m=\infty}\frac{1}{(x+m+1)^2};$$

les seconds membres des formules (9) et (10) ont donc leurs secondes dérivées égales; en conséquence ils ne peuvent différer que par une fonction linéaire de x; mais comme ils sont égaux pour les valeurs entières et positives de x, il s'ensuit que leur différence se réduit nécessairement à zéro.

5. Il est facile d'exprimer la fonction $\log\varphi(x)$ par une intégrale définie. On trouve, en différentiant la formule (8) deux fois de suite,

$$\frac{d\log\varphi(x)}{dx}=\frac{1}{2x}+\sum_{m=0}^{m=\infty}\left[\log\left(1+\frac{1}{x+m}\right)-\frac{1}{x+m}\right],$$

$$\frac{d^2\log\varphi(x)}{dx^2}=-\frac{1}{x}-\frac{1}{2x^2}+\sum_{m=0}^{m=\infty}\frac{1}{(x+m)^2}.$$

Or on a, pour toute valeur positive de z,

$$\frac{1}{z}=\int_0^\infty e^{-\alpha z}\,d\alpha,\qquad \frac{1}{z^2}=\int_0^\infty e^{-\alpha z}\,\alpha\,d\alpha,$$

si donc la variable x reste positive, on aura

$$\frac{d^2\log\varphi(x)}{dx^2}=-\int_0^\infty e^{-\alpha x}\left(1+\frac{\alpha}{2}\right)d\alpha+\int_0^\infty e^{-\alpha x}\sum_{m=0}^{m=\infty} e^{-m\alpha}\,\alpha\,d\alpha;$$

mais la quantité $\sum_{m=0}^{m=\infty} e^{-m\alpha}$ est égale à $\frac{1}{1-e^{-\alpha}}$; donc

$$\frac{d^2\log\varphi(x)}{dx^2}=\int_0^\infty e^{-\alpha x}\left(\frac{\alpha}{1-e^{-\alpha}}-\frac{\alpha}{2}-1\right)d\alpha;$$

intégrant deux fois et observant que les fonctions $\log\varphi(x)$ et $\frac{d\log\varphi(x)}{dx}$ s'annulent pour $x=\infty$, il vient

$$(11)\qquad \log\varphi(x)=\int_0^\infty \frac{1}{\alpha}\left(\frac{1}{1-e^{-\alpha}}-\frac{1}{\alpha}-\frac{1}{2}\right)e^{-\alpha x}\,d\alpha.$$

En portant cette valeur de $\log\varphi(x)$ dans l'équation (7), on obtient une expression de $\log\Gamma(x+1)$ qui a été obtenue par Cauchy et que j'ai donnée depuis dans la Note XIV de mon *Algèbre supérieure*.

6. On peut tirer de ce qui précède la formule de Stirling; mais il est nécessaire pour cet objet de transformer la formule (11): nous nous servirons à cet effet des résultats obtenus dans la Note précédente. Nous avons trouvé l'équation

$$\Gamma(1+x)\Gamma(1-x)=\frac{\pi x}{\sin\pi x},$$

d'où

$$\log\Gamma(1+x)+\log\Gamma(1-x)=\log\pi x-\log\sin\pi x,$$

et, en différentiant,

$$(12)\quad \left\{\begin{aligned}\frac{d\log\Gamma(1+x)}{dx}+\frac{d\log\Gamma(1-x)}{dx}&=\frac{1}{x}-\pi\frac{\cos\pi x}{\sin\pi x}\\ &=\frac{1}{x}-\pi\sqrt{-1}\,\frac{e^{\pi x\sqrt{-1}}+e^{-\pi x\sqrt{-1}}}{e^{\pi x\sqrt{-1}}-e^{-\pi x\sqrt{-1}}}.\end{aligned}\right.$$

mais on a, par la formule (18) de la Note précédente,

$$\frac{d \log \Gamma(1+x)}{dx} = -C + \left(1 - \frac{1}{1+x}\right) + \left(\frac{1}{2} - \frac{1}{2+x}\right) + \ldots,$$

et en changeant x en $-x$

$$-\frac{d \log \Gamma(1-x)}{dx} = -C + \left(1 - \frac{1}{1-x}\right) + \left(\frac{1}{2} - \frac{1}{2-x}\right) + \ldots.$$

Si donc on porte ces valeurs dans l'équation (12), on aura

$$\frac{2x}{1-x^2} + \frac{2x}{2^2-x^2} + \frac{2x}{3^2-x^2} + \ldots = \frac{1}{x} - \pi\sqrt{-1}\,\frac{e^{\pi x\sqrt{-1}} + e^{-\pi x\sqrt{-1}}}{e^{\pi x\sqrt{-1}} - e^{-\pi x\sqrt{-1}}};$$

cette formule n'est autre chose que celle qui donne la valeur de $\cot \pi x$ en une série indéfinie de fractions simples; elle se trouve démontrée d'une manière élémentaire dans plusieurs ouvrages, et notamment dans ma *Trigonométrie;* nous aurions donc pu la prendre ici pour point de départ; mais, outre qu'elle est établie par ce qui précède pour toutes les valeurs réelles et imaginaires de x, il n'était pas sans intérêt de la rattacher aux formules que nous avons données dans notre théorie des fonctions Γ. Si l'on pose $x = \frac{\alpha\sqrt{-1}}{2\pi}$, la formule précédente devient

$$(13) \qquad \frac{1}{\alpha}\left(\frac{1}{1-e^{-\alpha}} - \frac{1}{\alpha} - \frac{1}{2}\right) = 2\sum_{m=1}^{m=\infty} \frac{1}{4m^2\pi^2 + \alpha^2};$$

or on a, par la division,

$$\frac{1}{4m^2\pi^2 + \alpha^2} = \frac{1}{(2m\pi)^2} - \frac{\alpha^2}{(2m\pi)^4} + \ldots \pm \frac{\alpha^{2n-2}}{(2m\pi)^{2n}} \mp \Theta_m \frac{\alpha^{2n}}{(2m\pi)^{2n+2}},$$

Θ_m désignant, pour abréger, la quantité $\frac{4m^2\pi^2}{4m^2\pi^2+\alpha^2}$ dont la valeur est comprise entre 0 et 1.

Donnons à m les valeurs 1, 2, 3,... jusqu'à l'infini, ajoutons ensuite tous les résultats, et remarquons que si l'on pose

$$\sum_{m=1}^{m=\infty} \Theta_m \frac{1}{(2m\pi)^{2n+2}} = \Theta \sum_{m=1}^{m=\infty} \frac{1}{(2m\pi)^{2n+2}},$$

Θ sera nécessairement compris entre o et 1, on aura, à cause de la formule (13),

$$\frac{1}{\alpha}\left(\frac{1}{1-e^{-\alpha}} - \frac{1}{\alpha} - \frac{1}{2}\right) = 2\sum_{m=1}^{m=\infty} \frac{1}{(2m\pi)^2} - 2\alpha^2 \sum_{m=1}^{m=\infty} \frac{1}{(2m\pi)^4} + \ldots$$

$$\pm 2\alpha^{2n-2} \sum_{m=1}^{m=\infty} \frac{1}{(2m\pi)^{2n}} \mp 2\Theta\alpha^{2n} \sum_{m=1}^{m=\infty} \frac{1}{(2m\pi)^{2n+2}},$$

et si l'on fait

$$(14) \quad \frac{B_n}{1.2.3..2n} = \frac{1}{2^{2n-1}\pi^{2n}}\left(1 + \frac{1}{2^{2n}} + \frac{1}{3^{2n}} + \frac{1}{4^{2n}} + \ldots\right),$$

il viendra

$$(15) \left\{ \begin{aligned} &\frac{1}{\alpha}\left(\frac{1}{1-e^{-\alpha}} - \frac{1}{\alpha} - \frac{1}{2}\right) = \frac{B_1}{1.2} - \frac{B_2}{1.2.3.4}\alpha^2 + \ldots \pm \frac{B_n}{1.2\ldots2n}\alpha^{2n-2} \\ &\qquad \mp \Theta \frac{B_{n+1}}{1.2\ldots(2n+2)}\alpha^{2n}, \end{aligned} \right.$$

Θ étant, nous le répétons, une quantité comprise entre o et 1.

Ce résultat remarquable est dû à Cauchy; la fonction de α, qui constitue le premier membre de la formule (15), ne devient infinie que pour les valeurs de α comprises dans la formule $\alpha = 2k\pi\sqrt{-1}$, k étant un entier positif ou négatif, mais différent de zéro; il en résulte que cette fonction est développable en série convergente, par la formule de Maclaurin, pour toutes les valeurs réelles ou imaginaires de α dont le module est inférieur à 2π, en sorte que l'on a, dans cette hypothèse,

$$(16) \quad \frac{1}{\alpha}\left(\frac{1}{1-e^{-\alpha}} - \frac{1}{\alpha} - \frac{1}{2}\right) = \frac{B_1}{1.2} - \frac{B_2}{1.2.3.4}\alpha^2 + \ldots \pm \frac{B_n}{1.2\ldots2n}\alpha^{2n-2} \mp \ldots;$$

mais la formule (15) subsiste pour toutes les valeurs *réelles* de α, et elle fait connaître l'expression du reste de la série (16), lorsque l'on s'arrête au terme du rang n.

Les coefficients B_1, B_2, $B_3, \ldots$, qui figurent dans les formules (15) et (16), sont connus sous le nom de *nombres de Bernoulli;* l'équation (14) fait connaître l'expression générale du $n^{\text{ième}}$ nombre de Bernoulli; mais cette expression contient la transcendante π et en outre la somme d'une série indéfinie. Il est facile de calculer successivement les nombres B qui sont tous rationnels; à cet effet, considérons l'équation (16) où nous supposerons $\alpha < 2\pi$ pour la convergence de la série; si l'on remplace $\dfrac{1}{1-e^{-\alpha}}$ par la valeur égale $\dfrac{1+e^{\alpha}}{e^{\alpha}-e^{-\alpha}}$, il vient

$$\left[\frac{1+\frac{1}{2}\left(e^{\alpha}+e^{-\alpha}\right)}{e^{\alpha}-e^{-\alpha}}-\frac{1}{\alpha}\right]=\frac{B_1}{1.2}-\frac{B_2}{1.2.3.4}\alpha^2+\ldots+(-1)^{n-1}\frac{B_n}{1.2\ldots 2n}\alpha^{2n-2}+\ldots,$$

ou

$$\left(1+\frac{e^{\alpha}+e^{-\alpha}}{2}\right)=\frac{e^{\alpha}-e^{-\alpha}}{2\alpha}\left[1+\frac{B_1}{1.2}\alpha^2-\frac{B_2}{1.2.3.4}\alpha^4+\ldots+(-1)^{n-1}\frac{B_n}{1.2\ldots 2n}\alpha^{2n}+\ldots\right];$$

remplaçant les exponentielles par leurs valeurs en séries, il vient

$$\frac{1}{2}\left(2+\frac{\alpha^2}{1.2}+\ldots+\frac{\alpha^{2n}}{1.2\ldots 2n}+\ldots\right)$$
$$=\left(1+\frac{\alpha^2}{1.2.3}+\ldots+\frac{\alpha^{2n}}{1.2\ldots(2n+1)}+\ldots\right)\left(1+\frac{B_1}{1.2}\alpha^2-\ldots+(-1)^{n-1}\frac{B_n}{1.2\ldots 2n}\alpha^{2n}+\ldots\right);$$

les deux facteurs du second membre sont des séries convergentes, et la deuxième ne cesse pas d'être convergente quand on réduit ses termes à leur valeur absolue, car la série (16) reste convergente quand on remplace α par $\alpha\sqrt{-1}$, puisque la seule condition de convergence est que le module de α soit inférieur à 2π; il s'ensuit que si l'on effectue le produit des deux séries qui figurent dans le second membre de l'équation précédente, et qu'on ordonne le produit par rapport aux puissances de α, on reproduira identiquement la série contenue dans le premier membre. En procédant ainsi et égalant de part et d'autre les coefficients de α^{2n}, il vient

$$o = \frac{1}{1.2\ldots(2n+1)} - \frac{1}{2}\frac{1}{1.2\ldots 2n} + \frac{1}{1.2\ldots(2n-1)}\frac{B_1}{1.2} - \frac{1}{1.2\ldots(2n-3)}\frac{B_2}{1.2.3.4} + \ldots$$

$$+ (-1)^{\mu-1}\frac{1}{1.2\ldots(2n-2\mu+1)}\frac{B_\mu}{1.2\ldots 2\mu} + \ldots + (-1)^{n-1}\frac{1}{1}\frac{B_n}{1.2\ldots 2n},$$

équation qui déterminera B_n si l'on connaît $B_1, B_2, \ldots, B_{n-1}$; en y faisant successivement $n = 1, 2, 3, \ldots$, il vient

$$\frac{1}{3} - \frac{1}{2} + B_1 = o,$$

$$\frac{1}{5} - \frac{1}{2} + \frac{4}{2}B_1 - B_2 = o,$$

$$\frac{1}{7} - \frac{1}{2} + \frac{6}{2}B_1 - \frac{6.5.4}{2.3.4}B_2 + B_3 = o,$$

$$\frac{1}{9} - \frac{1}{2} + \frac{8}{2}B_1 - \frac{8.7.6}{2.3.4}B_2 + \frac{8.7.6.5.4}{2.3.4.5.6}B_3 - B_4 = o,$$

. . . .

. . . .

équations qui donnent

$$B_1 = \frac{1}{6}, \quad B_2 = \frac{1}{30}, \quad B_3 = \frac{1}{42}, \quad B_4 = \frac{1}{30},$$

$$B_5 = \frac{5}{66}, \quad B_6 = \frac{691}{2730}, \quad B_7 = \frac{7}{6}, \ldots.$$

La suite des nombres de Bernoulli est, comme on le voit, d'abord décroissante, mais à partir de B_3 elle devient indéfiniment croissante.

7. Revenons maintenant à la formule (11) qui donne l'expression de $\log\varphi(x)$. Cette formule se réduit, en faisant usage de l'équation (15), à

$$(17)\quad \left\{\begin{aligned} \log\varphi(x) &= \frac{B_1}{1.2}\int_0^\infty e^{-\alpha x}\,d\alpha - \frac{B_2}{1.2.3.4}\int_0^\infty e^{-\alpha x}\alpha^2\,d\alpha + \ldots \\ &+ (-1)^{n-1}\frac{B_n}{1.2\ldots 2n}\int_0^\infty e^{-\alpha x}\alpha^{2n-2}\,d\alpha + (-1)^n\frac{B_{n+1}}{1.2\ldots(2n+2)}\int_0^\infty \Theta e^{-\alpha x}\alpha^{2n} \end{aligned}\right.$$

Or on a (*voir* la Note précédente)

$$\int_0^\infty e^{-\alpha x}\alpha^{\mu-1}\,d\alpha = \frac{\Gamma(\mu)}{x^\mu} = \frac{1.2.3.\;(\mu-1)}{x^\mu},$$

pour toute valeur de l'entier μ; en outre, comme la quantité Θ reste comprise entre o et 1, l'intégrale $\int_0^\infty \Theta e^{-\alpha x}\alpha^{2n}\,d\alpha$ est positive et inférieure à $\int_0^\infty e^{-\alpha x}\alpha^{2n}\,d\alpha$, c'est-à-dire inférieure à $\frac{1.2\;3\ldots 2n}{x^{2n+1}}$, on pourra donc la représenter par $\theta\,\frac{1.2.3\ldots 2n}{x^{2n+1}}$, en désignant par θ une quantité comprise entre o et 1. D'après cela, la valeur précédente de $\log\varphi(x)$ devient

$$\log\varphi(x) = \frac{B_1}{1.2}\frac{1}{x} - \frac{B_2}{3.4}\frac{1}{x^3} + \ldots + (-1)^{n-1}\frac{B_n}{(2n-1)2n}\frac{1}{x^{2n-1}} + (-1)^n\theta\,\frac{B_{n+1}}{(2n+1)(2n+2)}\frac{1}{x^{2n+1}},$$

et, en portant cette valeur dans l'équation (7), on aura, pour toute valeur positive de x,

$$\log\Gamma(x+1) = \frac{1}{2}\log 2\pi - x + \left(x+\frac{1}{2}\right)\log x$$
$$+\frac{B_1}{1.2}\frac{1}{x} - \frac{B_2}{3.4}\frac{1}{x^3} + \ldots + (-1)^{n-1}\frac{B_n}{(2n-1)2n}\frac{1}{x^{2n-1}} + (-1)^n\theta\,\frac{B_{n+1}}{(2n+1)(2n+2)}\frac{1}{x^{2n+1}},$$

la quantité θ qui multiplie le dernier terme étant, nous devons le redire, toujours comprise entre o et 1.

Si l'on prolonge à l'infini la série du second membre, on a la formule de Stirling, savoir :

$$(20)\quad \left\{\begin{aligned} &\log\Gamma(x+1) = \frac{1}{2}\log 2\pi - x + \left(x+\frac{1}{2}\right)\log x \\ &\qquad + \frac{B_1}{1.2}\frac{1}{x} - \frac{B_2}{3.4}\frac{1}{x^3} + \ldots + (-1)^{n-1}\frac{B_n}{(2n-1)2n}\frac{1}{x^{2n-1}} + \ldots \end{aligned}\right.$$

Mais il est facile de voir que cette série est divergente, quelque grande que soit la valeur attribuée à x; en effet, la valeur absolue du terme général $(-1)^{n-1}\frac{B^n}{(2n-1)2n}\frac{1}{x^{2n-1}}$ est égale, d'après la formule (14), au produit des deux quantités

$$\frac{1}{2\pi x}\cdot\frac{2}{2\pi x}\cdot\frac{3}{2\pi x}\cdots\frac{2n-2}{2\pi x}\quad\text{et}\quad\frac{1}{2\pi^2 x}\left(1+\frac{1}{2^{2n}}+\frac{1}{3^{2n}}+\ldots\right).$$

La seconde de ces expressions tend vers la limite $\frac{1}{2\pi^2 x}$ quand n augmente indéfiniment ; la première expression, au contraire, augmente au delà de toute limite, car elle est un produit dont les facteurs inférieurs à 1 sont en nombre limité, tandis que le nombre de ceux qui sont supérieurs à 1, et même à telle quantité que l'on voudra, peut devenir plus grand que tout nombre donné. Il résulte de là que les termes de la série (20) croissent, à partir d'un certain rang, au delà de toute limite, et en conséquence cette série est divergente.

8. Mais il est très-remarquable que la série de Stirling, malgré sa divergence, fournisse un procédé très-exact et très-commode pour calculer $\log\Gamma(x+1)$, et l'approximation que l'on peut obtenir par cette voie est d'autant plus grande que x est plus considérable. Effectivement, si x est supérieur à 1, les termes multipliés par les nombres B dans la formule de Stirling vont d'abord en décroissant, et l'on voit par la formule (19) que l'erreur commise en faisant usage de la formule (20) est toujours moindre en valeur absolue que le premier des termes *négligés*. On aura donc la plus grande approximation possible en s'arrêtant au terme qui précède le terme *minimum*, et ce terme minimum lui-même donnera une limite supérieure de l'erreur que l'on aura commise. Par exemple, si l'on néglige complétement, dans la formule (20), les termes multipliés par les coefficients B, l'erreur commise sera positive et inférieure à $\frac{B_1}{1.2}\frac{1}{x}$ ou à $\frac{1}{12x}$, à cause de $B_1 = \frac{1}{6}$; on aura donc

$$(21)\quad \begin{cases} \log\Gamma(x+1) > \frac{1}{2}\log 2\pi - x + \left(x+\frac{1}{2}\right)\log x, \\ \log\Gamma(x+1) < \frac{1}{2}\log 2\pi - x + \left(x+\frac{1}{2}\right)\log x + \frac{1}{12x}; \end{cases}$$

ou, en revenant des logarithmes aux nombres,

$$(22)\quad \begin{cases} \Gamma(x+1) > \sqrt{2\pi}\, e^{-x} x^{x+\frac{1}{2}}, \\ \Gamma(x+1) < \sqrt{2\pi}\, e^{-x} x^{x+\frac{1}{2}} e^{\frac{1}{12x}}. \end{cases}$$

En partant de ces formules, on peut obtenir deux limites du

nombre de Bernoulli B_n, dont l'une nous sera utile dans ce qui va suivre. En posant, pour abréger,

$$S_{2n} = 1 + \frac{1}{2^{2n}} + \frac{1}{3^{2n}} + \frac{1}{4^{2n}} + \ldots,$$

on a, par la formule (14),

$$B_n = \frac{1.2.3\ldots 2n}{2^{2n-1}\pi^{2n}} S_{2n}, \quad B_1 = \frac{S_2}{\pi^2},$$

d'où l'on tire

$$\frac{B_{n+1}}{B_n} = \frac{(2n+1)(2n+2)}{4\pi^2}\frac{S_{2n+2}}{S_{2n}}, \quad \frac{B_n}{B_1} = \frac{1.2.3\ldots 2n}{2^{2n-1}\pi^{2n-2}}\frac{S_{2n}}{S_2};$$

mais, comme $S_{2\mu}$ décroît quand μ augmente, on a

$$\frac{B_{n+1}}{B_n} < \frac{(2n+1)(2n+2)}{4\pi^2}, \quad \frac{B_n}{B_1} < \frac{1.2.3\ldots 2n}{2^{2n-1}\pi^{2n-2}},$$

ou, à cause de $B_1 = \frac{1}{6}$,

$$\frac{B_{n+1}}{(2n+1)(2n+2)} < \frac{B_n}{4\pi^2}, \tag{23}$$

$$B_n < \frac{1}{12}\frac{\Gamma(2n+1)}{(2\pi)^{2n-2}}; \tag{24}$$

la formule (24) donne une limite supérieure de B_n, on aura une limite inférieure du même nombre en remplaçant S_{2n} par 1, dans son expression exacte ; il vient ainsi

$$B_n > \frac{\Gamma(2n+1)}{2^{2n-1}\pi^{2n}}. \tag{25}$$

Si l'on remplace $\Gamma(2n+1)$ par sa limite supérieure, tirée des inégalités (22), dans la formule (24), et par sa limite inférieure, dans la formule (25), on aura

$$(26)\quad \begin{cases} B_n < \dfrac{1}{12}\dfrac{(2n)^{2n+\frac{1}{2}}}{(2\pi)^{2n-\frac{5}{2}}} e^{-2n} e^{\frac{1}{24n}}, \\[2ex] B_n > 2\,\dfrac{(2n)^{2n+\frac{1}{2}}}{(2\pi)^{2n+\frac{1}{2}}} e^{-2n}; \end{cases}$$

le rapport de ces deux limites de B_n est $\frac{6}{\pi^2} e^{\frac{1}{24n}}$.

Les formules que nous venons d'établir ont été données par Cauchy; elles permettent de déterminer facilement l'approximation avec laquelle on peut calculer $\log\Gamma(x+1)$ par la formule de Stirling.

Désignons par u_n la valeur absolue du terme de cette série qui dépend du coefficient B_n, on aura

$$u_n = \frac{B_n}{(2n-1)2n}\frac{1}{x^{2n-1}}, \quad \frac{u_{n+1}}{u_n} = \frac{B_{n+1}}{B_n}\frac{(2n-1)2n}{(2n+1)(2n+2)}\frac{1}{x^2};$$

la seconde de ces deux formules donne, à cause de l'inégalité (23),

$$\frac{u_{n+1}}{u_n} < \frac{(2n-1)2n}{4\pi^2 x^2},$$

et l'on aura, à plus forte raison,

$$\frac{u_{n+1}}{u_n} < \frac{n^2}{\pi^2 x^2} \quad \text{et} \quad \frac{u_{n+1}}{u_n} < \left(\frac{n}{3x}\right)^2.$$

Donc u_{n+1} sera inférieur à u_n tant qu'on aura $n < 3x$ ou $n = 3x$. Ainsi quand x est > 1, la série de Stirling est décroissante dans les premiers termes, et si x est un nombre entier, ce décroissement aura certainement lieu jusqu'au terme de rang $3x$, lequel sera lui-même plus petit que le terme suivant.

Cela posé, désignons par ε_n la valeur absolue de l'erreur commise en s'arrêtant, dans la série de Stirling, au terme multiplié par B_n, on aura, comme on l'a vu,

$$\varepsilon_n < \frac{B_{n+1}}{(2n+1)(2n+2)}\frac{1}{x^{2n+1}},$$

et, à plus forte raison, à cause de l'inégalité (23),

$$\varepsilon_n < \frac{B_n}{4\pi^2 x^{2n+1}},$$

et enfin, à cause de la première des inégalités (26),

$$(27) \qquad \varepsilon_n < \frac{1}{6}\frac{(n\pi)^{\frac{1}{2}}}{x}\left(\frac{n}{e\pi x}\right)^{2n} e^{\frac{1}{24n}},$$

limite qu'il est facile de calculer par logarithmes.

Nous avons vu que si x est entier, le décroissement des

termes de notre série a toujours lieu, jusqu'à ce que n soit égal à $3x$; si l'on fait $n = 3x$, la formule (27) devient

$$\varepsilon_{3x} < \frac{1}{2}\left(\frac{3}{\pi}\right)^{6x-\frac{1}{2}} e^{\frac{1}{12x}} x^{-\frac{1}{2}} e^{-6x},$$

et parce que x est au moins egal à 1, on aura à plus forte raison,

$$\varepsilon_{3x} < \frac{1}{2}\left(\frac{3}{\pi}\right)^{\frac{11}{2}} e^{\frac{1}{12}}. \, x^{-\frac{1}{2}} e^{-6x};$$

mais on a

$$\frac{1}{2}\left(\frac{3}{\pi}\right)^{\frac{11}{2}} e^{\frac{1}{12}} = 0,393409\ldots,$$

donc

$$\varepsilon_{3x} < 0,393409\ldots \left(\frac{1}{x}\right)^{\frac{1}{2}} \left(\frac{1}{e}\right)^{6x},$$

ou, en prenant les logarithmes vulgaires des deux membres,

$$(28) \qquad \log \varepsilon_{3x} < \bar{1},594844 + \frac{1}{2}\log\frac{1}{x} + (\bar{3},3942331)\,x.$$

Pour $x = 1$, on a déjà

$$\log \varepsilon_3 < \bar{4},9890775$$

et par conséquent $\varepsilon_3 < \frac{1}{1000}$; pour $x = 10$, on a

$$\log \varepsilon_{30} < \overline{27},047175,$$

et l'on voit que, dans cet exemple de $x = 10$, on peut pousser le calcul de $\log \Gamma(x+1)$ jusqu'à la vingt-sixième décimale, en s'arrêtant au terme multiplié par B_{30}.

La formule (27) montre, comme nous l'avions annoncé, que la formule de Stirling permet de calculer généralement $\log \Gamma(x+1)$ avec une approximation qui sera d'autant plus grande que x sera plus considérable.

9. On obtient des formules utiles en différentiant une ou

plusieurs fois la formule de Stirling ; mais comme cette dernière renferme une série divergente, il en sera de même de celles que nous avons en vue. Cependant celles-ci peuvent servir, comme la formule de Stirling, pour le calcul numérique ; c'est ce que nous allons établir. A cet effet, remarquons que la quantité Θ qui figure sous le signe $\int$ dans le dernier terme du second membre de la formule (17) est indépendante de x ; on aura donc, en différentiant μ fois cette équation,

$$(-1)^{\mu}\frac{d^{\mu}\log\varphi(x)}{dx^{\mu}}=\frac{B_1}{1.2}\int_0^{\infty}e^{-\alpha x}\alpha^{\mu}\,d\alpha-\ldots+(-1)^{n-1}\frac{B_n}{1.2\ldots2n}\int_0^{\infty}e^{-\alpha x}\alpha^{\mu+2n-2}\,d\alpha$$

$$+(-1)^{n}\frac{B_{n+1}}{1.2\ldots(2n+2)}\int_0^{\infty}\Theta\,e^{-\alpha x}\alpha^{\mu+2n}\,d\alpha ;$$

alors, en procédant comme nous l'avons fait, pour déduire la formule (18) de (17), on trouvera

$$(29)\quad\left\{\begin{aligned}&(-1)^{\mu}\frac{d^{\mu}\log\varphi(x)}{dx^{\mu}}=B_1\frac{\Gamma(\mu+1)}{\Gamma(3)}\frac{1}{x^{\mu+1}}-B_2\frac{(\Gamma\mu+3)}{\Gamma(5)}\frac{1}{x^{\mu+3}}+\ldots\\&\quad+(-1)^{n-1}B_n\frac{\Gamma(\mu+2n-1)}{\Gamma(2n+1)}\frac{1}{x^{\mu+2n-1}}+(-1)^{n}\theta B_n\frac{\Gamma(\mu+2n+1)}{\Gamma(2n+3)}\frac{1}{x^{\mu+2n+1}}\end{aligned}\right.$$

θ désignant comme Θ une quantité comprise entre 0 et 1. Quand x est suffisamment grand, les termes du second membre vont d'abord en décroissant, comme dans la série de Stirling, et l'erreur commise en s'arrêtant à un terme quelconque est moindre que le terme suivant et de même signe que ce terme ; dans le cas particulier de $\mu=1$, on a

$$(30)\quad\frac{d\log\varphi(x)}{dx}=-\frac{B_1}{2}\frac{1}{x^2}+\frac{B_2}{4}\frac{1}{x^4}-\ldots+(-1)^{n}\frac{B_n}{2n}\frac{1}{x^{2n}}+(-1)^{n+1}\theta\frac{B_{n+1}}{2n+2}\frac{1}{x^{2n+2}}$$

On tire de la formule (7), par la différentiation,

$$\frac{d\log\Gamma(x+1)}{dx}=\log x+\frac{1}{2x}+\frac{d\log\varphi(x)}{dx},$$

$$(-1)^{\mu}\frac{d^{\mu}\log\Gamma(x+1)}{dx^{\mu}}=\frac{\Gamma(\mu-1)}{x^{\mu-1}}-\frac{\Gamma(\mu)}{2x^{\mu}}+(-1)^{\mu}\frac{d^{\mu}\log\varphi(x)}{dx^{\mu}},$$

on aura donc

$$(31)\quad\frac{d\log\Gamma(x+1)}{dx}=\log x+\frac{1}{2x}-\frac{B_1}{2}\frac{1}{x^2}+\ldots+(-1)^{n}\frac{B_n}{2n}\frac{1}{x^{2n}}+(-1)^{n+1}\theta\frac{B_{n+1}}{2n+2}\frac{1}{x^{2n+2}}$$

et, pour $\mu > 1$,

$$\left\{\begin{aligned}(-1)^{\mu}\frac{d^{\mu}\log\Gamma(x+1)}{dx^{\mu}} &= \frac{\Gamma(\mu-1)}{x^{\mu-1}} - \frac{\Gamma(\mu)}{2x^{\mu}} + B_1\frac{\Gamma(\mu+1)}{\Gamma(3)}\frac{1}{x^{\mu+1}} - \dots \\ &+ (-1)^{n-1}B_n\frac{\Gamma(\mu+2n-1)}{\Gamma(2n+1)}\frac{1}{x^{\mu+2n-1}} + (-1)^n\theta B_n\frac{\Gamma(\mu+2n+1)}{\Gamma(2n+3)}\frac{1}{x^{\mu+2n+1}},\end{aligned}\right.$$

θ désignant, dans toutes ces formules, une quantité comprise entre 0 et 1.

10. Les résultats que nous venons d'obtenir fournissent un moyen très-simple de calculer la constante d'Euler, constante que nous avons désignée par C. Nous prendrons pour point de départ la formule (32) de la Note précédente qui suppose x entier et qui devient, en changeant x en $x+1$,

$$C = 1 + \frac{1}{2} + \frac{1}{3} + \dots + \frac{1}{x} - \frac{d\log\Gamma(x+1)}{dx};$$

remplaçant $\dfrac{d\log\Gamma(x+1)}{dx}$ par sa valeur tirée de la formule (31), il vient

$$\begin{aligned}C = \left(1 + \frac{1}{2} + \frac{1}{3} + \dots + \frac{1}{x}\right) &- \log x - \frac{1}{2x} \\ &+ \frac{B_1}{2x^2} - \frac{B_2}{4x^4} + \dots + (-1)^{n-1}\frac{B_n}{2n.x^{2n}} + \dots,\end{aligned}$$

et l'erreur commise en s'arrêtant au terme qui dépend de B_n sera moindre, en valeur absolue, que $\dfrac{B_{n+1}}{(2n+2)x^{2n+2}}$. En remplaçant les nombres B par leurs valeurs, dans la formule précédente, il vient

$$(33)\left\{\begin{aligned}C &= \left(1 + \frac{1}{2} + \frac{1}{3} + \dots + \frac{1}{x}\right) - \log x - \frac{1}{2x} \\ &+ \frac{1}{12x^2} - \frac{1}{120x^4} + \frac{1}{252x^6} - \frac{1}{240x^8} + \frac{1}{132x^{10}} - \frac{691}{32760x^{12}} + \dots\end{aligned}\right.$$

et, en s'arrêtant au dernier des termes écrits, l'erreur commise sera moindre que $\frac{1}{12\,x^{14}}$. Ainsi en faisant $x=10$, on a la formule

$$C=\left(1+\frac{1}{2}+\frac{1}{3}+\frac{1}{4}+\frac{1}{5}+\frac{1}{6}+\frac{1}{7}+\frac{1}{8}+\frac{1}{9}+\frac{1}{10}\right)-\log 10-\frac{1}{20}$$
$$+\frac{0,01}{12}-\frac{0,0001}{120}+\frac{0,000001}{252}-\frac{0,00000001}{240}+\frac{0,0000000001}{132}-\frac{0,000000000691}{32760}$$

qui donnera la valeur de C avec quinze décimales exactes; en prenant

$$\log 10 = 2,30258\,50929\,94045\,68,$$

on trouve sans difficulté la valeur

$$C=0,57721\,56649\,01532,$$

déjà donnée dans la Note précédente.

11. Nous avons fait connaître au n° 6 une formule qui permet de calculer successivement les nombres $B_1, B_2, B_3, \ldots$; on peut exprimer généralement B_n par une formule débarrassée de transcendantes, mais qui est un peu compliquée. Nous croyons toutefois utile d'établir cette formule, en terminant la présente Note.

Les nombres de Bernoulli sont définis par la formule (16), qui peut s'écrire comme il suit :

$$\frac{1}{e^{\alpha}-1}=\frac{1}{\alpha}-\frac{1}{2}+\frac{B_1}{1.2}\alpha-\frac{B_2}{1.2.3.4}\alpha^3+\ldots+(-1)^{n-1}\frac{B_n}{1.2..2n}\alpha^{2n-1}+\ldots$$

Or on a identiquement

$$\frac{1}{e^z+1}=\frac{1}{e^z-1}-\frac{2}{e^{2z}-1},$$

si donc on remplace les fractions du second membre par leurs valeurs en séries, en faisant usage de la formule précédente appliquée aux cas de $\alpha=z$ et de $\alpha=2z$, il viendra

$$(34)\qquad \frac{1}{e^z+1}=\frac{1}{2}-(2^2-1)\frac{B_1}{1.2}z+(2^4-1)\frac{B_2}{1.2.3.4}z^3-\ldots+(-1)^n(2^{2n}-1)\frac{B_n}{1.2..2n}z^{2n-1}$$

série convergente pour toutes les valeurs de z dont le module est inférieur à π; on a donc, par la formule de Maclaurin,

$$(35)\qquad (-1)^n \frac{2^{2n}-1}{2n} B_n = \frac{d^{2n-1} \frac{1}{e^z+1}}{dz^{2n-1}} \quad (\text{pour } z=0).$$

La première dérivée de la fonction $\frac{1}{e^z+1}$ est $\frac{-e^z}{(e^z+1)^2}$, et il est aisé de voir que l'on aura généralement

$$\frac{d^{2n-1} \frac{1}{e^z+1}}{dz^{2n-1}} = \frac{A_1 e^{(2n-1)z} + A_2 e^{(2n-2)z} + \ldots + A_{2n-1} e^z}{(e^z+1)^{2n}},$$

$A_1, A_2, \ldots, A_{2n-1}$ étant des coefficients indépendants de z; il y a plus : l'équation (34) montre que la première dérivée de la fonction $\frac{1}{e^z+1}$ est une fonction paire de z qui ne change pas quand on y change z en $-z$; il s'ensuit que la même chose a lieu pour toutes les dérivées d'ordres impairs. Mais, par ce changement de z en $-z$, l'expression précédente devient

$$\frac{A_{2n-1} e^{(2n-1)z} + A_{2n-2} e^{(2n-2)z} + \ldots + A_1 e^z}{(e^z+1)^{2n}},$$

il faut donc que l'on ait généralement $A_{2n-i} = A_i$, et, par suite,

$$(36)\qquad \frac{d^{2n-1} \frac{1}{e^z+1}}{dz^{2n-1}} = \frac{A_1 \left[e^{(2n-1)z} + e^z\right] + \ldots + A_{n-1}\left[e^{(n+1)z} + e^{(n-1)z}\right] + A_n e^{nz}}{(e^z+1)^{2n}}.$$

Cela posé, on a

$$\frac{1}{e^z+1} = \frac{e^{-z}}{1+e^{-z}} = e^{-z} - e^{-2z} + e^{-3z} - \ldots + (-1)^{\mu-1} e^{-\mu z} + \ldots,$$

d'où

$$\frac{d^{2n-1} \frac{1}{e^z+1}}{dz^{2n-1}} = -1^{2n-1} e^{-z} + 2^{2n-1} e^{-2z} - 3^{2n-1} e^{-3z} + \ldots + (-1)^{\mu} \mu^{2n-1} e^{-\mu z} + \ldots;$$

mais on a aussi

$$(e^z+1)^{2n} = e^{2nz} + \frac{2n}{1} e^{(2n-1)z} + \ldots + \frac{2n(2n-1)\ldots(2n-i+1)}{1.2\ldots i} e^{(2n-i)z} + \ldots + 2n e^z + 1,$$

et en multipliant entre elles les deux équations précédentes, on aura, à cause de la formule (36),

$$\begin{aligned} & A_1\left[e^{(2n-1)z}+e^{z}\right]+\ldots+A_{n-1}\left[e^{(n+1)z}+e^{(n-1)z}\right]+A_n e^{nz} \\ = & \left[-1^{2n-1}e^{-z}+2^{2n-1}e^{-2z}-3^{2n-1}e^{-3z}+\ldots+(-1)^{\mu}\mu^{2n-1}e^{-\mu z}+\ldots\right] \\ \times & \left[e^{2nz}+\frac{2n}{1}e^{(2n-1)z}+\ldots+\frac{2n(2n-1)\ldots(2n-i+1)}{1.2\ldots i}e^{(2n-i)z}+\ldots+2n e^{z}+1\right]. \end{aligned}$$

Le premier membre de cette formule est une fonction entière de e^z; par conséquent, en effectuant le produit indiqué dans le second membre, il ne restera que des termes contenant des puissances positives de e^z; en écrivant que les termes en $e^{(2n-\mu)z}$ sont égaux dans les deux membres, on trouve

$$A_1 = -1^{2n-1},$$

et, pour les valeurs de μ supérieures à 1,

$$(37)\quad \left\{\begin{aligned} A_\mu = (-1)^{\mu}\Big[&\mu^{2n-1}-\frac{2n}{1}(\mu-1)^{2n-1}+\ldots+(-1)^{i}\frac{2n(2n-1)\ldots(2n-i+1)}{1.2\ldots i}(\mu-i)^{2n-1} \\ &+(-1)^{\mu-1}\frac{2n(2n-1)\ldots(2n-\mu+2)}{1.2\ldots(\mu-1)}1^{2n-1}\Big]; \end{aligned}\right.$$

mais les formules (35) et (36) donnent

$$(-1)^n\frac{2^{2n}-1}{2n}B_n = \frac{1}{2^{2n-1}}\left(A_1+A_2+A_3+\ldots+A_{n-1}+\frac{1}{2}A_n\right),$$

on aura donc

$$\begin{aligned} \frac{(-1)^n 2^{2n-1}(2^{2n}-1)}{2n}B_n = & -1^{2n-1}+(\ ^{2n-1}-2n)-\left[3^{2n-1}-2n\,2^{2n-1}+\frac{2n(2n-1)}{1.2}\right] \\ & +(-1)^{n-1}\left[(n-1)^{2n-1}-2n(n-2)^{2n-1}+\ldots+(-1)^{n-2}\frac{2n(2n-1)\ldots(n+1)}{1.2\ldots(n-2)}1^{2n-1}\right] \\ & +\frac{1}{2}(-1)^n\left[n^{2n-1}-2n(n-1)^{2n-1}+\ldots+(-1)^{n-1}\frac{2n(2n-1)\ldots(n+2)}{1.2\ldots(n-1)}1^{2n-1}\right]; \end{aligned}$$

enfin, si l'on réunit les termes en n^{2n-1}, $(n-1)^{2n-1}$,..., on aura

$$(38)\quad \left\{\begin{aligned} \frac{2^{2n-1}(2^{2n}-1)}{2n}B_n = & \frac{1}{2}n^{2n-1}-\left(1+\frac{1}{2}\frac{2n}{1}\right)(n-1)^{2n-1}+\left[1+\frac{2n}{1}+\frac{1}{2}\frac{2n(2n-1)}{1.2}\right](n- \\ & -\left[1+\frac{2n}{1}+\frac{2n(2n-1)}{1.2}+\frac{1}{2}\frac{2n(2n-1)(2n-2)}{1.2.3}\right](n-3)^{2n-1} \\ & +\ldots\ldots\ldots\ldots\ldots\ldots\ldots\ldots\ldots\ldots, \end{aligned}\right.$$

formule dans laquelle la loi de succession des termes est évidente.

NOTE

SUR LA

THÉORIE DES FONCTIONS ELLIPTIQUES,

PAR M. HERMITE.

On donne, comme on sait, le nom de *fonctions algébriques* aux polynômes entiers par rapport à une variable, aux quotients de ces polynômes et aux racines des équations dont le premier membre est une fonction entière par rapport à l'inconnue et à la variable. Les fonctions que l'on appelle *transcendantes* sont toutes celles qui ne rentrent pas dans la définition que nous venons de rappeler, par exemple les exponentielles et les logarithmes, les sinus, cosinus, tangentes d'un arc de cercle, ou les arcs sinus, arcs tangentes, etc. Les fonctions de fonctions que l'on obtiendra par des combinaisons algébriques de ces premières transcendantes seront encore évidemment des fonctions transcendantes, et l'on voit ainsi comment on peut, quoique sans utilité, en multiplier indéfiniment le nombre. C'est en quittant le champ de l'algèbre et en quelque sorte dès l'abord du calcul intégral, qu'on est amené naturellement et sans effort à l'origine véritablement féconde d'une infinité de fonctions nouvelles, distinctes essentiellement les unes des autres, offrant pour chacune d'elles un ordre de notions analytiques propres, en même temps que des caractères communs qui les réunissent en grandes catégories, et dont l'étude approfondie est l'un des objets les plus intéressants de la science actuelle. Deux géomètres illustres, Abel et Jacobi, ont attaché les premiers la gloire de leur nom à cette étude, en posant les fondements de la théorie des *transcendantes à différentielles algébriques*, dont les logarithmes $\int \frac{dx}{x}$, et les arcs de cercle $\int \frac{dx}{\sqrt{1-x^2}}$, forment les termes les plus simples et les plus élémentaires. Après les logarithmes et les arcs de cercle, ce sont les *fonctions elliptiques* auxquelles donne naissance l'étude des intégrales $\int \frac{dx}{\sqrt{(1-x^2)(1-k^2x^2)}}$, qui ouvrent la série des nouvelles fonctions et en présentent le premier terme. Ce seront celles auxquelles sera consacrée cette Note, et dont on va essayer de donner une première idée en présentant l'esquisse de leurs caractères les plus saillants.

Propriétés communes aux fonctions circulaires et elliptiques.

En rappelant tout à l'heure la définition des fonctions algébriques, nous avons dit qu'elles comprenaient d'une part les polynômes et les fractions rationnelles, et de l'autre les racines des équations $F(y, x) = 0$, dont le premier membre est rationnel et entier, par rapport à la variable et à l'inconnue y. Dans le premier cas, les fonctions ne sont susceptibles que d'une seule et unique valeur pour toute valeur réelle ou imaginaire de x, tandis que dans le second elles offrent autant de déterminations qu'il y a d'unités dans le degré de l'équation supposée irréductible et qui sert à les définir. Une différence du même genre se montre entre les transcendantes simples, $\sin x$, $\cos x$, $\operatorname{tang} x$ et $\operatorname{arc}\sin x$, $\operatorname{arc}\cos x$, $\operatorname{arc}\operatorname{tang} x$, les premières ressemblant aux polynômes et aux fractions rationnelles, comme n'étant susceptibles que d'une seule et unique détermination ; les secondes au contraire, en admettant une infinité, sont à cet égard comme les racines d'une équation dont le degré serait infini. Et il en est évidemment de même pour l'exponentielle e^x et le logarithme qu'on peut considérer comme défini par l'équation transcendante ou de degré infini $e^y = x$. Ce rapprochement, qui s'offre au premier aperçu, se confirme et se complète par les remarques suivantes. Pour toute valeur réelle ou imaginaire de la variable, on a

$$e^x = 1 + \frac{x}{1} + \frac{x^2}{1.2} + \frac{x^3}{1.2.3} + \ldots,$$

$$\sin x = x - \frac{x^3}{1.2.3} + \frac{x^5}{1.2.3.4.5} - \frac{x^7}{1.2.3.4.5.6.7} + \ldots,$$

$$\cos x = 1 - \frac{x^2}{1.2} + \frac{x^4}{1.2.3.4} - \frac{x^6}{1.2.3.4.5.6} + \ldots,$$

$$\operatorname{tang} x = \frac{x - \frac{x^3}{1.2.3} + \frac{x^5}{1.2.3.4.5} - \ldots}{1 - \frac{x^2}{1.2} + \frac{x^4}{1.2.3.4} - \ldots},$$

et du fait même de la convergence des séries résulte qu'en les arrêtant à un terme suffisamment éloigné, les transcendantes se trouvent avec autant d'approximation qu'on le veut remplacées par des polynômes et des fractions. Tout au contraire, les développements :

$$\log(1+x) = x - \frac{x^2}{2} + \frac{x^3}{3} - \frac{x^4}{4} + \ldots,$$

$$\operatorname{arc} \sin x = x + \frac{x^3}{2.3} + \frac{1.3.x^5}{2.4.5} + \frac{1.3.5.x^7}{2.4.6.7} + \ldots,$$

$$\operatorname{arc} \operatorname{tang} x = x - \frac{x^3}{3} + \frac{x^5}{5} - \frac{x^7}{7} + \ldots,$$

ne subsistent qu'en supposant la variable moindre que l'unité, et l'assimilation approximative avec des polynômes n'est possible que dans un intervalle fort restreint. Enfin, et ceci est le point qu'il importe surtout de remarquer, par une seule valeur donnée, soit de l'exponentielle ou des fonctions circulaires, on en peut obtenir algébriquement ou même rationnellement une infinité d'autres. C'est ainsi qu'en trigonométrie rectiligne on calcule en partant de l'arc de 10″ toutes les valeurs du sinus, du cosinus et de la tangente qui figurent dans les tables, propriété aussi remarquable qu'importante de ces fonctions, et qui découle de ces relations :

$$e^{x+y} = e^x . e^y,$$
$$\sin(x+y) = \sin x \cos y + \sin y \cos x,$$
$$\cos(x+y) = \cos x \cos y - \sin x \sin y,$$
$$\operatorname{tang}(x+y) = \frac{\operatorname{tang} x + \operatorname{tang} y}{1 - \operatorname{tang} x \operatorname{tang} y},$$

dont les seconds membres sont composés algébriquement avec les fonctions relatives à l'argument x et à l'argument y. Ces mêmes propriétés nous les trouverons dans les fonctions elliptiques dont elles constituent les caractères les plus essentiels, et nous les résumerons en disant des nouvelles transcendantes, qu'*elles sont des fonctions* uniformes, *à détermination unique, analogues à des fractions rationnelles, auxquelles on peut les assimiler avec autant d'approximation, et dans une aussi grande étendue qu'on le veut, des valeurs de la variable, et de plus que les fonctions relatives à la somme de deux arguments x et y s'expriment algébriquement par les fonctions relatives à l'argument x et à l'argument y.* Enfin et de même qu'à l'exponentielle et au sinus répondent les expressions inverses, $\log x$ et arc $\sin x$ ou bien $\int \frac{dx}{x}$, $\int \frac{dx}{\sqrt{1-x^2}}$, nous verrons, avec une infinité de déterminations, s'offrir comme inverse des fonctions elliptiques, l'intégrale d'une nature plus élevée

$$\int \frac{dx}{\sqrt{(1-x^2)(1-k^2x^2)}},$$

où la quantité placée sous le radical est du *quatrième* degré en x.

De la périodicité dans les fonctions circulaires et elliptiques.

Cette propriété importante manifeste d'une manière toute particulière la différence de nature des fonctions qui la possèdent avec les fonctions algébriques rationnelles dont nous les avons tout à l'heure rapprochées, et leur imprime leur caractère le plus apparent en quelque sorte de fonctions transcendantes. C'est d'ailleurs par la périodicité que les sinus et cosinus interviennent dans presque toutes les questions de l'analyse, depuis les études qui ont pour objet les propriétés abstraites des nombres entiers, jusqu'aux applications du calcul à la physique et à l'astronomie. Aussi est-il bien digne d'intérêt d'étudier à ce point de vue, dans la longue chaîne des nouvelles transcendantes, celle qui s'offre à son commencement et se joint immédiatement aux fonctions circulaires, les seules connues pendant si longtemps. C'est au début de leurs travaux qu'Abel et Jacobi firent simultanément la découverte capitale que les fonctions elliptiques possèdent deux périodes, une première qu'on peut toujours supposer réelle, et une autre qui est nécessairement imaginaire. Jacobi démontra en outre qu'une fonction uniforme d'une variable ne pouvait posséder plus de deux périodes, et M. Liouville après lui, embrassant dans toute sa généralité la théorie des fonctions *doublement périodiques*, fit voir qu'elles se réduisaient aux seules fonctions elliptiques, et mit hors de doute la prévision de Jacobi, que ces fonctions résumaient en elles tout ce que pouvait présenter l'analyse à l'égard de la périodicité envisagée dans le sens le plus étendu. Nous allons dans ce qui suit nous occuper du mode d'après lequel se manifeste analytiquement ce fait si remarquable de la double périodicité, en commençant par étudier sous ce point de vue la périodicité simple dans les fonctions circulaires. Mais en premier lieu et en raison de son caractère élémentaire et purement arithmétique, nous donnerons la démonstration de Jacobi sur l'impossibilité d'une fonction à plus de deux périodes.

I. — *Proposition de Jacobi.*

En désignant par a et b deux quantités dont le rapport soit réel et incommensurable, on sait par la théorie des fractions continues qu'il est possible d'approcher de $\frac{a}{b}$ par une infinité de fractions rationnelles $\frac{m}{n}$ de manière à vérifier la condition

$$\frac{a}{b} = \frac{m}{n} + \frac{\varepsilon}{n^2},$$

ε étant moindre que l'unité. De là on tire

$$na - mb = \frac{\varepsilon b}{n}.$$

Or une fonction ayant pour périodes a et b ne changera pas en ajoutant à la variable une somme de multiples de ces quantités par des nombres entiers, telle que $na - mb$. Comme le nombre n peut être pris aussi grand qu'on veut, sans quoi $\frac{a}{b}$ ne serait pas incommensurable, la nouvelle période $na - mb = \frac{\varepsilon b}{n}$ peut être rendue plus petite que toute quantité donnée, et par là nous reconnaissons déjà qu'il ne peut exister de fonction doublement périodique où le rapport des deux périodes serait réel et incommensurable.

C'est à cette même conclusion d'une période infiniment petite, ou du moins dont le module est infiniment petit, que nous allons parvenir en supposant trois périodes imaginaires :

$$a = \alpha + \alpha' \sqrt{-1},$$

$$b = \beta + \beta' \sqrt{-1},$$

$$c = \gamma + \gamma' \sqrt{-1}.$$

Je dis en effet qu'on peut déterminer une infinité de nombres entiers, m, n, p, tels que le module de $am + bn + cp$ soit moindre que toute quantité donnée.

Considérez pour cela la forme quadratique ternaire

$$f = (\alpha x + \beta y + \gamma z)^2 + (\alpha' x + \beta' y + \gamma' z)^2 + \frac{z^2}{\lambda^2},$$

où λ est une quantité réelle arbitraire et dont le déterminant sera

$$\Delta = \frac{(\alpha\beta' - \beta\alpha')^2}{\lambda^2}.$$

Le minimum de f, pour des valeurs entières des indéterminées, aura, comme on sait, pour limite supérieure $\sqrt[3]{2\Delta}$, de sorte qu'en désignant par m, n, p ces valeurs, on aura

$$(\alpha m+\beta n+\gamma p)^2+(\alpha' m+\beta' n+\gamma' p)^2+\frac{p^2}{\lambda^2}<\sqrt[3]{2\Delta},$$

et à plus forte raison

$$(\alpha m+\beta n+\gamma p)^2+(\alpha' m+\beta' n+\gamma' p)^2<\sqrt[3]{2\Delta}.$$

S'il est donc impossible d'avoir à la fois

$$\alpha m+\beta n+\gamma p=0,$$
$$\alpha' m+\beta' n+\gamma' p=0,$$

ou bien

$$am+bn+cp=0,$$

c'est-à-dire si a, b, c, sont trois périodes réellement distinctes, on reconnaît que λ croissant, Δ peut devenir aussi petit qu'on veut et qu'on parvient à des périodes dont le module, ainsi que nous l'avons annoncé, est indéfiniment décroissant. Toutefois nous supposons que le déterminant de la forme quadratique ne soit pas nul. Mais dans ce cas particulier, au lieu de la forme ternaire, on considérera la forme binaire

$$(\alpha x+\beta y)^2+(\alpha' x+\beta' y)^2+\frac{y^2}{\lambda^2}.$$

Sous la condition $\alpha\beta'-\beta\alpha'=0$, son déterminant sera $\dfrac{\alpha^2+\alpha'^2}{\lambda^2}$, et ne pourra plus jamais s'évanouir. Or, en supposant que le minimum soit donné pour $x=m$, $y=n$, on aura

$$(\alpha m+\beta n)^2+(\alpha' m+\beta' n)^2+\frac{n^2}{\lambda^2}<\sqrt{\frac{4(\alpha^2+\alpha'^2)}{3\lambda^2}},$$

et à fortiori

$$(\alpha m+\beta n)^2+(\alpha' m+\beta' n)^2<\sqrt{\frac{4(\alpha^2+\alpha'^2)}{3\lambda^2}},$$

de sorte qu'on pourra raisonner comme précédemment et parvenir à une période $am+bn$ dont le module sera d'une petitesse arbitraire. Ce cas particulier rentre d'ailleurs dans celui dont nous nous sommes occupé en premier lieu, car la condition $\alpha\beta' - \beta\alpha' = 0$, exprime que le rapport $\frac{\alpha + \alpha'\sqrt{-1}}{\beta + \beta'\sqrt{-1}} = \frac{a}{b}$ est réel.

II. — *De la périodicité dans les fonctions circulaires.*

La notion géométrique de ces fonctions, leur définition dans le cercle, met en évidence immédiatement tout ce qui concerne la périodicité, tandis qu'au point de vue de l'analyse pure, en prenant par exemple pour définition les développements :

$$\sin x = x - \frac{x^3}{1.2.3} + \frac{x^5}{1.2.3.4.5} - \ldots,$$
$$\cos x = 1 - \frac{x^2}{1.2} + \frac{x^4}{1.2.3.4} - \ldots,$$

ce caractère si important semble beaucoup plus caché. Il n'en est pas autrement à l'égard de l'exponentielle considérée comme la limite d'un polynôme entier $\left(1 + \frac{x}{m}\right)^m$, ou comme la série $1 + \frac{x}{1} + \frac{x^2}{1.2} + \frac{x^3}{1.2.3} + \ldots$. Mais les fonctions circulaires sont susceptibles d'autres expressions où le caractère périodique apparaît tout aussi immédiatement qu'en géométrie, et qu'il est d'autant plus intéressant d'étudier que d'elles-mêmes, par une généralisation facile, elles conduisent aux fonctions plus élevées qui possèdent deux périodes différentes. Pour premier exemple, je prendrai le développement en produit infini

$$(1) \quad \left\{ \begin{aligned} \sin \pi x = \pi x &\left(1 - \frac{x}{1}\right)\left(1 - \frac{x}{2}\right)\left(1 - \frac{x}{3}\right)\ldots, \\ &\left(1 + \frac{x}{1}\right)\left(1 + \frac{x}{2}\right)\left(1 + \frac{x}{3}\right)\ldots, \end{aligned} \right.$$

qu'on peut considérer comme la limite, pour m infini, du polynôme

$$\varphi(x) = x\left(1 - \frac{x}{1}\right)\left(1 - \frac{x}{2}\right)\ldots\left(1 - \frac{x}{m}\right),$$
$$\left(1 + \frac{x}{1}\right)\left(1 + \frac{x}{2}\right)\ldots\left(1 + \frac{x}{m}\right).$$

Or on voit tout de suite qu'on a

$$\varphi(x+1) = -\varphi(x)\,\frac{m+1+x}{m},$$

ce qui donne, en supposant m infini, $\varphi(x+1) = -\varphi(x)$, d'où l'on conclut $\sin(\pi x+\pi) = -\sin \pi x$, et en remplaçant πx par x, $\sin(x+\pi) = -\sin x$, et par suite $\sin(x+2\pi) = \sin x$.

Nous serons conduit à un second exemple, en prenant la dérivée logarithmique des deux membres de l'équation (1), savoir

$$\begin{aligned}\pi \cot \pi x = \frac{1}{x} + \frac{1}{x-1} + \frac{1}{x-2} + \frac{1}{x-3} + \ldots \\ + \frac{1}{x+1} + \frac{1}{x+2} + \frac{1}{x+3} + \ldots .\end{aligned}$$

En changeant x en $x+1$, le second membre devient

$$\begin{aligned}\frac{1}{x+1} + \frac{1}{x} + \frac{1}{x-1} + \frac{1}{x-2} + \ldots \\ + \frac{1}{x+2} + \frac{1}{x+3} + \frac{1}{x+4} + \ldots,\end{aligned}$$

et par suite se reproduit, car les fractions partielles n'ont fait que changer de place en s'avançant chacune d'un rang. C'est ici qu'on voit s'offrir par une généralisation facile la manière suivante de représenter une fonction ayant pour période une quantité quelconque, à savoir

$$\begin{aligned}\varphi(x)\,\varphi(x-a)\,\varphi(x-2a)\,\varphi(x-3a)\ldots \\ \varphi(x+a)\,\varphi(x+2a)\,\varphi(x+3a)\ldots\end{aligned}$$

$$\begin{aligned}\varphi(x) + \varphi(x-a) + \varphi(x-2a) + \varphi(x-3a) + \ldots \\ + \varphi(x+a) + \varphi(x+2a) + \varphi(x+3a) + \ldots .\end{aligned}$$

La condition de convergence du produit ou de la série infinie est seule à remplir, et si l'on peut y satisfaire en choisissant pour $\varphi(x)$ une fonction qui soit elle-même périodique, on se trouve amené à l'expression d'une fonction à double période. Tel serait, par exemple, le développement

$$\frac{1}{\sin x}+\frac{1}{\sin(x-a)}+\frac{1}{\sin(x-2a)}+\frac{1}{\sin(x-3a)}+\ldots$$
$$+\frac{1}{\sin(x+a)}+\frac{1}{\sin(x+2a)}+\frac{1}{\sin(x+3a)}+\ldots,$$

qui s'offre précisément dans la théorie des fonctions elliptiques, et qu'on prouvera facilement être convergent lorsque la quantité a sera imaginaire. Si l'on supposait a réel, les termes successifs de la série ne tendant pas vers zéro, la divergence serait manifeste, ce qui s'accorde bien avec ce qui a été dit précédemment de l'impossibilité d'une fonction à deux périodes réelles.

Mais on peut ne pas employer l'intermédiaire d'une fonction déjà périodique, et parvenir à l'expression d'une série doublement périodique par ce développement doublement infini

$$\sum \varphi(x+ma+nb),$$

a et b désignant les périodes, m et n des nombres entiers variables auxquels on attribuera toutes les valeurs de $-\infty$ à $+\infty$. Et de même au point de vue des produits infinis, une analogie immédiate conduit à envisager des expressions de la forme

$$\prod x\left(1+\frac{x}{ma+nb}\right),$$

m et n recevant encore toutes les valeurs entières, en n'exceptant que la combinaison $m=0$, $n=0$. Mais l'étude approfondie de ces expressions a révélé une circonstance importante autant que singulière. M. Cayley, dans un Mémoire sur les fonctions doublement périodiques publié dans le *Journal de M. Liouville*, t. X, a fait voir que leur valeur dépendait essentiellement de la loi suivant laquelle on fait croître simultanément jusqu'à l'infini les nombres m et n. Par exemple, on obtient une expression analytique parfaitement définie et déterminée, en admettant la condition que m et n soient les coordonnées d'un point contenu dans l'intérieur d'un cercle $x^2+y^2=R^2$ dont on augmente indéfiniment le rayon. Mais en remplaçant le cercle par une autre courbe, ce sera une autre fonction qui s'offrira à la limite, et au lieu de réaliser de la sorte des fonctions doublement périodiques, qui se reproduisent en changeant x en $x+a$ et $x+b$, on parvient à des fonctions qui se reproduisent multipliées par un facteur exponentiel. Ces fonctions présentent en effet l'élément analytique fondamental sur lequel repose, comme nous le verrons, toute la théorie des fonctions elliptiques. Mais on remarquera que la prévision fondée sur l'analogie des expressions

$$\prod x\left(1+\frac{x}{m}\right),$$

$$\prod x\left(1+\frac{x}{ma+nb}\right),$$

ne se trouve pas justifiée, et que les secondes ne sont pas précisément les fonctions à deux périodes, bien qu'elles en fournissent les éléments essentiels. Ne pouvant exposer dans toute leur étendue ces considérations délicates et intéressantes, nous allons toutefois en donner l'idée en nous bornant aux produits simplement infinis qui conduisent aux fonctions circulaires.

III. — *Sur l'expression* $\prod x\left(1+\frac{x}{m}\right)$.

Le fait principal sur lequel nous voulons appeler l'attention, consiste en ce que ce produit n'est périodique qu'autant qu'on l'envisage comme la limite déjà considérée, savoir

$$x\left(1-\frac{x}{1}\right)\left(1-\frac{x}{2}\right)\cdots\left(1-\frac{x}{m}\right)$$

$$\left(1+\frac{x}{1}\right)\left(1+\frac{x}{2}\right)\cdots\left(1+\frac{x}{m}\right),$$

pour m infiniment grand. Faisons en effet

$$(1)\qquad \begin{cases} \varphi(x) = x\left(1-\dfrac{x}{1}\right)\left(1-\dfrac{x}{2}\right)\cdots\left(1-\dfrac{x}{n}\right), \\ \qquad\qquad \left(1+\dfrac{x}{1}\right)\left(1+\dfrac{x}{2}\right)\cdots\left(1+\dfrac{x}{m}\right), \end{cases}$$

et concevons qu'on augmente indéfiniment m et n en posant la condition

$$m = \omega n,$$

ω désignant une constante désignée à l'avance; nous allons montrer que pour n infini la limite de $\varphi(x)$ dépend de ω, et n'est périodique qu'en supposant $\omega = 1$.

Soit, pour abréger,

$$\sum \frac{1}{x-n} = \frac{1}{x} + \frac{1}{x-1} + \cdots + \frac{1}{x-n},$$

$$\sum \frac{1}{x+m} = \frac{1}{x+1} + \frac{1}{x+2} + \cdots + \frac{1}{x+m},$$

l'équation (1) donne, en prenant la dérivée logarithmique des deux membres,

$$(2)\qquad \frac{\varphi'(x)}{\varphi(x)} = \sum \frac{1}{x-n} + \sum \frac{1}{x+m}.$$

Or on a identiquement :

$$\sum \frac{1}{x-n} = \sum\left(\frac{1}{x-n} + \frac{1}{n}\right) - \sum \frac{1}{n} = \sum \frac{x}{nx-n^2} - \sum \frac{1}{n}.$$

$$\sum \frac{1}{x+m} = \sum\left(\frac{1}{x+m} - \frac{1}{m}\right) + \sum \frac{1}{m} = \sum \frac{1}{mx+m^2} + \sum \frac{1}{m},$$

de sorte qu'en faisant encore

$$\lambda = \sum \frac{1}{m} - \sum \frac{1}{n},$$

on peut écrire

$$\frac{\varphi'(x)}{\varphi(x)} = \sum \frac{x}{nx-n^2} - \sum \frac{x}{mx+m^2} + \lambda,$$

et il s'agit d'obtenir la limite du second membre lorsque m et n croissent jusqu'à l'infini. Or les séries $\sum \frac{x}{nx - n^2}$, $\sum \frac{x}{mx + m^2}$, sont l'une et l'autre convergentes, ont séparément des sommes finies et donnent lieu par conséquent à des limites parfaitement déterminées, où la condition $n = \omega n$ ne peut jouer un rôle. Mais il n'en est plus de même à l'égard des séries $\sum \frac{1}{m}$, $\sum \frac{1}{n}$, dont les sommes croissent indéfiniment avec m et n, d'où résulte que λ se présente comme la différence indéterminée de deux infinis, et il s'agit d'en obtenir la valeur.

Nous représenterons à cet effet, par une intégrale définie, la série $\frac{1}{1} + \frac{1}{2} + \cdots + \frac{1}{m}$, en partant de la relation

$$\int_0^1 x^{\mu-1}\, dx = \frac{1}{\mu}.$$

On aura effectivement

$$\frac{1}{1} + \frac{1}{2} + \cdots + \frac{1}{m} = \int_0^1 dx\,(1 + x + \ldots + x^{m-1})$$
$$= \int_0^1 dx\, \frac{1 - x^m}{1 - x},$$

et il en résulte que la différence des deux séries semblables $\sum \frac{1}{m}$, $\sum \frac{1}{n}$, s'exprime par

$$\int_0^1 dx\, \frac{1 - x^m}{1 - x} - \int_0^1 dx\, \frac{1 - x^n}{1 - x} = \int_0^1 dx\, \frac{x^n - x^m}{1 - x},$$

et il s'agit de trouver ce que donne cette intégrale en posant $m = \omega n$, et faisant n infiniment grand. On y parvient aisément par cette transformation très-simple

$$x = 1 - \frac{z}{n}.$$

On a en effet

$$\int_0^1 dx\,\frac{x^n - x^{\omega n}}{1-x} = \int_n^0 dz\,\frac{\left(1-\frac{z}{n}\right)^{\omega n} - \left(1-\frac{z}{n}\right)^n}{z}$$

$$= \int_0^n dz\,\frac{\left(1-\frac{z}{n}\right)^{n} - \left(1-\frac{z}{n}\right)^{\omega n}}{z},$$

et par conséquent, pour n infini, l'intégrale bien connue

$$\int_0^\infty \frac{e^{-z} - e^{-\omega z}}{z} = l\,\omega.$$

La quantité désignée par λ ayant ainsi pour valeur $l\omega$, ne s'évanouit qu'en supposant $\omega = 1$, et dans ce cas l'équation (2) devient

$$\frac{\varphi' x}{\varphi x} = \frac{1}{x} + \frac{1}{x-1} + \frac{1}{x-2} + \cdots + \frac{1}{x-m}$$
$$+ \frac{1}{x+1} + \frac{1}{x+2} + \cdots + \frac{1}{x+m},$$

et il est visible qu'on peut remplacer les deux séries infinies par cette seule série convergente

$$\frac{\varphi' x}{\varphi x} = \frac{1}{x} + \frac{2x}{x^2-1} + \frac{2x}{x^2-4} + \cdots + \frac{2x}{x^2-m^2} + \cdots,$$

dont la somme est $\pi \cot \pi x$. Mais en général, et en laissant entre m et n le rapport arbitraire ω, on aura

$$\frac{\varphi'(x)}{\varphi(x)} = \pi \cot \pi x + l\omega,$$

d'où

$$\int dx\,\frac{\varphi'(x)}{\varphi(x)} = l \sin \pi x + x\,l\omega + \text{const.},$$

et par suite

$$\varphi(x) = \mathrm{C}e^{x l \omega} \sin \pi x,$$

C étant une constante.

Ce résultat met en évidence le genre particulier d'indétermination que comporte l'expression $\prod x\left(1+\frac{x}{m}\right)$ et pourra servir à faire comprendre le fait analogue relatif au produit doublement infini $\prod x\left(1+\frac{x}{am+bn}\right)$ dont la valeur générale s'obtient en multipliant par une exponentielle de la forme $e^{\alpha x^2+\beta x+\gamma}$ une valeur particulière, déterminée en définissant par une courbe, comme nous l'avons dit plus haut, la loi suivant laquelle on associe les nombres entiers m et n, en les faisant croître indéfiniment. Mais, sous un point de vue plus général, on peut se demander s'il existe des fonctions uniformes et entières qui aient deux périodes. Tel est l'objet de la proposition suivante, due à M. Liouville, et dont l'illustre géomètre a fait la base d'une théorie complète des fonctions doublement périodiques (*).

IV. — *Proposition de M. Liouville.*

Elle consiste en ce que toute fonction uniforme $f(x)$, possédant deux périodes a et b, se réduit nécessairement à une constante si elle ne devient infinie pour aucune valeur de la variable. Partons en effet de l'expression suivante, de toute fonction entière, uniforme, ayant pour période a, savoir :

$$f(x)=\sum_{-\infty}^{+\infty}{}_m \mathrm{A}_m e^{2m\frac{i\pi x}{a}}.$$

La condition $f(x+b)=f(x)$ donnera l'égalité

$$\sum \mathrm{A}_m e^{2m\frac{i\pi b}{a}} e^{2m\frac{2i\pi x}{a}}=\sum \mathrm{A}_m e^{2m\frac{i\pi x}{a}},$$

et si l'on multiplie les deux membres par $e^{-2m\frac{i\pi x}{a}}$, on trouve, en intégrant entre les limites zéro et a,

$$\mathrm{A}_m e^{2m\frac{i\pi b}{a}}=\mathrm{A}_m.$$

(*) On pourra consulter sur ce sujet l'ouvrage de MM. Briot et Bouquet, intitulé : *Théorie des fonctions doublement périodiques et en particulier des fonctions elliptiques*. Paris, Mallet-Bachelier.

On en conclut que A_m est nul, car en supposant imaginaire, ainsi qu'on le doit, le rapport des deux périodes $\frac{b}{a}$, on ne peut avoir $e^{2m\frac{i\pi b}{a}} = 1$ que pour la seule valeur $m = 0$. A_m devant être supposé nul pour toute valeur de m, sauf $m = 0$, on voit que $f(x)$ se réduit à la constante A_0.

Cette proposition aussi simple qu'importante nous fait voir que les fonctions à deux périodes seront nécessairement des transcendantes fractionnaires; elle rend compte à priori des singularités que présente la nature des produits doublement infinis $\prod x\left(1+\frac{x}{ma+nb}\right)$, et montre l'impossibilité de donner pour origine aux fonctions à deux périodes l'expression plus générale

$$\varphi(x)\,\varphi(x-a)\,\varphi(x-2a)\,\varphi(x-3a)\ldots$$
$$\varphi(x+a)\,\varphi(x+2a)\,\varphi(x+3a)\ldots,$$

en prenant pour $\varphi(x)$ une fonction périodique entière. Mais ces expressions, si elles ne peuvent conduire aux fonctions à double période, nous amènent à celles qui leur servent de numérateur et de dénominateur, et c'est à ce moment qu'à proprement parler nous entrons dans l'étude des fonctions elliptiques.

Définition des fonctions $\Theta(x)$, $\mathrm{H}(x)$, leur expression en produits et en séries.

Rien n'est plus important ni plus digne d'intérêt que l'étude attentive des procédés par lesquels, en partant des notions antérieurement acquises, on parvient à la connaissance d'une fonction nouvelle qui devient l'origine d'un nouvel ordre de notions analytiques, et un traité complet sur le sujet qui nous occupe ne devrait omettre aucune des méthodes découvertes et suivies à l'égard des fonctions $\Theta(x)$ et $\mathrm{H}(x)$. Mais ici nous n'en indiquerons que deux, la première se liant naturellement à ce qui précède, et la seconde devant nous permettre de donner un aperçu sur les fonctions analogues, mais à plusieurs variables et d'un ordre plus élevé qu'on nomme fonctions *abéliennes* ou *ultra-elliptiques*.

I. — *Première méthode.*

Nous adopterons désormais les notations employées par Jacobi dans l'immortel ouvrage intitulé: *Fundamenta nova theoriæ functionum ellipticarum,* et nous représenterons les quantités qui serviront de périodes par K et iK', i désignant $\sqrt{-1}$. Cela posé, en désignant par $\varphi(x)$ une fonction entière ayant pour période $2K$, nous considérerons, au lieu des expressions

$$\varphi(x)\,\varphi(x-iK')\,\varphi(x+2iK')\ldots$$
$$\varphi(x+iK')\,\varphi(x+2iK')\ldots,$$

que nous savons ne pouvoir servir à la définition d'une fonction entièrement déterminée, la suivante:

$$\Phi(x)=\varphi(x+iK')\,\varphi(x+3iK')\,\varphi(x+5iK')\ldots$$
$$\varphi(-x+iK')\,\varphi(-x+3iK')\,\varphi(-x+5iK')\ldots.$$

On aura d'abord

$$\Phi(x+2K)=\Phi(x),$$

et on trouvera ensuite immédiatement

$$\Phi(x+2iK')=\Phi(x)\,\frac{\varphi(-x-iK')}{\varphi(x+iK')}.$$

On n'a donc pas ainsi une fonction doublement périodique, mais ce nouveau type d'expressions conduit, comme nous allons voir, à des fonctions parfaitement définies et déterminées.

Soit, par exemple, la fonction entière ayant $2K$ pour période

$$\varphi(x)=1-e^{\frac{i\pi x}{K}},$$

ce qui donnera

$$\frac{\varphi(-x-iK')}{\varphi(x+iK')}=-e^{-\frac{i\pi}{K}(x+iK')}.$$

En posant

$$q = e^{-\pi \frac{K'}{K}},$$

on trouvera

$$\varphi[x + (2m+1)iK']\,\varphi[-x + (2m+1)iK'] = 1 - 2q^{2m+1}\cos\frac{\pi x}{K} + q^{4m+2},$$

et par suite

$$\Phi(x) = \left(1 - 2q\cos\frac{\pi x}{K} + q^2\right)\left(1 - 2q^3\cos\frac{\pi x}{K} + q^6\right) \times \left(1 - 2q^5\cos\frac{\pi x}{K} + q^{10}\right)\cdots$$

Or il suffit que le module de q soit inférieur à l'unité pour que ce produit représente une fonction complétement définie et déterminée, car la dérivée logarithmique donne cette série

$$\frac{\Phi'(x)}{\Phi(x)} = \frac{2\pi}{K}\sin\frac{\pi x}{K}\left(\frac{q}{1 - 2q\cos\frac{\pi x}{K} + q^2} + \frac{q^3}{1 - 2q^3\cos\frac{\pi x}{K} + q^6} + \frac{q^5}{1 - 2q^5\cos\frac{\pi x}{K} + q^{10}} + \cdots\right),$$

qui dans ce cas est toujours convergente, quelle que soit la valeur réelle ou imaginaire de la variable x.

En introduisant en facteur une constante A, nous poserons avec Jacobi

$$\Theta(x) = A\Phi(x),$$

ou bien

$$\Theta\left(\frac{2Kx}{\pi}\right) = A(1 - 2q\cos 2x + q^2)(1 - 2q^3\cos 2x + q^6) \times (1 - 2q^5\cos 2x + q^{10})\cdots$$

C'est la première des fonctions que nous voulions définir; elle vérifie les relations

$$(1)\qquad \begin{cases} \Theta(x + 2K) = \Theta(x), \\ \Theta(x + 2iK') = -\Theta(x)\,e^{-\frac{i\pi}{K}(x + iK')}, \end{cases}$$

qui servent de base à la théorie.

En second lieu, soit

$$\mathrm{H}(x) = -i\Theta(x + i\mathrm{K}')\, e^{\frac{i\pi}{4\mathrm{K}}(2x+i\mathrm{K}')},$$

on trouve immédiatement les relations toutes semblables aux précédentes :

$$(2) \qquad \begin{cases} \mathrm{H}(x+2\mathrm{K}) = -\mathrm{H}(x), \\ \mathrm{H}(x+2i\mathrm{K}') = -\mathrm{H}(x)\, e^{-\frac{i\pi}{\mathrm{K}}(x+i\mathrm{K}')}, \end{cases}$$

et pour l'expression développée, la formule

$$\mathrm{H}\left(\frac{2\mathrm{K}x}{\pi}\right) = \mathrm{A}.2\sqrt[4]{q}\sin x\,(1-2q^2\cos 2x+q^4)(1-2q^4\cos 2x+q^8) \times (1-2q^6\cos 2x+q^{12})\ldots.$$

C'est la seconde de nos fonctions fondamentales; en la divisant par la première, on obtient une fonction à double période, car, à cause des relations (1) et (2), le quotient $\frac{\mathrm{H}(x)}{\Theta(x)}$ satisfait aux conditions

$$\frac{\mathrm{H}(x+2\mathrm{K})}{\Theta(x+2\mathrm{K})} = -\frac{\mathrm{H}(x)}{\Theta(x)},$$

$$\frac{\mathrm{H}(x+4\mathrm{K})}{\Theta(x+4\mathrm{K})} = \frac{\mathrm{H}(x)}{\Theta(x)},$$

$$\frac{\mathrm{H}(x+2i\mathrm{K}')}{\Theta(x+2i\mathrm{K}')} = \frac{\mathrm{H}(x)}{\Theta(x)}.$$

Faisons enfin

$$\Theta_1(x) = \Theta(x+\mathrm{K}),$$
$$\mathrm{H}_1(x) = \mathrm{H}(x+\mathrm{K}),$$

c'est-à-dire

$$\Theta_1\left(\frac{2\mathrm{K}x}{\pi}\right) = \mathrm{A}(1+2q\cos 2x+q^2)(1+2q^3\cos 2x+q^6) \times (1+2q^5\cos 2x+q^{10})\ldots,$$

$$\mathrm{H}_1\left(\frac{2\mathrm{K}x}{\pi}\right) = \mathrm{A}\,2\sqrt[4]{q}\cos x\,(1+2q^2\cos 2x+q^4)(1+2q^4\cos 2x+q^8) \times (1+2q^6\cos 2x+q^{12})\ldots.$$

Ces deux nouvelles fonctions conduisent aux relations :

$$(3)\quad \begin{cases} \Theta_1(x+2K) = \Theta_1(x), \\ \Theta_1(x+2iK') = \Theta_1(x)\, e^{-\frac{i\pi}{K}(x+iK')}, \end{cases}$$

$$(4)\quad \begin{cases} H_1(x+2K) = -H_1(x), \\ H_1(x+2iK') = H_1(x)\, e^{-\frac{i\pi}{K}(x+iK')}, \end{cases}$$

de sorte que les quotients $\frac{H_1(x)}{\Theta(x)}$, $\frac{\Theta_1(x)}{\Theta(x)}$, seront encore des fonctions à double période qui se lient chacune à la précédente à peu près comme le sinus au cosinus, et complètent le système des trois nouvelles transcendantes dont l'étude constitue la théorie des fonctions elliptiques. Nous allons les retrouver sous une forme analytique différente, qui les rattache aux transcendantes ultra-elliptiques à plusieurs variables et à périodicité multiple. Mais cette première méthode a l'avantage de donner immédiatement les racines en nombre infini des équations transcendantes qu'on obtient en égalant à zéro chacune de ces fonctions, savoir :

$$\begin{cases} \Theta(x) = 0, & x = 2mK + (2m'+1)iK', \\ H(x) = 0, & x = 2mK + 2m'iK', \\ \Theta_1(x) = 0, & x = (2m+1)K + (2m'+1)iK', \\ H_1(x) = 0, & x = (2m+1)K + (2m'+1)iK', \end{cases}$$

m et m' désignant des nombres entiers quelconques. Aux diverses relations fondamentales que nous venons de donner, nous joindrons encore celles-ci, dont il est souvent fait usage :

$$\begin{cases} \Theta(x+iK') = iH(x)\, e^{-\frac{i\pi}{4K}(2x+iK')}, \\ H(x+iK') = i\Theta(x)\, e^{-\frac{i\pi}{4K}(2x+iK')}, \\ \Theta_1(x+iK') = H_1(x)\, e^{-\frac{i\pi}{4K}(2x+iK)}, \\ H_1(x+iK') = \Theta_1(x)\, e^{-\frac{i\pi}{4K}(2x+iK')}. \end{cases}$$

Enfin nous remarquerons que ces fonctions ne changent point

en y remplaçant x par λx, K et K' par λK et λK', de sorte qu'on peut particulariser l'une des périodes, prendre par exemple K = 1, car de ce cas spécial on reviendra immédiatement à nos expressions générales. Mais c'est une particularisation différente de celle-là que nous aurons à mettre en usage, et dont nous parlerons lorsqu'elle viendra naturellement s'offrir.

II. — *Deuxième méthode.*

La proposition de M. Liouville consistant en ce qu'une fonction uniforme entière $\sum A_m e^{2m\frac{i\pi x}{a}}$, qui admet la période a, ne peut, sans se réduire à une constante, admettre une autre période b, conduit naturellement à rechercher l'expression analytique des fonctions à double période sous la forme fractionnaire,

$$\frac{\sum A_m e^{2m\frac{i\pi x}{a}}}{\sum B_m e^{2m\frac{i\pi x}{a}}}.$$

Essayons, d'après cela, de déterminer A_m et B_m par la condition

$$\frac{\sum A_m e^{2m\frac{i\pi x}{a}}}{\sum B_m e^{2m\frac{i\pi x}{a}}} = \frac{\sum A_m e^{2m\frac{i\pi}{a}(x+b)}}{\sum B_m e^{2m\frac{i\pi}{a}(x+b)}},$$

b désignant la seconde période. Faisant, pour abréger,

$$q = e^{i\pi\frac{b}{a}},$$

il viendra, en chassant les dénominateurs,

$$\sum A_m e^{2m\frac{i\pi x}{a}} \sum B_m e^{2m\frac{i\pi}{a}(x+b)}$$
$$= \sum B_m e^{2m\frac{i\pi x}{a}} \sum A_m e^{2m\frac{i\pi}{a}(x+b)},$$

et dans cette nouvelle égalité les coefficients d'une même exponentielle $e^{2\mu\frac{i\pi x}{a}}$ devront être égaux. Or on reconnaît immédiatement que ces coefficients seront les séries

$$\sum_{-\infty}^{+\infty}{}_m \mathrm{A}_{\mu-m}\mathrm{B}_m q^{2m} \quad \text{et} \quad \sum_{-\infty}^{+\infty}{}_m \mathrm{A}_{\mu-m}\mathrm{B}_m q^{2(\mu-m)},$$

de sorte qu'en mettant pour un instant n au lieu de m pour indice dans le terme général de la seconde, on sera conduit à cette égalité, qui devra avoir lieu quel que soit μ :

$$\sum_{-\infty}^{+\infty}{}_m \mathrm{A}_{\mu-m}\mathrm{B}_m q^{2m} = \sum_{-\infty}^{+\infty}{}_n \mathrm{A}_{\mu-n}\mathrm{B}_n q^{2(\mu-n)}.$$

Il pourra sembler difficile de tirer de là les fonctions inconnues A_m et B_m dans toute leur généralité : aussi nous bornerons-nous à chercher cette solution qui s'offre d'elle-même, et qui consiste à obtenir l'égalité des séries en les rendant identiques. Nous poserons donc

$$\mathrm{A}_{\mu-m}\mathrm{B}_m q^{2m} = \mathrm{A}_{\mu-n}\mathrm{B}_n q^{2(\mu-n)},$$

et nous imaginerons que n soit exprimé en fonction de m, de manière que ces deux quantités puissent représenter en même temps la série complète des nombres entiers. C'est ce qu'on obtiendra en faisant

$$n = m + k,$$

k étant entier, et après avoir écrit l'égalité précédente sous la forme

$$\frac{\mathrm{A}_{\mu-m}}{q^{2(\mu-n)}\mathrm{A}_{\mu-n}} = \frac{\mathrm{B}_n}{q^{2m}\mathrm{B}_m},$$

on trouvera ainsi

$$\frac{\mathrm{A}_{\mu-m}}{q^{2(\mu-m-k)}\mathrm{A}_{\mu-m-k}} = \frac{\mathrm{B}_{m+k}}{q^{2m}\mathrm{B}_m}.$$

Mais devant satisfaire quel que soit μ à cette condition, on pourra poser

$$\mu - m - k = m',$$

m' étant entièrement indépendant de m, ce qui donnera

$$\frac{A_{m'+k}}{q^{2m'} A_{m'}} = \frac{B_{m+k}}{q^{2m} B_m},$$

d'où l'on voit que chaque membre est une quantité constante. Ainsi les fonctions inconnues A_m et B_m sont deux solutions de cette même équation aux différences finies

$$\frac{z_{m+k}}{q^{2m} z_m} = \text{const.},$$

dont l'intégrale générale est

$$z_m = q^{\frac{m^2}{2k} + \alpha m} u_m,$$

α dépendant de la constante du second membre, et u_m devant vérifier la condition

$$u_{m+k} = u_m.$$

Cette quantité α peut être particularisée, comme on le voit, sans restreindre la généralité du résultat, car il suffira pour la retrouver de changer dans la fonction x en $x + \beta$; nous la supposerons égale à zéro, et nous prendrons pour A_m et B_m les valeurs suivantes :

$$A_m = a_m q^{\frac{m^2}{k}},$$

$$B_m = b_m q^{\frac{m^2}{k}},$$

les quantités a_m et b_m vérifiant les conditions

$$a_{m+k} = a_m,$$
$$b_{m+k} = b_m.$$

Ainsi en faisant

$$\Phi(x) = \sum_{-\infty}^{+\infty}{}_m\, a_m q^{\frac{m^2}{k}} e^{2m\frac{i\pi x}{a}},$$

$$\Pi(x) = \sum_{-\infty}^{+\infty}{}_m\, b_m q^{\frac{m^2}{k}} e^{2m\frac{i\pi x}{a}},$$

le quotient $\frac{\Phi(x)}{\Pi(x)}$ sera l'expression d'une fonction doublement périodique, donnée par notre analyse, et il s'agit maintenant d'étudier de plus près ces séries remarquables auxquelles nous sommes conduit pour le numérateur et le dénominateur.

En premier lieu et relativement à la convergence, si l'on suppose, comme nous l'avons fait déjà, le module de $\mathfrak{q}$ inférieur à l'unité, le nombre entier k qui demeure arbitraire devra évidemment être pris positif; mais cette condition admise, les deux séries considérées comme procédant suivant les puissances quadratiques de $\mathfrak{q}$ présenteront pour toutes les valeurs réelles ou imaginaires de la variable la convergence la plus rapide, et dont aucun exemple n'avait encore été donné en analyse. En second lieu et pour saisir de quelle manière se réalise la double périodicité dans le quotient, changeons x en $x+b$, par exemple, dans le numérateur. On trouvera

$$\Phi(x+b) = \sum a_m \mathfrak{q}^{\frac{m^2}{k}} e^{2m\frac{i\pi}{a}(x+b)},$$

ou bien

$$\Phi(x+b) = \sum a_m \mathfrak{q}^{\frac{m^2}{k}+2m} e^{2m\frac{i\pi x}{a}},$$

en ayant égard à la valeur de $\mathfrak{q} = e^{\frac{i\pi b}{a}}$. Mais dans le terme général il est permis de remplacer m par $m-k$, puisque l'indice doit recevoir toutes les valeurs entières de $-\infty$ à $+\infty$; on trouve ainsi et en faisant $a_{m-k} = a_m$,

$$\begin{aligned}\Phi(x+b) &= \sum a_m \mathfrak{q}^{\frac{(m-k)^2}{k}+2(m-k)} e^{2(m-k)\frac{i\pi x}{a}} \\ &= \sum a_m \mathfrak{q}^{\frac{m^2}{k}-k} e^{2(m-k)\frac{i\pi x}{a}} \\ &= \mathfrak{q}^{-k} e^{-2k\frac{i\pi x}{a}} \sum a_m \mathfrak{q}^{\frac{m^2}{k}} e^{2m\frac{i\pi x}{a}},\end{aligned}$$

de sorte que la série primitive $\Phi(x)$ se reproduit en facteur.

Nous écrirons cette relation fondamentale sous la forme suivante :

$$\Phi(x+b) = \Phi(x)\, e^{-k\frac{i\pi}{a}(2x+b)},$$

et en observant qu'elle a été obtenue sans rien supposer sur les coefficients arbitraires a_m, nous y joindrons celle-ci :

$$\Pi(x+b) = \Pi(x)\, e^{-k\frac{i\pi}{a}(2x+b)}.$$

Par là se manifeste de la manière la plus claire à quoi tient la double périodicité du quotient des deux fonctions $\Phi(x)$ et $\Pi(x)$. Chacune d'elles admet la période a, et lorsqu'on y change x en $x+b$, elles ne font qu'acquérir un même facteur exponentiel qui disparaît par la division (*).

Bientôt on verra le rôle important que joue le nombre entier k qui introduit au numérateur et au dénominateur, k constantes arbitraires d'après les relations

$$a_{m+k} = a_m,$$
$$b_{m+k} = b_m.$$

Mais nous devons dès à présent remarquer qu'il est impossiblé de satisfaire aux conditions

$$\Phi(x+a) = \Phi(x),$$
$$\Phi(x+b) = \Phi(x)\, e^{-k\frac{i\pi}{a}(2x+b)},$$

par d'autres fonctions *uniformes entières*, que par la série pré-

---

(*) Dans le cas où k est un nombre pair, on remarquera la relation suivante. Faisons

$$\Phi_0(x) = \sum a_{m+\frac{1}{2}k}\, q^{\frac{m^2}{k}}\, e^{2m\frac{i\pi x}{a}},$$

fonction qui ne diffère de $\Phi(x)$ qu'en ce que les constantes arbitraires a_m sont disposées dans un autre ordre ; on aura

$$\Phi\left(x+\frac{b}{2}\right) = \Phi_0(x)\, e^{-\frac{ki\pi}{2a}(2x+b)}.$$

cédente. Qu'on fasse en effet, pour se placer dans cette hypothèse en vérifiant la première de ces conditions,

$$\Phi(x) = \sum A_m e^{2m\frac{i\pi x}{a}},$$

ou plutôt

$$\Phi(x) = \sum a_m q^{\frac{m^2}{k}} e^{2m\frac{i\pi x}{a}},$$

il viendra, en substituant dans la seconde égalité et en comparant les coefficients d'une même exponentielle, $a_{m+k} = a_m$. Avant d'aller plus loin, nous nous proposerons dans une courte digression de dire quelques mots d'une généralisation aussi remarquable qu'importante des séries que nous venons de rencontrer.

III. — *Aperçu sur les fonctions de plusieurs variables à périodicité multiple.*

Une fonction $f(x_1, x_2, \ldots, x_n)$ de n variables peut être périodique non-seulement par rapport à chaque variable considérée isolément, mais par rapport à leur ensemble, lorsqu'elle vérifie une condition de cette forme

$$f(x_1 + a_1, x_2 + a_2, \ldots, x_n + a_n) = f(x_1, x_2, \ldots, x_n).$$

Sous ce point de vue plus général, on a d'abord cette proposition qu'une fonction uniforme de n variables ne peut admettre plus de $2n$ périodes simultanées (*). Mais il est extrêmement remarquable et c'est à M. le Dr Riemann de Göttingue qu'on doit cette belle découverte analytique, qu'à l'égard des fonctions uniformes ou bien déterminées, les $2n$ périodes simultanées ne peuvent être des quantités données à priori, et indépendantes les unes des autres. Qu'on forme en effet avec n périodes simultanées convenablement choisies :

$$\begin{array}{l} a_1, \; a_2, \ldots, \; a_n, \\ b_1, \; b_2, \ldots, \; b_n, \\ \ldots\ldots\ldots\ldots \\ g_1, \; g_2, \ldots, \; g_n, \end{array}$$

(*) Si elle est entière, elle n'en peut admettre plus de n.

les n fonctions linéaires

$$X_1 = a_1 x_1 + b_1 x_2 + \ldots + g_1 x_n,$$
$$X_2 = a_2 x_1 + b_2 x_2 + \ldots + g_2 x_n,$$
$$\ldots\ldots\ldots\ldots\ldots\ldots$$
$$X_n = a_n x_1 + b_n x_2 + \ldots + g_n x_n.$$

En posant

$$f(X_1, X_2, \ldots, X_n) = F(x_1, x_2, \ldots, x_n),$$

on aura une fonction transformée simplement périodique par rapport à chaque variable, mais qui conservera n autres périodes simultanées, et c'est à leur égard que se manifeste dans toute sa simplicité la relation que nous voulons énoncer. Représentons-les par

$$A_1, A_2, \ldots, A_n,$$
$$B_1, B_2, \ldots, B_n,$$
$$\ldots\ldots\ldots\ldots$$
$$G_1, G_2, \ldots, G_n.$$

La proposition de M. Riemann consiste en ce que les termes de ce tableau qui sont placés symétriquement par rapport à la diagonale $A_1, B_2, \ldots, G_n$, sont égaux entre eux, ou, ce qui revient au même, en ce que les fonctions linéaires

$$A_1 x_1 + A_2 x_2 + \ldots + A_n x_n,$$
$$B_1 x_1 + B_2 x_2 + \ldots + B_n x_n,$$
$$\ldots\ldots\ldots\ldots\ldots\ldots$$
$$G_1 x_1 + G_2 x_2 + \ldots + G_n x_n,$$

sont les dérivées partielles d'une même forme quadratique à n indéterminées.

Voici maintenant la généralisation des séries relatives aux fonctions à double période, et qui donnent l'expression analytique des fonctions analogues à n variables et $2n$ périodes simultanées.

Représentons la forme quadratique dont il vient d'être question par $\varphi(x_1, x_2, \ldots, x_n)$ et posons

$$\Phi(x_1, x_2, \ldots, x_n) = \sum a_{m_1, m_2, \ldots}\, e^{2i\pi(m_1 x_1 + m_2 x_2 + \ldots) + \frac{i\pi}{k}\varphi(m_1, m_2, \ldots)}$$

le signe $\sum$ s'étendant à toutes les valeurs entières de $-\infty$ à $+\infty$ des n indices $m_1, m_2, \ldots, m_n$, et le coefficient constant $a_{m_1, m_2, \ldots, m_n}$ étant assujetti à la condition de reprendre la même valeur lorsqu'on augmente du nombre entier k l'un quelconque des indices. Cette fonction est évidemment périodique à l'égard de chacune des variables considérée séparément, et voici la propriété fondamentale qui la rattache aux séries elliptiques.

Désignons par $a_1, a_2, \ldots, a_n$, n nombres entiers arbitraires, on aura

$$\Phi\left(x_1 + \frac{1}{2}\frac{d\varphi}{da_1},\ x_2 + \frac{1}{2}\frac{d\varphi}{da_n},\ \ldots,\ x_n + \frac{1}{2}\frac{d\varphi}{da_n}\right)$$

$$= \Phi(x_1, x_2, \ldots, x_n)\, e^{-ki\pi[2\alpha_1 x_1 + 2a_2 x_2 + \ldots + \varphi(a_1, a_2, \ldots)]}.$$

Cette relation ne contenant pas les constantes $a_{m_1, m_2, \ldots, m_n}$, une autre série $\Pi(x_1, x_2, \ldots, x_n)$, où ces constantes auront des déterminations différentes, donnera de même

$$\Pi\left(x_1 + \frac{1}{2}\frac{d\varphi}{da_1},\ x_2 + \frac{1}{2}\frac{d\varphi}{da_2},\ \ldots,\ x_n + \frac{1}{2}\frac{d\varphi}{da_n}\right)$$

$$= \Pi(x_1, x_2, \ldots, x_n)\, e^{-ki\pi[2a_1 x_1 + 2a_2 x_2 + \ldots + \varphi(a_1, a_2, \ldots)]}.$$

Il en résulte que le quotient $\dfrac{\Phi(x_1, x_2, \ldots, x_n)}{\Pi(x_1, x_2, \ldots, x_n)}$ représentera une fonction de n variables à $2n$ périodes, n d'entre elles égales à l'unité et appartenant séparément à chaque variable, les n autres étant les termes du tableau dont on a déduit la forme quadratique $\varphi(x_1, x_2, \ldots, x_n)$. Elles résultent effectivement des égalités précédentes, en y supposant successivement nuls, sauf un seul qu'on prendra égal à l'unité, les nombres entiers

$a_1, a_2, \ldots, a_n$. Nous voyons aussi figurer dans les séries un entier k dont dépend le nombre des constantes arbitraires qu'elles renferment; or ce nombre sera limité et fini, lorsque la condition suivante, dont la découverte appartient encore à M. Riemann, sera remplie.

Soit

$$
\begin{array}{l}
p_1, p_2, \ldots, p_n, \\
q_1, q_2, \ldots, q_n, \\
\ldots\ldots\ldots\ldots \\
s_1, s_2, \ldots, s_n,
\end{array}
$$

un système de n^2 constantes arbitraires, il sera nécessaire et suffisant que les fonctions

$$
\begin{array}{l}
\mathrm{f}(x_1 + p_1,\ x_2 + p_2, \ldots,\ x_n + p_n), \\
\mathrm{f}(x_1 + q_1,\ x_2 + q_2, \ldots,\ x_n + q_n), \\
\ldots\ldots\ldots\ldots\ldots\ldots\ldots\ldots \\
\mathrm{f}(x_1 + s_1,\ x_2 + s_2, \ldots,\ x_n + s_n),
\end{array}
$$

égalées à zéro ou à l'infini, n'admettent qu'un nombre fini et limité de solutions qu'on ne puisse réduire les unes aux autres en ayant égard aux périodes.

C'est à Göpel et à M. Rosenhaim qu'est due la première notion des séries dont nous venons de parler, et leur application dans le cas de deux variables, à l'expression des fonctions inverses des intégrales de radicaux carrés de polynômes du cinquième ou du sixième degré. M. Weierstrass, dépassant de beaucoup les résultats obtenus par ces deux illustres analystes, résolut dans toute sa généralité à l'aide des mêmes séries le problème de l'inversion des intégrales de radicaux carrés de polynômes de degré quelconque. Après lui, en suivant une voie toute différente, M. Riemann parvint aux mêmes résultats, et c'est dans le champ plus vaste encore des transcendantes à différentielles algébriques quelconques que ces deux grands géomètres se rencontrèrent en obtenant en même temps la solution du problème si général de l'inversion des intégrales de fonctions algébriques quelconques, l'une des plus belles et des plus importantes questions qui se soient jamais offertes en analyse.

IV. — *Comparaison entre les expressions sous forme de produits infinis et de séries des fonctions* Θ *et* H.

Nous venons, dans un rapide aperçu, de montrer le lien et l'analogie des séries qui donnent l'expression des fonctions doublement périodiques à une seule variable, et de celles qui conduisent aux transcendantes abéliennes les plus générales. Mais le cas le plus simple dont nous allons nous occuper exclusivement est le seul où ait lieu une décomposition en facteurs que ne comportent aucunement les cas plus généraux où les séries renferment deux ou un plus grand nombre de variables. Le rapprochement de ces deux genres d'expressions se présente de lui-même, et résulte de ces relations qui ont été précédemment données et que nous réunissons ici :

$$\Theta(x+2\mathrm{K})=\Theta(x) \qquad \Theta(x+2i\mathrm{K}')=-\Theta(x)\,e^{-\frac{i\pi}{\mathrm{K}}(x+i\mathrm{K}')},$$

$$\mathrm{H}(x+2\mathrm{K})=-\mathrm{H}(x) \quad \mathrm{H}(x+2i\mathrm{K}')=-\mathrm{H}(x)\,e^{-\frac{i\pi}{\mathrm{K}}(x+i\mathrm{K}')},$$

$$\Theta_1(x+2\mathrm{K})=\Theta_1(x) \qquad \Theta_1(x+2i\mathrm{K}')=\Theta_1(x)\,e^{-\frac{i\pi}{\mathrm{K}}(x+i\mathrm{K}')}.$$

$$\mathrm{H}_1(x+2\mathrm{K})=-\mathrm{H}_1(x) \quad \mathrm{H}_1(x+2i\mathrm{K}')=\mathrm{H}_1(x)\,e^{-\frac{i\pi}{\mathrm{K}}(x+i\mathrm{K}')}.$$

Comme on a évidemment

$$\Theta(x+4\mathrm{K})=\Theta(x), \quad \mathrm{H}(x+4\mathrm{K})=\mathrm{H}(x),$$

on voit que les fonctions $\Theta(x)$ et $\mathrm{H}(x)$ satisfont toutes deux à ces conditions.

$$\Phi(x+4\mathrm{K})=\Phi(x),$$

$$\Phi(x+2i\mathrm{K}')=-\Phi(x)\,e^{-\frac{i\pi}{\mathrm{K}}(x+i\mathrm{K}')},$$

et les fonctions $\Theta_1(x)$ et $H_1(x)$ à celles-ci pour une raison semblable,

$$\Phi(x+4K)=\Phi(x),$$

$$\Phi(x+2iK')=\Phi(x)\,e^{-\frac{i\pi}{K}(x+iK')}.$$

Mais ce sont précisément celles que vérifie l'expression générale

$$\Phi(x)=\sum a_m\, q^{\frac{m^2}{k}}\, e^{2m\frac{i\pi x}{a}},$$

lorsqu'en supposant le nombre k égal à 2, on prend pour périodes :

$$a=4K,$$
$$b=2iK'.$$

Les constantes a_m se réduisent alors à deux, a_0 et a_1, et comme elles suffisent, ainsi que nous l'avons établi, à représenter la solution de ces équations la plus générale par des fonctions entières, en leur attribuant des valeurs convenables, les fonctions $\Theta_1(x)$ et $H_1(x)$ seront données par la série

$$\sum a_m\, q^{\frac{m^2}{2}}\, e^{2m\frac{i\pi x}{a}}=a_0\sum_{-\infty}^{+\infty}{}_m\, q^{m^2}\, e^{m\frac{i\pi x}{K}}$$
$$+a_1\sum_{-\infty}^{+\infty}{}_m\, q^{\frac{(2m+1)^2}{4}}\, e^{(2m+1)\frac{i\pi x}{2K}}.$$

Cette détermination résulte d'ailleurs immédiatement des conditions

$$\Theta_1(x+2K)=\Theta_1(x),$$
$$H_1(x+2K)=-H_1(x);$$

on remarque en effet que les séries qui multiplient a_0 et a_1

vérifient respectivement la première et la seconde, de sorte qu'on aura

$$\alpha\,\Theta_1(x) = \sum_{-\infty}^{+\infty}{}_m\, q^{m^2}\, e^{2m\frac{i\pi x}{K}},$$

$$\beta\,H_1(x) = \sum_{-\infty}^{+\infty}{}_m\, q^{\frac{(2m+1)^2}{4}}\, e^{(2m+1)\frac{i\pi x}{2K}},$$

en désignant par α et β des quantités constantes. Si l'on remplace les exponentielles par les lignes trigonométriques, et la variable x par $\frac{2Kx}{\pi}$, on obtiendra ces développements remarquables

$$\alpha\,\Theta_1\left(\frac{2Kx}{\pi}\right) = 1 + 2q\cos 2x + 2q^4\cos 4x + 2q^9\cos 6x + \ldots,$$

$$\beta\,H_1\left(\frac{2Kx}{\pi}\right) = 2\sqrt[4]{q}\cos x + 2\sqrt[4]{q^9}\cos 3x + 2\sqrt[4]{q^{25}}\cos 5x + \ldots.$$

En y remplaçant x par $x + \frac{\pi}{2}$, on en déduira

$$\alpha\,\Theta\left(\frac{2Kx}{\pi}\right) = 1 - 2q\cos 2x + 2q^4\cos 4x - 2q^9\cos 6x + \ldots,$$

$$\beta\,H\left(\frac{2Kx}{\pi}\right) = 2\sqrt[4]{q}\sin x - 2\sqrt[4]{q^9}\sin 3x + 2\sqrt[4]{q^{25}}\sin 5x - \ldots.$$

D'ailleurs en ayant égard à la relation

$$\Theta_1(x + iK') = H_1(x)\, e^{-\frac{i\pi}{4K}(2x+iK')},$$

on trouvera que les deux constantes α et β sont égales entre elles. Voici donc entre les séries et les produits infinis des relations d'identité extrêmement dignes d'intérêt, et auxquelles bien d'autres méthodes pourraient conduire. Jacobi, le premier auteur de leur découverte, et M. Cauchy, en ont donné plusieurs qui sont tout à fait élémentaires, mais c'est surtout la suivante qui appartient à M. Cauchy, et présente ce caractère ainsi qu'on va le voir.

Considérons avec l'illustre géomètre le polynôme entier et fini

$$\begin{aligned}\varphi(z) &= (1+z)(1+qz)(1+q^2z)\ldots(1+q^{n-1}z)\\ &= 1+A_1z+A_2z^2+\ldots+A_nz^n.\end{aligned}$$

La relation identique

$$(1+z)\varphi(qz)=(1+q^nz)\varphi(z)$$

donne cette suite d'égalités :

$$\begin{aligned}A_1(1-q) &= 1-q^n,\\ A_2(1-q^2) &= A_1(q-q^n),\\ A_3(1-q^3) &= A_2(q^2-q^n),\\ &\ldots\ldots\ldots\ldots,\end{aligned}$$

d'où on déduit immédiatement

$$A_i=q^{\frac{i(i-1)}{2}}\frac{(1-q^n)(1-q^{n-1})\ldots(1-q^{n-i+1})}{(1-q)(1-q^2)\ldots(1-q^i)}.$$

Cela posé, nommons pour un instant $\Phi(z)$ ce que devient $\varphi(z)$ en y remplaçant q par q^2, n par $2n$ et z par $\frac{z}{q^{2n-1}}$. Si l'on fait

$$\Phi(z)=1+a_1z+a_2z^2+\ldots+a_{2n}z^{2n},$$

on trouvera aisément a_i au moyen de A_i, et en introduisant $n+i$ pour indice, on aura cette expression

$$a_{n+i}=q^{i^2-n^2}\frac{(1-q^{4n})(1-q^{4n-2})\ldots(1-q^{2n-2i+2})}{(1-q^2)(1-q^4)\ldots(1-q^{2n+2i})}.$$

Le nombre entier i doit être regardé comme recevant toutes les valeurs de $-n$ à $+n$, mais on peut se borner par exemple aux valeurs positives, car on vérifie sans peine la relation

$$a_{n-i}=a_{n+i},$$

il en résulte pour $\Phi(z)$ cette forme

$$\begin{aligned}\Phi(z) = \mathfrak{a}_n z^n &+ \mathfrak{a}_{n+1}(z^{n-1} + z^{n+1}) \\ &+ \mathfrak{a}_{n+2}(z^{n-2} + z^{n+2}) \\ &+ \dots\dots\dots\dots \\ &+ \mathfrak{a}_{n}(1 + z^{2n}),\end{aligned}$$

ou encore

$$\Phi(z) = \mathfrak{a}_n z^n \left[1 + \frac{\mathfrak{a}_{n+1}}{\mathfrak{a}_n}(z + z^{-1}) + \frac{\mathfrak{a}_{n+2}}{\mathfrak{a}_n}(z^2 + z^{-2}) + \dots\right].$$

Mais revenons à la valeur de $\Phi(z)$ sous forme de produit, et observons d'abord qu'en remplaçant q par q^2 et n par $2n$ dans $\varphi(z)$, il vient

$$\begin{aligned}&(1+z)(1+q^2z)(1+q^4z)\dots(1+q^{4n-2}z) \\ &= [(1+z)(1+q^2z)\dots(1+q^{2n}z)][(1+q^{2n+2}z)(1+q^{2n+4}z)\dots(1+q^{4n-2}z)],\end{aligned}$$

de sorte qu'en mettant en dernier lieu $\frac{z}{q^{2n-1}}$ au lieu de z, on trouvera

$$\begin{aligned}\Phi(z) = &\left[\left(1 + \frac{z}{q^{2n-1}}\right)\left(1 + \frac{z}{q^{2n-3}}\right)\dots\left(1 + \frac{z}{q}\right)\right] \\ &\times [(1+qz)(1+q^3z)\dots(1+q^{2n-1}z)].\end{aligned}$$

Or on peut écrire autrement les facteurs du premier produit, en remarquant que

$$\begin{aligned}1 + \frac{z}{q} &= \frac{z}{q}\left(1 + \frac{q}{z}\right), \\ 1 + \frac{z}{q^3} &= \frac{z}{q^3}\left(1 + \frac{q^3}{z}\right), \\ 1 + \frac{z}{q^5} &= \frac{z}{q^5}\left(1 + \frac{q^5}{z}\right), \\ &\dots\dots\dots\dots\dots\end{aligned}$$

cela donne pour $\Phi(z)$ cette nouvelle valeur

$$\begin{aligned}\Phi(z) = \frac{z^n}{q^{n^2}}&\left(1 + \frac{q}{z}\right)\left(1 + \frac{q^3}{z}\right)\dots\left(1 + \frac{q^{2n-1}}{z}\right) \\ &(1+qz)(1+q^3z)\dots(1+q^{2n-1}z).\end{aligned}$$

Telle est la forme définitive du produit de facteurs dont nous avons le développement suivant les puissances de z. En faisant, pour abréger,

$$\mathfrak{a}_n = \frac{\mathfrak{A}_n}{q^{n^2}}, \quad \frac{\mathfrak{a}_{n+i}}{\mathfrak{a}_n} = \alpha_i q^{i^2},$$

c'est-à-dire

$$\mathfrak{A}_n = \frac{(1-q^{4n})(1-q^{4n-2})\ldots(1-q^{2n+2})}{(1-q^2)(1-q^4)\ldots(1-q^{2n})},$$

$$\alpha_i = \frac{(1-q^{2n})(1-q^{2n-2})\ldots(1-q^{2n-2i+2})}{(1-q^{2n+2})(1-q^{2n+4})\ldots(1-q^{2n+2i})},$$

l'identité algébrique que nous venons d'obtenir s'écrira ainsi :

$$\left(1+\frac{q}{z}\right)\left(1+\frac{q^3}{z}\right)\cdots\left(1+\frac{q^{2n-1}}{z}\right),$$
$$(1+qz)(1+q^3z)\ldots(1+q^{2n-1}z)$$
$$= \mathfrak{A}_n[1+\alpha_1 q(z+z^{-1})+\alpha_2 q^4(z^2+z^{-2})+\ldots+\alpha_n q^{n^2}(z^n+z^{-n})],$$

et par suite, en faisant $z = e^{2ix}$,

$$(1+2q\cos 2x+q^2)(1+2q^3\cos 2x+q^6)\ldots(1+2q^{2n-1}\cos 2x+q^{4n-2})$$
$$= \mathfrak{A}_n(1+2\alpha_1 q\cos 2x+2\alpha_2 q^4\cos 4x+\ldots+2\alpha_n q^{n^2}\cos 2nx).$$

Or on a pour n infini

$$\mathfrak{A}_n = \frac{1}{(1-q^2)(1-q^4)(1-q^6)(1-q^8)\ldots},$$

$$\alpha_i = 1,$$

et l'identité algébrique fournit l'importante propriété de la transcendante $\Theta_1(x)$, exprimée par la relation

$$(1+2q\cos 2x+q^2)(1+2q^3\cos 2x+q^6)(1+2q^5\cos 2x+q^{10})\ldots$$
$$= \frac{1+2q\cos 2x+2q^4\cos 4x+2q^9\cos 6x+\ldots}{(1-q^2)(1-q^4)(1-q^6)\ldots}.$$

Ce résultat nous conduit à préciser complétement la définition première que nous avons donnée des quatre fonctions

$\Theta(x)$, $\mathrm{H}(x)$, $\Theta_1(x)$, $\mathrm{H}_1(x)$, en les représentant par un produit de facteurs affecté d'un coefficient A resté jusqu'ici arbitraire. Nous ferons désormais

$$A = (1-q^2)(1-q^4)(1-q^6)(1-q^8)\ldots,$$

et nous aurons de la sorte

$$\Theta_1\left(\frac{2Kx}{\pi}\right) = 1 + 2q\cos 2x + 2q^4\cos 4x + 2q^9\cos 6x + \ldots.$$

En partant de là et à l'aide de la relation

$$\Theta_1(x+iK') = \mathrm{H}_1(x)\, e^{-\frac{i\pi}{4K}(2x+iK')},$$

on aura ensuite,

$$\mathrm{H}_1\left(\frac{2Kx}{\pi}\right) = 2\sqrt[4]{q}\cos x + 2\sqrt[4]{q^9}\cos 3x + 2\sqrt[4]{q^{25}}\cos 5x + \ldots,$$

et ces deux formules, en y changeant x en $x+\frac{\pi}{2}$, donneront

$$\Theta\left(\frac{2Kx}{\pi}\right) = 1 - 2q\cos 2x + 2q^4\cos 4x - 2q^9\cos 6x + \ldots.$$

$$\mathrm{H}\left(\frac{2Kx}{\pi}\right) = 2\sqrt[4]{q}\sin x - 2\sqrt[4]{q^9}\sin 3x + 2\sqrt[4]{q^{25}}\sin 5x - \ldots.$$

Telles sont sous les formes de produits infinis et de série les transcendantes dont nous allons établir les propriétés.

Des deux formes principales que peuvent prendre parmi une infinité d'autres les fonctions Θ, H, etc.

Ce point touche à la plus belle partie de la théorie des fonctions elliptiques, à la théorie de la transformation, que les bornes de cette Note ne nous permettent point d'aborder. Mais indépendamment de leur intérêt propre, les formules que nous allons établir et qui donnent cette transformation spéciale des fonctions Θ, H, etc., où l'on remplace l'une par l'autre les quantités K et iK', nous seront indispensables plus tard, et nous devons d'autant moins les omettre qu'il est extrêmement facile d'y parvenir, comme on va voir. D'ailleurs on sera mis ainsi sur la voie de la recherche analogue et plus générale, où l'on remplace K et iK' par $mK + m'iK'$, $nK + n'iK'$, m, m', n, n' désignant des nombres entiers, et qui constitue le sujet même de la théorie de la transformation. Dans le cas où $mn' - m'n = 1$, on est amené à ce que Jacobi nomme la théorie des formes en nombre infini des fonctions Θ, H, etc.; mais parmi toutes ces formes, ce sont celles que nous allons établir et dont nous aurons à faire usage, qui méritent d'être particulièrement distinguées. Posons

$$\theta(x) = e^{\frac{\pi x^2}{4KK'}}\Theta(x),$$

$$\eta(x) = e^{\frac{\pi x^2}{4KK'}}H(x),$$

$$\theta_1(x) = e^{\frac{\pi x^2}{4KK'}}\Theta_1(x),$$

$$\eta_1(x) = e^{\frac{\pi x^2}{4KK'}}H_1(x),$$

on verra immédiatement correspondre aux relations fondamentales propres aux fonctions Θ, H, Θ_1, H_1, à savoir :

$$(a)\quad \begin{cases} \Theta\ (x+K) = \Theta_1(x), \\ H\ (x+K) = H_1(x), \\ \Theta_1(x+K) = \Theta(x), \\ H_1(x+K) = -H(x), \end{cases}$$

$$(b)\quad \begin{cases} \Theta\ (x+iK') = iH(x)\,e^{-\frac{i\pi}{4K}(2x+iK')}, \\ H\ (x+iK') = i\Theta(x)\,e^{-\frac{i\pi}{4K}(2x+iK')}, \\ \Theta_1(x+iK') = H_1(x)\,e^{-\frac{i\pi}{4K}(2x+iK')}, \\ H_1(x+iK') = \Theta_1(x)\,e^{-\frac{i\pi}{4K}(2x+iK')}, \end{cases}$$

celles-ci :

$$(c)\quad \begin{cases} \theta\,(x+i\mathrm{K}') = i\eta\,(x), \\ \eta\,(x+i\mathrm{K}') = i\theta\,(x), \\ \theta_1\,(x+i\mathrm{K}') = \eta_1\,(x), \\ \eta_1\,(x+i\mathrm{K}') = \theta_1\,(x), \end{cases}$$

$$(d)\quad \begin{cases} \theta\,(x+\mathrm{K}) = \theta_1\,(x)\,e^{\frac{\pi}{4\mathrm{K}'}(2x+\mathrm{K})}, \\ \eta\,(x+\mathrm{K}) = \eta_1\,(x)\,e^{\frac{\pi}{4\mathrm{K}'}(2x+\mathrm{K})}, \\ \theta_1\,(x+\mathrm{K}) = \theta\,(x)\,e^{\frac{\pi}{4\mathrm{K}'}(2x+\mathrm{K})}, \\ \eta_1\,(x+\mathrm{K}) = -\,\eta\,(x)\,e^{\frac{\pi}{4\mathrm{K}'}(2x+\mathrm{K})}. \end{cases}$$

Cela posé, remplaçons les équations (a) par les suivantes, qui évidemment leur sont équivalentes :

$$(a')\quad \begin{cases} \Theta\,(x-\mathrm{K}) = \Theta_1\,(x), \\ \mathrm{H}\,(x-\mathrm{K}) = -\,\mathrm{H}_1\,(x), \\ \Theta_1\,(x-\mathrm{K}) = \Theta\,(x), \\ \mathrm{H}_1\,(x-\mathrm{K}) = \mathrm{H}\,(x). \end{cases}$$

Alors en comparant les équations (a') et (b) aux équations (c) et (d), on remarque que le second système de relations coïncide avec le premier lorsqu'on y remplace d'une part

$$\mathrm{K} \quad \text{et} \quad i\mathrm{K}'$$

respectivement par

$$i\mathrm{K}' \quad \text{et} \quad -\mathrm{K},$$

et de l'autre,

$$\theta\,(x), \quad \eta\,(x), \quad \theta_1\,(x), \quad \eta_1\,(x)$$

par

$$\mathrm{H}_1\,(x), \quad \frac{1}{i}\,\mathrm{H}\,(x), \quad \Theta_1(x), \quad \Theta\,(x).$$

Les nouvelles fonctions que nous avons introduites se trouvent ainsi ramenées aux anciennes, et si l'on remarque que par le changement de K en iK', et de iK' en $-K$ la quantité $q = e^{-\pi\frac{K'}{K}}$ devient $q_0 = e^{-\pi\frac{K}{K'}}$, on aura en conclusion les expressions suivantes, où M et N désignent deux facteurs constants :

1°

$$\theta\left(\frac{2iK'x}{\pi}\right) = M.2\sqrt[4]{q_0}\cos x\,(1+2q_0^2\cos 2x+q_0^4)$$
$$(1+2q_0^4\cos 2x+q_0^8)(1+2q_0^6\cos 2x+q_0^{12},\ldots),$$

$$i\eta\left(\frac{2iK'x}{\pi}\right) = M.2\sqrt[4]{q_0}\sin x\,(1-2q_0^2\cos 2x+q_0^4)$$
$$(1-2q_0^4\cos 2x+q_0^8)(1-2q_0^6\cos 2x+q_0^{12}),\ldots,$$

$$\theta_1\left(\frac{2iK'x}{\pi}\right) = M.(1+2q_0\cos 2x+q_0^2)$$
$$(1+2q_0^3\cos 2x+q_0^6)(1+2q_0^5\cos 2x+q_0^{10}),\ldots,$$

$$\eta_1\left(\frac{2iK'x}{\pi}\right) = M(1-2q_0\cos 2x+q_0^2)$$
$$(1-2q_0^3\cos 2x+q_0^6)(1-2q_0^5\cos 2x+q_0^{10})\ldots.$$

2°

$$\theta\left(\frac{2iK'x}{\pi}\right) = N\Big(2\sqrt[4]{q_0}\cos x+2\sqrt[4]{q_0^9}\cos 3x$$
$$+2\sqrt[4]{q_0^{25}}\cos 5x+\ldots\Big),$$

$$i\eta\left(\frac{2iK'x}{\pi}\right) = N\Big(2\sqrt[4]{q_0}\sin x-2\sqrt[4]{q_0^9}\sin 3x$$
$$+2\sqrt[4]{q_0^{25}}\sin 5x-\ldots\Big),$$

$$\theta_1\left(\frac{2iK'x}{\pi}\right) = N(1+2q_0\cos 2x+2q_0^4\cos 4x$$
$$+2q_0^9\cos 6x+\ldots),$$

$$\eta_1\left(\frac{2iK'x}{\pi}\right) = N(1-2q_0\cos 2x+2q_0^4\cos 4x$$
$$-2q_0^9\cos 6x+\ldots).$$

Le principal intérêt de la seconde forme analytique qui nous est ainsi donnée par les quantités $\theta(x)$, $\eta(x)$, etc., consiste en ce que l'on introduit, au lieu de $\frac{2Kx}{\pi}$, l'argument imaginaire $\frac{2iK'x}{\pi}$. En supposant K et K′ réels, on a donc sous forme réelle et l'on peut suivre la marche des fonctions, que l'argument soit lui-même réel ou multiplié par $\sqrt{-1}$; bientôt on en verra une application.

Propriétés fondamentales des fonctions Θ et H ; définition de sin am x, cos am x, Δ am x.

En employant dans ce qui précède la considération de la fonction

$$\Phi(x) = \sum a_m q^{\frac{m^2}{k}} e^{2m\frac{i\pi x}{a}},$$

pour le cas de $k = 2$, nous avons supposé

$$a = 4K,$$
$$b = 2iK'.$$

Désormais nous garderons pour périodes ces deux quantités, et nous ferons par suite

$$\Phi(x) = \sum_{-\infty}^{+\infty}{}_m\, a_m q^{\frac{m^2}{2k}} e^{m\frac{i\pi x}{2K}},$$

avec la condition

$$a_{m+k} = a_m,$$

ce qui donnera, comme nous l'avons établi, la manière la plus générale de satisfaire par des fonctions entières uniformes aux deux conditions

$$\begin{cases} \Phi(x + 4K) = \Phi(x), \\ \Phi(x + 2iK') = \Phi(x)\, e^{-\frac{ki\pi}{2K}(x + iK')}. \end{cases}$$

Cette solution générale renfermera donc pour $k=4$ par exemple quatre constantes arbitraires, que l'on mettra en évidence en distinguant ces quatre formes de l'indice m, $m=4n, 4n+1, 4n+2, 4n+3$, ce qui donnera :

$$\begin{aligned}\Phi(x) = a_0 \sum q^{2n^2} e^{2n\frac{i\pi x}{K}} &+ a_1 \sum q^{\frac{(4n+1)^2}{8}} e^{(4n+1)\frac{i\pi x}{2K}} \\ &+ a_2 \sum q^{\frac{(2n+1)^2}{2}} e^{(2n+1)\frac{i\pi x}{K}} \\ &+ a_3 \sum q^{\frac{(4n+3)^2}{8}} e^{(4n+3)\frac{i\pi x}{2K}},\end{aligned}$$

ou bien, pour abréger,

$$\Phi(x) = a_0\Phi_0(x) + a_1\Phi_1(x) + a_2\Phi_2(x) + a_3\Phi_3(x).$$

Par là on voit que dans le cas où

$$\Phi(x+2K) = \Phi(x),$$

la solution est représentée par

$$\Phi(x) = a_0\Phi_0(x) + a_2\Phi_2(x),$$

et ne contient plus que deux constantes.

De même en supposant

$$\Phi(x+2K) = -\Phi(x),$$

on aura avec deux constantes arbitraires seulement

$$\Phi(x) = a_1\Phi_1(x) + a_3\Phi_3(x).$$

Ainsi nous avons la manière la plus générale de vérifier ces deux systèmes de conditions, savoir :

$$\text{I.}\quad \begin{cases} \Phi(x+2K) = \Phi(x), \\ \Phi(x+2iK') = \Phi(x)\, e^{-\frac{2i\pi}{K}(x+iK')}. \end{cases}$$

$$\text{II.}\quad \begin{cases} \Phi(x+2K) = -\Phi(x), \\ \Phi(x+2iK') = \Phi(x)\, e^{-\frac{2i\pi}{K}(x+iK')}. \end{cases}$$

Cela établi, nous remarquons qu'en élevant au carré les deux membres des diverses équations fondamentales de la page 394, les résultats sont précisément de la forme du premier de ces deux systèmes. Nous en tirons cette conséquence, qu'en désignant par a, b, etc., des constantes, on aura

$$\begin{aligned} \Theta^2(x) &= a\Phi_0(x) + b\Phi_2(x), \\ H_1^2(x) &= c\Phi_0(x) + d\Phi_2(x), \end{aligned}$$

et en changeant x en $x+K$,

$$\begin{aligned} \Theta_1^2(x) &= a\Phi_0(x) - b\Phi_2(x), \\ H_3^2(x) &= c\Phi_0(x) - d\Phi_2(x). \end{aligned}$$

En second lieu, si l'on multiplie membre à membre, soit les deux premières, soit les deux dernières de ces mêmes équations, c'est à la forme du second système qu'on se trouve amené, par suite on a

$$\Theta(x)H(x) = A\Phi_1(x) + B\Phi_3(x),$$

A et B désignant de nouvelles constantes, et cette relation donne, en y changeant x en $x+K$, la suivante :

$$\Theta_1(x)H_1(x) = iA\Phi_1(x) - iB\Phi_3(x).$$

De là se tirent parmi bien d'autres conséquences (*), les relations algébriques et différentielles de nos fonctions.

I. — *Relations algébriques. — Du module et de son complément.*

Deux équations linéaires entre les carrés Θ^2, H^2, Θ_1^2, H_1^2, résultent évidemment des expressions de ces quantités par $\Phi_0(x)$ et $\Phi_1(x)$. L'une d'elles poura être présentée sous la forme

$$\Theta^2(x) = \alpha H^2(x) + \alpha' H_1^2(x),$$

α et α' désignant des constantes que nous allons déterminer.

Pour cela faisons ces deux hypothèses $x=0$ et $x=K$;

(*) Notamment la transformation du second ordre.

comme on a, d'après les formules de la page 384, $H(0) = 0$, $H_1(K) = 0$, il viendra

$$\alpha = \frac{\Theta^2(K)}{H^2(K)},$$

$$\alpha' = \frac{\Theta^2(0)}{H_1^2(0)}.$$

Mais on introduit au lieu de α et α' les quantités suivantes :

$$k = \frac{H^2(K)}{\Theta^2(K)},$$

$$k' = \frac{\Theta^2(0)}{\Theta^2(K)},$$

et comme la relation

$$H(x+K) = H_1(x)$$

donne

$$H(K) = H_1(0),$$

on aura

$$\alpha = \frac{1}{k}, \quad \alpha' = \frac{k'}{k},$$

d'où

$$k\,\Theta^2(x) = H^2(x) + k'\,H_1^2(x).$$

Cette première relation obtenue, la seconde en résulte en y changeant x en $x + iK'$; si l'on emploie à cet effet les formules données p. 384, il viendra, en supprimant le facteur exponentiel,

$$-k\,H^2(x) = -\Theta^2(x) + k'\,\Theta_1^2(x),$$

ou bien

$$\Theta^2(x) = k\,H^2(x) + k'\,\Theta_1^2(x).$$

Ces deux équations représentent d'ailleurs toutes les relations algébriques possibles entre nos quatre fonctions; elles conduisent à la notion des quantités que nous avons désignées par k et k', et dont les racines carrées s'expriment en série de cette manière :

$$\sqrt{k} = \frac{H(K)}{\Theta(K)} = \frac{2\sqrt[4]{q} + 2\sqrt[4]{q^9} + 2\sqrt[4]{q^{25}} + 2\sqrt[4]{q^{49}} + \ldots}{1 + 2q + 2q^4 + 2q^9 + 2q^{16} + \ldots},$$

$$\sqrt{k'} = \frac{\Theta(0)}{\Theta(K)} = \frac{1 - 2q + 2q^4 - 2q^9 + 2q^{16} - \ldots}{1 + 2q + 2q^4 + 2q^9 + 2q^{16} + \ldots}.$$

La première, k, s'appelle le module de $\Theta(x)$, $H(x)$, $\Theta_1(x)$, $H_1(x)$, et la seconde, k', le complément du module. Considérées par rapport à q, ou plutôt en faisant

$$q = e^{i\pi\omega},$$

par rapport à la variable ω, ces quantités constituent un genre de fonctions analytiques entièrement nouvelles et de la plus haute importance parmi les fonctions d'une seule variable. C'est principalement en algèbre, dans la théorie des équations, et en arithmétique, dans la théorie des formes quadratiques à deux indéterminées, que la considération de ces fonctions a suggéré d'elle-même des points de vue tout nouveaux et ouvert des voies fécondes, où ont été obtenus les plus intéressants résultats. Les bornes de cette Note ne nous permettent pas d'entrer dans ce champ déjà si étendu de belles recherches, mais ce que nous dirons à l'égard des fonctions Θ, H, etc., servira de préparation suffisante pour lire les Mémoires spéciaux qui y sont consacrés. C'est de ces fonctions en effet, étudiées à la fois par rapport à x et ω, que découle tout ce qui concerne k et k' qui contiennent seulement ω, et il ne semble pas possible, dans l'état actuel de nos connaissances en analyse, d'arriver à toutes leurs propriétés en partant uniquement de leur définition comme quotient des séries données précédemment (*).

(*) Poisson et M. Cauchy sont arrivés, par deux méthodes différentes, à cette identité :

$$\sqrt{-i\omega}\left(1 + 2e^{i\pi\omega} + 2e^{4i\pi\omega} + 2e^{9i\pi\omega} + \ldots\right),$$
$$= \left(1 + 2e^{-\frac{i\pi}{\omega}} + 2e^{-4\frac{i\pi}{\omega}} + 2e^{-9\frac{i\pi}{\omega}} + \ldots\right),$$

qui conduit à des propriétés fondamentales des modules considérés comme

On se rendra compte, jusqu'à un certain point, de cette difficulté, en observant que k et k' n'existent comme fonctions de ω qu'autant qu'en supposant cette variable imaginaire et de la forme

$$\omega = \alpha + i\beta,$$

β est *essentiellement différent de zéro et positif*. Ce sont donc véritablement des parties de fonctions, qui dès lors échappent à beaucoup des méthodes les plus habituellement employées. Ainsi il n'existe pas pour k et k' de développement suivant les puissances de ω, et si l'on fait $\omega = \omega_0 + h$ pour pouvoir employer la série de Taylor, voici encore les circonstances particulières qui viennent s'offrir. Les quantités k et k' sont déterminables par la résolution d'une équation numérique, pour une infinité de valeurs de ω, telles que

$$\omega_0 = \frac{A + \sqrt{-B}}{C},$$

A, B, C étant entiers, et B essentiellement positif; mais si l'emploi de ces valeurs initiales, en faisant $\omega = \omega_0 + h$, donne pour premier terme des séries une simple irrationnelle numérique, les termes suivants sont nécessairement des transcendantes. Ainsi par exemple, pour $\omega_0 = i$, on aura $k = \frac{1}{\sqrt{2}}$, $k' = \frac{1}{\sqrt{2}}$, et en prenant $\omega = i + h$, ce sera l'intégrale $\int_0^1 \frac{dx}{\sqrt{1-x^4}}$, qui entrera dans tous les coefficients des développements de k et k', suivant les puissances croissantes de h. On voit par là combien on est éloigné des séries qui définissent les transcendantes simples, où les coefficients sont toujours commensurables. Mais sans nous étendre plus longuement là-dessus, et pour revenir à ce qui concerne notre sujet, nous

fonction de ω. Mais il n'est possible de tirer de là que la transformation pour le premier ordre, et aucune autre voie pour parvenir aux *équations modulaires* ne s'est encore offerte que celle qui a été donnée par les fondateurs de la théorie des fonctions elliptiques.

allons justifier les dénominations de module et de son complément, données à k et k', en démontrant cette égalité

$$k^2 + k'^2 = 1.$$

Les deux relations que nous avons obtenues sont

$$\begin{cases} k\,\Theta^2(x) = \mathrm{H}^2(x) + k'\,\mathrm{H}_1^2(x), \\ \Theta^2(x) = k\,\mathrm{H}^2(x) + k'\,\Theta_1^2(x). \end{cases}$$

Faisons dans la seconde $x = \mathrm{K}$, après avoir divisé les deux membres par $\Theta^2(x)$, en remarquant qu'on a

$$\Theta_1(x + \mathrm{K}) = \Theta(x),$$

et par suite

$$\Theta_1(\mathrm{K}) = \Theta(0),$$

on trouvera précisément l'égalité qu'il fallait démontrer.

Il en résulte cette relation entre les séries infinies,

$$\begin{aligned} &(2\sqrt[4]{q} + 2\sqrt[4]{q^9} + 2\sqrt[4]{q^{25}} + 2\sqrt[4]{q^{49}} + \ldots)^4 \\ &+ (1 - 2q + 2q^4 - 2q^9 + 2q^{16} - \ldots)^4 \\ &= (1 + 2q + 2q^4 + 2q^9 + 2q^{16} + \ldots)^4, \end{aligned}$$

qu'il est extrêmement facile d'établir directement à l'aide des propositions arithmétiques connues sur la décomposition des nombres entiers en quatre carrés. Mais laissant encore de côté ces questions, nous allons compléter ce qui concerne la définition même de k et k' dont nous avons obtenu les racines carrées comme fonctions uniformes et bien déterminées de ω. Jacobi a fait voir que les racines quatrièmes possèdent la même propriété en donnant les formules remarquables que nous réunissons ici :

$$\sqrt[4]{k} = \sqrt{2}\sqrt[8]{q}\,\frac{1 - q^4 - q^8 + q^{20} + \ldots}{1 + q - q^2 - q^5 - \ldots} \qquad 1$$

$$= \sqrt{2}\sqrt[8]{q}\,\frac{1 + q^2 + q^6 + q^{12} + \ldots}{1 + q + q^3 + q^6 + \ldots} \qquad 2$$

$$= \sqrt{2}\sqrt[8]{q}\,\frac{1 - q - q^3 + q^6 + \ldots}{1 - 2q^2 + 2q^8 - 2q^{18} + \ldots} \qquad 3$$

$$= \sqrt{2}\sqrt[8]{q}\,\frac{1 + q + q^3 + q^6 + \ldots}{1 + 2q + 2q^4 + 2q^9 + \ldots}. \qquad 4$$

Les lois de ces séries sont données par ces formules où le signe $\sum$ s'étend à toutes les valeurs de l'indice n de $-\infty$ à $+\infty$, savoir :

$$\sqrt[4]{k} = \sqrt{2}\sqrt[8]{q}\,\frac{\sum(-1)^n q^{6n^2+2n}}{\sum(-1)^{\frac{n^2+n}{2}} q^{\frac{3n^2+n}{2}}} \qquad 1$$

$$= \sqrt{2}\sqrt[8]{q}\,\frac{\sum q^{4n^2+2n}}{\sum q^{2n^2+n}} \qquad 2$$

$$= \sqrt{2}\sqrt[8]{q}\,\frac{\sum(-1)^n q^{2n^2+n}}{\sum(-1)^n q^{2n^2}} \qquad 3$$

$$= \sqrt{2}\sqrt[8]{q}\,\frac{\sum q^{2n^2+n}}{\sum q^{n^2}}. \qquad 4$$

En second lieu, et pour le complément du module, on a

$$\sqrt[4]{k'} = \frac{1-q-q^2+q^5+q^7-\ldots}{1+q-q^2-q^5-q^7-\ldots} \qquad 1$$

$$= \frac{1-q-q^3+q^6+q^{10}+\ldots}{1+q+q^3+q^6+q^{10}+\ldots} \qquad 2$$

$$= \frac{1-2q+2q^4-2q^9+2q^{16}-\ldots}{1-2q^2+2q^8-2q^{18}+2q^{32}-\ldots} \qquad 3$$

$$= \frac{1-2q^2+2q^8-2q^{18}+2q^{32}-\ldots}{1+2q+2q^4+2q^9+2q^{16}+\ldots} \qquad 4$$

en mettant en évidence les termes généraux

$$\sqrt[4]{k'} = \frac{\sum (-1)^n q^{\frac{3n^2+n}{2}}}{\sum (-1)^{\frac{n^2+n}{2}} q^{\frac{3n^2+n}{2}}} \quad (1)$$

$$= \frac{\sum (-1)^n q^{2n^2+n}}{\sum q^{2n^2+n}} \quad (2)$$

$$= \frac{\sum (-1)^n q^{2n^2}}{\sum (-1)^n q^{n^2}} \quad (3)$$

$$= \frac{\sum (-1)^n q^{2n^2}}{\sum q^{n^2}}. \quad (4)$$

La quantité $\sqrt[4]{kk'}$ qui joue aussi un rôle important est donnée par le développement de forme semblable aux précédents :

$$\sqrt[4]{kk'} = \sqrt{2}\,\sqrt[8]{q}\,\frac{\sum (-1)^i q^{2i^2+i}}{\sum q^{i^2}}.$$

II. — *Définition de* sin am (x), cos am (x), Δ am x. *Équations différentielles.*

Posons

$$\begin{cases} u = \dfrac{1}{\sqrt{k}} \dfrac{\mathrm{H}(x)}{\Theta(x)}, \\ v = \sqrt{\dfrac{k'}{k}} \dfrac{\mathrm{H}_1(x)}{\Theta(x)}, \\ w = \sqrt{k'} \dfrac{\Theta_1(x)}{\Theta(x)}. \end{cases}$$

Les relations algébriques obtenues précédemment et qui sont homogènes par rapport aux quatre fonctions donneront :

$$u^2 + v^2 = 1,$$
$$h^2 u^2 + w^2 = 1.$$

La première conduit à représenter u par un sinus, v par un cosinus; c'est ce qu'a fait Jacobi, et en adoptant les notations de l'illustre géomètre, nous poserons

$$u = \sin \operatorname{am}(x),$$
$$v = \cos \operatorname{am}(x),$$
$$w = \Delta \operatorname{am}(x).$$

Le sinus, le cosinus et le Δ de l'amplitude de la variable x seront ainsi les trois fonctions doublement périodiques fondamentales. Nous voici amenés maintenant au point en quelque sorte le plus essentiel de la théorie, où l'on a pour but de les définir par trois équations différentielles.

Considérons à cet effet la dérivée de u, à savoir :

$$\frac{du}{dx} = \frac{1}{\sqrt{k}} \frac{\mathrm{H}'(x)\Theta(x) - \mathrm{H}(x)\Theta'(x)}{\Theta^2(x)} = \frac{\Phi(x)}{\Theta^2(x)}.$$

Cette dérivée, comme la fonction elle-même, admet la période $2i\mathrm{K}'$ et ne fait que changer de signe lorsqu'on change x en $x + 2\mathrm{K}$; ayant donc pour le numérateur la valeur

$$\Phi(x) = \Theta^2(x)\frac{du}{dx},$$

on tirera immédiatement des relations

$$\Theta^2(x + 2\mathrm{K}) = \Theta^2(x),$$
$$\Theta^2(x + 2i\mathrm{K}') = \Theta^2(x)\, e^{-2\frac{i\pi}{\mathrm{K}}(x + i\mathrm{K}')},$$

auxquelles donne lieu le dénominateur, celles-ci :

$$\Phi(x + 2\mathrm{K}) = -\Phi(x),$$
$$\Phi(x + 2i\mathrm{K}') = \Phi(x)\, e^{-2\frac{i\pi}{\mathrm{K}}(x + i\mathrm{K}')}.$$

Or, d'après ce qui a été précédemment établi (p. 405 et 406), on a

$$\Phi(x) = a_1\Phi_1(x) + a_3\Phi_3(x) = m\Theta(x)\mathrm{H}(x) + m_1\Theta_1(x)\mathrm{H}_1(x),$$

m et m_1 désignant des constantes. Observant donc que u change de signe avec x, et que par suite $\frac{du}{dx}$ est une fonction paire, on voit que la partie impaire $m\Theta(x)\mathrm{H}(x)$ doit disparaître ; ainsi $m = 0$, et l'on a simplement

$$\Phi(x) = m_1\Theta_1(x)\mathrm{H}_1(x).$$

En divisant par $\Theta^2(x)$ et faisant

$$\frac{m_1\sqrt{k}}{k'} = \mu,$$

il viendra

$$\frac{du}{dx} = \mu v w = \mu\sqrt{(1-u^2)(1-k^2u^2)}.$$

Cette constante μ représente, puisque la fonction u s'évanouit avec x, la limite du rapport $\frac{\sin\operatorname{am}(x)}{x}$ pour $x = 0$, limite qui dépend en général des quantités K et K'. Mais nous avons précédemment remarqué que l'expression des fonctions $\Theta(x)\mathrm{H}(x)$ ne changeait pas en y remplaçant x, K, K' par $\frac{x}{\mu}$, $\frac{\mathrm{K}}{\mu}$, $\frac{\mathrm{K}'}{\mu}$, et que cette circonstance serait utilisée pour particulariser d'une certaine manière les périodes. D'après cela, nous allons introduire une relation qui aura pour effet de rendre égale à l'unité la limite $\frac{\sin\operatorname{am}(x)}{x}$, afin de rapprocher en ce point essentiel le sinus d'amplitude du sinus trigonométrique. Ayant

$$\frac{\sin\operatorname{am}(x)}{x} = \frac{1}{\sqrt{k}}$$
$$\times\frac{2\sqrt[4]{q}\,\frac{1}{x}\sin\frac{\pi x}{2\mathrm{K}}\left(1-2q^2\cos\frac{\pi x}{\mathrm{K}}+q^4\right)\left(1-2q^4\cos\frac{\pi x}{\mathrm{K}}+q^8\right)\cdots}{\left(1-2q\cos\frac{\pi x}{\mathrm{K}}+q^2\right)\left(1-2q^3\cos\frac{\pi x}{\mathrm{K}}+q^6\right)\cdots},$$

nous ferons pour $x = 0$,

$$1 = \frac{1}{\sqrt{k}}\,\frac{\pi}{K}\cdot\frac{\sqrt[4]{q}(1-q^2)^2(1-q^4)^2(1-q^6)^2\ldots}{(1-q)^2(1-q^3)^2(1-q^5)^2\ldots},$$

ou bien

$$\frac{\sqrt{k}\,K}{\pi} = \sqrt[4]{q}\left[\frac{(1-q^2)(1-q^4)(1-q^6)\ldots}{(1-q)(1-q^3)(1-q^5)\ldots}\right]^2.$$

Ainsi, en admettant que les quantités K et K′ vérifient cette condition, nous aurons

$$\frac{du}{dx} = vw,$$

c'est la première des relations différentielles que nous voulions établir. Les autres en découlent à l'aide des équations

$$u^2 + v^2 = 1,$$
$$k^2u^2 + w^2 = 1,$$

et sont

$$\left\{\begin{aligned}\frac{dv}{dx} &= -uw,\\ \frac{dw}{dx} &= -k^2uv.\end{aligned}\right.$$

Plus généralement on aura

$$\frac{d^{2n+1}u}{dx^{2n+1}} = (a_0 + a_1u^2 + a_2u^4 + \ldots + a_nu^{2n})\,vw,$$

$$\frac{d^{2n}u}{dx^{2n}} = (A_0 + A_1u^2 + A_2u^4 + \ldots + A_nu^{2n})\,u,$$

les coefficients étant des fonctions entières de k^2. On en déduit ce développement qui subsiste entre les limites -1 et $+1$ de la variable, et où l'on a fait

$$\alpha = \frac{1}{2}\left(k + \frac{1}{k}\right),$$

$$u = x - 2k\alpha\frac{x^3}{1.2.3} + 4k^2(\alpha^2+3)\frac{x^5}{1.2.3.4.5}$$
$$-8k^3(\alpha^3+33\alpha)\frac{x^7}{1.2\ldots7} + 16k^4(\alpha^4+306\alpha^2+189)\frac{x^9}{1.2\ldots9}$$
$$-32k^5(\alpha^5+2766\alpha^3+8289\alpha)\frac{x^{11}}{1.2\ldots11} + \ldots.$$

On trouve de même

$$v = 1 - \frac{x^2}{1.2} + (1 + 4k^2)\frac{x^4}{1.2.3.4} - (1 + 44k^2 + 16k^4)\frac{x^6}{1.2..6}$$
$$+ (1 + 408k^2 + 912k^4 + 64k^6)\frac{x^8}{1.2...8} - \dots,$$
$$w = 1 - k^2\frac{x^2}{1.2} + k^2(4 + k^2)\frac{x^4}{1.2.3.4} - k^2(16 + 44k^2 + k^4)\frac{x^6}{1.2...6}$$
$$+ k^2(64 + 912k^2 + 408k^4 + k^6)\frac{x^8}{1.2...8} - \dots.$$

M. Gudermann a fait la remarque qu'on pouvait poser, aux termes près du cinquième ordre,

$$u = \frac{\sin(x\sqrt{1+k^2})}{\sqrt{1+k^2}}$$

et

$$v = \cos x, \quad w = \cos kx,$$

en négligeant seulement x^4, ce qu'on vérifiera sans peine par le développement.

Voici donc une nouvelle et complète définition des trois fonctions doublement périodiques, en joignant aux équations différentielles les valeurs initiales $u = 0$, $v = 1$, $w = 1$ pour $x = 0$. En particulier, la fonction $\sin \operatorname{am}(x)$ sera déterminée en posant

$$x = \int_0^u \frac{du}{\sqrt{(1-u^2)(1-k^2u^2)}},$$

et c'est cette intégrale, ou plus généralement

$$\int \frac{F(u)\,du}{\sqrt{(1-u^2)(1-k^2u^2)}},$$

en désignant par $F(u)$ une fonction rationnelle, dont l'étude a ouvert la voie pour parvenir aux fonctions elliptiques. On reconnaît ainsi l'origine de cette expression de fonctions inverses, dont nous avons plusieurs fois fait usage, puisque u est la fonction inverse de l'intégrale dont la valeur est x, et l'on peut juger quel long enchaînement d'idées et quels efforts il a fallu pour parvenir de là aux notions de fonctions doublement périodiques et aux séries qui nous ont servi de point de départ.

Mais ce long travail a été fécond pour la science; c'est comme conséquences de ces recherches que nous ont été acquises plusieurs notions analytiques entièrement fondamentales, et en particulier ce que nous savons sur le mode même d'existence des fonctions intégrales. Après avoir trouvé, par exemple, que $\sin \text{am}(x)$ ne change pas lorsqu'on change x en $x+4mK+2m'iK'$, m et m' étant des nombres entiers, on a dû nécessairement rechercher dans l'intégrale

$$\int \frac{du}{\sqrt{(1-u^2)(1-k^2u^2)}}$$

la raison de cette sorte d'indétermination qui donne naissance à la périodicité dans la fonction inverse. M. Cauchy, dans son Mémoire sur les intégrales prises entre des limites imaginaires, avait donné les principes essentiels de cette étude si importante; elle a été complétement faite par M. Puiseux, dans un excellent travail intitulé: *Recherches sur les fonctions algébriques* (Journal de M. Liouville, année 1850), et auquel nous renvoyons le lecteur. Un autre résultat encore consiste dans ce sens plus complet et plus approfondi, que l'on a été conduit à attacher en analyse à l'expression même de *fonction*, en reconnaissant et en caractérisant entre les divers modes de dépendance de deux quantités des distinctions essentielles et dont les recherches auxquelles a donné lieu la théorie des fonctions elliptiques ont montré toute l'importance. Ainsi ont été proposées ces questions dont l'objet est de reconnaître dans la définition même d'une fonction, donnée, par exemple, par une équation différentielle, si elle est *uniforme* ou non, et dans le premier cas si elle est entière ou fractionnaire. Les résultats les plus beaux par leur grande généralité qui ont été obtenus dans cette voie sont dus à M. Weierstrass (*) et à M. Riemann (**).

(*) Theorie der Abel'schen Functionen. *Journal de Crelle*, 1856. Voyez aussi diverses Notes de M. Cauchy, publiées à cette époque dans les *Comptes rendus*, et un Mémoire de MM. Briot et Bouquet sur l'intégration des équations différentielles du premier ordre.

(**) Allgemeine Voraussetzungen und Hülfsmittel für die Untersuchung von Functionen unbeschränkt veränderlicher Grössen, etc., *Journal de Crelle*, 1857.

III. — *Des quantités* K *et* K'.

En particularisant les périodes de manière à rendre égale à l'unité la limite du rapport $\frac{\sin \operatorname{am}(x)}{x}$ pour x infiniment petit, nous sommes parvenus à l'expression

$$\frac{\sqrt{k}\,K}{\pi} = \sqrt[4]{q}\left[\frac{(1-q^2)(1-q^4)(1-q^6)\ldots}{(1-q)\,(1-q^3)(1-q^5)\ldots}\right]^2,$$

qui conduit à une conséquence importante. Observons d'abord qu'en supposant $x = K$ et par conséquent $\sin \operatorname{am}(K) = 1$ (*) dans l'expression en produit infini de $\sin \operatorname{am}(x)$, on aura

$$\sqrt{k} = \sqrt[4]{q}\left[\frac{(1+q^2)(1+q^4)(1+q^6)\ldots}{(1+q)\,(1+q^3)(1+q^5)\ldots}\right]^2.$$

En divisant membre à membre ces deux équations et extrayant la racine carrée, il en résulte

$$\sqrt{\frac{2K}{\pi}} = \left[\frac{(1-q^2)(1-q^4)(1-q^6)\ldots}{(1-q)\,(1-q^3)(1-q^5)\ldots}\right] \times \left[\frac{(1+q)\,(1+q^3)(1+q^5)\ldots}{(1+q^2)(1+q^4)(1+q^6)\ldots}\right],$$

expression susceptible d'une simplification remarquable. Employons à cet effet la relation donnée par Euler

$$(1+q)(1+q^2)(1+q^3)\ldots = \frac{(1-q^2)(1-q^4)(1-q^6)\ldots}{(1-q)\,(1-q^2)(1-q^3)\ldots} = \frac{1}{(1-q)\,(1-q^3)(1-q^5)\ldots};$$

on obtiendra d'abord

$$\frac{(1-q^2)(1-q^4)(1-q^6)\ldots}{(1-q)\,(1-q^3)(1-q^5)\ldots} = (1-q^2)(1-q^4)(1-q^6)\ldots \times (1+q)\,(1+q^2)(1+q^3)\ldots,$$

(*) On trouve que $\sin \operatorname{am}(K) = 1$ par la formule $\sin \operatorname{am}(x) = \frac{1}{\sqrt{k}}\frac{H(x)}{\Theta(x)}$, en se rappelant que par définition $\sqrt{k} = \frac{H(K)}{\Theta(K)}$, page 408.

et en remarquant ensuite que

$$(1+q)(1+q^2)(1+q^3)\ldots = (1+q)(1+q^3)(1+q^5)\ldots \times (1+q^2)(1+q^4)(1+q^6)\ldots,$$

on verra tous les dénominateurs disparaître dans la valeur de $\sqrt{\frac{2K}{\pi}}$, qui deviendra ainsi

$$\sqrt{\frac{2K}{\pi}} = [(1-q^2)(1-q^4)(1-q^6)\ldots] \times [(1+q)(1+q^3)(1+q^5)\ldots]^2.$$

Cela étant, si l'on pose $x=0$ dans la formule précédemment démontrée

$$\begin{aligned}\Theta_1\left(\frac{2Kx}{\pi}\right) &= 1+2q\cos 2x + 2q^4\cos 4x + 2q^9\cos 6x + \ldots \\ &= (1+2q\cos 2x + q^2)(1+2q^3\cos 2x + q^6) \\ &\times (1+2q^5\cos 2x + q^{10})\ldots \times (1-q^2)(1-q^4)(1-q^6)\ldots,\end{aligned}$$

il viendra

$$\begin{aligned}\Theta_1(0) &= 1+2q+2q^4+2q^9+\ldots \\ &= (1-q^2)(1-q^4)(1-q^6)\ldots[(1+q)(1+q^3)(1+q^5)\ldots]^2,\end{aligned}$$

d'où ce résultat, qui est d'une grande importance dans la théorie des fonctions elliptiques,

$$\sqrt{\frac{2K}{\pi}} = \Theta_1(0) = 1+2q+2q^4+2q^9+\ldots.$$

On en déduit, en ayant égard aux équations

$$\sqrt{k} = \frac{H(K)}{\Theta(K)} = \frac{H_1(0)}{\Theta_1(0)},$$

$$\sqrt{k'} = \frac{\Theta(0)}{\Theta_1(0)},$$

les deux suivantes :

$$\sqrt{\frac{2kK}{\pi}} = H_1(0) = 2\sqrt[4]{q} + 2\sqrt[4]{q^9} + 2\sqrt[4]{q^{25}} + 2\sqrt[4]{q^{49}} + \ldots,$$

$$\sqrt{\frac{2k'K}{\pi}} = \Theta(0) = 1-2q+2q^4-2q^9+\ldots.$$

C'est la seule quantité K qui donne lieu à des relations de cette forme ; la quantité K', entrant d'une manière différente dans l'expression $q = e^{-\pi\frac{K'}{K}}$, ne paraît pas susceptible de développements analogues en série. Mais toutes deux s'expriment d'une manière parfaitement semblable à l'aide des modules k et k' par ces intégrales définies

$$K = \int_0^1 \frac{du}{\sqrt{(1-u^2)(1-k^2u^2)}}, \quad K' = \int_0^1 \frac{du}{\sqrt{(1-u^2)(1-k'^2u^2)}},$$

comme nous allons le démontrer.

Précédemment nous avons déjà fait voir que $\sin\operatorname{am}(K) = 1$; remarquons maintenant qu'en faisant $x = K$ dans les relations

$$\Theta(x + iK') = i\,H(x)\,e^{-\frac{i\pi}{4K}(2x+iK')},$$

$$H(x + iK') = i\,\Theta(x)\,e^{-\frac{i\pi}{4K}(2x+iK')},$$

et en divisant membre à membre, il viendra

$$\frac{H(K+iK')}{\Theta(K+iK')} = \frac{\Theta(K)}{H(K)} = \frac{1}{\sqrt{k}};$$

par conséquent, $\sin\operatorname{am} x = \frac{1}{\sqrt{k}}\frac{H(x)}{\Theta(x)}$ aura la valeur $\frac{1}{k}$ pour $x = K + iK'$. Ayant donc

$$x = \int_0^u \frac{du}{\sqrt{(1-u^2)(1-k^2u^2)}},$$

nous en conclurons que

$$K = \int_0^1 \frac{du}{\sqrt{(1-u^2)(1-k^2u^2)}},$$

$$K + iK' = \int_0^{\frac{1}{k}} \frac{du}{\sqrt{(1-u^2)(1-k^2u^2)}},$$

et par suite, en retranchant membre à membre,

$$iK' = \int_1^{\frac{1}{k}} \frac{du}{\sqrt{(1-u^2)(1-k^2u^2)}}.$$

Or en faisant

$$u = \frac{1}{\sqrt{1-k'^2v^2}},$$

cette dernière intégrale deviendra $i\int_0^1 \frac{dv}{\sqrt{(1-v^2)(1-k'^2v^2)}}$, ce qui donne le résultat annoncé.

Mais ce que nous venons de dire laisse subsister une lacune importante : nous sommes en effet à l'un de ces points de la théorie des fonctions elliptiques qui appellent de nouvelles recherches pour être aussi complétement traités qu'on peut le désirer. En passant de l'équation différentielle

$$\frac{du}{dx} = \sqrt{(1-u^2)(1-k^2u^2)},$$

à la relation

$$x = \int_0^u \frac{du}{\sqrt{(1-u^2)(1-k^2u^2)}},$$

on laisse absolument arbitraire la loi de succession des valeurs de la variable u dans l'intégrale, de sorte que les relations précédentes

$$K = \int_0^1 \frac{du}{\sqrt{(1-u^2)(1-k^2u^2)}},$$

$$iK' = \int_1^{\frac{1}{k}} \frac{du}{\sqrt{(1-u^2)(1-k^2u^2)}},$$

n'auront un sens entièrement déterminé qu'en définissant le chemin (*) décrit par la quantité $u = \sin \mathrm{am}(x)$, lorsque x va-

(*) Nous supposons que les notions fondamentales dues à M. Cauchy sur la représentation géométrique des imaginaires, et sur les intégrales prises le long d'une courbe, sont connues du lecteur.

rie de zéro à K, puis de K à $K + iK'$. Et comme l'argument x peut varier entre ces limites suivant une infinité de lois, il faut de plus connaître comment les chemins correspondants qui en résultent, donnent tous au point de vue de l'intégration par rapport à u le même résultat. C'est seulement dans le cas où l'on suppose K, K', et par suite k, des quantités réelles, et qu'on se donne ces lois particulières

$$x = \frac{2K}{\pi} t,$$

$$x = K + \frac{2iK'}{\pi} \tau,$$

t et τ croissant de o à $\frac{\pi}{2}$ d'une manière continue, que l'on peut traiter la question que nous avons posée.

Et d'abord on voit que $u = \sin \operatorname{am} \left(\frac{2Kt}{\pi}\right)$ est réel par le développement

$$\sin \operatorname{am} \left(\frac{2Kt}{\pi}\right) = \frac{2\sqrt[4]{q}\sin t - 2\sqrt[4]{q^9}\sin 3t + 2\sqrt[4]{q^{25}}\sin 5t - \ldots}{1 - 2q\cos 2t + 2q^4\cos 4t - 2q^9\cos 6t + \ldots}.$$

D'ailleurs entre les limites zéro et K la dérivée

$$\frac{du}{dx} = \frac{k'}{\sqrt{k}} \frac{H_1(x)\Theta_1(x)}{\Theta^2(x)},$$

dont la valeur initiale est l'unité, sera toujours positive. Elle ne peut effectivement s'annuler qu'en faisant

$$H_1(x) = 0,$$

$$\Theta_1(x) = 0,$$

c'est-à-dire (*voyez* p. 384),

$$x = (2m + 1)K + 2m'iK',$$

$$x = (2m + 1)K + (2m' + 1)iK',$$

et aucune de ces racines n'est comprise dans l'intervalle considéré, la valeur $x = K$ se trouvant précisément la limite supérieure de cet intervalle. Nous conclurons de là que t croissant de o à $\frac{\pi}{2}$, u croît de même de o à 1 et que dans l'expression

$$K = \int_0^k \frac{du}{\sqrt{(1-u^2)(1-k^2u^2)}}$$

l'intégrale est prise dans le sens habituel.

Soit en second lieu

$$x = K + \frac{2iK'\tau}{\pi};$$

comme on a

$$H\left(K + \frac{2iK'\tau}{\pi}\right) = H_1\left(\frac{2iK'\tau}{\pi}\right),$$

$$\Theta\left(K + \frac{2iK'\tau}{\pi}\right) = \Theta_1\left(\frac{2iK'\tau}{\pi}\right),$$

on pourra écrire

$$\sin\operatorname{am}\left(K + \frac{2iK'\tau}{\pi}\right) = \frac{1}{\sqrt{k}}\frac{H_1\left(\frac{2iK'\tau}{\pi}\right)}{\Theta_1\left(\frac{2iK'\tau}{\pi}\right)},$$

et en introduisant les fonctions

$$\eta_1(x) = e^{\frac{\pi x^2}{4KK'}} H_1(x),$$

$$\theta_1(x) = e^{\frac{\pi x^2}{4KK'}} \Theta_1(x),$$

$$\sin\operatorname{am}\left(K + \frac{2iK'\tau}{\pi}\right) = \frac{1}{\sqrt{k}}\frac{\eta_1\left(\frac{2iK'\tau}{\pi}\right)}{\theta_1\left(\frac{2iK'\tau}{\pi}\right)}$$

$$\frac{1}{\sqrt{k}}\frac{1 - 2q_0\cos 2\tau + 2q_0^4\cos 4\tau - 2q_0^9\cos 6\tau\ldots}{1 + 2q_0\cos 2\tau + 2q_0^4\cos 4\tau + 2q_0^9\cos 6\tau\ldots},$$

ce qui est encore une quantité réelle (*). On conclura comme tout à l'heure que la dérivée par rapport à τ, qui est nulle aux

(*) On se rappelle que $q_0 = e^{-\pi\frac{K}{K'}}$, voyez p. 403.

deux limites $\tau = 0$, $\tau = \frac{\pi}{2}$, ne peut s'évanouir dans leur intervalle, de sorte que c'est encore dans le sens ordinaire d'une intégration rectiligne que l'on a l'équation

$$iK' = \int_1^{\frac{1}{k}} \frac{du}{\sqrt{(1-u^2)(1-k^2u^2)}},$$

d'où nous avons tiré

$$K' = \int_0^1 \frac{du}{\sqrt{(1-u^2)(1-k'^2u^2)}}.$$

Avant de quitter ce sujet et afin d'en montrer la difficulté lorsque K, K' et k sont imaginaires, je remarquerai que la supposition qui vient le plus naturellement à l'esprit, qu'on peut faire varier x par exemple de o à K, suivant une loi telle que u soit constamment réel, ne saurait être admise. Autrement dit, il est impossible en général que dans l'expression

$$K = \int_0^1 \frac{du}{\sqrt{(1-u^2)(1-k^2u^2)}},$$

l'intégrale soit toujours rectiligne, comme nous l'avons trouvé tout à l'heure.

Effectivement, soient

$$\mathcal{K} = aK + biK',$$
$$i\mathcal{K}' = cK + diK',$$

a, b, c, d, étant des nombres entiers qui vérifient ces conditions :

$$ad - bc = 1,$$

$$\left.\begin{array}{l} a \equiv 1 \\ b \equiv 0 \\ c \equiv 0 \\ d \equiv 1 \end{array}\right\} \bmod 2.$$

En posant

$$\mathfrak{Q} = e^{-\pi \frac{\mathcal{K}'}{\mathcal{K}}},$$

on aura

$$\sin\operatorname{am}\left(\frac{2\mathcal{K}x}{\pi}\right)=\frac{(-1)^{\frac{a+c-1}{2}}}{\sqrt{k}}$$

$$\times\frac{2\sqrt[4]{\mathfrak{Q}}\sin x-2\sqrt[4]{\mathfrak{Q}^9}\sin 3x+2\sqrt[4]{\mathfrak{Q}^{25}}\sin 5x\ldots}{1-2\mathfrak{Q}\cos 2x+2\mathfrak{Q}^4\cos 4x-2\mathfrak{Q}^9\cos 6x+\ldots},$$

ce qui est la même expression analytique (*), au signe près en $\mathcal{K}$ et $\mathcal{K}'$, que

$$\sin\operatorname{am}\left(\frac{2\mathrm{K}x}{\pi}\right)=\frac{1}{\sqrt{k}}\frac{2\sqrt[4]{q}\sin x-2\sqrt[4]{q^9}\sin 3x+2\sqrt[4]{q^{25}}\sin 5x\ldots}{1-2q\cos 2x+2q^4\cos 4x-2q^9\cos 3x+\ldots}$$

en K et K'. On en conclura que $\mathcal{K}$ sera donné comme K par l'intégrale $\int_0^1\frac{du}{\sqrt{(1-u^2)(1-k^2u^2)}}$. Or, en supposant b différent de o, la valeur imaginaire

$$\mathcal{K}=a\mathrm{K}+bi\mathrm{K}',$$

ne pourra évidemment résulter que d'une intégrale curviligne. Mais voici un résultat important et qui subsiste quel que soit le mode d'intégration : c'est que les quantités K et K' vérifient la même équation linéaire du second ordre

$$(k-k^3)\frac{d^2z}{dk^2}+(1-3k^2)\frac{dz}{dk}-kz=0,$$

dont l'intégrale avec deux constantes arbitraires C et C' est par suite

$$z=\mathrm{CK}+\mathrm{C'K'}.$$

(*) Les relations analogues relativement à cos am (x) et Δ am(x) sont

$$\cos\operatorname{am}\left(\frac{2\mathcal{K}x}{\pi}\right)=(-1)^{\frac{b+c}{2}}\sqrt{\frac{k}{k'}}\frac{2\sqrt[4]{\mathfrak{Q}}\cos x+2\sqrt[4]{\mathfrak{Q}^9}\cos 3x+2\sqrt[4]{\mathfrak{Q}^{25}}\cos 5x+\ldots}{1-2\mathfrak{Q}\cos 2x+2\mathfrak{Q}^4\cos 4x-2\mathfrak{Q}^9\cos 6x+\ldots},$$

$$\Delta\operatorname{am}\left(\frac{2\mathcal{K}x}{\pi}\right)=(-1)^{\frac{b}{2}}\sqrt{k'}\frac{1+2\mathfrak{Q}\cos 2x+2\mathfrak{Q}^4\cos 4x+2\mathfrak{Q}^9\cos 6x+\ldots}{1-2\mathfrak{Q}\cos 2x+2\mathfrak{Q}^4\cos 4x-2\mathfrak{Q}^9\cos 6x+\ldots};$$

on en déduit, en supposant $x=0$, ce qui concerne $\sqrt{k}$ et $\sqrt{k'}$ lorsqu'on y change K et K' en $\mathcal{K}$ et $\mathcal{K}'$.

Cette équation conduit au développement de K et K′ sous cette forme : soient

$$\mathrm{k} = 1 + \left(\frac{1}{2}\right)^2 k^2 + \left(\frac{1.3}{2.4}\right)^2 k^4 + \ldots + \left(\frac{1.3\ldots 2n-1}{2.4\ldots 2n}\right) k^{2n} + \ldots$$

et k_n la somme des n premiers termes de cette suite, on aura

$$\mathrm{K} = \frac{\pi}{2}\mathrm{k},$$

$$\mathrm{K}' = \log\frac{4}{k} - (\mathrm{k} - 1) - \frac{2}{3.4}(\mathrm{k} - \mathrm{k}_1) - \frac{2}{5.6}(\mathrm{k} - \mathrm{k}_2) - \ldots.$$

On en déduit aussi cette propriété remarquable, à laquelle nous parviendrons plus loin par une autre voie :

$$\mathrm{KJ}' - \mathrm{JK}' = \frac{\pi}{2}$$

en faisant

$$\mathrm{J} = \int_0^1 \frac{k^2 u^2 du}{\sqrt{(1-u^2)(1-k^2u^2)}}, \quad \mathrm{J}' = \int_1^{\frac{1}{k}} \frac{k^2 u^2 du}{\sqrt{(u^2-1)(1-k^2u^2)}}$$

Addition des arguments. Théorème d'Abel.

C'est Euler qui a donné le premier les formules pour exprimer sin am $(a+b)$, cos am $(a+b)$, Δ am $(a+b)$, au moyen des fonctions semblables relatives aux arguments a et b, et cette importante découverte a été le point de départ et la base des travaux qui ont fondé la théorie des fonctions elliptiques, de même à peu près qu'en trigonométrie élémentaire on est parvenu aux propriétés analytiques du sinus et du cosinus en partant des relations qui donnent le sinus et le cosinus de la somme de deux arcs, en fonction des sinus et cosinus de ces arcs. L'illustre analyste, par une sorte de divination restée célèbre dans l'histoire de la science, obtint sous forme algébrique l'intégrale générale de l'équation

$$(1) \qquad \frac{du}{\sqrt{(1-u^2)(1-k^2u^2)}} + \frac{du'}{\sqrt{(1-u'^2)(1-k^2u'^2)}} = 0.$$

Or ce résultat revient exactement à l'expression du sinus d'amplitude de la somme de deux arguments, comme nous allons le montrer. Effectivement, en désignant par C la constante arbitraire, l'intégrale est

$$(2)\quad C=\frac{u\sqrt{(1-u'^2)(1-k^2u'^2)}+u'\sqrt{(1-u^2)(1-k^2u^2)}}{1-k^2u^2u'^2}.$$

Mais si l'on fait

$$u=\sin\operatorname{am}a,$$
$$u'=\sin\operatorname{am}a',$$

l'équation (1), réduite à la forme

$$da+da'=0,$$

donne immédiatement

$$a+a'=c.$$

Voici donc, sous deux formes différentes, l'intégrale d'une même équation différentielle, et on devra passer de l'une à l'autre en établissant la relation qui lie les deux constantes arbitraires. Je remarque à cet effet que c est évidemment la valeur de a pour $a'=0$, et si l'on fait semblablement $a'=0$ et par suite $u'=0$ dans l'équation (2), elle donne $c=u=\sin\operatorname{am}a$. La relation entre les constantes est donc

$$C=\sin\operatorname{am}c.$$

Ainsi la valeur de C en u et u' donne précisément la détermination de $\sin\operatorname{am}(a+a')$ en fonction algébrique de $\sin\operatorname{am}a$ et $\sin\operatorname{am}a'$. La géométrie fournit aussi plusieurs méthodes extrêmement intéressantes pour parvenir à ce même résultat; ne pouvant ici les indiquer, nous nous bornons à donner sous sa forme analytique si remarquable le théorème découvert par Abel pour l'addition d'un nombre quelconque d'arguments.

I. — *Théorème d'Abel.*

Les expressions de $\sin\operatorname{am}x$, $\cos\operatorname{am}x$, $\Delta\operatorname{am}x$ par $\Theta(x)$, $\mathrm{H}(x)$, etc., fournissent les relations suivantes, qui établissent la double périodicité de ces fonctions, savoir :

$$\text{I.} \begin{cases} \sin\text{am}(x+2\text{K}) = -\sin\text{am}\, x, \\ \sin\text{am}(x+2i\text{K}) = +\sin\text{am}\, x; \end{cases}$$

$$\text{II.} \begin{cases} \cos\text{am}(x+2\text{K}) = -\cos\text{am}\, x, \\ \cos\text{am}(x+2i\text{K}') = -\cos\text{am}\, x; \end{cases}$$

$$\text{III.} \begin{cases} \Delta\text{am}\,(x+2\text{K}) = +\Delta\text{am}\, x, \\ \Delta\text{am}\,(x+2i\text{K}') = -\Delta\text{am}\, x. \end{cases}$$

Or on remarque que les trois fonctions se reproduisent dans le second membre au signe près, de sorte que les diverses combinaisons deux à deux de ces signes, pour l'une et l'autre période, forment pour chacune d'elles un caractère spécial et qui lie entre elles, d'une certaine manière, toutes les fonctions plus générales, composées de $\sin\text{am}\, x$, $\cos\text{am}\, x$, $\Delta\text{am}\, x$, qui à l'égard des périodes satisferont aux mêmes relations. Ainsi, en désignant par $\text{F}(x)$ et $f(x)$ deux polynômes entiers en x respectivement des degrés n et $n-1$, et faisant

$$\varphi_1(x) = \sin\text{am}\, x\, \text{F}(\sin^2\text{am}\, x) + \frac{d\sin\text{am}\, x}{dx} f(\sin^2\text{am}\, x),$$

$$\varphi_2(x) = \cos\text{am}\, x\, \text{F}(\cos^2\text{am}\, x) + \frac{d\cos\text{am}\, x}{dx} f(\sin^2\text{am}\, x),$$

$$\varphi_3(x) = \Delta\text{am}\, x\, \text{F}(\Delta^2\text{am}\, x) + \frac{d\Delta\text{am}\, x}{dx} f(\Delta^2\text{am}\, x),$$

on aura, comme précédemment,

$$\text{I.} \begin{cases} \varphi_1(x+2\text{K}) = -\varphi_1(x), \\ \varphi_1(x+2i\text{K}') = +\varphi_1(x); \end{cases}$$

$$\text{II.} \begin{cases} \varphi_2(x+2\text{K}) = -\varphi_2(x), \\ \varphi_2(x+2i\text{K}) = -\varphi_2(x); \end{cases}$$

$$\text{III.} \begin{cases} \varphi_3(x+2\text{K}) = +\varphi_3(x), \\ \varphi_3(x+2i\text{K}') = -\varphi_3(x). \end{cases}$$

Ce sont ces diverses expressions qui figurent dans le théorème que nous allons établir, ou plutôt encore la suivante qui possède le caractère résultant de la quatrième combinaison possible des deux signes dans le second membre, savoir :

$$\varphi(x+2\mathrm{K}) = +\varphi(x),$$
$$\varphi(x+2i\mathrm{K}') = +\varphi(x).$$

En désignant par $\mathrm{F}(x)$ et $\mathrm{F}_1(x)$ des polynômes respectivement de degré n et $n-2$, $\varphi(x)$ sera représenté de cette manière, savoir :

$$\varphi(x) = \mathrm{F}(z^2) + \frac{dz}{dx} z\mathrm{F}_1(z^2),$$

z désignant indifféremment $\sin\mathrm{am}\,x$, $\cos\mathrm{am}\,x$, ou $\Delta\,\mathrm{am}\,x$. Mais, soit pour fixer les idées, $z = \sin\mathrm{am}\,x$, et afin de mettre en évidence dans $\varphi(x)$ le numérateur et le dénominateur, employons l'expression $z = \frac{1}{\sqrt{k}}\frac{\mathrm{H}(x)}{\Theta(x)}$, qui conduira évidemment au dénominateur $\Theta^{2n}(x)$, de sorte qu'on pourra écrire

$$\varphi(x) = \frac{\Phi(x)}{\Theta^{2n}(x)}.$$

Cela posé, ayant

$$\Theta^{2n}(x+2\mathrm{K}) = \Theta^{2n}(x),$$
$$\Theta^{2n}(x+2i\mathrm{K}') = \Theta^{2n}(x)e^{-2n\frac{i\pi}{\mathrm{K}}(x+i\mathrm{K}')},$$

la relation

$$\Phi(x) = \varphi(x)\Theta^{2n}(x)$$

donne immédiatement, en ayant égard à ce que $\varphi(x)$ admet les périodes $2\mathrm{K}$, $2i\mathrm{K}'$, ces deux conditions

$$(1)\quad \begin{cases} \Phi(x+2\mathrm{K}) = \Phi(x), \\ \Phi(x+2i\mathrm{K}') = \Phi(x)e^{-2n\frac{i\pi}{\mathrm{K}}(x+i\mathrm{K}')}. \end{cases}$$

Or on peut satisfaire à ces relations, et de la manière la plus générale, en n'employant, bien entendu, que des expressions entières, si l'on fait, en désignant par A un facteur constant,

$$\Phi(x) = \mathrm{A}\mathrm{H}(x-\alpha_1)\mathrm{H}(x-\alpha_2)\ldots\mathrm{H}(x-\alpha_{2n}).$$

Effectivement, on vérifiera, à l'aide des équations

$$H(x-\alpha+2K) = -H(x-\alpha),$$
$$H(x-\alpha+2iK') = -H(x-\alpha)e^{-\frac{i\pi}{K}(x-\alpha+iK')},$$

qu'il suffit pour cela de poser la condition

$$\alpha_1+\alpha_2+\ldots+\alpha_{2n}=0.$$

Les quantités $\alpha_1, \alpha_2, \ldots, \alpha_{2n-1}$ restent donc arbitraires, ainsi que le facteur constant A, et il est aisé d'établir que la fonction entière, la plus générale qui satisfait aux relations (1), ne contient pareillement que $2n$ constantes arbitraires.

Soit en effet

$$\Phi(x) = \sum_{m=-\infty}^{m=+\infty} a_m e^{m\frac{i\pi x}{K}},$$

ou plutôt

$$\Phi(x) = \sum a_m q^{\frac{m^2}{2n}} e^{m\frac{i\pi x}{K}};$$

la seconde des relations (1) donnera la condition

$$a_{m+2n} = a_m,$$

ce qui ne laisse subsister dans l'expression de $\Phi(x)$ que les $2n$ constantes $a_0, a_1, \ldots, a_{2n-1}$.

Nous pouvons ainsi poser

$$(1)\qquad \varphi(x) = \frac{AH(x-\alpha_1)H(x-\alpha_2)\ldots H(x-\alpha_{2n})}{\Theta^{2n}(x)},$$

et cette équation remarquable aura également lieu en prenant pour $\varphi(x)$ la fonction déduite de

$$F(z^2)+\frac{dz}{dx}zF_1(z^2),$$

en faisant $z=\cos\operatorname{am}x$ et $z=\Delta\operatorname{am}x$.

Maintenant, une analyse toute semblable donnera, à l'égard des trois fonctions $\varphi_1(x)$, $\varphi_2(x)$, $\varphi_3(x)$, les théorèmes suivants où A_1, A_2, A_3 désignent des constantes, savoir :

$$\varphi_1(x) = \frac{A_1 H(x-\alpha_1) H(x-\alpha_2) \ldots H(x-\alpha_{2n+1})}{\Theta^{2n+1}(x)},$$

$$\varphi_2(x) = \frac{A_2 H_1(x-\alpha_1) H_1(x-\alpha_2) \ldots H_1(x-\alpha_{2n+1})}{\Theta^{2n+1}(x)},$$

$$\varphi_3(x) = \frac{A_3 \Theta_1(x-\alpha_1) \Theta_1(x-\alpha_2) \ldots \Theta_1(x-\alpha_{2n+1})}{\Theta^{2n+1}(x)},$$

et l'on aura encore entre les quantités α la relation

$$\alpha_1 + \alpha_2 + \ldots + \alpha_{2n+1} = 0.$$

C'est dans la conséquence que nous allons en déduire que consiste, à proprement parler, le théorème d'Abel.

Nous partirons à cet effet des équations relatives à $\varphi(x)$ et $\varphi_1(x)$ où figure la fonction $H(x)$ qui s'annule avec x et met ainsi en évidence les racines des équations $\varphi(x) = 0$, $\varphi_1(x) = 0$. En particulier, considérons la fonction $\varphi(x)$, où trois cas différents se présentent et correspondent à

$$z = \sin \operatorname{am} x,$$
$$z = \cos \operatorname{am} x,$$
$$z = \Delta \operatorname{am} x.$$

Les polynômes F et F_1 introduisant $2n$ constantes, on pourra, ayant pris égal à l'unité le coefficient de z^{2n}, déterminer les $2n-1$ autres coefficients par les équations du premier degré

$$\varphi(\alpha_1) = 0, \quad \varphi(\alpha_2) = 0, \ldots, \quad \varphi(\alpha_{2n-1}) = 0.$$

Cela fait, la relation (1) nous montre qu'on aura encore $\varphi(x) = 0$ pour $x = \alpha_{2n}$, c'est-à-dire d'après la condition posée entre les quantités α

$$x = -(\alpha_1 + \alpha_2 + \ldots + \alpha_{2n-1}).$$

Or le produit

$$\left[F(z^2) + \frac{dz}{dx} z F_1(z^2)\right]\left[F(z^2) - \frac{dz}{dx} z F_1(z^2)\right]$$

donne dans les trois cas que nous avons à considérer un polynôme entier de degré $4n$ et ne renfermant que des puissances paires de z, car on a successivement pour

$$z = \sin\operatorname{am} x \qquad \left(\frac{dz}{dx}\right)^2 = (1 - z^2)(1 - k^2 z^2),$$

$$z = \cos\operatorname{am} x \qquad \left(\frac{dz}{dx}\right)^2 = (1 - z^2)(k'^2 + k^2 z'),$$

$$z = \Delta\operatorname{am} x \qquad \left(\frac{dz}{dx}\right)^2 = -(1 - z^2)(k'^2 - z^2).$$

Dans le premier, ce polynôme, décomposé en facteurs, sera donc

$$(z^2 - \sin^2\operatorname{am}\alpha_1)(z^2 - \sin^2\operatorname{am}\alpha_2)\ldots(z^2 - \sin^2\operatorname{am}\alpha_{2n-1})$$
$$\times[z^2 - \sin^2\operatorname{am}(\alpha_1 + \alpha_2 + \ldots + \alpha_{2n-1})],$$

dans le second

$$(z^2 - \cos^2\operatorname{am}\alpha_1)(z^2 - \cos^2\operatorname{am}\alpha_2)\ldots(z^2 - \cos^2\operatorname{am}\alpha_{2n-1})$$
$$\times[z^2 - \cos^2\operatorname{am}(\alpha_1 + \alpha_2 + \ldots + \alpha_{2n-1})],$$

et enfin dans le troisième

$$(z^2 - \Delta^2\operatorname{am}\alpha_1)(z^2 - \Delta^2\operatorname{am}\alpha_2)\ldots(z^2 - \Delta^2\operatorname{am}\alpha_{2n-1})$$
$$\times[z^2 - \Delta^2\operatorname{am}(\alpha_1 + \alpha_2 + \ldots + \alpha_{2n-1})].$$

Les identités que nous venons ainsi d'établir donnent un résultat important lorsqu'on y fait $z = 0$. Si l'on désigne en effet, suivant les trois cas, par L, M, N, le terme qui ne contient pas z dans le polynôme $F(z^2)$, on obtiendra les relations

$$\sin\operatorname{am}(\alpha_1 + \alpha_2 + \ldots + \alpha_{2n}) = \frac{\pm L}{\sin\operatorname{am}\alpha_1 \sin\operatorname{am}\alpha_2 \ldots \sin\operatorname{am}\alpha_{2n-1}},$$

$$\cos\operatorname{am}(\alpha_1 + \alpha_2 + \ldots + \alpha_{2n-1}) = \frac{\pm M}{\cos\operatorname{am}\alpha_1 \cos\operatorname{am}\alpha_2 \ldots \cos\operatorname{am}\alpha_{2n-1}},$$

$$\Delta\operatorname{am}(\alpha_1 + \alpha_2 + \ldots + \alpha_{2n-1}) = \frac{\pm N}{\Delta\operatorname{am}\alpha_1 \Delta\operatorname{am}\alpha_2 \ldots \Delta\operatorname{am}\alpha_{2n-1}}.$$

Des conclusions toutes pareilles seront données par la fonction

$$\varphi_1(x) = \sin\operatorname{am} x\, F(\sin^2\operatorname{am} x) + \frac{d\sin\operatorname{am} x}{dx} f(\sin^2\operatorname{am} x),$$

où F et f introduisent $2n+1$ constantes arbitraires. En prenant encore égal à l'unité le coefficient de la puissance la plus élevée dans $F(z^2)$ et déterminant les autres coefficients par les conditions

$$\varphi_1(\alpha_1)=0,\quad \varphi_1(\alpha_2)=0,\ldots,\quad \varphi_1(\alpha_{2n})=0,$$

on aura

$$\sin^2\mathrm{am}\,x\,F^2(\sin^2\mathrm{am}\,x)-\left(\frac{d\sin\mathrm{am}\,x}{dx}\right)^2 f^2(\sin^2\mathrm{am}\,x)$$

$$=(\sin^2\mathrm{am}\,x-\sin^2\mathrm{am}\,\alpha_1)(\sin^2\mathrm{am}\,x-\sin^2\mathrm{am}\,\alpha_2)\ldots(\sin^2\mathrm{am}\,x-\sin^2\mathrm{am}\,\alpha_{2n})$$
$$\times(\sin^2\mathrm{am}\,x-\sin^2\mathrm{am}[\alpha_1+\alpha_2+\ldots+\alpha_{2n}]).$$

Ce second théorème donnerait la valeur de

$$\sin^2\mathrm{am}(\alpha_1+\alpha_2+\ldots+\alpha_{2n}),$$

où figure un nombre pair d'arguments, mais le premier a l'avantage de conduire en même temps à l'expression de

$$\sin\mathrm{am}(\alpha_1+\alpha_2+\ldots+\alpha_{2n-1}),$$
$$\cos\mathrm{am}(\alpha_1+\alpha_2+\ldots+\alpha_{2n-1}),$$
$$\Delta\mathrm{am}(\alpha_1+\alpha_2+\ldots+\alpha_{2n-1}),$$

où il importe peu que le nombre des arguments soit impair, car rien n'empêche d'en supposer un égal à zéro. Une dernière conséquence à cet égard nous reste encore à établir. Observons que les équations

$$\varphi(\alpha_1)=0,\quad \varphi(\alpha_2)=0,\ldots,\quad \varphi(\alpha_{2n-1})=0,$$

ou, pour abréger,

$$\varphi(\alpha_i)=0,$$

déterminent pour les coefficients de F et F_1 des fonctions rationnelles, dans le premier cas, pour $z=\sin\mathrm{am}\,x$, de

$$\sin\mathrm{am}\,\alpha_i\quad\text{et}\quad\frac{d\sin\mathrm{am}\,\alpha_i}{d\alpha_i}=\cos\mathrm{am}\,\alpha_i\,\Delta\mathrm{am}\,\alpha_i;$$

dans le second, pour $z=\cos\mathrm{am}\,x$, de

$$\cos\mathrm{am}\,\alpha_i\quad\text{et}\quad\frac{d\cos\mathrm{am}\,\alpha_i}{d\alpha_i}=-\sin\mathrm{am}\,\alpha_i\,\Delta\mathrm{am}\,\alpha_i;$$

dans le troisième enfin, pour $z = \Delta \operatorname{am} \alpha_i$, de

$$\Delta \operatorname{am} \alpha_i \quad \text{et} \quad \frac{d \Delta \operatorname{am} \alpha_i}{d\alpha_i} = -k^2 \sin \operatorname{am} \alpha_i \cos \operatorname{am} \alpha_i.$$

Telle sera donc la forme des quantités que nous avons tout à l'heure désignées par L, M, N, et par suite des valeurs elles-mêmes de

$$\sin \operatorname{am}(\alpha_1 + \alpha_2 + \ldots + \alpha_{2n-1}),$$
$$\cos \operatorname{am}(\alpha_1 + \alpha_2 + \ldots + \alpha_{2n-1}),$$
$$\Delta \operatorname{am}(\alpha_1 + \alpha_2 + \ldots + \alpha_{2n-1}).$$

Quant au double signe, il suffira pour le déterminer d'un cas particulier; nous allons en donner un exemple.

II. — *Formules pour l'addition de deux arguments.*

Nous appliquerons les théorèmes précédents au cas de trois arguments α_1, α_2 et α_3, en supposant le dernier égal à zéro, et nous prendrons

$$\varphi(x) = (z^4 + az^2 + b) + cz\frac{dz}{dx}.$$

On remarquera alors que, dans le cas de $z = \sin \operatorname{am} x$, l'équation fondamentale a cette forme

$$(z^4 + az^2 + b)^2 - c^2 z^2 \left(\frac{dz}{dx}\right)^2 = z^2 (z^2 - \sin^2 \operatorname{am} \alpha_1)(z^2 - \sin^2 \operatorname{am} \alpha_2)$$
$$\times (z^2 - \sin^2 \operatorname{am}(\alpha_1 + \alpha_2),$$

de sorte qu'on doit déjà poser $b = 0$. Si l'on supprime dans les deux membres le facteur z^2, et qu'on fasse ensuite $z = 0$ on obtiendra

$$\sin \operatorname{am}(\alpha_1 + \alpha_2) = \frac{\pm c}{\sin \operatorname{am} \alpha_1 \sin \operatorname{am} \alpha_2}.$$

Cela posé, les équations $\varphi(\alpha_1) = 0$, $\varphi(\alpha_2) = 0$ deviennent

$$\sin^3 \operatorname{am} \alpha_1 + a \sin \operatorname{am} \alpha_1 + c \cos \operatorname{am} \alpha_1 \Delta \operatorname{am} \alpha_1 = 0,$$
$$\sin^3 \operatorname{am} \alpha_2 + a \sin \operatorname{am} \alpha_2 + c \cos \operatorname{am} \alpha_2 \Delta \operatorname{am} \alpha_2 = 0,$$

d'où

$$\frac{c}{\sin \operatorname{am} \alpha_1 \sin \operatorname{am} \alpha_2} = \frac{\sin^2 \operatorname{am} \alpha_1 - \sin^2 \operatorname{am} \alpha_2}{\sin \operatorname{am} \alpha_1 \cos \operatorname{am} \alpha_2 \, \Delta \operatorname{am} \alpha_2 - \sin \operatorname{am} \alpha_2 \cos \operatorname{am} \alpha_1 \, \Delta \operatorname{am} \alpha_1},$$

valeur qui se réduit à $\sin am \alpha_2$ pour $\alpha_2 = 0$, de sorte qu'on doit prendre dans la formule le signe supérieur. Il vient ainsi, en multipliant les deux termes de la fraction par

$$\sin \operatorname{am} \alpha_1 \cos \operatorname{am} \alpha_2 \, \Delta \operatorname{am} \alpha_2 + \sin \operatorname{am} \alpha_2 \cos \operatorname{am} \alpha_1 \, \Delta \operatorname{am} \alpha_1,$$

et supprimant haut et bas le facteur $\sin^2 \operatorname{am} \alpha_1 - \sin^2 \operatorname{am} \alpha_2$,

$$\sin \operatorname{am} (\alpha_1 + \alpha_2) = \frac{\sin \operatorname{am} \alpha_1 \cos \operatorname{am} \alpha_2 \, \Delta \operatorname{am} \alpha_2 + \sin \operatorname{am} \alpha_2 \cos \operatorname{am} \alpha_1 \, \Delta \operatorname{am} \alpha_1}{1 - k^2 \sin^2 \operatorname{am} \alpha_1 \sin^2 \operatorname{am} \alpha_2}.$$

Dans les autres cas où $z = \cos \operatorname{am} x$ et $z = \Delta \operatorname{am} x$, l'équation

$$z^4 + az^2 + b + cz \frac{dz}{dx} = 0$$

admet la racine $z = 1$ qui répond au troisième argument supposé nul. On doit donc faire

$$z^4 + az^2 + b = (z^2 - 1)(z^2 + m),$$

ce qui conduit, pour $z = \cos \operatorname{am} x$, aux équations

$$\cos^2 \operatorname{am} \alpha_1 + m + c \frac{\cos \operatorname{am} \alpha_1 \, \Delta \operatorname{am} \alpha_1}{\sin \operatorname{am} \alpha_1} = 0,$$

$$\cos^2 \operatorname{am} \alpha_2 + m + c \frac{\cos \operatorname{am} \alpha_2 \, \Delta \operatorname{am} \alpha_2}{\sin \operatorname{am} \alpha_2} = 0,$$

et à la valeur

$$\cos \operatorname{am} (\alpha_1 + \alpha_2) = \frac{\pm m}{\cos \operatorname{am} \alpha_1 \cos \operatorname{am} \alpha_2};$$

de même pour $z = \Delta \operatorname{am} x$, on a les relations toutes semblables

$$\Delta^2 \operatorname{am} \alpha_1 + m + c \frac{\cos \operatorname{am} \alpha_2 \, \Delta \operatorname{am} \alpha_1}{\sin \operatorname{am} \alpha_1} = 0,$$

$$\Delta^2 \operatorname{am} \alpha_2 + m + c \frac{\cos \operatorname{am} \alpha_2 \, \Delta \operatorname{am} \alpha_2}{\sin \operatorname{am} \alpha_2} = 0,$$

$$\Delta \operatorname{am} (\alpha_1 + \alpha_2) = \frac{\pm m}{\Delta \operatorname{am} \alpha_1 \, \Delta \operatorname{am} \alpha_2}.$$

Un calcul entierement analogue à celui qui concerne le sinus donne les formules suivantes :

$$\cos\text{am}(\alpha_1+\alpha_2) = \frac{\cos\text{am}\,\alpha_1 \cos\text{am}\,\alpha_2 - \sin\text{am}\,\alpha_1 \sin\text{am}\,\alpha_2 \,\Delta\text{am}\,\alpha_1 \,\Delta\text{am}\,\alpha_2}{1-k^2\sin^2\text{am}\,\alpha_1 \sin^2\text{am}\,\alpha_2},$$

$$\Delta\text{am}(\alpha_1+\alpha_2) = \frac{\Delta\text{am}\,\alpha_1 \,\Delta\text{am}\,\alpha_2 - k^2\sin\text{am}\,\alpha_1 \sin\text{am}\,\alpha_2 \cos\text{am}\,\alpha_1 \cos\text{am}\,\alpha_2}{1-k^2\sin^2\text{am}\,\alpha_1 \sin^2\text{am}\,\alpha_2}.$$

Les trois formules que nous venons de déduire du théorème d'Abel sont nommées à juste titre fondamentales, car elles suffisent pour définir complétement les fonctions $\sin\text{am}\,x$, $\cos\text{am}\,x$, $\Delta\text{am}\,x$. On peut voir dans les premiers Mémoires d'Abel, et postérieurement dans les travaux de Gudermann, l'un des meilleurs auteurs qui aient écrit sur la théorie des fonctions elliptiques, comment elles donnent la double périodicité, puis les expressions de $\sin\text{am}(nx)$, $\cos\text{am}(nx)$, $\Delta\text{am}(nx)$, où n est un nombre entier quelconque, d'où l'on déduit, en remplaçant x par $\frac{x}{n}$, et passant à la limite pour n infini, les expressions analytiques sous forme de quotients des séries Θ et H. Nous y joindrons les suivantes, qui s'en déduisent immédiatement, savoir :

$$\sin\text{am}(\alpha_1-\alpha_2) = \frac{\sin\text{am}\,\alpha_1 \cos\text{am}\,\alpha_2 \,\Delta\text{am}\,\alpha_2 - \sin\text{am}\,\alpha_2 \cos\text{am}\,\alpha_1 \,\Delta\text{am}\,\alpha_1}{1-k^2\sin^2\text{am}\,\alpha_1 \sin^2\text{am}\,\alpha_2},$$

$$\cos\text{am}(\alpha_1-\alpha_2) = \frac{\cos\text{am}\,\alpha_1 \cos\text{am}\,\alpha_2 + \sin\text{am}\,\alpha_1 \sin\text{am}\,\alpha_2 \,\Delta\text{am}\,\alpha_1 \,\Delta\text{am}\,\alpha_2}{1-k^2\sin^2\text{am}\,\alpha_1 \sin^2\text{am}\,\alpha_2},$$

$$\Delta\text{am}(\alpha_1-\alpha_2) = \frac{\Delta\text{am}\,\alpha_1 \,\Delta\text{am}\,\alpha_2 + k^2\sin\text{am}\,\alpha_1 \sin\text{am}\,\alpha_2 \cos\text{am}\,\alpha_1 \cos\text{am}\,\alpha_2}{1-k^2\sin^2\text{am}\,\alpha_1 \sin\text{am}\,\alpha_2}.$$

Par voie d'addition et de soustraction on en conclut

$$\left\{\begin{aligned}
\sin\text{am}(\alpha_1+\alpha_2) + \sin\text{am}(\alpha_1-\alpha_2) &= \frac{2\sin\text{am}\,\alpha_1 \cos\text{am}\,\alpha_2 \,\Delta\text{am}\,\alpha_2}{1-k^2\sin^2\text{am}\,\alpha_1 \sin^2\text{am}\,\alpha_2}.\\
\cos\text{am}(\alpha_1+\alpha_2) + \cos\text{am}(\alpha_1-\alpha_2) &= \frac{2\cos\text{am}\,\alpha_1 \cos\text{am}\,\alpha_2}{1-k^2\sin^2\text{am}\,\alpha_1 \sin^2\text{am}\,\alpha_2},\\
\Delta\text{am}(\alpha_1+\alpha_2) + \Delta\text{am}(\alpha_1-\alpha_2) &= \frac{2\,\Delta\text{am}\,\alpha_1 \,\Delta\text{am}\,\alpha_2}{1-k^2\sin^2\text{am}\,\alpha_1 \sin^2\text{am}\,\alpha_2}.
\end{aligned}\right.$$

$$\left\{\begin{aligned}
\sin\text{am}(\alpha_1+\alpha_2) - \sin\text{am}(\alpha_1-\alpha_2) &= \frac{2\sin\text{am}\,\alpha_2 \cos\text{am}\,\alpha_1 \,\Delta\text{am}\,\alpha_1}{1-k^2\sin^2\text{am}\,\alpha_1 \sin^2\text{am}\,\alpha_2},\\
\cos\text{am}(\alpha_1-\alpha_2) - \cos\text{am}(\alpha_1+\alpha_2) &= \frac{2\sin\text{am}\,\alpha_1 \sin\text{am}\,\alpha_2 \,\Delta\text{am}\,\alpha_1 \,\Delta\text{am}\,\alpha_2}{1-k^2\sin^2\text{am}\,\alpha_1 \sin^2\text{am}\,\alpha_2},\\
\Delta\text{am}(\alpha_2-\alpha_2) - \Delta\text{am}(\alpha_1+\alpha_2) &= \frac{2k^2\sin\text{am}\,\alpha_1 \sin\text{am}\,\alpha_2 \cos\text{am}\,\alpha_1 \cos\text{an}}{1-k^2\sin^2\text{am}\,\alpha_1 \sin^2\text{am}\,\alpha_2}
\end{aligned}\right.$$

Les trois dernières équations, en faisant

$$\alpha_1 + \alpha_2 = x, \quad \alpha_1 - \alpha_2 = a,$$

conduisent à déterminer toutes les valeurs de x, qui donnent

$$\sin \operatorname{am} x = \sin \operatorname{am} a,$$
$$\cos \operatorname{am} x = \cos \operatorname{am} a,$$
$$\Delta \operatorname{am} x = \Delta \operatorname{am} a.$$

Ainsi, dans le premier cas, on reconnaît que toutes les solutions sont données par celles des équations

$$\sin \operatorname{am} \frac{x-a}{2} = 0 \text{ ou } \infty,$$
$$\cos \operatorname{am} \frac{x+a}{2} = 0,$$
$$\Delta \operatorname{am} \frac{x+a}{2} = 0.$$

On en conclut immédiatement, d'après les formules données page 384 pour les racines des équations

$$\Theta(x) = 0, \quad \mathrm{H}(x) = 0, \quad \Theta_1(x) = 0, \quad \mathrm{H}_1(x) = 0,$$

qu'on a

$$\left\{ \begin{array}{l} x = a + 4m\mathrm{K} + 2m' i\mathrm{K}', \\ x = a + (4m+2)\mathrm{K} + 2m' i\mathrm{K}'; \end{array} \right.$$

de même pour

$$\cos \operatorname{am} x = \cos \operatorname{am} a$$

on obtiendrait

$$\left\{ \begin{array}{l} x = \pm a + 4m\mathrm{K} + 4m' i\mathrm{K}', \\ x = \pm a + (4m+2)\mathrm{K} + (4m'+2) i\mathrm{K}', \end{array} \right.$$

ou plus simplement

$$x = \pm a + 2m(\mathrm{K} + i\mathrm{K}') + 4m' i\mathrm{K}',$$

et pour

$$\Delta \operatorname{am} x = \Delta \operatorname{am} a,$$
$$x = \pm a + 2m\mathrm{K} + 4m' i\mathrm{K}'.$$

Dans ces formules m et m' désignent des nombres entiers quelconques, positifs ou négatifs.

Les formules pour l'addition de deux arguments donneraient lieu à beaucoup d'autres remarques; je me bornerai ici aux résultats relatifs à la duplication et aux valeurs que prennent les trois fonctions lorsqu'on suppose l'argument égal à une demi-période. Les premières découlent des formules fondamentales, qui donnent immédiatement

$$\sin\operatorname{am} 2\alpha = \frac{2\sin\operatorname{am}\alpha\cos\operatorname{am}\alpha\,\Delta\operatorname{am}\alpha}{1 - k^2\sin^4\operatorname{am}\alpha},$$

$$\cos\operatorname{am} 2\alpha = \frac{1 - 2\sin^2\operatorname{am}\alpha + k^2\sin^4\operatorname{am}\alpha}{1 - k^2\sin^4\operatorname{am}\alpha},$$

$$\Delta\operatorname{am} 2\alpha = \frac{1 - 2k^2\sin^2\operatorname{am}\alpha + k^2\sin^4\operatorname{am}\alpha}{1 - k^2\sin^4\operatorname{am}\alpha},$$

et on en déduit les valeurs suivantes, qu'a données Gudermann:

$$\left\{\begin{aligned} \sin\operatorname{am}\frac{K}{2} &= \frac{1}{\sqrt{1+k'}}, \\ \cos\operatorname{am}\frac{K}{2} &= \frac{k'}{\sqrt{1+k'}}, \\ \Delta\operatorname{am}\frac{K}{2} &= \sqrt{k'}; \end{aligned}\right. \qquad \left\{\begin{aligned} \sin\operatorname{am}\frac{iK'}{2} &= \frac{i}{\sqrt{k}}, \\ \cos\operatorname{am}\frac{iK'}{2} &= \frac{i}{\sqrt{1+k}}, \\ \Delta\operatorname{am}\frac{iK'}{2} &= \sqrt{1+k}; \end{aligned}\right.$$

$$\left\{\begin{aligned} \sin\operatorname{am}\left(\frac{K}{2} \pm iK'\right) &= \frac{1}{\sqrt{1-k'}}, \\ \cos\operatorname{am}\left(\frac{K}{2} \pm iK'\right) &= \mp i\sqrt{\frac{k'}{1-k'}}, \\ \Delta\operatorname{am}\left(\frac{K}{2} \pm iK'\right) &= \mp i\sqrt{k'}; \end{aligned}\right. \qquad \left\{\begin{aligned} \sin\operatorname{am}\left(K \pm \frac{iK'}{2}\right) &= \frac{1}{\sqrt{k}}, \\ \cos\operatorname{am}\left(K \pm \frac{iK'}{2}\right) &= \mp i\sqrt{\frac{1-k}{k}}, \\ \Delta\operatorname{am}\left(K \pm \frac{iK'}{2}\right) &= \sqrt{1-k}. \end{aligned}\right.$$

$$\left\{\begin{aligned} \sin\operatorname{am}\left(\frac{K \pm iK'}{2}\right) &= \sqrt{1 \pm \frac{ik'}{k}}, \\ \cos\operatorname{am}\left(\frac{K \pm iK'}{2}\right) &= (1 \mp i)\sqrt{\frac{k'}{2k}}, \\ \Delta\operatorname{am}\left(\frac{K \pm iK'}{2}\right) &= k'\sqrt{1 \mp \frac{ik}{k'}}. \end{aligned}\right.$$

III. — *De la multiplication des arguments.*

Ce point important de la théorie des fonctions elliptiques est si intimement lié à la théorie de la transformation, dont nous ne nous occuperons pas ici, que nous devons nous borner à l'indication d'un petit nombre de résultats.

En premier lieu, soit n un nombre pair, et posons

$$m = \frac{n^2}{2},$$

on aura

$$\sin \operatorname{am}(nx) = n \cos \operatorname{am} x \, \Delta \operatorname{am} x \, \frac{\sin \operatorname{am} x + A' \sin^3 \operatorname{am} x + \ldots + G' \sin^{2m-3} \operatorname{am} x}{1 + A \sin^2 \operatorname{am} x + \ldots + H \sin^{2m} \operatorname{am} x},$$

$$(-1)^{\frac{n}{2}} \cos \operatorname{am}(nx) = \frac{1 + A'_1 \cos^2 \operatorname{am} x + \ldots + H'_1 \cos^{2m} \operatorname{am} x}{1 + A_1 \cos^2 \operatorname{am} x + \ldots + H_1 \cos^{2m} \operatorname{am} x},$$

$$(-1)^{\frac{n}{2}} \Delta \operatorname{am}(nx) = \frac{1 + A'_2 \Delta^2 \operatorname{am} x + \ldots + H'_2 \Delta^{2m} \operatorname{am} x}{1 + A_2 \Delta^2 \operatorname{am} x + \ldots + H_2 \Delta^{2m} \operatorname{am} x}.$$

Soit en second lieu n impair et faisons

$$m = \frac{n^2 - 1}{2},$$

on aura

$$\sin \operatorname{am}(nx) = n \frac{\sin \operatorname{am} x + a' \sin^3 \operatorname{am} x + \ldots + h' \sin^{2m+1} \operatorname{am} x}{1 + a \sin^2 \operatorname{am} x + \ldots + h \sin^{2m} \operatorname{am} x},$$

$$\cos \operatorname{am}(nx) = n \frac{\cos \operatorname{am} x + a'_1 \cos^3 \operatorname{am} x + \ldots + h'_1 \cos^{2m+1} \operatorname{am} x}{1 + a_1 \cos^2 \operatorname{am} x + \ldots + h_1 \cos^{2m} \operatorname{am} x},$$

$$\Delta \operatorname{am}(nx) = n \frac{\Delta \operatorname{am} x + a'_2 \Delta^3 \operatorname{am} x + \ldots + h'_2 \Delta^{2m+1} \operatorname{am} x}{1 + a_2 \Delta^2 \operatorname{am} x + \ldots + h_2 \Delta^{2m} \operatorname{am} x}.$$

Tous les coefficients dans ces diverses formules sont des fonctions rationnelles et entières de k^2, et Jacobi a donné pour leur détermination dans le cas où n est impair, le théorème suivant.

Soit $\sin \operatorname{am} x = \frac{u}{\sqrt{k}}$, $\sin \operatorname{am}(nx) = \frac{U}{\sqrt{k}}$ et $U = \frac{P}{Q}$, P et Q étant des polynômes entiers en u ; si l'on fait

$$\alpha = k + \frac{1}{k},$$

ces deux polynômes satisferont à l'équation linéaire aux différences partielles que voici :

$$u^2(n^2-1)u^2z + (n^2-1)(\alpha u - 2u^3)\frac{dz}{du} + (1 - \alpha u^2 + u^4)\frac{d^2z}{du^2} = 2n^2(\alpha^2-4)\frac{dz}{d\alpha}.$$

Sur les fonctions de seconde et de troisième espèce.

On y est amené par la considération de l'intégrale

$$\int F(\sin \mathrm{am}\, x,\ \cos \mathrm{am}\, x,\ \Delta \mathrm{am}\, x)\, dx,$$

où F désigne une fonction rationnelle quelconque et qui va maintenant nous occuper.

Soit, comme précédemment,

$$u = \sin \mathrm{am}\, x,$$
$$v = \cos \mathrm{am}\, x,$$
$$w = \Delta \mathrm{am}\, x.$$

On reconnaîtra d'abord qu'elle peut être réduite à la forme

$$\int (A + Bv + Cw + Dvw)\, dx,$$

où A, B, C, D sont des fonctions rationnelles de la quantité u. Il en résulte que la première partie

$$\int A\, dx$$

demande seule un examen attentif, car à l'égard des deux suivantes l'intégration s'effectuera par les règles relatives aux radicaux carrés du second degré, en prenant u pour variable indépendante, et la dernière se trouvera même ainsi ramenée aux fonctions rationnelles. C'est donc seulement dans l'expression $\int A\,dx$ que l'on peut s'attendre à voir résulter de l'intégration des fonctions nouvelles, et que les considérations suivantes vont mettre effectivement en évidence.

Soit

$$A = \frac{\varphi(u)}{\psi(u)},$$

φ et ψ désignant des polynômes entiers; en multipliant par $\psi(-u)$ les deux termes de la fraction et faisant

$$\psi(u)\psi(-u) = \Psi(u^2),$$
$$\varphi(u)\psi(-u) = \Phi(u^2) + u\Phi_1(u^2),$$

on décomposera l'intégrale proposée dans les deux suivantes,

$$\int \frac{\Psi(u^2)}{\Phi(u^2)}\,dx, \quad \int \frac{u\Phi_1(u^2)}{\Psi(u^2)}\,dx,$$

dont la seconde se ramène encore aux radicaux du second degré, puisqu'en faisant $u^2 = t$ elle devient

$$\frac{1}{2}\int \frac{\Psi(t)}{\Phi_1(t)} \cdot \frac{dt}{\sqrt{(1-t)(1-k^2t)}}.$$

Il y a donc seulement lieu de s'occuper de la première, qu'on fera dépendre, en décomposant en fractions simples $\frac{\Phi(u^2)}{\psi(u^2)}$, de termes tels que

$$\int u^{2n}\,dx, \quad \int \frac{dx}{(1+\alpha u^2)^p},$$

ou bien

$$\int \frac{u^{2n}\,du}{\sqrt{(1-u^2)(1-k^2u^2)}}, \quad \int \frac{du}{(1-\alpha u^2)^p\sqrt{(1-u^2)(1-k^2u^2)}},$$

et ces termes sont eux-mêmes réductibles, comme on va voir, aux cas les plus simples de $n=1$, $p=1$.

Partons en premier lieu de la relation

$$\frac{du^m}{dx} = mu^{m-1}\sqrt{(1-u^2)(1-k^2u^2)},$$

qui différentiée donnera

$$\frac{d^2u^m}{dx^2} = m(m-1)u^{m-2} - m^2(1+k^2)u^m + m(m+1)k^2u^{m+2}.$$

En intégrant par rapport à x les deux membres de cette équation, on trouvera cette formule de réduction

$$\frac{du^m}{dx} = m(m-1)\int u^{m-2}dx - m^2(1+k^2)\int u^m dx$$
$$+ m(m+1)k^2\int u^{m+2}dx,$$

qui montre comment de proche en proche on ramènera l'intégrale proposée ou $m = 2n$, aux seuls cas de $n = 0$, $n = 1$.

Le premier donne un terme proportionnel à la variable, et c'est le second qui conduit à un nouvel élément analytique, dans la théorie des fonctions elliptiques.

En introduisant comme facteur constant le carré du module, nous poserons

$$Z(x) = \int_0^x k^2 \sin^2 \operatorname{am} x\, dx,$$

ce sera ce que l'on nomme et ce que nous appellerons dorénavant la *fonction de seconde espèce*.

Partons en second lieu de la relation

$$\frac{u\sqrt{(1-u^2)(1-k^2u^2)}}{(1-\alpha u^2)^{p-1}} = (2p-2)\left(1+\frac{1+k^2}{\alpha}+\frac{k^2}{\alpha^2}\right)\int\frac{dx}{(1-\alpha u^2)^p}$$
$$-(2p-3)\left(1+\frac{2+2k^2}{\alpha}+\frac{3k^2}{\alpha^2}\right)\int\frac{dx}{(1-\alpha u^2}$$
$$+(2p-4)\left(\frac{1+k^2}{\alpha}+\frac{3k^2}{\alpha^2}\right)\int\frac{dx}{(1-\alpha u^2)^{p-2}}$$
$$-(2p-5)\frac{k^2}{\alpha^2}\int\frac{dx}{(1-\alpha u^2)^{p-3}},$$

qu'on trouvera identique par la différentiation. Il est clair que de proche en proche, elle fait dépendre le cas le plus général des trois suivants où l'on suppose $p=-1$, $p=0$, $p=1$. Le premier nous ramène à la fonction de seconde espèce, le second donne un terme proportionnel à la variable: c'est donc seulement le dernier qui met encore en évidence une fonction nouvelle, que nous étudierons sous la forme

$$\int \frac{\mathrm{A}\, u^2\, dx}{1-\alpha u^2}$$

au lieu de

$$\int \frac{dx}{1-\alpha u^2}.$$

En faisant

$$\alpha = k^2 \sin^2 \mathrm{am}\, a,$$

$$\mathrm{A} = \frac{1}{2}\frac{d\alpha}{da} k^2 \sin \mathrm{am}\, a \cos \mathrm{am}\, a\, \Delta\, \mathrm{am}\, a,$$

nous poserons

$$\Pi(x, a) = \int_0^u \frac{k^2 \sin \mathrm{am}\, a \cos \mathrm{am}\, a\, \Delta\, \mathrm{am}\, a \sin^2 \mathrm{am}\, x \,.\, dx}{1 - k^2 \sin^2 \mathrm{am}\, a \sin^2 \mathrm{am}\, x}$$

et cette expression sera désormais pour nous la *fonction de troisième espèce.*

I. — *Expression par $\Theta(x)$ des fonctions de seconde et de troisième espèce.*

Nous avons précédemment établi la relation suivante

$$\sin \mathrm{am}\, x (\sin^2 \mathrm{am}\, x + \mathrm{A}) + \mathrm{B} \frac{d \sin \mathrm{am}\, x}{dx}$$
$$= \mathrm{C} \frac{\mathrm{H}(x-\alpha_1)\mathrm{H}(x-\alpha_2)\mathrm{H}(x-\alpha_3)}{\Theta^3(x)},$$

où les coefficients A et B s'expriment par α_1 et α_2 en posant

$$\sin \mathrm{am}\, \alpha_1 (\sin^2 \mathrm{am}\, \alpha_1 + \mathrm{A}) + \mathrm{B} \frac{d \sin \mathrm{am}\, \alpha_1}{d\alpha_1} = 0,$$

$$\sin \mathrm{am}\, \alpha_2 (\sin^2 \mathrm{am}\, \alpha_2 + \mathrm{A}) + \mathrm{B} \frac{d \sin \mathrm{am}\, \alpha_2}{d\alpha_2} = 0.$$

Soit

$$\alpha_1 = -\alpha_2 = a,$$

et par suite

$$\alpha_3 = 0;$$

d'après la condition

$$\alpha_1 + \alpha_2 + \alpha_3 = 0$$

on trouvera

$$B = 0, \quad A = -\sin^2 \operatorname{am} a,$$

et par conséquent

$$\sin \operatorname{am} x (\sin^2 \operatorname{am} x - \sin^2 \operatorname{am} a) = C \frac{H(x+a)\,H(x-a)\,H(x)}{\Theta^3(x)}.$$

Déterminant C en faisant $x = 0$, il viendra enfin

$$\sin^2 \operatorname{am} x - \sin^2 \operatorname{am} a = \frac{\Theta^2(0)\,H(x+a)\,H(x-a)}{k\,\Theta^2(x)\,\Theta^2(a)}.$$

Cette relation importante prend, si l'on change a en $a + iK'$, cette nouvelle forme

$$1 - k^2 \sin \operatorname{am} a \sin^2 \operatorname{am} x = \frac{\Theta^2(0)\,\Theta(x+a)\,\Theta(x-a)}{\Theta^2(x)\,\Theta^2(a)},$$

à laquelle on parviendrait encore d'une autre manière en employant l'identité

$$\begin{aligned} \frac{1}{k} \frac{H(x+a)\,H(x-a)}{\Theta(x+a)\,\Theta(x-a)} &= \sin \operatorname{am}(x+a) \sin \operatorname{am}(x-a) \\ &= \frac{\sin^2 \operatorname{am} x - \sin^2 \operatorname{am} a}{1 - k^2 \sin^2 \operatorname{am} a \sin^2 \operatorname{am} x}. \end{aligned}$$

Elle donne, en prenant les logarithmes de deux membres,

$$\begin{aligned} \log(1 - k^2 \sin^2 \operatorname{am} a \sin^2 \operatorname{am} x) = \log \Theta^2(0) &+ \log \Theta(x+a) \\ &+ \log \Theta(x-a) - 2 \log \Theta(x) \\ &- 2 \log \Theta(a), \end{aligned}$$

et de là on tire immédiatement, en différentiant par rapport à

a et en intégrant ensuite par rapport à x,

$$\int_0^x \frac{k^2 \sin \operatorname{am} a \cos \operatorname{am} a \,\Delta \operatorname{am} a \sin^2 \operatorname{am} x dx}{1 - k^2 \sin^2 \operatorname{am} a \sin^2 \operatorname{am} x} = \Pi(x, a)$$

$$= x \frac{\Theta'(a)}{\Theta(a)} + \frac{1}{2} \log \frac{\Theta(x-a)}{\Theta(x+a)};$$

c'est l'expression analytique découverte par Jacobi de la fonction de troisieme espèce. En divisant par a et supposant ensuite $a = 0$, on en déduit

$$\int_0^x k^2 \sin^2 \operatorname{am} x dx = \mathrm{Z}(x)$$

$$= \zeta x - \frac{\Theta'(x)}{\Theta(x)},$$

où l'on a posé

$$\zeta = 8 \frac{q - 4q^4 + 9q^9 - 16q^{16} + 25q^{25} - \ldots}{1 - 2q + 2q^4 - 2q^9 + 2q^{16} - \ldots};$$

c'est l'expression donnée également par Jacobi de la fonction de seconde espèce et qui va nous conduire aisément à ses propriétés fondamentales.

II. — *De la fonction* Z(x).

La première de ces propriétés est de n'avoir qu'une seule et unique détermination pour toute valeur réelle ou imaginaire de la variable. C'est aussi ce qui résulte directement de la considération de l'intégrale $\int_0^x k^2 \sin^2 \operatorname{am} z dz$. En effet, pour l'une quelconque des racines de l'équation

$$\frac{1}{\sin \operatorname{am} z} = 0,$$

savoir

$$z = 2m\mathrm{K} + (2m' + 1) i\mathrm{K}',$$

le résidu correspondant de $k^2 \sin^2 \operatorname{am} z$, c'est-à-dire le coefficient de $\frac{1}{\varepsilon}$ dans

$$k^2 \sin^2 \text{am} [2m\text{K} + (2m' + 1) i\text{K}' + \varepsilon] = \frac{1}{\sin^2 \text{am}\, \varepsilon},$$

s'évanouit, car $\sin^2 \text{am}\, \varepsilon$ ne contient que des puissances paires de ε dans son développement. L'intégration, quel que soit le chemin décrit par la variable z, ne donnera donc qu'une seule et unique détermination. Nous pouvons ainsi poser sans aucune ambiguïté, en adoptant les dénominations de M. Weierstrass,

$$\text{J} = \int_0^{\text{K}} k^2 \sin^2 \text{am}\, x dx,$$

$$i\text{J}' = \int_{\text{K}}^{\text{K}+i\text{K}'} k^2 \sin^2 \text{am}\, x dx.$$

Ces quantités se nomment *les fonctions complètes* de seconde espèce et sont liées à K et K' fonctions complètes de première espèce par la relation que nous avons déjà mentionnée :

$$\text{KJ}' - \text{K}'\text{J} = \frac{\pi}{2}$$

et que nous allons maintenant démontrer.

A cet effet, faisons successivement

$$z = \text{K},$$
$$z = \text{K} + i\text{K}',$$

dans l'équation fondamentale

$$\text{Z}(x) = \zeta x - \frac{\Theta'(x)}{\Theta(x)}.$$

La première substitution donnera tout d'abord

$$\text{J} = \zeta \text{K},$$

car on a

$$\Theta'(\text{K}) = 0.$$

Pour la seconde, nous partirons de la relation donnée p. 384 :

$$\Theta_1(x+i\mathrm{K}')=\mathrm{H}_1(x)e^{-\frac{i\pi}{4\mathrm{K}}(2x+i\mathrm{K}')}$$

et d'où l'on tire :

$$\log\Theta_1(x+i\mathrm{K}')=\log\mathrm{H}_1(x)-\frac{i\pi}{4\mathrm{K}}(2x+i\mathrm{K}').$$

En différentiant par rapport à x, on en déduit

$$\frac{\Theta_1'(x+i\mathrm{K})}{\Theta_1(x+i\mathrm{K}')}=\frac{\mathrm{H}_1'(x)}{\mathrm{H}_1(x)}-\frac{i\pi}{2\mathrm{K}}.$$

Maintenant si l'on fait $x=0$, la dérivée de la fonction paire $\mathrm{H}_1(x)$ s'évanouissant, il viendra

$$\frac{\Theta_1'(i\mathrm{K}')}{\Theta_1(i\mathrm{K}')}=\frac{\Theta'(\mathrm{K}+i\mathrm{K}')}{\Theta(\mathrm{K}+i\mathrm{K}')}=-\frac{i\pi}{2\mathrm{K}}.$$

On en conclut

$$\mathrm{Z}(\mathrm{K}+i\mathrm{K}')=\zeta(\mathrm{K}+i\mathrm{K}')+\frac{i\pi}{2\mathrm{K}}$$

et par conséquent

$$\mathrm{J}'=\frac{\mathrm{Z}(\mathrm{K}+i\mathrm{K}')-\mathrm{Z}(\mathrm{K})}{i}=\zeta\mathrm{K}'+\frac{\pi}{2\mathrm{K}},$$

ce qui donne la relation annoncée en remplaçant ζ par $\frac{\mathrm{J}}{\mathrm{K}}$.

Ces quantités J et J′, lorsqu'on suppose le module k réel et moindre que l'unité, s'expriment par les intégrales rectilignes :

$$\mathrm{J}=\int_0^1\frac{k^2x^2\,dx}{\sqrt{(1-x^2)(1-k^2x^2)}},$$

$$\mathrm{J}'=\int_1^{\frac{1}{k}}\frac{k^2x^2\,dx}{\sqrt{(x^2-1)(1-k^2x^2)}}$$

et l'on a, comme pour K et K′, ces deux séries :

$$\mathrm{J}=\frac{\pi}{2}\mathfrak{J},$$

$$=\mathfrak{J}\log\frac{4}{k}+1-(\mathfrak{J}-\mathfrak{J}_1)-\frac{2}{3.4}(\mathfrak{J}-\mathfrak{J}_2)-\frac{2}{5.6}(\mathfrak{J}-\mathfrak{J}_3)-.$$

en faisant :

$$\mathfrak{J} = \frac{1}{2}k^2 + \frac{3}{4}\left(\frac{1}{2}\right)^2 k^4 + \frac{5}{6}\left(\frac{1.3}{2.4}\right)^2 k^6 + \frac{7}{8}\left(\frac{1.3.5}{2.4.6}\right)^2 k^8 + \ldots,$$

$$\mathfrak{J}_n = \frac{1}{2}k^2 + \frac{3}{4}\left(\frac{1}{2}\right)^2 k^4 + \ldots + \frac{2n-3}{2n-2}\left(\frac{1.3\ldots 2n-5}{2.4\ldots 2n-4}\right)^2 k^{2n-2}$$

$$+ \frac{1}{2}\,\frac{2n-1}{2n}\left(\frac{1.3\ldots 2n-3}{2.4\ldots 2n-2}\right)^2 k^{2n}.$$

Voici maintenant la propriété de la fonction de seconde espèce qu'on doit regarder comme caractéristique et qui justifie son introduction à titre de nouvel élément analytique dans la théorie des fonctions elliptiques; elle consiste dans les relations :

$$Z(x + 2K) = Z(x) + 2J,$$
$$Z(x + 2iK') = Z(x) + 2iJ'.$$

Ces relations qui découlent immédiatement des équations fondamentales :

$$\Theta(x + 2K) = \Theta(x),$$

$$\Theta(x + 2iK') = -\Theta(x)e^{-\frac{i\pi}{K}(x + iK')},$$

en en prenant les dérivées logarithmiques, donnent en effet la notion d'un nouveau genre de fonctions qui, étant uniformes, se reproduisent avec l'addition d'une constante lorsqu'on augmente l'argument des quantités $2K$ et $2iK'$. Plus tard on verra le rôle et l'importance de ce caractère qui n'est plus la double périodicité, mais qui s'y rattache d'une manière étroite.

On y parviendrait d'ailleurs encore autrement, en partant de l'équation

$$Z(x + a) = Z(x) + Z(a) + k^2 \sin\operatorname{am} x \sin\operatorname{am} a \sin\operatorname{am}(x + a),$$

c'est-à-dire du théorème de l'addition des arguments dans la fonction de seconde espèce, que Jacobi démontre comme il suit.

Différentions par rapport à x l'équation

$$\Pi(x, a) = x\frac{\Theta'(a)}{\Theta(a)} + \frac{1}{2}\log\frac{\Theta(x-a)}{\Theta(x+a)},$$

il viendra

$$\begin{aligned}&\frac{k^2\sin\operatorname{am}a\cos\operatorname{am}a\,\Delta\operatorname{am}a\sin^2\operatorname{am}x}{1-k^2\sin^2\operatorname{am}a\sin^2\operatorname{am}x}\\ &= \frac{\Theta'(a)}{\Theta(a)} + \frac{1}{2}\frac{\Theta'(x-a)}{\Theta(x-a)} - \frac{1}{2}\frac{\Theta'(x+a)}{\Theta(x+a)}\\ &= -Z(a) + \frac{1}{2}Z(x+a) - \frac{1}{2}Z(x-a),\end{aligned}$$

d'où, en permutant x et a,

$$\begin{aligned}&\frac{k^2\sin\operatorname{am}x\cos\operatorname{am}x\,\Delta\operatorname{am}x\sin^2\operatorname{am}a}{1-k^2\sin^2\operatorname{am}a\sin^2\operatorname{am}x}\\ &= -Z(x) + \frac{1}{2}Z(x+a) + \frac{1}{2}Z(x-a);\end{aligned}$$

or ces relations ajoutées membre à membre donnent

$$k^2\sin\operatorname{am}x\sin\operatorname{am}a\sin\operatorname{am}(x+a) = Z(x+a) - Z(x) - Z(a).$$

III. — *De la fonction* $\Pi(x, a)$.

On considère comme l'une des plus belles découvertes de Jacobi cette expression de $\Pi(x, a)$ où figurent deux quantités, l'argument x et le paramètre a, par la relation

$$\Pi(x, a) = x\frac{\Theta'(a)}{\Theta(a)} + \frac{1}{2}\log\frac{\Theta(x-a)}{\Theta(x+a)},$$

dans laquelle n'entre que la seule fonction Θ avec sa dérivée. Il pourrait même paraître inutile, à cause de la simplicité de cette expression, d'introduire avec une désignation spéciale et comme un élément analytique propre la fonction de troisième espèce. Cette désignation cependant est consacrée par les travaux de Legendre qui ont précédé la découverte de Jacobi, et nous l'emploierons dans les énoncés des propositions suivantes.

A. — *Échange de l'amplitude et du paramètre.*

L'équation fondamentale donne immédiatement

$$\Pi(x, a) - \Pi(a, x) = x\,\frac{\Theta'(a)}{\Theta(a)} - a\,\frac{\Theta'(x)}{\Theta(x)},$$

ou bien encore

$$\Pi(x, a) - \Pi(a, x) = a\mathrm{Z}(x) - x\mathrm{Z}(a)$$

en introduisant la fonction de seconde espèce. Cette propriété peut être établie directement et étendue aux intégrales d'ordre supérieur par la méthode suivante qu'a encore donnée Jacobi.

Soit $\varphi(x)$ un polynôme de degré quelconque en x et

$$\mathrm{F}(x, a) = \int_0^x \frac{\sqrt{\varphi a}\,dx}{(x-a)\sqrt{\varphi x}}$$

la différence $\mathrm{F}(x, a) - \mathrm{F}(a, x)$, ou bien la somme des intégrales

$$\int_0^x \frac{\sqrt{\varphi a}\,dx}{(x-a)\sqrt{\varphi x}} + \int_0^a \frac{\sqrt{\varphi x}\,da}{(x-a)\sqrt{\varphi a}}$$

peut être remplacée par l'intégrale double

$$\int_0^a \int_0^x \frac{dx\,da}{\sqrt{\varphi x}\sqrt{\varphi a}} \left[\frac{(\varphi' x + \varphi' a)(x-a) + 2\varphi a - 2\varphi x}{2(x-a)^2}\right].$$

Or on trouve aisément que la quantité placée entre parenthèses est une fonction entière de x et de a, de sorte que l'intégrale double se ramène à une somme de produits tels que

$$\int_0^a \frac{a^m da}{\sqrt{\varphi a}} \times \int_0^x \frac{x^n dx}{\sqrt{\varphi x}}.$$

Le cas des intégrales elliptiques résulterait évidemment de là, en posant

$$\varphi x = x(1-x)(1-k^2 x)$$

et prenant pour variables x et a, les quantités $\dfrac{1}{k^2 \sin^2 \mathrm{am}\, x}$ et $\sin^2 \mathrm{am}\, a$.

B. — *Des fonctions complètes.*

Supposons successivement dans l'équation précédente

$$\Pi(x, a) - \Pi(a, x) = a\mathrm{Z}(x) - x\mathrm{Z}(a),$$
$$x = \mathrm{K} \quad \text{et} \quad x = \mathrm{K} + i\mathrm{K}';$$

en observant qu'on aura

$$\Pi(a, \mathrm{K}) = 0,$$
$$\Pi(a, \mathrm{K} + i\mathrm{K}') = 0,$$

on en conclut

$$\Pi(\mathrm{K}, a) = a\mathrm{Z}(\mathrm{K}) - \mathrm{K}\mathrm{Z}(a)$$
$$= a\mathrm{J} - \mathrm{K}\mathrm{Z}(a)$$

et

$$\Pi(\mathrm{K} + i\mathrm{K}') - \Pi(\mathrm{K}) = ia\mathrm{J}' - i\mathrm{K}'\mathrm{Z}(a).$$

Telles sont les valeurs des fonctions complètes ou bien des intégrales définies

$$\Pi(\mathrm{K}) = \int_0^{\mathrm{K}} \frac{k^2 \sin \operatorname{am} a \cos \operatorname{am} a \,\Delta \operatorname{am} a \sin^2 \operatorname{am} x\, dx}{1 - k^2 \sin^2 \operatorname{am} a \sin^2 \operatorname{am} x},$$

$$\Pi(\mathrm{K} + i\mathrm{K}') - \Pi(\mathrm{K})$$
$$= \int_{\mathrm{K}}^{\mathrm{K}+i\mathrm{K}'} \frac{k^2 \sin \operatorname{am} a \cos \operatorname{am} a \,\Delta \operatorname{am} a \sin^2 \operatorname{am} x\, dx}{1 - k^2 \sin^2 \operatorname{am} a \sin^2 \operatorname{am} x}.$$

Si pour un instant on les désigne respectivement par H et $i\mathrm{H}'$, on aura les relations

$$\Pi(x + 2\mathrm{K}, a) = \Pi(x, a) + 2\mathrm{H},$$
$$\Pi(x + 2i\mathrm{K}', a) = \Pi(x, a) + 2i\mathrm{H}'$$

et

$$\mathrm{K}\Pi' - \Pi\mathrm{K}' = \frac{a\pi}{2}.$$

Mais nous observerons, à l'égard de la fonction de troisième espèce, que l'intégration introduit, en modifiant le chemin décrit par la variable, un multiple entier positif ou négatif de $\pi\sqrt{-1}$, de sorte que ces relations n'ont lieu que pour certains modes d'intégration, tandis que les relations analogues relativement à la fonction de seconde espèce n'exigeaient aucune restriction de cette nature.

C. — *Addition des arguments.*

Considérons, pour fixer les idées, un nombre impair d'arguments $\alpha_1, \alpha_2, \ldots, \alpha_{2n+1}$, liés par la relation

$$\alpha_1 + \alpha_2 + \ldots + \alpha_{2n+1} = 0;$$

l'équation fondamentale

$$\Pi(x, a) = x \frac{\Theta'(a)}{\Theta(a)} + \frac{1}{2} \log \frac{\Theta(x-a)}{\Theta(x+a)}$$

donnera

$$\Pi(\alpha_1, a) + \Pi(\alpha_2, a) + \ldots + \Pi(\alpha_{2n+1}, a)$$
$$= \frac{1}{2} \log \frac{\Theta(\alpha_1 - a)\Theta(\alpha_2 - a)\ldots\Theta(\alpha_{2n+1} - a)}{\Theta(\alpha_1 + a)\Theta(\alpha_2 + a)\ldots\Theta(\alpha_{2n+1} + a)}.$$

Cela posé, je dis que la quantité sous le signe logarithmique s'exprime rationnellement par

$$(A) \quad \begin{cases} \sin \operatorname{am} \alpha_1, & \sin \operatorname{am} \alpha_2, \ldots, & \sin \operatorname{am} a_{2n+1}, \\ D_{\alpha_1} \sin \operatorname{am} \alpha_1, & D_{\alpha_2} \sin \operatorname{am} \alpha_2, & D_{\alpha_{2n+1}} \sin \operatorname{am} \alpha_{2n+1}. \end{cases}$$

Rappelons à cet effet qu'en désignant par $f(x)$ et $f_1(x)$ deux polynômes entiers en x des degrés n et $n-1$ et faisant

$$\varphi(x) = \sin \operatorname{am} x f(\sin^2 \operatorname{am} x) + D_x \sin \operatorname{am} x f_1(\sin^2 \operatorname{am} x),$$

nous avons obtenu (p. 431) la relation suivante

$$\varphi(x) = \frac{AH(x-\alpha_1)H(x-\alpha_2)\ldots H(x-\alpha_{2n+1})}{\Theta^{2n+1}(x)},$$

où les coefficients des polynômes f et f_1 doivent être déterminés par les équations linéaires

$$\varphi(\alpha_1) = 0, \quad \varphi(\alpha_2) = 0, \ldots, \quad \varphi(\alpha_{2n}) = 0,$$

et sont des fonctions rationnelles des quantités (A).

Cela posé, en changeant x en $-x$, on en déduit

$$\varphi(-x) = -\frac{\mathrm{A}\,\mathrm{H}(x+\alpha_1)\,\mathrm{H}(x+\alpha_2)\ldots\mathrm{H}(x+\alpha_{2n+1})}{\Theta^{2n+1}(x)},$$

et il en résulte

$$\frac{\varphi(x)}{\varphi(-x)} = -\frac{\mathrm{H}(x-\alpha_1)\,\mathrm{H}(x-\alpha_2)\ldots\mathrm{H}(x-\alpha_{2n+1})}{\mathrm{H}(x+\alpha_1)\,\mathrm{H}(x+\alpha_2)\ldots\mathrm{H}(x+\alpha_{2n+1})}.$$

Or, en faisant

$$x = a + i\mathrm{K}',$$

d'où

$$\sin\operatorname{am} x = \frac{1}{k\sin\operatorname{am} a},$$

$$\mathrm{D}_x \sin\operatorname{am} x = -\frac{\mathrm{D}_a \sin\operatorname{am} a}{k\sin^2\operatorname{am} a};$$

la quantité

$$\frac{\mathrm{H}(x-\alpha_1)\,\mathrm{H}(x-\alpha_2)\ldots\mathrm{H}(x-\alpha_{2n+1})}{\mathrm{H}(x+\alpha_1)\,\mathrm{H}(x+\alpha_2)\ldots\mathrm{H}(x+\alpha_{2n+1})}$$

deviendra précisément

$$\frac{\Theta(a-\alpha_1)\,\Theta(a-\alpha_2)\ldots\Theta(a-\alpha_{2n+1})}{\Theta(a+\alpha_1)\,\Theta(a+\alpha_2)\ldots\Theta(a+\alpha_{2n+1})}.$$

Elle s'exprime par conséquent comme il a été annoncé, ayant pour valeur la quantité

$$\frac{\dfrac{1}{k\sin\operatorname{am} a}\, f\left(\dfrac{1}{k^2\sin^2\operatorname{am} a}\right) - \left(\dfrac{\mathrm{D}_a \sin\operatorname{am} a}{k\sin^2\operatorname{am} a}\right) f_1\left(\dfrac{1}{k^2\sin^2\operatorname{am} a}\right)}{\dfrac{1}{k\sin\operatorname{am} a}\, f\left(\dfrac{1}{k^2\sin^2\operatorname{am} a}\right) + \left(\dfrac{\mathrm{D}_a \sin\operatorname{am} a}{k\sin^2\operatorname{am} a}\right) f_1\left(\dfrac{1}{k^2\sin^2\operatorname{am} a}\right)}$$

qu'on ramène, en multipliant haut et bas par $\sin^{2m+1}\operatorname{am} a$, à la forme

$$\frac{\sin\operatorname{am} a\,\mathrm{F}(\sin^2\operatorname{am} a) - \mathrm{D}_a \sin\operatorname{am} a\,\mathrm{F}_1(\sin^2\operatorname{am} a)}{\sin\operatorname{am} a\,\mathrm{F}(\sin^2\operatorname{am} a) + \mathrm{D}_a \sin\operatorname{am} a\,\mathrm{F}_1(\sin^2\operatorname{am} a)},$$

$\mathrm{F}(x)$ et $\mathrm{F}_1(x)$ étant comme $f(x)$ et $f_1(x)$ des polynômes de degrés n et $n-1$ en x.

On peut donc écrire, en remplaçant l'argument α_{2n+1} par

$-(\alpha_1+\alpha_2+\ldots+\alpha_{2n})$, l'équation suivante

$$\Pi(\alpha_1, a)+\Pi(\alpha_2, a)+\ldots+\Pi(\alpha_{2n}, a)$$
$$=\Pi(\alpha_1+\alpha_2+\ldots+\alpha_{2n}, a)$$
$$+\frac{1}{2}\log\frac{\sin\operatorname{am} a\, F(\sin^2\operatorname{am} a)-D_a\sin\operatorname{am} a\, F_1(\sin^2\operatorname{am} a)}{\sin\operatorname{am} a\, F(\sin^2\operatorname{am} a)+D_a\sin\operatorname{am} a\, F_1(\sin^2\operatorname{am} a)},$$

c'est le théorème de l'addition des arguments sous la forme trouvée par Abel.

D. — *De différentes fonctions analogues à la fonction de troisième espèce.*

D'importantes questions de mécanique conduisent souvent à réduire aux fonctions Θ des intégrales semblables à la fonction de troisième espèce et qui s'y ramènent par quelque substitution simple; aussi Jacobi, dans son mémorable travail sur la rotation des corps, a-t-il jugé nécessaire de donner le tableau suivant, qui offre la réunion complète de ces diverses intégrales ainsi que leurs expressions sous la forme la plus simple par les fonctions Θ.

1. $$\int_0^x \frac{k^2\sin\operatorname{am} a\cos\operatorname{am} a\,\Delta\operatorname{am} a\sin^2\operatorname{am} x\,dx}{1-k^2\sin^2\operatorname{am} a\sin^2\operatorname{am} x}$$
$$=x\frac{\Theta'(a)}{\Theta(a)}+\frac{1}{2}\log\frac{\Theta(x-a)}{\Theta(x+a)}.$$

2. $$\int_0^x \frac{k^2\sin\operatorname{am} a\cos\operatorname{am} a\cos^2\operatorname{am} x\,dx}{\Delta\operatorname{am} a(1-k^2\sin^2\operatorname{am} a\sin^2\operatorname{am} x)}$$
$$=-x\frac{\Theta'_1(a)}{\Theta(a)}-\frac{1}{2}\log\frac{\Theta(x-a)}{\Theta(x+a)}.$$

3. $$\int_0^x \frac{\operatorname{tang}\operatorname{am} a\,\Delta\operatorname{am} a\,\Delta^2\operatorname{am} x\,dx}{1-k^2\sin^2\operatorname{am} a\sin^2\operatorname{am} x}=-x\frac{H'_1(a)}{H_1(a)}-\frac{1}{2}\log\frac{\Theta(x-a)}{\Theta(x+a)}.$$

4. $$\int_0^x \frac{\Delta\operatorname{am} a\cot\operatorname{am} a\,dx}{1-k^2\sin^2\operatorname{am} a\sin^2\operatorname{am} x}=x\frac{H'(a)}{H(a)}+\frac{1}{2}\log\frac{\Theta(x-a)}{\Theta(x+a)}.$$

5. $$\int_0^x \frac{\sin\operatorname{am} a\cos\operatorname{am} a\,\Delta\operatorname{am} a\,dx}{\sin^2\operatorname{am} a-\sin^2\operatorname{am} x}=-x\frac{\Theta'(a)}{\Theta(a)}+\frac{1}{2}\log\frac{H(a+x)}{H(a-x)}.$$

6. $$\int_0^x \frac{\sin\operatorname{am} a \cos\operatorname{am} a\, \Delta^2\operatorname{am} x\, dx}{\Delta\operatorname{am} a(\sin^2\operatorname{am} a - \sin^2\operatorname{am} x)}$$
$$= -x\frac{\Theta_1'(a)}{\Theta_1(a)} + \frac{1}{2}\log\frac{\mathrm{H}(a+x)}{\mathrm{H}(a-x)}.$$

7. $$\int_0^x \frac{\operatorname{tang}\operatorname{am} a\, \Delta\operatorname{am} a \cos^2\operatorname{am} x\, dx}{\sin^2\operatorname{am} a - \cos^2\operatorname{am} x}$$
$$= -x\frac{\mathrm{H}_1'(a)}{\mathrm{H}_1(a)} + \frac{1}{2}\log\frac{\mathrm{H}(a+x)}{\mathrm{H}(a-x)}.$$

8. $$\int_0^x \frac{\Delta\operatorname{am} a \cot\operatorname{am} a \sin^2\operatorname{am} x\, dx}{\sin^2\operatorname{am} a - \sin^2\operatorname{am} x}$$
$$= -x\frac{\mathrm{H}'(a)}{\mathrm{H}(a)} + \frac{1}{2}\log\frac{\mathrm{H}(a+x)}{\mathrm{H}(a-x)}.$$

Il nous suffira d'observer, pour qu'on puisse immédiatement les démontrer, que les équations 2, 3, 4, se déduisent de la première en y changeant successivement x et a en

$$x + \mathrm{K},\ a + \mathrm{K}$$
$$x + \mathrm{K} + i\mathrm{K}',\ a + \mathrm{K} + i\mathrm{K}',$$
$$x + i\mathrm{K}',\ a + i\mathrm{K}'.$$

Ces quatre équations ainsi obtenues, on en tire les quatre suivantes par le changement de x en $x + i\mathrm{K}'$ (*).

Des fonctions de M. Weierstrass.

Il a été déjà remarqué que $\sin\operatorname{am} x$, $\cos\operatorname{am} x$, $\Delta\operatorname{am} x$, pouvaient, pour des valeurs de x moindres que l'unité, être développés suivant les puissances de cette variable en séries dont les coefficients sont des fonctions entières et à coefficients rationnels de k^2. Il en est évidemment de même de $\sin^2\operatorname{am} x$, de la fonction de seconde espèce

$$\mathrm{Z}(x) = \int_0^x k^2 \sin^2\operatorname{am} x\, dx,$$

(*) Si l'on représente par $\int_0^x \mathrm{F}x\, dx$ l'une quelconque des huit formes de la fonction de troisième espèce, $\mathrm{F}x$ aura pour périodes $2\mathrm{K}$ et $2i\mathrm{K}'$, et les expressions précédentes s'obtiendront immédiatement à l'aide d'une expression générale des fonctions doublement périodiques, qui sera établie à la fin de cette Note, savoir: $\mathrm{F}(x) = \mathrm{C} + \Sigma \mathrm{R}\frac{\mathrm{H}'(x-\zeta)}{\mathrm{H}(x-\zeta)}$, les quantités ζ désignant les racines de l'équation $\frac{1}{\mathrm{F}(x)} = 0$, et R les résidus correspondants de $\mathrm{F}(x)$.

de son intégrale $\int_0^x Z(x)\,dx$ et même aussi de l'expression

$$e^{-\int_0^x Z(x)\,dx};$$

mais tandis qu'à l'égard de $\sin^2 \operatorname{am} x$, $Z(x)$ et $\int_0^x Z(x)\,dx$ les développements ne subsistent que pour des valeurs de la variable dont le module est inférieur à l'unité, l'exponentielle

$$e^{-\int_0^x Z(x)\,dx}$$

conduit à un développement convergent dans toute l'étendue des valeurs réelles ou imaginaires de x. Effectivement l'équation

$$Z(x) = \zeta x - \frac{\Theta' x}{\Theta x}$$

donne

$$e^{-\int_0^x Z(x)\,dx} = e^{-\frac{\zeta x^2}{2}} \frac{\Theta(x)}{\Theta(0)}.$$

Voici donc une propriété bien digne d'attention de la fonction $\Theta(x)$ de se changer par l'introduction du facteur $e^{-\frac{\zeta x^2}{2}} \frac{1}{\Theta(0)}$ en une nouvelle fonction où l'argument est sorti du signe cosinus et où figure directement le module k^2 à la place des périodes et de la transcendante $q = e^{-\pi \frac{K'}{K}}$. Les mêmes choses auront encore lieu évidemment à l'égard de ces trois autres fonctions :

$$\sin \operatorname{am} x\, e^{-\int_0^x Z(x)\,dx} = e^{-\frac{\zeta x^2}{2}} \frac{H(x)}{\Theta(0)} \frac{1}{\sqrt{k}},$$

$$\cos \operatorname{am} x\, e^{-\int_0^x Z(x)\,dx} = e^{-\frac{\zeta x^2}{2}} \frac{H_1(x)}{\Theta(0)} \sqrt{\frac{k'}{k}},$$

$$\Delta \operatorname{am} x\, e^{-\int_0^x Z(x)\,dx} = e^{-\frac{\zeta x^2}{2}} \frac{\Theta_1(x)}{\Theta(0)} \sqrt{k'}.$$

Il en résulte qu'à côté des développements périodiques

$$\sin \operatorname{am} \frac{2Kx}{\pi} = \frac{1}{\sqrt{k}} \frac{2\sqrt[4]{q}\sin x - 2\sqrt[4]{q^9}\sin 3x + 2\sqrt[4]{q^{25}}\sin 5x - \ldots}{1 - 2q\cos 2x + 2q^4\cos 4x - 2q^9\cos 6x - \ldots},$$

$$\cos \operatorname{am} \frac{2Kx}{\pi} = \sqrt{\frac{k'}{k}} \frac{2\sqrt[4]{q}\cos x + 2\sqrt[4]{q^9}\cos 3x + 2\sqrt[4]{q^{25}}\cos 5x + \ldots}{1 - 2q\cos 2x + 2q^4\cos 4x - 2q^9\cos 6x + \ldots},$$

$$\Delta \operatorname{am} \frac{2Kx}{\pi} = \sqrt{k'} \frac{1 + 2q\cos 2x + 2q^4\cos 4x + 2q^9\cos 6x + \ldots}{1 - 2q\cos 2x + 2q^4\cos 4x + 2q^9\cos 6x + \ldots},$$

on voit s'offrir un autre mode de représentation où les fonctions doublement périodiques sont exprimées par des quotients de séries rationnelles en x et k^2, et convergentes quelles que soient les valeurs réelles ou imaginaires de ces deux quantités. Abel avait entrevu et rapidement indiqué la possibilité de ce nouveau mode d'expression des fonctions elliptiques, mais c'est à M. Weierstrass que revient l'honneur d'avoir mis dans la science, au lieu d'un simple aperçu, une théorie profonde qui conduit directement à ces nouvelles fonctions, non-seulement dans le cas des transcendantes elliptiques, mais pour les transcendantes abéliennes à un nombre quelconque de variables. Ne pouvant exposer ici les principes dont cet illustre géomètre a tiré ces grandes et belles découvertes, nous nous bornerons, et sans sortir des fonctions elliptiques, aux indications suivantes.

I. — *Définition des quatre fonctions* Al(x). — *Équations différentielles.*

Afin de rattacher immédiatement ces fonctions aux quatre fonctions $\Theta(x)$, nous poserons :

$$\operatorname{Al}(x) = e^{-\int_0^x Z(x)\,dx},$$

$$(\text{A}) \quad \begin{cases} \sin \operatorname{am} x = \dfrac{\operatorname{Al}(x)_1}{\operatorname{Al}(x)}, \\ \cos \operatorname{am} x = \dfrac{\operatorname{Al}(x)_2}{\operatorname{Al}(x)}, \\ \Delta \operatorname{am} x = \dfrac{\operatorname{Al}(x)_3}{\operatorname{Al}(x)}, \end{cases}$$

et par suite

$$
(\mathrm{B})\quad \begin{cases}
\mathrm{Al}(x) = e^{-\frac{\zeta x^2}{2}} \dfrac{\Theta(x)}{\Theta(0)}, \\[2ex]
\mathrm{Al}(x)_1 = e^{-\frac{\zeta x^2}{2}} \dfrac{\mathrm{H}(x)}{\Theta(0)} \dfrac{1}{\sqrt{k}}, \\[2ex]
\mathrm{Al}(x)_2 = e^{-\frac{\zeta x^2}{2}} \dfrac{\mathrm{H}_1(x)}{\Theta(0)} \sqrt{\dfrac{k'}{k}}, \\[2ex]
\mathrm{Al}(x)_3 = e^{-\frac{\zeta x^2}{2}} \dfrac{\Theta_1(x)}{\Theta(0)} \sqrt{k'}.
\end{cases}
$$

Des relations (A) résultent en premier lieu celles-ci :

$$
\mathrm{Al}^2(x)_2 = \mathrm{Al}^2(x) - \mathrm{Al}^2(x)_1,
$$
$$
\mathrm{Al}^2(x)_3 = \mathrm{Al}^2(x) - k^2\,\mathrm{Al}^2(x)_1.
$$

Nous déduirons ensuite des égalités

$$
\mathrm{Al}(x) = e^{-\int_0^x \mathrm{Z}(x)\,dx},
$$
$$
\frac{\mathrm{Al}(x)_1}{\mathrm{Al}(x)} = \sin \mathrm{am}(x),
$$

deux équations différentielles, en prenant d'abord les secondes dérivées des logarithmes des deux membres, ce qui donnera

$$
\frac{d^2 \log \mathrm{Al}(x)}{d(x)^2} = -k^2 \sin^2 \mathrm{am}\, x
$$
$$
= -k^2 \frac{\mathrm{Al}^2(x)_1}{\mathrm{Al}^2(x)}
$$

et

$$
\frac{d^2 \log \mathrm{Al}(x)_1}{dx^2} - \frac{d^2 \log \mathrm{Al}(x)}{dx^2} = \frac{d^2 \log \sin \mathrm{am}\, x}{dx^2}
$$
$$
= k^2 \sin^2 \mathrm{am}\, x - \frac{1}{\sin^2 \mathrm{am}\, x},
$$

d'où, à cause de l'équation précédente,

$$\frac{d^2 \log \mathrm{Al}(x)_1}{dx^2} = -\frac{1}{\sin^2 \mathrm{am}\, x}$$
$$= -\frac{\mathrm{Al}^2(x)}{\mathrm{Al}^2(x)_1}.$$

Voici, en développant, les équations différentielles qui en résultent :

$$\begin{cases} \mathrm{Al}(x)\,\dfrac{d^2\mathrm{Al}(x)}{dx^2} - \left[\dfrac{d\mathrm{Al}(x)}{dx}\right]^2 + k^2\mathrm{Al}^2(x)_1 = 0, \\ \mathrm{Al}(x)_1\,\dfrac{d^2\mathrm{Al}(x)_1}{dx^2} - \left[\dfrac{d\mathrm{Al}(x)_1}{dx}\right]^2 + \mathrm{Al}^2(x) = 0. \end{cases}$$

On aurait d'une manière analogue, ou comme conséquence des relations algébriques,

$$\begin{cases} \mathrm{Al}(x)_2\,\dfrac{d^2\mathrm{Al}(x)_2}{dx^2} - \left[\dfrac{d\mathrm{Al}(x)_2}{dx}\right]^2 + \mathrm{Al}^2(x)_3 = 0, \\ \mathrm{Al}(x)_3\,\dfrac{d^2\mathrm{Al}(x)_3}{dx^2} - \left[\dfrac{d\mathrm{Al}(x)_3}{dx}\right]^2 + k^2\mathrm{Al}^2(x)_2 = 0. \end{cases}$$

Ces relations importantes que M. Weierstrass tire immédiatement des équations de définition :

$$\frac{d\sin \mathrm{am}\, x}{dx} = \cos \mathrm{am}\, x\, \Delta\, \mathrm{am}\, x,$$
$$\frac{d\cos \mathrm{am}\, x}{dx} = -\sin \mathrm{am}\, x\, \Delta \mathrm{am}\, x,$$
$$\frac{d\,\Delta \mathrm{am}\, x}{dx} = -k^2 \sin \mathrm{am}\, x \cos \mathrm{am}\, x,$$

et par une méthode qui s'applique aux transcendantes abéliennes les plus générales, peuvent alors par une nouvelle méthode conduire aux fonctions Θ, ou servir à démontrer directement qu'elles définissent des fonctions développables suivant les puissances de la variable en séries indéfiniment convergentes, et dont les coefficients sont des fonctions entières de k^2 à coefficients rationnels. Toutefois, pour effectuer les développements, on suit une voie différente et plus simple dont voici le principe.

II. — *Équations aux différentielles partielles. — Formules de développement.*

Une analyse un peu longue pour que nous puissions la rapporter ici, a conduit M. Weierstrass à ces équations linéaires aux différences partielles, savoir :

$$\left\{\begin{aligned}
&\frac{d^2\,\mathrm{Al}(x)}{dx^2}+2k^2x\frac{d\,\mathrm{Al}(x)}{dx}+2kk'^2\frac{d\,\mathrm{Al}(x)}{dk}+k^2x^2\,\mathrm{Al}(x)=0,\\
&\frac{d^2\,\mathrm{Al}(x)_1}{dx^2}+2k^2x\frac{d\,\mathrm{Al}(x)_1}{dx}+2kk'^2\frac{d\,\mathrm{Al}(x)_1}{dk}+(k'^2+k^2x^2)\,\mathrm{Al}(x)_1=0,\\
&\frac{d^2\,\mathrm{Al}(x)_2}{dx^2}+2k^2x\frac{d\,\mathrm{Al}(x)_2}{dx}+2kk'^2\frac{d\,\mathrm{Al}(x)_2}{dk}+(1+k^2x^2)\,\mathrm{Al}(x)_2=0,\\
&\frac{d^2\,\mathrm{Al}(x)_3}{dx^2}+2k^2x\frac{d\,\mathrm{Al}(x)_3}{dx}+2kk'^2\frac{d\,\mathrm{Al}(x)_3}{dk}+(k^2+k^2x^2)\,\mathrm{Al}(x)_3=0.
\end{aligned}\right.$$

Ces relations importantes sont éminemment propres aux développements en séries, et on en tire les formules suivantes. Soit, en désignant le produit $1.2.3\ldots n$ par $n!$,

$$\mathrm{Al}(x)=1-\mathrm{A}_2\frac{x^4}{4!}+\mathrm{A}_3\frac{x^6}{6!}-\ldots+(-1)^{m-1}\mathrm{A}_m\frac{x^{2m}}{(2m)!}\cdots\ (^*),$$

$$\mathrm{Al}(x)_1=x-\mathrm{B}_1\frac{x^3}{3!}+\mathrm{B}_2\frac{x^5}{5!}-\ldots+(-1)^m\mathrm{B}_m\frac{x^{2m+1}}{(2m+1)!}\cdots,$$

$$\mathrm{Al}(x)_2=1-\mathrm{C}_1\frac{x^2}{2!}+\mathrm{C}_2\frac{x^4}{4!}-\ldots+(-1)^m\mathrm{C}_m\frac{x^{2m}}{(2m)!}\cdots,$$

$$\mathrm{Al}(x)_3=1-\mathrm{D}_1\frac{x^2}{2!}+\mathrm{D}_2\frac{x^4}{4!}-\ldots+(-1)^m\mathrm{D}_m\frac{x^{2m}}{(2m)!}\cdots,$$

(*) Le terme en x^2 manque dans ce développement, comme on le voit à priori par l'expression $e^{-\int_0^x \mathrm{Z}(x)\,dx}$ où la série en exposant commence par un terme en x^4.

on aura,

$$A_2 = 2k^2,$$
$$A_3 = 8(k^2 + k^4),$$
$$A_4 = 32(k^2 + k^6) + 68k^4,$$
$$A_5 = 128(k^2 + k^8) + 480(k^4 + k^6),$$
$$A_6 = 512(k^2 + k^{10}) + 3008(k^4 + k^8) + 5400k^6,$$
$$A_7 = 2048(k^2 + k^{12}) + 17408(k^4 + k^{10}) + 49568(k^6 + k^8),$$
$$A_8 = 8192(k^2 + k^{14}) + 95232(k^4 + k^{12}) + 395520(k^6 + k^{10}) + 603376k^8,$$
$$A_9 = 32768(k^2 + k^{16}) + 499712(k^4 + k^{14}) + 2853888(k^6 + k^{12}) + 5668096(k^8 + k^{10}),$$
$$A_{10} = 131072(k^2 + k^{18}) + 2539520(k^4 + k^{16}) + 19097600(k^6 + k^{14}) + 38153728(k^8 + k^{12}) + 42090784k^{10},$$

....

$$B_1 = 1 + k^2,$$
$$B_2 = 1 + k^4 + 4k^2,$$
$$B_3 = 1 + k^6 + 9(k^2 + k^4),$$
$$B_4 = 1 + k^8 + 16(k^2 + k^6) - 6k^4,$$
$$B_5 = 1 + k^{10} + 25(k^2 + k^8) - 494(k^4 + k^6),$$
$$B_6 = 1 + k^{12} + 36(k^2 + k^{10}) - 5781(k^4 + k^8) - 12184k^6,$$
$$B_7 = 1 + k^{14} + 49(k^2 + k^{12}) - 55173(k^4 + k^{10}) - 179605(k^6 - k^8),$$
$$B_8 = 1 + k^{16} + 64(k^2 + k^{14}) - 502892(k^4 + k^{12}) - 2279488(k^6 + k^{10}) - 3547930k^8,$$
$$B_9 = 1 + k^{18} + 81(k^2 + k^{16}) - 4537500(k^4 + k^{14}) - 27198588(k^6 + k^{12}) - 59331498(k^8 + k^{10}).$$
$$B_{10} = 1 + k^{20} + 100(k^2 + k^{18}) - 40856715(k^4 + k^{16}) - 313800080(k^6 + k^{14}) - 909015270(k^8 + k^{12}) - 1278530856k^{10},$$

....

$$C_1 = 1,$$
$$C_2 = 1 + 2k^2,$$
$$C_3 = 1 + 6k^2 + 8k^4,$$
$$C_4 = 1 + 12k^2 + 60k^4 + 32k^6,$$
$$C_5 = 1 + 20k^2 + 348k^4 + 448k^6 + 128k^8,$$
$$C_6 = 1 + 30k^2 + 2372k^4 + 4600k^6 + 2880k^8 + 512k^{10},$$
$$C_7 = 1 + 42k^2 + 19308k^4 + 51816k^6 + 45024k^8 + 16896k^{10} + 2048k^{12},$$
$$C_8 = 1 + 56k^2 + 169320k^4 + 628064k^6 + 757264k^8 + 370944k^{10} + 93184k^{12} + 8192k^{14},$$
$$C_9 = 1 + 72k^2 + 1515368k^4 + 7594592k^6 + 12998928k^8 + 9100288k^{10} + 2725888k^{12} + 491520k^{14} + 32768k^{16},$$
$$C_{10} = 1 + 90k^2 + 13623480k^4 + 89348080k^6 + 211064400k^8 + 219361824k^{10} + 100242944k^{12} + 18450432k^{14} + 2506752k^{16} + 131072k^{18},$$

. . . .

$$D_1 = k^2,$$
$$D_2 = 2k^2 + k^4,$$
$$D_3 = 8k^2 + 6k^4 + k^6,$$
$$D_4 = 32k^2 + 60k^4 + 12k^6 + k^8,$$
$$D_5 = 128k^2 + 448k^4 + 348k^6 + 20k^8 + k^{10},$$
$$D_6 = 512k^2 + 2880k^4 + 4600k^6 + 2372k^8 + 30k^{10} + k^{12},$$
$$D_7 = 2048k^2 + 16896k^4 + 45024k^6 + 51816k^8 + 69308k^{10} + 42k^{12} + k^{14},$$
$$D_8 = 8192k^2 + 93184k^4 + 370944k^6 + 757264k^8 + 628064k^{10} + 169320k^{12} + 56k^{14} + k^{16},$$
$$D_9 = 32768k^2 + 491520k^4 + 2725888k^6 + 9100288k^8 + 12998928k^{10} + 7594592k^{12} + 1515368k^{14} + 72k^{16} + k^{18},$$
$$D_{10} = 131072k^2 + 2506752k^4 + 18450432k^6 + 100242944k^8 + 219361824k^{10} + 211064400k^{12} + 89348080k^{14} + 13623480k^{16} + 90k^{18} + k^{20},$$

. . . .

Mais les équations aux différences partielles ne servent pas seulement à faciliter le calcul dont nous venons de rapporter les résultats d'après M. Weierstrass, elles donnent encore, par exemple, une démonstration facile des équations suivantes, qui se rapportent à la transformation du premier ordre, savoir :

$$\left\{\begin{aligned} &\mathrm{Al}\left(kx,\ \frac{1}{k}\right) = \mathrm{Al}(x,\ k),\\ &\mathrm{Al}\left(kx,\ \frac{1}{k}\right)_1 = k\,\mathrm{Al}(x,\ k)_1,\\ &\mathrm{Al}\left(kx,\ \frac{1}{k}\right)_2 = \mathrm{Al}(x,\ k)_3,\\ &\mathrm{Al}\left(kx,\ \frac{1}{k}\right)_3 = \mathrm{Al}(x,\ k)_2, \end{aligned}\right.$$

$$\left\{\begin{aligned} &\mathrm{Al}(ix,\ k') = e^{\frac{x^2}{2}}\,\mathrm{Al}(x,\ k)_1,\\ &\mathrm{Al}(ix,\ k')_1 = ie^{\frac{x^2}{2}}\,\mathrm{Al}(x,\ k)_1,\\ &\mathrm{Al}(ix,\ k')_2 = e^{\frac{x^2}{2}}\,\mathrm{Al}(x,\ k),\\ &\mathrm{Al}(ix,\ k')_3 = e^{\frac{x^2}{2}}\,\mathrm{Al}(x,\ k)_3. \end{aligned}\right.$$

Nous remarquerons enfin qu'en passant ainsi des fonctions $\Theta(x)$ à $\mathrm{Al}(x)$ qui ont perdu tout caractère périodique, les quotients $\frac{\mathrm{Al}(x)_1}{\mathrm{Al}(x)}$, $\frac{\mathrm{Al}(x)_2}{\mathrm{Al}(x)}$, $\frac{\mathrm{Al}(x)_3}{\mathrm{Al}(x)}$, se trouvent posséder la double périodicité en vertu des relations suivantes, conséquence immédiate des équations (B), en se rappelant qu'on a

$$\zeta = \frac{\mathrm{J}}{\mathrm{K}}$$

et

$$\mathrm{KJ}' - \mathrm{K}'\mathrm{J} = \frac{\pi}{2},$$

savoir :

$$\left\{\begin{aligned} &\mathrm{Al}(x + 2\mathrm{K}) = +\,\mathrm{Al}(x)\,e^{-2\mathrm{J}(x+\mathrm{K})},\\ &\mathrm{Al}(x + 2\mathrm{K})_1 = -\,\mathrm{Al}(x)_1 e^{-2\mathrm{J}(x+\mathrm{K})},\\ &\mathrm{Al}(x + 2\mathrm{K})_2 = -\,\mathrm{Al}(x)_2 e^{-2\mathrm{J}(x+\mathrm{K})},\\ &\mathrm{Al}(x + 2\mathrm{K})_3 = +\,\mathrm{Al}(x)_3 e^{-2\mathrm{J}(x+\mathrm{K})}, \end{aligned}\right.$$

et

$$\left\{\begin{aligned} \mathrm{Al}(x+2i\mathrm{K}') &= -\mathrm{Al}(x)\,e^{-2i\mathrm{J}'(x+i\mathrm{K}')},\\ \mathrm{Al}(x+2i\mathrm{K}')_1 &= -\mathrm{Al}(x)_1\,e^{-2i\mathrm{J}'(x+i\mathrm{K}')},\\ \mathrm{Al}(x+2i\mathrm{K}')_2 &= +\mathrm{Al}(x)_2\,e^{-2i\mathrm{J}'(x+i\mathrm{K}')},\\ \mathrm{Al}(x+2i\mathrm{K}')_3 &= +\mathrm{Al}(x)_3\,e^{-2i\mathrm{J}'(x+i\mathrm{K}')}. \end{aligned}\right.$$

Développements des fonctions elliptiques en séries simples de sinus et de cosinus.

Voici un nouveau mode d'expression analytique qui se distingue essentiellement de celui que nous venons d'étudier, en ce que la variable est assujettie à rester entre certaines limites déterminées, de sorte que, ces limites changeant, la forme du développement doit changer également. Toutefois, comme il suffit, pour embrasser toutes les valeurs réelles ou imaginaires de l'argument, d'un nombre limité de développements et que, dans chaque intervalle d'ailleurs, le développement convenable subsiste quelles que soient les périodes ou le module, on peut présumer que l'étude de ce mode d'expression ouvrira également la voie pour parvenir aux propriétés fondamentales des nouvelles transcendantes. C'est en effet ce qui a lieu, et on verra même ainsi s'offrir naturellement la réduction aux fonctions elliptiques de toute fonction doublement périodique uniforme, c'est-à-dire la proposition de M. Liouville énoncée p. 379 et qu'on démontrera ci-après. Mais, sous un autre point de vue et par le seul fait des identités entre les séries et les quotients de séries, on se trouve amené aux propriétés des nombres les plus cachées et les plus importantes, propriétés dont l'intérêt s'augmente même par le lien si imprévu qui les rattache aux transcendantes de l'analyse. Nous nous bornons ici à cette indication, ne pouvant entrer dans cette partie fort étendue de la théorie des fonctions elliptiques et qui est liée étroitement aux belles recherches que la science doit à M. Liouville sur les fonctions numériques.

I. — *Première méthode.*

C'est celle qu'indique naturellement l'équation (*)

$$\Theta\left(\frac{2Kx}{\pi}\right) = A(1-2q\cos 2x+q^2)(1-2q^3\cos 2x+q^6)$$
$$\times(1-2q^5\cos 2x+q^{10})\ldots.$$

En partant en effet du développement connu

$$-\frac{1}{2}\log(1-2q\cos 2x+q^2) = q\cos 2x + q^2\frac{\cos 4x}{2}$$
$$+q^3\frac{\cos 6x}{3}+q^4\frac{\cos 8x}{4}+\ldots,$$

on aura

$$\frac{1}{2}\log\Theta\left(\frac{2Kx}{\pi}\right) = \text{const} - \cos 2x(q+q^3+q^5+\ldots)$$
$$-\frac{\cos 4x}{2}(q^2+q^6+q^{10}+\ldots)$$
$$-\frac{\cos 6x}{3}(q^3+q^9+q^{15}+\ldots)$$
$$-\frac{\cos 8x}{4}(q^4+q^{12}+q^{20}+\ldots),$$

....

ou bien

$$\frac{1}{2}\log\Theta\left(\frac{2Kx}{\pi}\right) = \text{const} - \frac{q\cos 2x}{1-q^2} - \frac{q^2\cos 4x}{2(1-q^4)} - \frac{q^3\cos 6x}{3(1-q^6)}$$
$$-\frac{q^4\cos 8x}{4(1-q^8)}-\ldots.$$

On en conclut les développements des fonctions de seconde et de troisième espèce, d'après les relations

$$\Pi(x,a) = x\frac{\Theta'(a)}{\Theta(a)}+\frac{1}{2}\log\frac{\Theta(x-a)}{\Theta(x+a)},$$
$$Z(x) = \zeta x - \frac{\Theta'(x)}{\Theta(x)},$$

(*) Voyez p. 382.

c'est-à-dire les formules suivantes

$$\Pi\left(\frac{2Kx}{\pi}, \frac{2Ka}{\pi}\right) = \frac{2Kx}{\pi}\frac{\Theta'\left(\frac{2Ka}{\pi}\right)}{\Theta\left(\frac{2Ka}{\pi}\right)}$$
$$+\frac{q\cos 2(x+a)}{1-q^2}+\frac{q^2\cos 4(x+a)}{2(1-q^4)}+\ldots$$
$$-\frac{q\cos 2(x-a)}{1-q^2}-\frac{q^2\cos 4(x-a)}{2(1-q^4)}-\ldots$$
$$=\frac{2Kx}{\pi}\frac{\Theta'\left(\frac{2Ka}{\pi}\right)}{\Theta\left(\frac{2Ka}{\pi}\right)}-2\left[\frac{q\sin 2a\sin 2x}{1-q^2}+\frac{q^2\sin 4a\sin 4x}{2(1-q^4)}\right.$$
$$\left.+\frac{q^3\sin 6a\sin 6x}{3(1-q^6)}+\ldots\right]$$

et

$$\frac{K}{2\pi}Z\left(\frac{2Kx}{\pi}\right)=\frac{\zeta K^2}{\pi^2}x-\left[\frac{q\sin 2x}{1-q^2}+\frac{q^2\sin 4x}{1-q^4}+\frac{q^3\sin 6x}{1-q^6}+\ldots\right].$$

En différentiant par rapport à x la dernière, on obtient encore

$$\frac{k^2K^2}{2\pi^2}\sin^2\mathrm{am}\,\frac{2Kx}{\pi}=\frac{\zeta K^2}{2\pi^2}-\left[\frac{q\cos 2x}{1-q^2}+\frac{2q^2\cos 4x}{1-q^4}\right.$$
$$\left.+\frac{3q^3\cos 6x}{1-q^6}+\ldots\right].$$

Mais c'est à $\sin\mathrm{am}\,x$, $\cos\mathrm{am}\,x$, $\Delta\mathrm{am}\,x$, qu'il s'agit de parvenir, et le même procédé s'appliquerait, s'il était possible de les considérer comme les dérivées logarithmiques de fonctions décomposables en facteurs ainsi que $\Theta(x)$. Or on a en effet

$$k\sin\mathrm{am}\,x=\frac{d\log(\Delta\mathrm{am}\,x-k\cos\mathrm{am}\,x)}{dx},$$

$$ik\cos\mathrm{am}\,x=\frac{d\log(\Delta\mathrm{am}\,x+ik\sin\mathrm{am}\,x)}{dx},$$

$$i\Delta\mathrm{am}\,x=\frac{d\log(\cos\mathrm{am}\,x+i\sin\mathrm{am}\,x)}{dx},$$

et les quantités sous le signe logarithmique s'expriment comme il suit :

$$\Delta \operatorname{am} \frac{2Kx}{\pi} - k \cos \operatorname{am} \frac{2Kx}{\pi}$$

$$= \frac{(1-2\sqrt{q}\cos x + q)(1-2\sqrt{q^3}\cos x + q^3)(1-2\sqrt{q^5}\cos x + q^5)\ldots}{(1+2\sqrt{q}\cos x + q)(1+2\sqrt{q^3}\cos x + q^3)(1+2\sqrt{q^5}\cos x + q^5)\ldots},$$

$$\Delta \operatorname{am} \frac{2Kx}{\pi} + ik \sin \operatorname{am} \frac{2Kx}{\pi}$$

$$= \frac{(1-2\sqrt{-q}\sin x - q)(1-2\sqrt{-q^3}\sin x - q^3)(1-2\sqrt{-q^5}\sin x - q^5)\ldots}{(1+2\sqrt{-q}\sin x - q)(1-2\sqrt{-q^3}\sin x - q^3)(1+2\sqrt{-q^5}\sin x - q^5)\ldots},$$

$$\cos \operatorname{am} \frac{2Kx}{\pi} + i \sin \operatorname{am} \frac{2Kx}{\pi}$$

$$= \frac{e^{2ix}(1-qe^{-2ix})(1-q^3e^{2ix})(1-q^5e^{-2ix})\ldots}{(1-qe^{2ix})(1-q^3e^{-2ix})(1-q^5e^{2ix})\ldots};$$

de sorte qu'un calcul tout semblable à celui qui a été fait précédemment conduit aux formules suivantes:

$$\frac{kK}{2\pi} \sin \operatorname{am} \frac{2Kx}{\pi} = \frac{\sqrt{q}\sin x}{1-q} + \frac{\sqrt{q^3}\sin 3x}{1-q^3} + \frac{\sqrt{q^5}\sin 5x}{1-q^5} + \ldots,$$

$$\frac{kK}{2\pi} \cos \operatorname{am} \frac{2Kx}{\pi} = \frac{\sqrt{q}\cos x}{1+q} + \frac{\sqrt{q^3}\cos 3x}{1+q^3} + \frac{\sqrt{q^5}\cos 5x}{1+q^5} + \ldots,$$

$$\frac{K}{2\pi} \Delta \operatorname{am} \frac{2Kx}{\pi} = \frac{1}{4} + \frac{q\cos 2x}{1+q^2} + \frac{q^2\cos 4x}{1+q^4} + \frac{q^3\cos 6x}{1+q^6} + \ldots.$$

Quant aux expressions des quantités

$$\Delta \operatorname{am} x - k \cos \operatorname{am} x,$$
$$\Delta \operatorname{am} x + ik \sin \operatorname{am} x,$$
$$\cos \operatorname{am} x + i \sin \operatorname{am} x,$$

dont nous venons de nous servir, nous nous bornerons à établir l'une d'elles, la même méthode s'appliquant aux autres, et c'est la dernière que nous choisirons, les précédentes se trouvant dans les *Fundamenta*, car elles se tirent de l'équation (5) page 86, en y changeant pour la première x en $\frac{\pi}{2}-x$ et pour la seconde q en $-q$.

A cet effet, soit pour un instant, comme p. 381,

$$\varphi(x)=1-e^{\frac{i\pi x}{K}};$$

l'expression qu'il s'agit de démontrer égale à

$$\cos \operatorname{am} x+i \sin \operatorname{am} x,$$

prendra cette forme .

$$\frac{e^{\frac{i\pi x}{2K}}\varphi(-x+iK')\varphi(x+3iK')\varphi(-x+5iK')\ldots}{\varphi(x+iK')\varphi(-x+3iK')\varphi(x+5iK')\ldots},$$

d'où l'on voit qu'on la ramènera déjà à avoir $\Theta(x)$ pour dénominateur en multipliant les deux termes par

$$A\varphi(-x+iK')\varphi(x+3iK')\varphi(-x+5iK')\ldots,$$

A désignant une constante. Faisons donc

$$\Phi(x)=Ae^{\frac{i\pi x}{2K}}\varphi^2(-x+iK')\varphi^2(x+3iK')\varphi^2(-x+5iK')\ldots,$$

on aura évidemment

$$\Phi(x+2K)=-\Phi(x),$$

et en second lieu

$$\Phi(x+4iK')=\Phi(x)q^2\frac{\varphi^2(-x-3iK')}{\varphi^2(x+3iK')}$$

$$=\Phi(x)e^{-\frac{2i\pi}{K}(x+2iK')}.$$

Or on satisfait de la manière la plus générale par des fonctions entières aux deux conditions :

$$\begin{cases}\Phi(x+2K)=-\Phi(x),\\ \Phi(x+4iK')=\Phi(x)e^{-\frac{2i\pi}{K}(x+2iK')},\end{cases}$$

en prenant

$$\Phi(x) = \mathrm{CH}(x) + \mathrm{C}_1\mathrm{H}_1(x),$$

de sorte qu'on peut poser

$$\frac{e^{\frac{i\pi x}{2K}}\varphi(-x+iK')\varphi(x+3iK')\varphi(-x+5iK')\ldots}{\varphi(x+iK')\varphi(-x+3iK')\varphi(x-5iK')\ldots}$$
$$= \frac{\mathrm{CH}(x)+\mathrm{C}_1\mathrm{H}_1(x)}{\Theta(x)} = \mathrm{A}\cos\mathrm{am}\,x + i\mathrm{B}\sin\mathrm{am}\,x,$$

en désignant par A et B des constantes, qu'on déterminera par une hypothèse particulière. Soit par exemple $x = 0$ et $x = K$, on obtiendra immédiatement $A = 1$, $B = 1$, ce qui démontre notre formule.

A cette occasion je remarquerai que la manière la plus générale de satisfaire par des fonctions entières aux conditions

$$\begin{cases} \Phi(x+4K) = \Phi(x) \\ \Phi(x+4iK') = \Phi(x)\,e^{-\frac{2i\pi}{K}(x+4iK')} \end{cases},$$

qui comprennent les précédentes, est de prendre avec quatre constantes arbitraires

$$\Phi(x) = \mathrm{A}\Theta(x) + \mathrm{BH}(x) + \mathrm{C}\Theta_1(x) + \mathrm{DH}_1(x).$$

Cette expression qu'on voit à priori être solution, par les relations de la page 394, est effectivement la plus générale, car en supposant

$$\Phi(x) = \Sigma a_m e^{\frac{mi\pi x}{2K}},$$

ou plutôt

$$\Phi(x) = \Sigma a_m q^{\frac{m^2}{4}} e^{\frac{mi\pi x}{2K}},$$

la seconde de ces conditions conduira à poser

$$a_{m+4} = a_m,$$

ce qui ne laisse bien subsister que quatre constantes arbitraires dans l'expression de $\Phi(x)$.

II. — *Des séries précédentes ordonnées suivant les puissances de q.*

Ces développements se sont offerts d'eux-mêmes dans ce qui précède ; ainsi, avant d'effectuer la sommation des progressions géométriques, a-t-on obtenu par exemple :

$$\begin{aligned}\frac{kK}{2\pi}\sin\operatorname{am}\frac{2Kx}{\pi} &= \sin x\sqrt{q}\,(1+q+q^2+\ldots)\\ &+\sin 3x\sqrt{q^3}\,(1+q^3+q^6+\ldots)\\ &+\sin 5x\sqrt{q^5}\,(1+q^5+q^{10}+\ldots)\\ &\ldots\ldots\ldots\ldots\ldots\ldots\\ &=\sin x\sum\sqrt{q^{2m+1}}\\ &+\sin 3x\sum\sqrt{q^{3(2m+1)}}\\ &+\sin 5x\sum\sqrt{q^{5(2m+1)}}\\ &\ldots\ldots\ldots\ldots\ldots\ldots\end{aligned}$$

ou bien, sous la forme d'une somme double,

$$\frac{kK}{2\pi}\sin\operatorname{am}\frac{2Kx}{\pi}=\sum\sin(2\mu+1)\sqrt{q^{(2\mu+1)(2m+1)}}.$$

Faisons donc

$$(2\mu+1)(2m+1)=M,$$

M représentera tous les nombres impairs, et le coefficient d'un terme quelconque $\sqrt{q_M}$, dans la série, sera la somme de toutes les quantités $\sin(2\mu+1)x$, où $2\mu+1$ est un diviseur de M. Et comme tout diviseur d'un nombre impair est lui-même impair, on pourra écrire plus simplement, en désignant par μ un diviseur de M,

$$\frac{kK}{2\pi}\sin\operatorname{am}\frac{2Kx}{\pi}=\sum\sqrt{q^M}\sum\sin\mu x.$$

D'une manière toute semblable on obtiendra

$$\frac{k\mathrm{K}}{2\pi}\cos\mathrm{am}\frac{2\mathrm{K}x}{\pi}=\sum(-1)^{\frac{\mathrm{M}-1}{2}}\sqrt{q^{\mathrm{M}}}\sum(-1)^{\frac{\mu-1}{2}}\cos\mu x.$$

A l'égard de $\Delta\mathrm{am}\,x$, si l'on désigne par $\mathrm{N}=2^{\nu}\mathrm{M}$ un nombre entier quelconque, 2^{ν} étant la puissance la plus élevée du facteur 2 qu'il contienne, de sorte que M soit impair, on aura

$$\frac{\mathrm{K}}{2\pi}\Delta\mathrm{am}\frac{2\mathrm{K}x}{\pi}=\frac{1}{4}+\sum(-1)^{\frac{\mathrm{M}-1}{2}}q^{\mathrm{N}}\sum(-1)^{\frac{\mu-1}{2}}\cos 2^{\nu+1}\mu x,$$

où μ représente comme précédemment tout diviseur de nombre impair M. Il est impossible de ne pas être frappé du caractère arithmétique de ces expressions :

$$\sum\sin\mu x,$$

$$\sum(-1)^{\frac{\mu-1}{2}}\cos\mu x,$$

$$\sum(-1)^{\frac{\mu-1}{2}}\cos 2^{\nu+1}\mu x,$$

elles offrent un exemple des *fonctions numériques* qui ont été le sujet des belles recherches de M. Liouville, et la manière si simple dont elles sont amenées par la théorie des fonctions elliptiques peut aisément faire présumer le rôle de cette théorie dans l'étude des propriétés des nombres.

III. — *Vérification des équations différentielles fondamentales.*

Désignons par m et m' tous les nombres impairs positifs et négatifs, par la lettre n tous les nombres entiers pairs et impairs; en posant :

$$\mathrm{U}=\sum\frac{\sqrt{q^{m}}\,e^{mix}}{1-q^{m}},$$

$$\mathrm{V}=\sum\frac{\sqrt{q^{m'}}\,e^{m'ix}}{1+q^{m'}},$$

$$\mathrm{W}=\sum\frac{q^{n}\,e^{2nix}}{1-q^{2n}},$$

on aura

$$\frac{ikK}{\pi}\sin\operatorname{am}\frac{2Kx}{\pi}=U,$$

$$\frac{kK}{\pi}\cos\operatorname{am}\frac{2Kx}{\pi}=V,$$

$$\frac{K}{\pi}\Delta\operatorname{am}\frac{2Kx}{\pi}=W.$$

Cela posé, aux équations

$$\frac{d\sin\operatorname{am}x}{dx}=\cos\operatorname{am}x\,\Delta\operatorname{am}x,$$

$$\frac{d\cos\operatorname{am}x}{dx}=-\sin\operatorname{am}x\,\Delta\operatorname{am}x,$$

$$\frac{d\Delta\operatorname{am}x}{dx}=-k^2\sin\operatorname{am}x\cos\operatorname{am}x,$$

correspondent celles-ci :

$$\frac{dU}{dx}=2iVW,$$

$$\frac{dV}{dx}=2iUW,$$

$$\frac{dW}{dx}=2iUV,$$

que nous nous proposons de vérifier.

Considérons pour cela les produits

$$VW=\sum\frac{q^{\frac{m'+2n}{2}}e^{(m'+2n)ix}}{(1+q^{m'})(1+q^{2n})},$$

$$UW=\sum\frac{q^{\frac{m+2n}{2}}e^{(m+2n)ix}}{(1-q^{m})(1+q^{2n})},$$

$$UV=\sum\frac{q^{\frac{m+m'}{2}}e^{(m+m')ix}}{(1-q^{m})(1+q^{m'})},$$

et observons qu'on a identiquement

$$\frac{q^{\frac{m'+2n}{2}}}{(1+q^{m'})(1+q^{2n})} = \frac{q^{\frac{m'+2n}{2}}}{1-q^{m'+2n}}\left(\frac{1}{1+q^{m'}} - \frac{q^{2n}}{1+q^{2n}}\right),$$

$$\frac{q^{\frac{m+2n}{2}}}{(1-q^{m})(1+q^{2n})} = \frac{q^{\frac{m+2n}{2}}}{1+q^{m+2n}}\left(\frac{1}{1-q^{m}} - \frac{q^{2n}}{1+q^{2n}}\right),$$

$$\frac{q^{\frac{m+m'}{2}}}{(1-q^{m})(1+q^{m'})} = \frac{q^{\frac{m+m'}{2}}}{1+q^{m+m'}}\left(\frac{1}{1-q^{m}} - \frac{q^{m'}}{1+q^{m'}}\right).$$

En posant

$$m+2n=\mathrm{M},$$
$$m'+2n=\mathrm{M}',$$
$$m+m'=2\mathrm{N},$$

de sorte que M et M′ soient des nombres impairs, et N un entier quelconque, on pourra écrire :

$$\mathrm{VW} = \sum \frac{\sqrt{q^{\mathrm{M}'}}\, e^{\mathrm{M}'ix}}{1-q^{\mathrm{M}'}}\left(\frac{1}{1+q^{m'}} - \frac{q^{\mathrm{M}'-m'}}{1+q^{\mathrm{M}'-m'}}\right),$$

$$\mathrm{UW} = \sum \frac{\sqrt{q^{\mathrm{M}}}\, e^{\mathrm{M}ix}}{1+q^{\mathrm{M}}}\left(\frac{1}{1-q^{m}} - \frac{q^{\mathrm{M}-m}}{1+q^{\mathrm{M}-m}}\right),$$

$$\mathrm{UV} = \sum \frac{q^{\mathrm{N}}\, e^{2\mathrm{N}ix}}{1+q^{2\mathrm{N}}}\left(\frac{1}{1-q^{m}} - \frac{q^{2\mathrm{N}-m}}{1+q^{2\mathrm{N}-m}}\right).$$

Ces expressions étant comparées respectivement à $\frac{d\mathrm{U}}{dx}$, $\frac{d\mathrm{V}}{dx}$, $\frac{d\mathrm{W}}{dx}$, on reconnaît qu'il suffit pour démontrer les relations différentielles d'établir qu'on a, en supprimant les accents :

$$\mathrm{M} = 2\sum\left(\frac{1}{1+q^{m}} - \frac{q^{\mathrm{M}-m}}{1+q^{\mathrm{M}-m}}\right),$$

$$\mathrm{M}' = 2\sum\left(\frac{1}{1-q^{m}} - \frac{q^{\mathrm{M}-m}}{1+q^{\mathrm{M}-m}}\right),$$

$$\mathrm{N} = \sum\left(\frac{1}{1-q^{m}} - \frac{q^{2\mathrm{N}-m}}{1+q^{2\mathrm{N}-m}}\right).$$

Le procédé à suivre pour cela étant le même dans les trois équations, nous considérerons pour fixer les idées la première. Distinguons à cet effet les valeurs positives des valeurs négatives du nombre m; les premières conduisent à l'expression

$$\sum\left(\frac{1}{1+q^m}-\frac{q^{M-m}}{1+q^{M-m}}\right),$$

qu'en supposant M positif, nous écrirons

$$\sum\left(\frac{q^{m-M}}{1+q^{m-M}}-\frac{q^m}{1+q^m}\right),$$

d'après les identités

$$\frac{1}{1+q^m}=1-\frac{q^m}{1+q^m},$$
$$\frac{q^{M-m}}{1+q^{M-m}}=1-\frac{q^{m-M}}{1+q^{m-M}}.$$

Les secondes, en mettant $-m$ à la place de m, à celle-ci :

$$\sum\left(\frac{1}{1+q^{-m}}-\frac{q^{M+m}}{1+q^{M+m}}\right)=\sum\left(\frac{q^m}{1+q^m}-\frac{q^{M+m}}{1+q^{M+m}}\right),$$

de sorte qu'il reste la quantité suivante:

$$\sum\frac{q^{m-M}}{1+q^{m-M}}-\sum\frac{q^{M+m}}{1+q^{M+m}}.$$

Mais à partir de $m=2M+1$, tous les termes de la première somme sont donnés par la seconde en signes contraires, et disparaissent. Ainsi il ne subsiste plus qu'une série finie

$$\sum_{m=1}^{m=2M-1}\frac{q^{m-M}}{1+q^{m-M}},$$

que nous décomposerons comme il suit, en isolant le terme moyen, savoir :

$$\sum_{m=1}^{m=M-2}\frac{q^{m-M}}{1+q^{m-M}}+\frac{1}{2}+\sum_{m=M+2}^{m=2M-1}\frac{q^{m-M}}{1+q^{m-M}}.$$

Or en remplaçant $\frac{q^{m-M}}{1+q^{m-M}}$ par $\frac{1}{1+q^{M-m}}$, la première somme est

$$\frac{1}{1+q^2}+\frac{1}{1+q^4}+\ldots+\frac{1}{1+q^{M-1}},$$

et ces divers termes, respectivement ajoutés à ceux de la seconde, savoir :

$$\frac{q^2}{1+q^2}+\frac{q^4}{1+q^4}+\ldots+\frac{q^{M-1}}{1+q^{M-1}},$$

donneront autant de fois l'unité qu'il y a de termes, c'est-à-dire $\frac{M-1}{2}$; joignant à cela la fraction $\frac{1}{2}$ qui correspond au terme du milieu, il vient en définitive $\frac{1}{2}+\frac{M-1}{2}=\frac{M}{2}$, ce qui est bien le résultat auquel il fallait parvenir. Enfin si l'on suppose M négatif, on observera que l'expression que nous avons considérée change de signe avec M, de sorte que

$$\sum\left(\frac{1}{1+q^m}-\frac{q^{M-m}}{1+q^{M-m}}\right)=-\sum\left(\frac{1}{1+q^m}-\frac{q^{-M-m}}{1+q^{-M-m}}\right).$$

En effet, si l'on met dans le premier membre $m+M$ au lieu de m, on obtiendra identiquement le terme général de la série du second membre.

Après avoir ainsi montré par un exemple important de quelle manière les nouveaux développements peuvent, comme ceux qui ont servi de base à la théorie, conduire aux propriétés fondamentales des fonctions elliptiques, nous allons présenter sous un point de vue plus général la comparaison entre les deux modes d'expressions, en donnant sous forme de série périodique simple une fonction uniforme quelconque à double période.

IV. — *Développement en série de sinus et de cosinus d'une fonction doublement périodique.*

Nommons $F(z)$ la fonction proposée, a et b ses périodes; voici en premier lieu comment nous définirons les limites de la variable, entre lesquelles sera successivement représentée cette fonction, par un développement en série de sinus et de cosinus qui mettra en évidence, par exemple, la période a.

Observons à cet effet que l'expression

$$z = at + bu,$$

en supposant réels t et u, peut représenter toute quantité imaginaire, et que s'il s'agit d'obtenir toutes les valeurs que peut prendre $F(z)$, il suffira, eu égard à la double périodicité, d'attribuer à t et u toutes les valeurs réelles comprises entre zéro et l'unité. Nous appliquerons cette remarque aux racines ζ de l'équation $\frac{1}{F(z)} = 0$ dont dépendent les limitations que nous avons en vue, et en suivant l'ordre croissant depuis zéro à l'unité des valeurs de u, nous les désignerons par $\zeta_1, \zeta_2, \ldots, \zeta_i$, de sorte que ζ_i corresponde à $u = u_i$. Cela posé, soit v_i une quantité comprise entre u_i et u_{i+1} (*), les limites exclues, l'expression

$$F(at + bv_i)$$

ne pourra devenir infinie pour aucune valeur réelle de t, et donnera lieu par suite au développement

$$F(at + bv_i) = \sum A_m^{(i)} e^{2mi\pi t},$$

convergent quelle que soit cette variable. Par conséquent, si les quantités ζ_i sont en nombre fini et égal à μ, l'ensemble des μ séries suivantes :

$$\sum A_m^{(1)} e^{2mi\pi t},$$

$$\sum A_m^{(2)} e^{2mi\pi t},$$

$$\ldots\ldots\ldots\ldots$$

$$\sum A_m^{(\mu)} e^{2mi\pi t},$$

représentera $F(z)$ pour $z = at + bu$, t étant quelconque,

(*) La quantité v_1 pourra être supposée comprise non-seulement entre u_1 et zéro, mais encore entre zéro et la valeur négative de u la plus petite, abstraction faite du signe.

u moindre que l'unité, mais toutefois en excluant les quantités

$$\begin{gathered} at + bu_1, \\ at + bu_2, \\ \dots\dots \\ at + bu_\mu. \end{gathered}$$

Et si l'on reproduit périodiquement les mêmes séries, en faisant croître u depuis l'unité jusqu'à l'infini, et décroître depuis zéro jusqu'à l'infini négatif, on aura embrassé toute l'étendue des valeurs imaginaires de l'argument et obtenu, sauf les restrictions indiquées, une représentation complète de la fonction. Ceci bien compris, nous allons donner la détermination des quantités A_m.

Pour cela, nous emploierons la proposition fondamentale du calcul des résidus, exprimée par l'équation

$$\int f(z)\,dz = 2i\pi\Delta,$$

où le premier membre représente l'intégrale d'une fonction uniforme $f(z)$, prise le long d'un contour fermé quelconque, et Δ la somme des résidus de $f(z)$ pour toutes les valeurs de la variable, qui correspondent à des points renfermés dans ce contour. Cette proposition de M. Cauchy, appliquée au cas où le contour est un parallélogramme ayant pour affixes de ses sommets les quantités

$$\begin{gathered} p, \\ p + a, \\ p + a + b, \\ p + b, \end{gathered}$$

et pour équations de ses côtés ces relations où la variable croît de zéro à l'unité, savoir :

$$\begin{aligned} z &= p + at, \\ z &= p + a + bt, \\ z &= p + b + a(1 - t), \\ z &= p + b(1 - t), \end{aligned}$$

donnera

$$a\int_0^1 \mathrm{f}(p+at)\,dt+b\int_0^1 \mathrm{f}(p+a+bt)\,dt$$
$$-a\int_0^1 \mathrm{f}[p+b+a(1-t)]\,dt-b\int_0^1 \mathrm{f}[p+b(1-t)]\,dt$$
$$=2i\pi\Delta,$$

ou plus simplement

$$(1)\quad \left\{\begin{aligned} &a\int_0^1 \mathrm{f}(p+at)\,dt+b\int_0^1 \mathrm{f}(p+a+bt)\,dt\\ &-a\int_0^1 \mathrm{f}(p+b+at)\,dt-b\int_0^1 \mathrm{f}(p+bt)\,dt=2i\pi\Delta.\end{aligned}\right.$$

D'ailleurs et d'après la signification précédemment indiquée, Δ représentera la somme des résidus de $\mathrm{f}(z)$ pour toutes les racines ζ de l'équation $\frac{1}{\mathrm{f}(z)}=0$, dont les valeurs peuvent être représentées par la formule

$$\zeta=p+at+bu,$$

en supposant t et u compris entre zéro et l'unité. Cela posé, l'équation

$$\mathrm{F}(at+bv_1)=\sum \mathrm{A}_m^{(1)} e^{2mi\pi t},$$

donnant

$$\mathrm{A}_m^{(1)}=\int_0^1 \mathrm{F}(at+bv_1)\,e^{-2mi\pi t}\,dt,$$

nous appliquerons la relation (1) en faisant

$$p=bv_1,$$
$$\mathrm{f}(z)=\mathrm{F}(z)\,e^{-2mi\pi\frac{z-bv_1}{a}}.$$

Comme on a évidemment

$$\mathrm{f}(z+a)=\mathrm{f}(z),$$
$$\mathrm{f}(z+b)=\mathrm{f}(z)\,q^{-2m},$$

en posant, ainsi que plus haut,

$$q = e^{i\pi\frac{b}{a}},$$

le premier membre de l'équation se réduira à

$$aA_m^{(1)}(1 - q^{-2m}).$$

Quant au second, c'est-à-dire à la somme des résidus de la fonction

$$F(z)e^{-2mi\pi\frac{z-b\upsilon_1}{a}},$$

pour $z = \zeta_1, \zeta_2, \ldots, \zeta_\mu$, nous supposerons pour simplifier que ces quantités soient des racines simples de l'équation $\frac{1}{F(z)} = 0$; alors en désignant par R_i la limite de $\varepsilon F(\zeta_i + \varepsilon)$ pour $\varepsilon = 0$, on trouvera immédiatement

$$\Delta = e^{2mi\pi\frac{b\upsilon_1}{a}}\left(R_1 e^{-2mi\pi\frac{\zeta_1}{a}} + R_2 e^{-2mi\pi\frac{\zeta_2}{a}} + \ldots + R_\mu e^{-2mi\pi\frac{\zeta_\mu}{a}}\right).$$

On en conclut le développement cherché de la fonction $F(z)$ pour $z = at + b\upsilon_1$ sous cette forme

$$F(z) = \text{const} + \frac{2i\pi}{a}\left[R_1\sum\frac{e^{2m\frac{i\pi}{a}(z-\zeta_1)}}{1-q^{-2m}} + R_2\sum\frac{e^{2m\frac{i\pi}{a}(z-\zeta_2)}}{1-q^{-2m}} + \ldots \right.$$
$$\left. + R_\mu\sum\frac{e^{2m\frac{i\pi}{a}(z-\zeta_\mu)}}{1-q^{-2m}}\right],$$

où nous ajoutons une constante arbitraire, en supprimant dans chaque somme le terme qui correspond à $m = 0$. Pour ce cas effectivement l'équation

$$aA_m^{(1)}(1 - q^{-2m}) = 2i\pi\Delta$$

ne peut, comme on le voit, déterminer $A_0^{(1)}$, et donne seulement $\Delta = 0$, c'est-à-dire

$$R_1 + R_2 + \ldots + R_\mu = 0.$$

Mais, avant d'aller plus loin, faisons de suite une application de la formule générale que nous venons d'obtenir en supposant $F(z) = \sin \operatorname{am} z$. Soit alors

$$a = 4K,$$
$$b = 2iK',$$

on aura

$$\zeta_1 = iK',$$
$$\zeta_2 = iK' + 2K,$$

$$R_1 = \lim \varepsilon \sin \operatorname{am}(iK' + \varepsilon) = \frac{1}{k},$$

$$\mathfrak{q} = e^{-\pi \frac{K'}{2K}} = \sqrt{q},$$

et par suite

$$\sin \operatorname{am} z = \frac{i\pi}{2kK}\left[\sum \frac{e^{m\frac{i\pi}{2K}(z - iK')}}{1 - \mathfrak{q}^{-m}} - \sum \frac{e^{m\frac{i\pi}{2K}(z - iK' - 2K)}}{1 - \mathfrak{q}^{-m}}\right] + \text{const}$$

$$= \frac{i\pi}{2kK}\sum e^{m\frac{i\pi z}{2K}} \frac{\sqrt{q^{-m}}}{1 - q^{-m}}[1 - (-1)^m] + \text{const}.$$

On voit qu'on peut ne conserver que les valeurs impaires de m, de sorte qu'en supposant nulle la constante, on trouvera immédiatement

$$\frac{ikK}{\pi} \sin \operatorname{am} \frac{2Kz}{\pi} = \sum e^{mi\pi z} \frac{\sqrt{q^m}}{1 - q^m},$$

c'est-à-dire pour le second membre la série désignée par U, p. 471.

Revenons aux considérations générales, et surtout à la comparaison des deux développements qui correspondent à $z = at + bv_1$ et $z = at + bv_2$. Les résidus dans le premier cas se rapportent aux valeurs $\zeta_1, \zeta_2, \ldots, \zeta_\mu$; or en passant à l'intervalle suivant, défini par la relation $z = at + bv_2$, on sera conduit à la série $\zeta_2, \zeta_3, \ldots, \zeta_\mu, \zeta_1 + b$, et comme les résidus de $F(z)$ relatifs à $\zeta_1, \zeta_1 + b$ seront les mêmes, les deux développements seront, avec l'expression des termes constants,

$$F(z) = \int_0^1 F(at + b\upsilon_1)\,dt + \frac{2i\pi}{a} R_1 \sum \frac{e^{2m\frac{i\pi}{a}(z-\zeta_1)}}{1 - q^{-2m}}$$

$$+ \frac{2i\pi}{a} R_2 \sum \frac{e^{2m\frac{i\pi}{a}(z-\zeta_2)}}{1 - q^{-2m}} + \ldots,$$

$$F(z) = \int_0^1 F(at + b\upsilon_2)\,dt + \frac{2i\pi}{a} R_1 \sum \frac{e^{2m\frac{i\pi}{a}(z-\zeta_1-b)}}{1 - q^{-2m}}$$

$$+ \frac{2i\pi}{a} R_2 \sum \frac{e^{2m\frac{i\pi}{a}(z-\zeta_2)}}{1 - q^{-2m}} + \ldots.$$

Ce sont donc les termes constants que nous avons à comparer. Nous nous servirons pour cela de l'équation déjà employée, en y remplaçant la période b par une quantité arbitraire β, savoir :

$$a \int_0^1 F(p + at)\,dt + \beta \int_0^1 F(p + a + \beta t)\,dt$$

$$- a \int_0^1 F(p + \beta + at)\,dt - \beta \int_0^1 F(p + \beta t)\,dt = 2i\pi\Delta.$$

Si nous supposons $p = b\upsilon_1$ et $p + \beta = b\upsilon_2$, Δ se réduira au seul résidu de $F(z)$ qui correspond à $z = \zeta_1$, et l'on aura immédiatement, en divisant par a, la relation

$$\int_0^1 F(at + b\upsilon_1)\,dt - \int_0^1 F(at + b\upsilon_2)\,dt = \frac{2i\pi}{a} R_1.$$

Nous pouvons donc ramener les deux développements à ne contenir absolument que les mêmes éléments analytiques, de sorte que, le premier étant

$$C + \frac{2i\pi}{a} R_1 \sum \frac{e^{2m\frac{i\pi}{a}(z-\zeta_1)}}{1 - q^{-2m}} + \frac{2i\pi}{a} R_2 \sum \frac{e^{2m\frac{i\pi}{a}(z-\zeta_2)}}{1 - q^{-2m}} + \ldots$$

$$\ldots + \frac{2i\pi}{a} R_\mu \sum \frac{e^{2m\frac{i\pi}{a}(z-\zeta_\mu)}}{1 - q^{-2m}}.$$

Le second, en réunissant les termes en R_1, s'écrira ainsi :

$$C + \frac{2i\pi}{a} R_1 \left[\sum \frac{e^{2m\frac{i\pi}{a}(z-\zeta_1-b)}}{1-\mathfrak{q}^{-2m}} - 1 \right] + \frac{2i\pi}{a} R_2 \sum \frac{e^{2m\frac{i\pi}{a}(z-\zeta_2)}}{1-\mathfrak{q}^{-2m}} + \ldots$$

$$\ldots + \frac{2i\pi}{a} R_\mu \sum \frac{e^{2m\frac{i\pi}{a}(z-\zeta_\mu)}}{1-\mathfrak{q}^{-2m}}.$$

De là se tire une conséquence importante et qui justifiera ce que nous avons annoncé plus haut, sur le rôle de la fonction de seconde espèce.

Remarquons, en effet, que les diverses séries affectées des facteurs R_1, R_2, etc., proviennent de ce seul développement :

$$\sum \frac{e^{2m\frac{i\pi z}{a}}}{1-\mathfrak{q}^{-2m}},$$

en y remplaçant z par $z-\zeta_1$, $z-\zeta_2$, etc., et $z-\zeta_1-b$ dans le second cas. Or, en mettant $z-\frac{b}{2}$ au lieu de z, ce développement prend la forme

$$\sum \frac{\mathfrak{q}^{-m} e^{2m\frac{i\pi z}{a}}}{1-\mathfrak{q}^{-2m}},$$

qui nous rappelle immédiatement une expression analytique bien connue. Soit, en effet, $a = 2K$, $b = 2iK'$, d'où $\mathfrak{q} = q$, on aura

$$\frac{\Theta'(z)}{\Theta(z)} = \frac{i\pi}{K} \sum \frac{q^{-m} e^{m\frac{i\pi z}{K}}}{1-q^{-2m}} = \frac{2\pi}{K} \sum_{1}^{\infty}{}_m \frac{q^m}{1-q^{2m}} \sin\frac{m\pi z}{K}.$$

Nous pourrons, par conséquent, écrire pour $z = at + bv_1$

$$F(z-iK') = C + R_1 \frac{\Theta'(z-\zeta_1)}{\Theta(z-\zeta_1)} + R_2 \frac{\Theta'(z-\zeta_2)}{\Theta(z-\zeta_2)} + \ldots$$

$$+ R_\mu \frac{\Theta'(z-\zeta_\mu)}{\Theta(z-\zeta_\mu)},$$

et pour $z = at + bv_2$

$$F(z - iK') = C + R_1 \left[\frac{\Theta'(z - \zeta_1 - 2iK')}{\Theta(z - \zeta_1 - 2iK')} - \frac{i\pi}{K}\right] + R_2 \frac{\Theta'(z - \zeta_2)}{\Theta(z - \zeta_2)} + \ldots + R_\mu \frac{\Theta'(z - \zeta_\mu)}{\Theta(z - \zeta_\mu)}.$$

C'est en ce moment que se manifeste toute l'importance de la propriété caractéristique de la fonction de seconde espèce relativement à la double périodicité. Effectivement les relations

$$\begin{cases} Z(x + 2K) = Z(x) + 2J, \\ Z(x + 2iK') = Z(x) + 2iJ', \end{cases}$$

équivalent à celles-ci :

$$\begin{cases} \dfrac{\Theta'(x + 2K)}{\Theta(x + 2K)} = \dfrac{\Theta'(x)}{\Theta(x)}, \\ \dfrac{\Theta'(x - 2iK')}{\Theta(x - 2iK')} = \dfrac{\Theta'(x)}{\Theta(x)} + \dfrac{i\pi}{K}, \end{cases}$$

d'où l'on voit que l'on peut ramener à une seule les deux formules de développement, par l'introduction de la transcendante, puisque la quantité $\dfrac{\Theta'(z - \zeta_1 - 2iK')}{\Theta(z - \zeta_1 - 2iK')} - \dfrac{i\pi}{K}$ se réduit à $\dfrac{\Theta'(z - \zeta_1)}{\Theta(z - \zeta_1)}$.

De là résulte une relation analytique générale subsistant dans toute l'étendue des valeurs de l'argument, et dont la forme définitive, en passant de $F(z - iK')$ à $F(z)$, s'obtiendra comme il suit. Rappelons d'abord que l'on a

$$\Theta(x + iK') = iH(x)e^{-\frac{i\pi}{4K}(2x + iK')},$$

d'où, en prenant les dérivées logarithmiques des deux membres,

$$\frac{\Theta'(x + iK')}{\Theta(x + iK')} = \frac{H'(x)}{H(x)} - \frac{i\pi}{2K}.$$

Il s'ensuit qu'en mettant $z + iK'$ à la place de z, on obtiendra

$$F(z) = C + R_1 \frac{H'(z-\zeta_1)}{H(z-\zeta_1)} + R_2 \frac{H'(z-\zeta_2)}{H(z-\zeta_2)} + \ldots + R_\mu \frac{H'(z-\zeta_\mu)}{H(z-\zeta_\mu)}$$
$$- \frac{i\pi}{2K}(R_1 + R_2 + \ldots + R_\mu),$$

et plus simplement, puisque la somme des résidus est nulle,

$$F(z) = C + R_1 \frac{H'(z-\zeta_1)}{H(z-\zeta_1)} + R_2 \frac{H'(z-\zeta_2)}{H(z-\zeta_2)} + \ldots + R_\mu \frac{H'(z-\zeta_\mu)}{H(z-\zeta_\mu)}.$$

Dans le cas enfin où ζ, au lieu d'être une racine simple de l'équation $\frac{1}{F(z)} = 0$, serait racine multiple d'ordre n, ce qui donnerait lieu à la relation

$$\varepsilon^n F(\zeta + \varepsilon) = A + B\varepsilon + \ldots + Q\varepsilon^{n-2} + R\varepsilon^{n-1} + \ldots,$$

le seul terme $R \frac{H'(z-\zeta)}{H(z-\zeta)}$ devrait être remplacé dans la formule par l'ensemble

$$R \frac{H'(z-\zeta)}{H(z-\zeta)} - Q \frac{d}{dz}\left[\frac{H'(z-\zeta)}{H(z-\zeta)}\right] + \ldots$$
$$+ \frac{(-1)^{n-2}B}{1.2\ldots n-2} \frac{d^{n-2}}{dz}\left[\frac{H'(z-\zeta)}{H(z-\zeta)}\right] + \frac{(-1)^{n-1}A}{1.2\ldots n-1} \frac{d^{n-1}}{dz}\left[\frac{H'(z-\zeta)}{H(z-\zeta)}\right].$$

V. — *Proposition de M. Liouville.*

Nous fonderons la démonstration sur la formule précédente, en y supposant

$$F(z) = \frac{\Phi'(z)}{\Phi(z)},$$

$\Phi(z)$ étant une fonction doublement périodique uniforme dont les périodes seront, comme plus haut, $2K$ et $2iK'$. Alors les racines ζ comprendront les solutions des équations

$$\left\{\begin{array}{l} \Phi(z)=0, \\ \dfrac{1}{\Phi(z)}=0. \end{array}\right.$$

Nous désignerons les premières par ζ et les secondes par ζ', en admettant toujours qu'elles soient représentées par la formule

$$p+2\mathrm{K}t+2i\mathrm{K}'u,$$

t et u restant compris entre zéro et l'unité. A l'égard des résidus de $\dfrac{\Phi'(z)}{\Phi(z)}$, on sait qu'ils sont égaux à $+1$ ou à -1 suivant qu'ils se rapportent aux quantités ζ ou ζ', et comme leur somme est nulle, on est amené à la conséquence remarquable que ces quantités ζ et ζ' sont précisément en même nombre. Cela posé, et en désignant ce nombre par n, on aura

$$\begin{aligned} \frac{\Phi'(z)}{\Phi(z)} = \mathrm{C} &+ \frac{\mathrm{H}'(z-\zeta_1)}{\mathrm{H}(z-\zeta_1)} + \frac{\mathrm{H}'(z-\zeta_2)}{\mathrm{H}(z-\zeta_2)} + \ldots + \frac{\mathrm{H}'(z-\zeta_n)}{\mathrm{H}(z-\zeta_n)} \\ &- \frac{\mathrm{H}'(z-\zeta'_1)}{\mathrm{H}(z-\zeta'_1)} - \frac{\mathrm{H}'(z-\zeta'_2)}{\mathrm{H}(z-\zeta'_2)} - \ldots - \frac{\mathrm{H}'(z-\zeta'_n)}{\mathrm{H}(z-\zeta'_n)}, \end{aligned}$$

d'ou l'on tire, en désignant par A une constante arbitraire,

$$\Phi(z) = \mathrm{A}e^{\mathrm{C}z} \frac{\mathrm{H}(z-\zeta_1)\mathrm{H}(z-\zeta_2)\ldots\mathrm{H}(z-\zeta_n)}{\mathrm{H}(z-\zeta'_1)\mathrm{H}(z-\zeta'_2)\ldots\mathrm{H}(z-\zeta'_n)},$$

expression qui doit avoir les quantités $2\mathrm{K}$ et $2i\mathrm{K}'$ pour périodes.

Or en faisant usage des relations

$$\begin{aligned} \mathrm{H}(x+2\mathrm{K}) &= -\mathrm{H}(x), \\ \mathrm{H}(x+2i\mathrm{K}') &= -\mathrm{H}(x)e^{-\frac{i\pi}{\mathrm{K}}(x+i\mathrm{K}')}, \end{aligned}$$

et représentant la somme des racines ζ par $\Sigma\zeta$, la somme des racines ζ' par $\Sigma\zeta'$, on trouvera

$$\begin{aligned} \Phi(z+2\mathrm{K}) &= \Phi(z)e^{2\mathrm{K}\mathrm{C}}, \\ \Phi(z+2i\mathrm{K}') &= \Phi(z)e^{2i\mathrm{K}'\mathrm{C}+\frac{i\pi}{\mathrm{K}}\Sigma\zeta-\frac{i\pi}{\mathrm{K}}\Sigma\zeta'}, \end{aligned}$$

de sorte qu'il faut poser

$$e^{2KC} = 1,$$

$$e^{2iK'C + \frac{i\pi}{K}\Sigma\zeta - \frac{i\pi}{K}\Sigma\zeta'} = 1,$$

et ces conditions donnent, en désignant par α et β des nombres entiers arbitraires,

$$C = -\frac{i\pi}{K}\beta,$$

et en second lieu

$$\Sigma\zeta - \Sigma\zeta' = 2\alpha K + 2\beta i K'.$$

On observera combien est digne de remarque cette relation dont la découverte appartient à M. Liouville, entre les racines des équations

$$\begin{cases} \Phi(z) = 0, \\ \dfrac{1}{\Phi(z)} = 0; \end{cases}$$

quant aux nombres entiers α et β qui y figurent, j'ajouterai seulement qu'ils se rattachent immédiatement à la fonction $\Phi(z)$ elle-même par l'équation

$$\int_0^1 \frac{\Phi'(p + 2iK't)}{\Phi(p + 2iK't)} dt - \int_0^1 \frac{\Phi'(p + 2Kt)}{\Phi(p + 2Kt)} dt = \frac{\pi}{2KK'}(\alpha K + \beta i K').$$

Voici maintenant les conséquences qui en résultent. Ayant

$$H(z + \Sigma\zeta) = H(z + \Sigma\zeta' + 2\alpha K + 2\beta i K'),$$

on en tire

$$H(z + \Sigma\zeta) = (-1)^{\alpha+\beta} H(z + \Sigma\zeta') e^{-\frac{i\pi}{K}(\beta z + \beta^2 i K')},$$

ce qu'on peut écrire ainsi :

$$(-1)^{\alpha+\beta} q^{\beta^2} \frac{H(z + \Sigma\zeta)}{H(z + \Sigma\zeta')} = e^{-\frac{i\pi}{K}\beta z}.$$

Remplaçant donc le facteur exponentiel $e^{Cz} = e^{-\frac{i\pi}{K}\beta z}$ qui igure dans l'expression de $\Phi(z)$, par ce rapport de fonctions H, et posant

$$(-1)^{\alpha+\beta} q^{\beta^2} A = \mathfrak{a},$$

l viendra

$$\Phi(z) = \mathfrak{a} \frac{H(z-\zeta_1) H(z-\zeta_2) \ldots H(z+\Sigma\zeta)}{H(z-\zeta'_1) H(z-\zeta'_2) \ldots H(z+\Sigma\zeta')}.$$

Or on reconnaît au numérateur et au dénominateur de $\Phi(z)$ es expressions que nous avons déjà employées en démontrant e théorème d'Abel sur l'addition des arguments. Si le nombre n est impair par exemple, l'expression

$$\frac{H(z-\zeta_1) H(z-\zeta_2) \ldots H(z+\Sigma\zeta)}{\Theta^{n+1}(z)},$$

est celle qui a été considérée page 430, et qui s'exprime ainsi

$$\varphi(z) = F(x^2) + \frac{dx}{dz} x F_1(x^2),$$

$F(x)$ et $F_1(x)$ désignant des polynômes de degré $\frac{n+1}{2}$ et $\frac{n-3}{2}$ et x pouvant être pris égal à $\sin \operatorname{am} z$, $\cos \operatorname{am} z$, ou $\Delta \operatorname{am} z$. Dans le cas de n pair, elle coïncide avec la fonction désignée page 431, par $\varphi_1(x)$, et l'on a alors, en désignant par $F(x)$ et $f(x)$ deux polynômes entiers en x respectivement des degrés $\frac{n}{2}$ et $\frac{n-2}{2}$,

$$\frac{H(z-\zeta_1) H(z-\zeta_2) \ldots H(z+\Sigma\zeta)}{\Theta^{n+1}(z)}$$
$$= \sin \operatorname{am} z F(\sin^2 \operatorname{am} z) + \frac{d \sin \operatorname{am} z}{dz} f(\sin^2 \operatorname{am} z).$$

On voit donc que $\Phi(z)$ est donné par le quotient de deux expressions de cette nature, et c'est précisément dans la réduction de la fonction doublement périodique à $\sin \operatorname{am} z$ et à sa dérivée que consiste la proposition que nous avons en vue d'établir.

La démonstration que nous venons de donner, reposant en entier sur l'expression générale d'une fonction doublement périodique $F(x)$, que nous avons précédemment obtenue, savoir :

$$F(x) = C + R_1 \frac{H'(x-\zeta_1)}{H(x-\zeta_1)} + R_2 \frac{H'(x-\zeta_2)}{H(x-\zeta_2)} + \ldots + R_\mu \frac{H'(x-\zeta_\mu)}{H(x-\zeta_\mu)},$$

nous indiquerons encore un moyen d'y parvenir immédiatement, en partant de l'équation

$$a\int_0^1 f(p+at)\,dt + b\int_0^1 f(p+a+bt)\,dt$$

$$-a\int_0^1 f(p+b+at)\,dt - b\int_0^1 f(p+bt)\,dt = 2i\pi\Delta.$$

Soit comme plus haut $a = 2K$, $b = 2iK'$, et prenons

$$f(z) = F(z)\frac{H'(x-z)}{H(x-z)}.$$

Par la définition seule de la fonction $H(z)$, on a

$$\left\{\begin{aligned} \frac{H'(z+2K)}{H(z+2K)} &= \frac{H'(z)}{H(z)}, \\ \frac{H'(z-2iK')}{H(z-2iK')} &= -\frac{H'(z)}{H(z)} + \frac{i\pi}{K}, \end{aligned}\right.$$

et il en résulte

$$f(z+2K) = f(z),$$

$$f(z+2iK') = f(z) + \frac{i\pi}{K}F(z),$$

de sorte que l'équation précédente se réduit à

$$\int_0^1 F(p+2Kt)\,dt = -\Delta.$$

Or les divers résidus qui entrent dans Δ, se rapportent d'une part à $z = \zeta_1, \zeta_2, \ldots \zeta_\mu$, et de l'autre à $z = x$; les premiers, s'ils correspondent, comme nous l'avons supposé, à des racines simples, donnent pour somme

$$R_1 \frac{H'(x-\zeta_1)}{H(x-\zeta_1)} + R_2 \frac{H'(x-\zeta_2)}{H(x-\zeta_2)} + \ldots + R_\mu \frac{H'(x-\zeta_\mu)}{H(x-\zeta_\mu)},$$

et le résidu relatif à $z=x$, racine simple de $H(x-z)=0$, sera évidemment $-F(x)$. L'expression de Δ qui suit de là donne immédiatement la relation

$$F(x)=\int_0^1 F(p+2Kt)\,dt+R_1\frac{H'(x-\zeta_1)}{H(x-\zeta_1)}$$

$$+R_2\frac{H'(x-\zeta_2)}{H(x-\zeta_2)}+\ldots+R_\mu\frac{H'(x-\zeta_\mu)}{H(x-\zeta_\mu)}.$$

J'ajouterai encore une remarque sur cette formule que j'écrirai, pour abréger, comme il suit :

$$F(x)=C+\sum R\frac{H'(x-\zeta)}{H(x-\zeta)}.$$

En employant le théorème relatif à l'addition des arguments dans la fonction de seconde espèce (*), on trouvera aisément la relation

$$\frac{H'(x-\zeta)}{H(x-\zeta)}=\frac{H'(x)}{H(x)}-\frac{H'(\zeta)}{H(\zeta)}-\operatorname{cotang}\operatorname{am}x\,\Delta\operatorname{am}x$$

$$+\frac{\sin\operatorname{am}x}{\sin\operatorname{am}\zeta\sin\operatorname{am}(x-\zeta)},$$

d'où résulte en substituant dans l'expression de $F(x)$, et ayant égard à la condition

$$\Sigma R=0,$$

cette nouvelle formule

$$F(x)=C-\sum R\frac{H'(\zeta)}{H(\zeta)}+\sum\frac{R\sin\operatorname{am}x}{\sin\operatorname{am}\zeta\sin\operatorname{am}(x-\zeta)},$$

(*) C'est la quantité $\frac{\Theta'(x)}{\Theta(x)}$ qui entre dans $Z(x)$, mais on peut lui substituer $\frac{H'(x)}{H(x)}$, à l'aide de la relation $\sin\operatorname{am}x=\frac{1}{\sqrt{k}}\frac{H(x)}{\Theta(x)}$, qui donne, en prenant les dérivées logarithmiques des deux membres,

$$\frac{H'(x)}{H(x)}-\frac{\Theta'(x)}{\Theta(x)}=\operatorname{cotang}\operatorname{am}x\,\Delta\operatorname{am}x.$$

ou bien

$$F(x) = \text{const} + \sum \frac{R \sin \operatorname{am} x}{\sin \operatorname{am} \zeta \sin \operatorname{am}(x-\zeta)}.$$

C'est donc encore la réduction de la fonction à double période à $\sin \operatorname{am} x$ et à sa dérivée; mais la méthode plus rapide qui nous y conduit ne donne pas, comme la précédente, la relation importante, et que nous avons dû tenir à ne pas omettre, savoir:

$$\Sigma\zeta - \Sigma\zeta' = 2(\alpha K + \beta i K').$$

Cette nouvelle formule résulte d'ailleurs immédiatement de la seule condition

$$\Sigma R = 0,$$

comme nous allons encore le faire voir.

Considérez en effet la fonction

$$f(z) = \frac{F(z)}{\sin \operatorname{am} z \sin \operatorname{am}(x-z)},$$

dont les périodes seront $2K$ et $2iK'$. La somme de ses résidus comprendra d'une part ceux qui se rapportent aux racines ζ de l'équation

$$\frac{1}{F(x)} = 0,$$

c'est-à-dire

$$\sum \frac{R}{\sin \operatorname{am} \zeta \sin \operatorname{am}(x-\zeta)},$$

et puis les résidus relatifs aux deux équations

$$\sin \operatorname{am} z = 0,$$
$$\sin \operatorname{am}(x-z) = 0.$$

Or dans l'intervalle des périodes $2K$ et $2iK'$, on n'aura d'autres racines que $z=0$, $z=x$, auxquelles correspondront les résidus $\frac{F(0)}{\sin \operatorname{am} x}$, $-\frac{F(x)}{\sin \operatorname{am} x}$; on a par conséquent

$$\sum \frac{R}{\sin \operatorname{am} \zeta \sin \operatorname{am}(x-\zeta)} + \frac{F(0)}{\sin \operatorname{am} x} - \frac{F(x)}{\sin \operatorname{am} x} = 0,$$

d'où

$$F(x) = F(0) + \sum \frac{R \sin \operatorname{am} x}{\sin \operatorname{am} \zeta \sin \operatorname{am}(x-\zeta)}.$$

D'une manière toute semblable on trouvera relativement à une fonction $\mathfrak{F}(x)$, satisfaisant aux conditions

$$\mathfrak{F}(x+2K) = -\mathfrak{F}(x),$$
$$\mathfrak{F}(x+2iK') = \mathfrak{F}(x),$$

l'expression très-simple

$$\mathfrak{F}(x) = \sum \frac{R}{\sin \operatorname{am}(x-\zeta)},$$

où figurent seulement les racines ζ qui sont renfermées dans l'intervalle $2K$ et $2iK'$, et exprimées par la formule

$$\zeta = p + 2Kt + 2iK'u,$$

t et u étant moindres que l'unité.

Nous nous arrêterons à ce point dans cette Note, pensant ainsi avoir à peu près complétement esquissé l'ensemble des notions élémentaires de la théorie des fonctions elliptiques qui précède l'étude de la transformation.

FIN DU SECOND VOLUME.

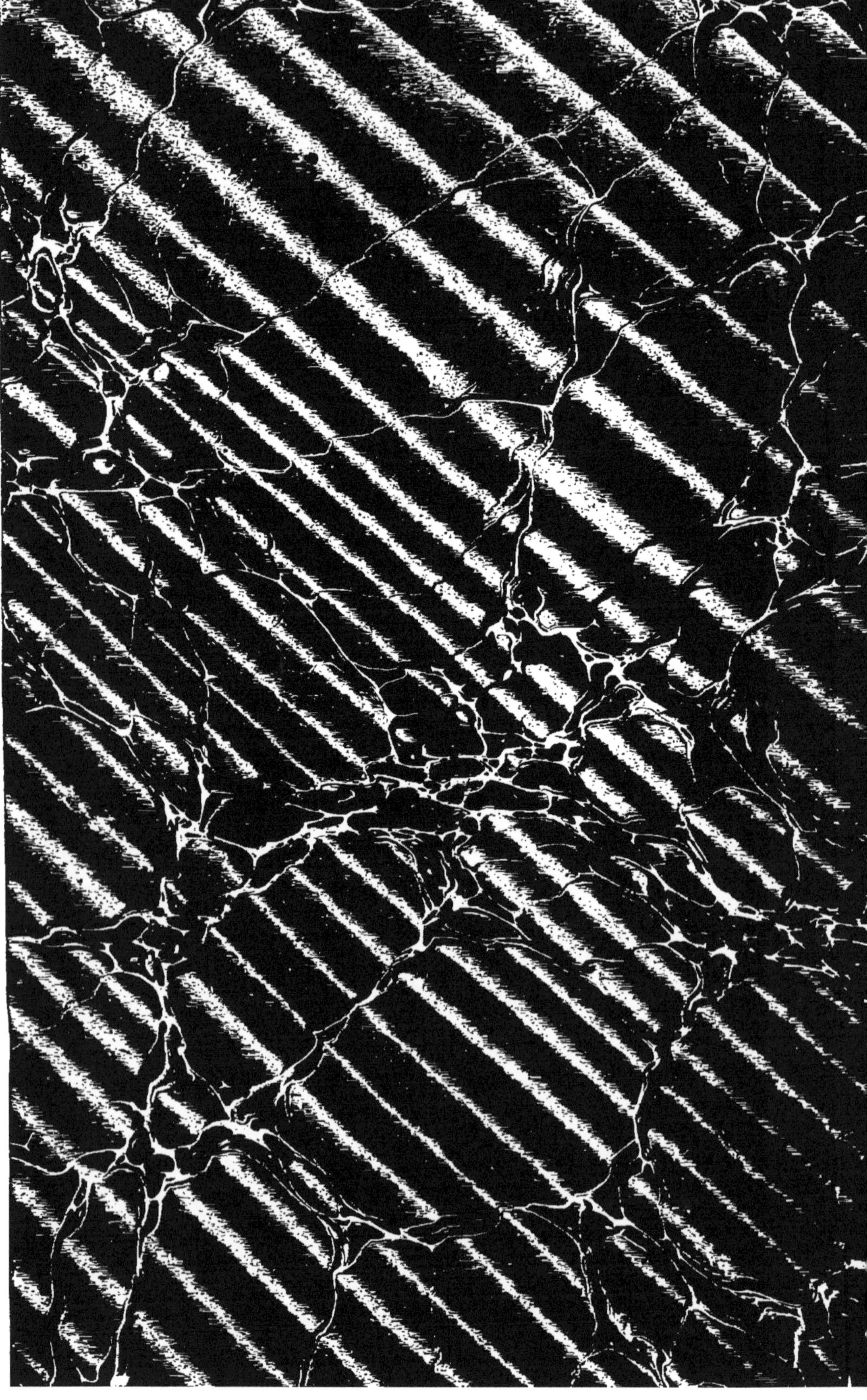

www.ingramcontent.com/pod-product-compliance
Ingram Content Group UK Ltd.
Pitfield, Milton Keynes, MK11 3LW, UK
UKHW012002240726
13965UKWH00001B/103

9 782013 355803